Do autor de *Avalie O Que Importa*, best-seller do *New York Times*

John Doerr
e Ryan Panchadsaram

Velocidade & Escala

Um **Plano de Ação** para Resolver a Nossa Crise Climática Agora

Inclui histórias de
**Mary Barra,
Jeff Bezos,**

ALTA BOOKS
GRUPO EDITORIAL
Rio de Janeiro, 2023

Velocidade & Escala

Copyright © 2023 da Starlin Alta Editora e Consultoria Ltda.
ISBN: 978-65-5520-965-5

Translated from original Speed & Scale. Copyright © 2021 by Beringin Group, LLC. ISBN 978-0-593-42047-8. This translation is published and sold by Portfolio / Penguin an imprint of Penguin Random House LLC, the owner of all rights to publish and sell the same. PORTUGUESE language edition published by Starlin Alta Editora e Consultoria Ltda, Copyright © 2023 by Starlin Alta Editora e Consultoria Ltda.

Impresso no Brasil — 1ª Edição, 2023 — Edição revisada conforme o Acordo Ortográfico da Língua Portuguesa de 2009.

```
Dados Internacionais de Catalogação na Publicação (CIP) de acordo com ISBD

D652v   Doerr, John
           Velocidade & Escala: Um Plano de Ação para Resolver a Nossa
        Crise Climática Agora / John Doerr ; traduzido por João Paulo
        Guterres. - Rio de Janeiro : Alta Books, 2023.
           432 p. ; 16cm x 23cm.

           Inclui bibliografia e índice.
           Tradução de: Speed & Scale
           ISBN: 978-65-5520-965-5

           1. Mudanças climáticas. 2. Plano de ação. I. Guterres, João Paulo.
        II. Título.
                                                          CDD 304.25
        2023-143                                          CDU 504.7

              Elaborado por Vagner Rodulfo da Silva - CRB-8/9410

                        Índice para catálogo sistemático:
                        1.  Mudanças climáticas 304.25
                        2.  Mudanças climáticas 504.7
```

Todos os direitos estão reservados e protegidos por Lei. Nenhuma parte deste livro, sem autorização prévia por escrito da editora, poderá ser reproduzida ou transmitida. A violação dos Direitos Autorais é crime estabelecido na Lei nº 9.610/98 e com punição de acordo com o artigo 184 do Código Penal.

A editora não se responsabiliza pelo conteúdo da obra, formulada exclusivamente pelo(s) autor(es).

Marcas Registradas: Todos os termos mencionados e reconhecidos como Marca Registrada e/ou Comercial são de responsabilidade de seus proprietários. A editora informa não estar associada a nenhum produto e/ou fornecedor apresentado no livro.

Erratas e arquivos de apoio: No site da editora relatamos, com a devida correção, qualquer erro encontrado em nossos livros, bem como disponibilizamos arquivos de apoio se aplicáveis à obra em questão.

Acesse o site **www.altabooks.com.br** e procure pelo título do livro desejado para ter acesso às erratas, aos arquivos de apoio e/ou a outros conteúdos aplicáveis à obra.

Suporte Técnico: A obra é comercializada na forma em que está, sem direito a suporte técnico ou orientação pessoal/exclusiva ao leitor.

A editora não se responsabiliza pela manutenção, atualização e idioma dos sites referidos pelos autores nesta obra.

Produção Editorial
Grupo Editorial Alta Books

Diretor Editorial
Anderson Vieira
anderson.vieira@altabooks.com.br

Editor
José Ruggeri
j.ruggeri@altabooks.com.br

Gerência Comercial
Claudio Lima
claudio@altabooks.com.br

Gerência Marketing
Andréa Guatiello
andrea@altabooks.com.br

Coordenação Comercial
Thiago Biaggi

Coordenação de Eventos
Viviane Paiva
comercial@altabooks.com.br

Coordenação ADM/Finc.
Solange Souza

Coordenação Logística
Waldir Rodrigues

Gestão de Pessoas
Jairo Araújo

Direitos Autorais
Raquel Porto
rights@altabooks.com.br

Assistente da Obra
Thales Silva

Produtores Editoriais
Illysabelle Trajano
Maria de Lourdes Borges
Paulo Gomes
Thiê Alves

Equipe Comercial
Adenir Gomes
Ana Claudia Lima
Andrea Riccelli
Daiana Costa
Everson Sete
Kaique Luiz
Luana Santos
Maira Conceição
Nathasha Sales
Pablo Frazão

Equipe Editorial
Ana Clara Tambasco
Andreza Moraes
Beatriz de Assis
Beatriz Frohe
Betânia Santos
Brenda Rodrigues

Caroline David
Erick Brandão
Elton Manhães
Gabriela Paiva
Gabriela Nataly
Henrique Waldez
Isabella Gibara
Karolayne Alves
Kelry Oliveira
Lorrahn Candido
Luana Maura
Marcelli Ferreira
Mariana Portugal
Marlon Souza
Matheus Mello
Milena Soares
Patricia Silvestre
Viviane Corrêa
Yasmin Sayonara

Marketing Editorial
Amanda Mucci
Ana Paula Ferreira
Beatriz Martins
Ellen Nascimento
Livia Carvalho
Guilherme Nunes
Thiago Brito

Atuaram na edição desta obra:

Tradução
João Guterres

Copidesque
Carolina Palha

Revisão Gramatical
Leonardo Breda
Thamiris Leiroza

Diagramação
Rita Motta

Editora afiliada à: ABDR — ASSOCIAÇÃO BRASILEIRA DE DIREITOS REPROGRÁFICOS

ASSOCIADO CBL — Câmara Brasileira do Livro

ALTA BOOKS
GRUPO EDITORIAL

Rua Viúva Cláudio, 291 — Bairro Industrial do Jacaré
CEP: 20.970-031 — Rio de Janeiro (RJ)
Tels.: (21) 3278-8069 / 3278-8419
www.altabooks.com.br — altabooks@altabooks.com.br
Ouvidoria: ouvidoria@altabooks.com.br

Um Plano de Ação para Resolver a Nossa Crise Climática Agora

Por	John Doerr
Com	Ryan Panchadsaram
Equipe	Alix Burns, Jeffrey Coplon, Justin Gillis, Anjali Grover, Quinn Marvin e Evan Schwartz
Com consulta de	Climate Champions, The Climate Reality Project, Countdown, Energy Innovation, Environmental Defense Fund e World Resources Institute
Editora	Trish Daly
Design	Sequência: Emily Klaebe, Megan Nardini e Jesse Reed
Pegada de Carbono	Negativa (-1kg CO_2e)

Em parceria com

Chris Anderson, TED

Mary Barra, General Motors

Jeff Bezos, Amazon & Bezos Earth Fund

David Blood, Generation Investment Management

Kate Brandt, Alphabet Ethan Brown, Beyond Meat

Margot Brown, Environmental Defense Fund

Amol Deshpande, Farmers Business Network

Christiana Figueres, Global Optimism Larry Fink, Blackrock

Taylor Francis, Watershed

Bill Gates, Breakthrough Energy

Jonah Goldman, Breakthrough Energy

Al Gore, The Climate Reality Project

Patrick Graichen, Agora Energiewende

Steve Hamburg, Environmental Defense Fund

Hal Harvey, Energy Innovation

Per Heggenes, IKEA Foundation

Kara Hurst, Amazon

Safeena Husain, Educate Girls

Lynn Jurich, Sunrun

Nat Keohane, Environmental Defense Fund

John Kerry, U.S. State Department

Jennifer Kitt, Climate Leadership Initiative

Badri Kothandaraman, Enphase

Fred Krupp, Environmental Defense Fund

Kelly Levin, World Resources Institute

Lindsay Levin, Future Stewards

Dawn Lippert, Elemental Excelerator

Amory Lovins, RMI

Megan Mahajan, Energy Innovation

Doug McMillon, Walmart

Bruce Nilles, Climate Imperative

Robbie Orvis, Energy Innovation

Sundar Pichai, Alphabet

Ryan Popple, Proterra

Henrik Poulsen, Ørsted

Laurene Powell Jobs, Emerson Collective

Nan Ransohoff, Stripe

Carmichael Roberts, Breakthrough Energy

Matt Rogers, Incite

Anumita Roy Chowdhury, Center for Science and Environment

Jonathan Silver, Guggenheim Partners

Jagdeep Singh, Quantumscape

Andrew Steer, Bezos Earth Fund

Eric Toone, Breakthrough Energy

Eric Trusiewicz, Breakthrough Energy

Jan Van Dokkum, Imperative Science Ventures

Brian Von Herzen, Climate Foundation

James Wakibia, The Flipflopi Project

Tensie Whelan, Rainforest Alliance

Prefácio

Os sinais da crise climática estão por toda parte. Chuvas torrenciais, em quantidades inéditas, que arrastam casas e destroem vidas nos morros brasileiros. Temperaturas superiores a 40 °C no norte da Europa, geleiras derretendo no Ártico, incêndios na Sibéria, oceanos aquecidos ameaçando cidades litorâneas antes que o século termine.

Muitos de nós olhamos para o que nos cerca e nos sentimos impotentes. O desafio é insano, e os acordos internacionais parecem frágeis demais para a tragédia que a ação humana já pôs em movimento e, no ritmo atual, se agravará nas próximas gerações. Frágeis e insuficientes. Há certo consenso na comunidade científica de que um aumento superior a 1,5 °C na temperatura pode significar danos severos à sobrevivência do planeta. Nesse sentido, parte da comunidade global já ousa abandonar metas mais ousadas e estabelece que qualquer ganho importa; isso mesmo, qualquer ganho.

A cada COP — a de número 27 aconteceu no Egito em novembro de 2022 — aumentam o senso de urgência e os esforços para coordenar múltiplos stakeholders. Países se comprometem com metas menos ambiciosas do que poderiam, mas ao menos avançam em pontos importantes como o desinvestimento em usinas a carvão. Empresas, muitas vezes sob pressão de clientes, empenham-se em neutralizar emissões de carbono. Organizações da sociedade civil pedem que as nações ricas, não por acaso as maiores responsáveis pelo aquecimento global, socorram aquelas em desenvolvimento para que possam fazer a transição para tecnologias limpas. O mundo se movimenta, mas entre promessas e reuniões, o que vem à tona ainda parece pouco.

Nesse cenário de caos, *Velocidade & Escala* acena com uma luz e um caminho. O autor, John Doerr, é engenheiro, investidor pioneiro da indústria de venture capital (apoiou a criação de empresas como Google e Amazon) e desde o início dos anos 2000 vem se mostrando um enorme entusiasta das empresas que desenvolvem tecnologias limpas e sustentáveis — as chamadas cleantechs — no Vale do Silício. Mais do que isso, fez uma doação bilionária para a criação de uma escola de sustentabilidade ligada à Universidade de Stanford. Stanford, vale lembrar, fica na Califórnia, estado americano icônico na área de inovação, sede da Kleiner Perkins (a empresa de Doerr) e fortemente impactado pela escassez de água e por grandes incêndios florestais, consequências da mudança no clima. Um dos objetivos da escola é acelerar o desenvolvimento de soluções para a crise climática "na escala necessária", segundo explicou Doerr em entrevista recente.

Neste momento de tudo ou nada para o planeta, escala e velocidade são cruciais. Então, para além de estimular a pesquisa no campo da sustentabilidade, Doerr expõe sua contribuição nesta obra, em parceria com Ryan Panchadsaram, seu parceiro de trabalho na Kleiner, consultor técnico do autor e vice-CTO (Chief Technology Officer, o mais alto cargo de tecnologia) dos Estados Unidos no governo de Barack Obama.

Em seu livro anterior, o best-seller de negócios *Avalie o que importa*, Doerr se debruçou sobre o sistema de OKRs, sigla inglesa para Objetivos e Resultados-chaves, metodologia inicialmente adotada por empresas do setor de tecnologia, como Google e Intel, e atualmente em uso por empresas, organizações de terceiro setor e governos de todo o mundo, inclusive no Brasil.

É esse mesmo raciocínio límpido e pragmático que ele aplica à análise da crise climática. Se os OKRs funcionaram para o acompanhamento das metas de setores e governos, hão de funcionar para a catástrofe que ameaça o planeta, acredita. É com a ajuda de OKRs que ele propõe um plano para reduzir a emissão de gases de efeito estufa, atingindo a neutralidade até 2050.

Para Doerr, as estratégias para combater o aquecimento climático devem ser enunciadas de maneira simples. Sua inspiração é o presidente americano Franklin Delano Roosevelt, que escreveu em um guardanapo de papel seu "plano" para vencer a Segunda Guerra, com apenas três pontos. Como Roosevelt, Doerr escreveu em um guardanapo seu próprio plano para barrar o aquecimento climático (e fotografou). Entre as propostas estão: eletrificar os meios de transporte, substituindo motores a diesel e gasolina por baterias, proteger a natureza e estimular uma indústria limpa, que reduza acentuadamente suas emissões de carbono. Abordar esses temas sob a ótica dos OKRs ajuda a combater o sentimento de impotência que ameaça atar nossas mãos. Capítulo após capítulo, o autor vai detalhando como mensurar cada OKR e expõe as quatro abordagens que, somadas, têm potencial para desarmar a bomba climática: a política e diplomacia, a força dos movimentos, a inovação e o investimento.

Com um texto agradável e persuasivo, ele lança um *call to action*. "Ainda temos tempo para isso?", ele se pergunta, para responder: esperamos que sim, mas está se esgotando rapidamente. Temos margem de erro? Para Doerr, não mais. Temos dinheiro para virar o jogo? Ainda não, mas cada um de nós precisa assumir sua responsabilidade para que a vida no planeta não termine.

Transpostos do mundo do trabalho e das organizações para a crise do clima, os OKRs abrem novas possibilidades de solução e trazem esperança para governos, formuladores de políticas públicas, pesquisadores do clima e, por que não, para cidadãos comuns que reconhecem a escala do problema. Como já dizia o ex-CEO da Intel, Andy Grove, outra das inspirações de Doerr e de muitos gestores de empresas, "ter ideias é fácil. Execução é tudo".

Se o caminho parece difícil, já tem gente nele, e os obstáculos que esses desbravadores encontram e buscam superar podem servir como um farol. Mary Barra, CEO da GM, John Kerry, a principal autoridade americana para assuntos do clima, e Al Gore, ex-vice-presidente americano, protagonista do documentário *Uma verdade inconveniente* e ganhador do Nobel de 2007 por seu trabalho para divulgar o risco das mudanças climáticas, oferecem seus pontos de vista sobre o que é possível fazer — e estão fazendo.

Este livro traz uma contribuição para um problema complexo e de máxima relevância que, se não for enfrentado, entregará um mundo inóspito às gerações futuras. E muito antes do que imaginamos. No Brasil, esse é um debate absolutamente essencial. Em inúmeras reuniões com agentes públicos e políticos no exterior, ouvi a mesma sentença: "Não é possível resolver o problema climático sem o Brasil." Fortalecer a discussão climática aqui pode ser uma das maiores oportunidades geracionais de todos os tempos.

Eduardo Mufarej
Investidor e Empreendedor
na área de mudanças climáticas desde 2007

sumário

Prólogo	xi
Introdução	xvii

Parte I - Zerar as Emissões

1:	Eletrificar o Transporte	1
2:	Descarbonizar a Rede	29
3:	Ajustar a Comida	63
4:	Proteger a Natureza	91
5:	Limpar a Indústria	117
6:	Remover o Carbono	139

Parte II - Acelerar a Transição

7:	Vencer na Política e na Diplomacia	157
8:	Transformar Intenções em Ação	191
9:	Inovar!	231
10:	Investir!	261

Conclusão	303
Agradecimentos	311
Notas	341
Índice	386
Créditos das Imagens	391

Prólogo

Prólogo

"Estou com medo e raiva."

Em 2006, no jantar após a exibição de *Uma Verdade Inconveniente*, o documentário seminal do ex-vice-presidente Al Gore sobre nossa crise climática, rodamos a mesa para ver a reação de todos à urgente mensagem do filme. Quando chegamos na minha filha, Mary, de 15 anos, ela falou, com sua típica franqueza: "Estou com medo e raiva." E completou: **"Pai, sua geração criou este problema. É melhor consertá-lo."**

A conversa parou repentinamente. Todos os olhos se viraram para mim. Eu não sabia o que dizer.

Como capitalista de risco, meu trabalho é encontrar grandes oportunidades, enfrentar grandes desafios e investir em grandes soluções. Eu era mais conhecido por apoiar empresas como Google e Amazon desde o início. Mas a crise ambiental superou qualquer desafio que já vi. Eugene Kleiner, o falecido cofundador da Kleiner Perkins, a empresa do Vale do Silício, com a qual estive por 40 anos, deixou para trás um conjunto de 12 leis que resistiram ao teste do tempo. A primeira é a seguinte: *Não importa o quão inovadora uma nova tecnologia pareça, certifique-se de que os clientes realmente a desejam*. Mas esse problema me levou a invocar uma lei menos conhecida de Kleiner: *Chega um momento em que o pânico é a resposta apropriada*.

Aquele momento havia chegado. Não podíamos mais subestimar a nossa emergência climática. Para evitar consequências irreversíveis e catastróficas, precisávamos agir com urgência e decisão. Para mim, aquela noite mudou tudo.

Meus sócios e eu tornamos o clima uma das prioridades principais. Levamos a sério o investimento em tecnologias limpas e sustentáveis — ou "cleantech", como a ideia é conhecida no Vale do Silício. Até trouxemos Al Gore como o mais novo sócio da empresa. Mas, apesar da excelente companhia de Al, minha jornada no mundo dos investimentos com emissão zero foi muito solitária no começo. Após o lançamento do iPhone, em 2007, Steve Jobs nos convidou para lançar nosso iFund para aplicativos móveis na sede da Apple. Ouvimos ótimas sugestões de startups de aplicativos móveis; e eu via oportunidades por todos os lados.

Então por que comprometer uma parte do capital no desconhecido território dos painéis solares, baterias de carros elétricos e proteínas vegetais? Porque parecia a coisa certa a fazer para a empresa e o planeta. Achei que o mercado de cleantech era um monstro em formação. Eu acreditava que poderíamos ter êxito fazendo o bem.

Buscamos aplicativos móveis e empreendimentos climáticos ao mesmo tempo, apesar dos céticos em ambas as frentes. Nossos investimentos em aplicativos móveis nos deram um estouro de ganhos rápidos. Os investimentos em questões climáticas foram mais lentos desde o princípio. E muitos fracassaram. É difícil construir uma empresa durável em quaisquer circunstância, mas é duplamente difícil construir uma para enfrentar a crise climática.

Kleiner Perkins foi arrasado na imprensa. Porém, com paciência e persistência, defendemos nossos fundadores. Em 2019, os investimentos restantes em cleantech começaram a fazer um home run atrás do outro. Nosso bilhão de dólares em empreendimentos verdes vale hoje US$3 bilhões.

Mas não temos tempo para comemorar. Com os anos passando, o relógio do clima continua correndo. O carbono na atmosfera já excede o limite superior para a estabilidade climática. No ritmo atual, ultrapassaremos 1,5 °C da temperatura média da Terra pré-industrial — o limite para graves danos planetários, dizem os cientistas. Os efeitos do aquecimento global descontrolado já são visíveis: furacões devastadores, enchentes bíblicas, incêndios florestais incontroláveis, ondas de calor assassinas e secas extremas.

Devo avisá-lo previamente: não estamos cortando as emissões rápido o suficiente para evitar danos na nossa porta. Disse isso em 2007 e repito hoje: **O que estamos fazendo não é suficiente**. A menos que corrijamos o curso com velocidade urgente, e em grande escala, estaremos diante do cenário do Juízo Final. O derretimento das calotas polares afogará as cidades costeiras. O fracasso nas colheitas levará à fome generalizada. Na metade do século, um bilhão de almas do mundo poderá ser exilada pelo clima.

Felizmente, temos um aliado poderoso nesta luta: a inovação. Durante os últimos 15 anos, os preços da energia solar e eólica caíram 90%. As fontes de energia limpa estão crescendo mais rápido do que qualquer um esperaria. As baterias estão aumentando a gama de veículos elétricos a um custo cada vez menor. A maior eficiência energética reduziu drasticamente as emissões de gases do efeito estufa.

Embora muitas soluções estejam na mão, as suas implantações não estão nem perto de onde deveriam estar. Precisaremos de investimento pesado e políticas robustas para tornar essas inovações mais acessíveis. Precisamos dimensionar as que temos — imediatamente — e inventar as que ainda precisamos. Em suma, **precisamos da urgência e do novo**.

Então, onde está o plano para fazer tal trabalho? Francamente, é o que está faltando: *um plano de ação*. Claro, há várias maneiras no papel de chegar à emissão zero de carbono, o ponto em que não adicionamos mais gases do efeito estufa à atmosfera do que podemos remover. Mas metas não são planos. Um longo menu de opções, por mais excelentes que sejam, não é um plano. Raiva e desespero não são planos. Nem esperanças e sonhos.

Mais do que qualquer coisa, precisamos de um curso de ação claro. Por isso escrevi este livro. Com a ajuda de alguns dos maiores especialistas do mundo em clima e tecnologia limpa, criei *Velocidade & Escala* para mostrar como, precisamente, podemos baixar as emissões de gases do efeito estufa a zero até 2050. Minha esperança é construir sobre os triunfos e lições conquistados com dificuldade por nossos pioneiros e heróis do clima, muitos deles saudados nestas páginas. Eles são os únicos que abrem novos caminhos, executando de forma melhor e mais inteligente.

Um plano é tão bom quanto uma implementação. Para alcançar esta missão monumental, precisaremos nos responsabilizar por cada etapa do caminho. Esta é a maior lição que aprendi com meu mentor, Andy Grove, o lendário CEO da Intel. É um mantra que já vi provado várias vezes: *Ideias são fáceis. A execução é tudo.*

Para executar um plano, precisamos das ferramentas certas. Em meu livro anterior, *Avalie o que Importa*, delineei o protocolo de definição de metas simples, mas poderosas, que Andy Grove inventou na Intel. Conhecido como OKRs, ou Objectives and Key Results [Objetivos e Resultados-chave, em tradução livre], guiam as organizações a se concentrarem em alguns alvos essenciais, para se alinharem em todos os níveis, almejarem resultados ambiciosos e acompanharem o progresso à medida que avançam — para medirem o que importa.

Agora, estou propondo que apliquemos os OKRs para resolvermos a crise climática, o maior desafio de nossas vidas. Mas, antes de apostar tudo, devemos responder a três perguntas básicas.

Temos tempo suficiente?

Esperamos que sim, mas estamos ficando rapidamente sem.

Temos muita margem de erro?

Não. Não mais.

Temos recursos suficientes?

Ainda não. Investidores e governos estão trabalhando nisso. Mas precisamos de muito mais dinheiro, tanto do setor público quanto do privado, para desenvolver e escalar tecnologias para uma economia limpa. Acima de tudo, precisamos desviar trilhões de gastos em energia suja para as opções limpas. E as usar de forma mais eficiente.

/////////////

Os dados são claros. A hora é agora. Dedico meu tempo, recursos e conhecimento para trabalhar com você, a fim de construirmos um futuro zero líquido. Eu o convido a se juntar ao nosso esforço em speedandscale.com [em inglês]. Para colocar o plano em ação, precisamos do envolvimento de todos. Sobretudo, precisamos executá-lo com velocidade e escala sem precedentes. Isso é o que mais importa.

Escrevi este livro para os líderes de todos os tipos. Para qualquer pessoa em qualquer lugar que possa motivar as outras a agirem com ela. É para empreendedores e líderes empresariais que podem mobilizar o poder dos mercados. Para líderes políticos dispostos a lutar por nosso planeta. Para cidadãos e líderes comunitários que podem pressionar seus representantes eleitos. E, não menos importante, para os líderes da nova geração, como Greta Thunberg e Varshini Prakash, que mostram o caminho para 2050 e além.

***Velocidade & Escala* foi escrito para o líder dentro de você**. Não estou aqui para estimular os consumidores a mudarem o comportamento. Ações individuais são necessárias e esperadas, mas não serão suficientes para atingirem este enorme objetivo. Somente uma ação conjunta, coletiva e *global* pode nos fazer cruzar a linha de chegada a tempo.

Posso parecer um defensor improvável desta chamada à ação. Sou norte-americano, cidadão do maior poluidor histórico da Terra. Sou um homem branco, rico, nascido em St. Louis, Missouri, de uma geração cuja negligência ajudou a criar este problema.

No entanto, do home office, onde escrevi este livro, não muito longe de São Francisco, olhei para as colinas. Então, vi o céu laranja brilhante dos incêndios florestais, os sinais da seca e devastação.

Eles devoram milhões de acres de florestas sozinhos, todos os anos, na Califórnia, jogando de volta mais monóxido de carbono na atmosfera do que todas as emissões de combustíveis fósseis do estado. É o mais vicioso dos círculos. E não posso ficar de braços cruzados. Independentemente das minhas falhas como mensageiro, sou impelido a agir.

Em 15 anos neste caminho, coletei minha parte de cicatrizes. Os empreendimentos em cleantech exigem mais dinheiro, coragem, tempo e perseverança do que qualquer outra coisa. Os horizontes se estendem por mais tempo do que a maioria dos investidores tolera. Os fiascos são dolorosos. Mas as histórias de sucesso — embora poucas e esparsas — valem todos os contratempos e alguns mais. E essas empresas estão mais que lucrando. Estão ajudando a curar a Terra.

Em grande parte, este livro é uma coletânea das histórias de minha própria jornada por esses campos minados. E também das experiências de dezenas de outros líderes climáticos, muitos dos quais tenho orgulho de apoiar como investidores. As narrativas dos bastidores ilustram o potencial do plano de chegar ao zero líquido até 2050, com os obstáculos que precisaremos superar. Minha esperança é que ofereçam ao leitor uma pausa nas seções mais técnicas e repletas de dados. Ao fazer essa jornada, fui inspirado tanto pelo problema quanto pelas pessoas. Espero que você o seja também.

Empreendedores são aqueles indivíduos resistentes que fazem mais com menos do que qualquer um pensa ser possível — e mais rápido. Hoje, aqueles que assumem riscos ousados estão inovando como loucos, enquanto reescrevem as regras para evitar um apocalipse climático. Precisamos engarrafar sua energia empresarial e distribuí-la o mais amplamente possível — para governos, empresas e comunidades em todo o mundo.

Um plano não é uma garantia. Uma transição oportuna para um futuro líquido zero não é algo certo. Mas, embora eu possa ser menos otimista do que alguns, **considere-me esperançoso — e impaciente**. Com as ferramentas e tecnologias certas, políticas aprimoradas com precisão e, acima de tudo, com a ciência do nosso lado, ainda temos uma chance de lutar. A hora é *agora*.

— John Doerr
Julho de 2021

Qual É o Plano?

Introdução

Qual É o Plano?

Em um dia frio de março de 1942, 3 meses após o ataque a Pearl Harbor, o então presidente Franklin D. Roosevelt se encontrou na Casa Branca com Henry "Hap" Arnold, general comandante da Força Aérea norte-americana. Na pauta, um item: o plano de Roosevelt para vencer a Segunda Guerra Mundial. Era um desafio de proporções históricas — principalmente naquele momento, quando as coisas pareciam especialmente sombrias. FDR poderia ter exposto a geopolítica ou catalogado todas as frentes de batalha concebíveis. Ele poderia ter mergulhado em complexidades e detalhes intrincados. Mas, em vez disso, o presidente pegou um guardanapo e esboçou um plano de 3 pontos, reduzido ao básico:

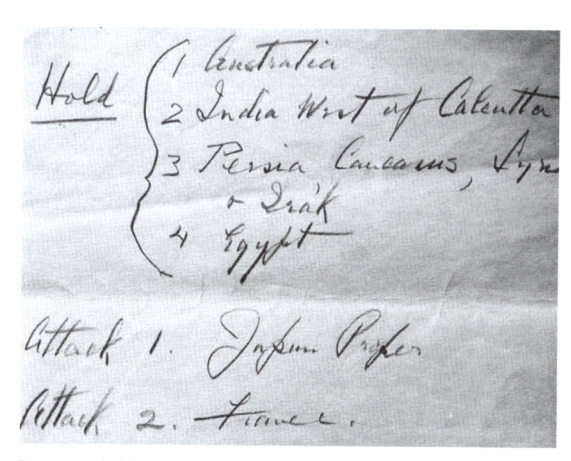

Em março de 1942, FDR esboçou seu plano para vencer a Segunda Guerra Mundial nesse guardanapo.

1. Manter 4 territórios importantes.
2. Atacar o Japão.

3. Derrotar os nazistas na França ocupada.

Os pontos eram definitivos, focados e orientados para a ação. O guardanapo de Roosevelt fornecia aquilo de que a liderança militar do país precisava desesperadamente: clareza.

Não por acaso, o plano acabou dando certo. Depois que a reunião terminou, o general Arnold levou o guardanapo de FDR para o Pentágono. Foi mantido em segredo durante o Dia D. E permaneceu confidencial por décadas. Em 2000, o empresário e colecionador de livros, Jay Walker, o comprou em um leilão para exibir em sua biblioteca.

"Sempre que alguém me diz que um problema é muito complexo para ser resolvido com um plano simples e claro...", diz Walker, "mostro o guardanapo. O problema que você está tentando resolver é realmente mais complicado do que a Segunda Guerra Mundial?"

O que são gases do efeito estufa?

São os gases na atmosfera que absorvem o calor. O Sol irradia energia; você a sente quando sai da sombra. E parte dela é absorvida pela Terra, sendo irradiada de volta para o ar.

Nitrogênio e oxigênio, os gases predominantes, permitem que essa energia térmica passe livremente para o espaço. Mas os gases do efeito estufa são moléculas complexas de ligação mais frouxa, que prendem uma parte da energia e a irradiam de volta para a superfície da Terra. Daí o "efeito estufa", um aquecimento extra adicionado ao calor direto do Sol.

Precisamos dos gases do efeito estufa moderadamente, pois o seu calor é vital. Porém, muito dele, é um problema. O mais abundante, o dióxido de carbono, é inodoro, invisível e teimosamente duradouro. Uma vez liberado de um escapamento ou uma chaminé, permanece na atmosfera por séculos.

O metano é uma fera diferente. Ingrediente primário do gás natural, aquece as casas e acende os fogões. As vacas o liberam em abundância. Embora o metano permaneça na atmosfera muito mais brevemente do que o CO_2, muitas vezes é mais potente para a retenção de calor por curto prazo.

Outros gases também aquecem o planeta. Aqui inclui o óxido nitroso, um subproduto de fertilizantes, bem como alguns refrigerantes comuns. Todos os gases do efeito estufa podem ser calibrados por uma única medida: equivalentes do dióxido de carbono ou CO_2e. Essa métrica abrangente considera os impactos desiguais do aquecimento dos gases de modo geral para tornar as comparações mais significativas.

Introdução xix

Quanto há de gás do efeito estufa em nossa atmosfera?

Na era pré-industrial, cada milhão de moléculas de ar continha em torno de 283 moléculas de CO_2e. Em 2018, o Painel Intergovernamental sobre Mudanças Climáticas advertiu que precisamos manter o CO_2e abaixo de 485 partes por milhão. O problema é que já cruzamos esse limite. Agora estamos em mais de 500 partes por milhão. (Os dados vêm de 80 locais de coleta em todo o mundo, sendo rigorosamente medidos pela National Oceanic and Atmospheric Administration.)

Para evitar uma catástrofe climática, nosso objetivo deve ser evitar qualquer acúmulo adicional de gases do efeito estufa e reduzir o CO_2e para menos de 430 partes por milhão. E mantê-lo assim.

O dióxido de carbono na atmosfera aumentou drasticamente nos últimos 200 anos

Concentração anual de dióxido de carbono (CO_2) medido em partes por milhão (ppm).

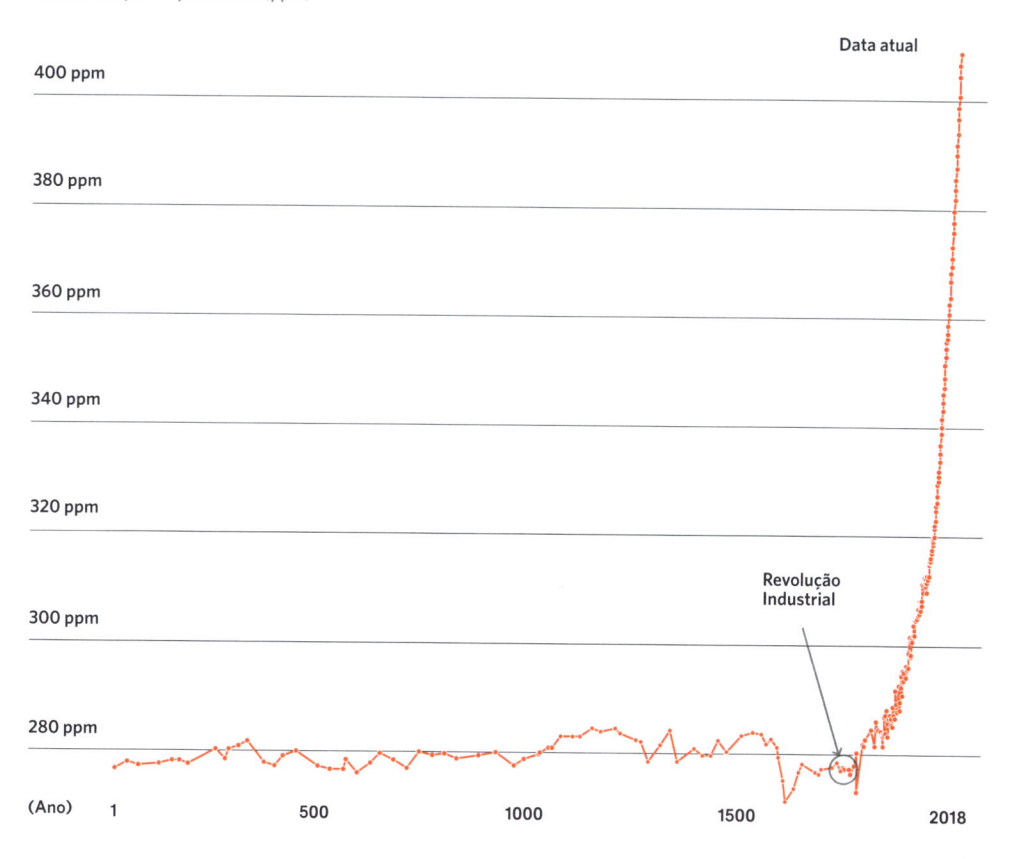

Adaptado de dados e observações por NOAA/ESRL (2018) e Our World in Data.

Quando avaliado em escala planetária, o CO_2e é medido em gigatoneladas ou um bilhão de toneladas métricas — o peso de 10 mil porta-aviões carregados. Queimar 110 galões de gasolina emite uma tonelada de CO_2e. Fornecer energia a 12 mil residências com combustível fóssil por um ano emite 100 mil toneladas de CO_2e. Dirigir 200 mil carros a gasolina, em uma média de 19 mil quilômetros cada, emite 1 milhão de toneladas de CO_2e. Operar 220 usinas de carvão por um ano emite uma gigatonelada de CO_2e. A soma anual de todas as emissões causadas pelo homem é de 59 gigatoneladas de CO_2e.

Por que esses números importam?

As emissões ininterruptas de gases do efeito estufa criaram um aquecimento descontrolado na Terra. Ao todo, a temperatura global média aumentou cerca de 1 °C desde 1880. Embora não pareça muito, esse pequeno número tem um impacto enorme.

A crise climática está chegando há muito tempo. Desde o início da Revolução Industrial, a queima de combustíveis fósseis e outras atividades humanas emitiram mais de 1,6 trilhão de toneladas de gases do efeito estufa na atmosfera — mais da metade das emissões desde 1990. A maioria de nós é parte do problema — qualquer um que já tenha andado de carro ou avião, comido um cheeseburguer ou desfrutado do conforto de uma casa fresca no verão.

Apenas cortes drásticos nas emissões — *antes* de entrarem na atmosfera — podem começar a prevenir o colapso do ecossistema e uma Terra inabitável. Considere as projeções terríveis para o ano de 2100:

Excederemos em muito o nosso limite de 1,5 °C.

Cenários de políticas, emissões e projeções da faixa de temperatura

Sem políticas climáticas 4,1-48 °C.
Aquecimento esperado sem políticas atuais de redução do clima.

Políticas atuais 2,7-3,1 °C.
Aquecimento esperado com as atuais políticas em ação.

Promessas & metas 2,4 °C.
Aquecimento esperado se todos os países cumprirem as promessas de redução.

Caminho de 2 °C.

Caminho de 1,5 °C.

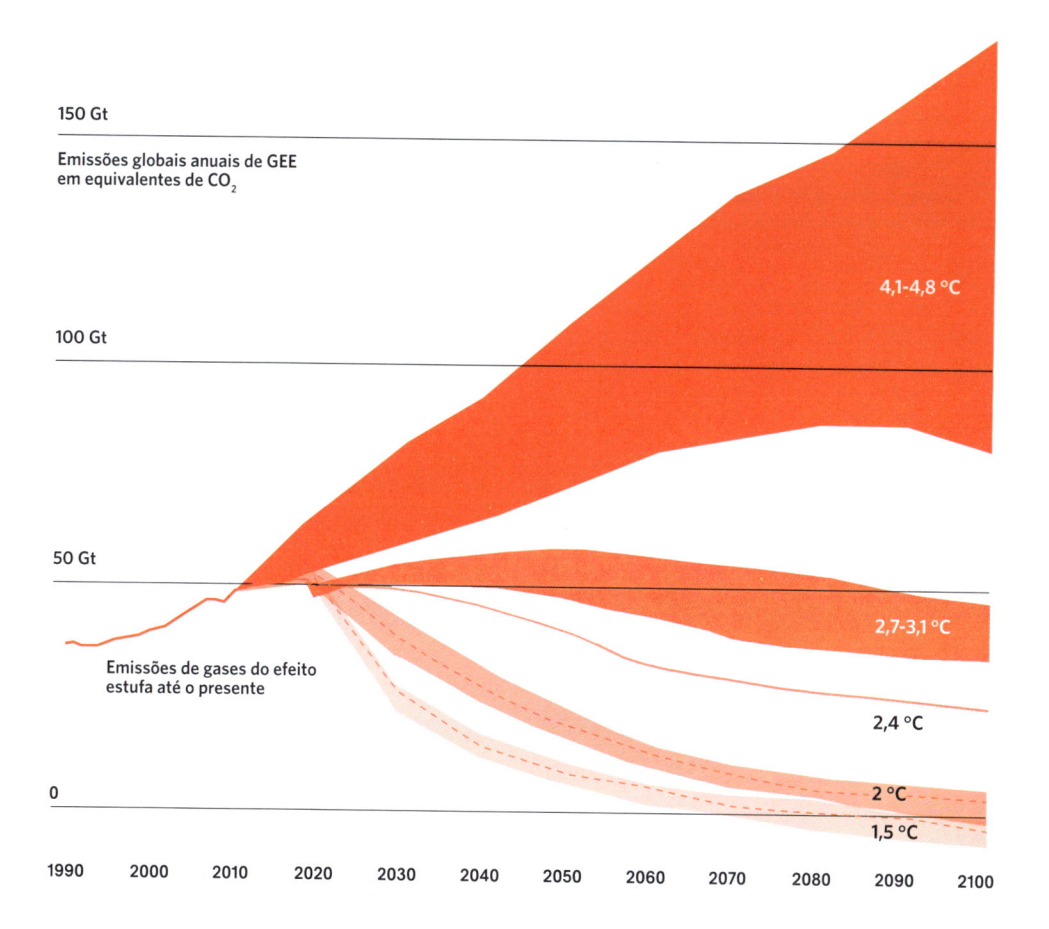

150 Gt

Emissões globais anuais de GEE em equivalentes de CO_2

4,1-4,8 °C

100 Gt

50 Gt

Emissões de gases do efeito estufa até o presente

2,7-3,1 °C

2,4 °C

0

2 °C
1,5 °C

1990 2000 2010 2020 2030 2040 2050 2060 2070 2080 2090 2100

Adaptado de dados e observações por Climate Tracker e Our World in Data.

Com base em vários estudos, 4 °C do aquecimento arrasariam a economia global, especialmente no Hemisfério Sul. A escala de desastre ultrapassaria em muito a crise financeira de 2008. E viria para ficar. Entraríamos em uma depressão climática permanente.

Mas, francamente, avisos desse tipo não nos levarão por um caminho para salvar o planeta. As projeções de 80 anos são muito remotas para o cérebro humano. Alguns graus de aquecimento parecem inócuos demais para serem ameaçadores. Aqui está o maior obstáculo: sem um roteiro, as pessoas demoram a se comprometer com a mudança. A mudança real requer um plano claro e exequível.

///////////////

Você pode me mostrar o plano? Essa foi a pergunta que comecei a fazer após investir centenas de milhares de dólares de capital de risco em todos os tipos de soluções climáticas. Como sabemos agora, um portfólio de soluções não é um plano. Os Beatles notaram a diferença em "Revolution": "You say you got a real solution" ("Você diz que tem uma solução real", em tradução livre), cantavam. "We'd all love to see the plan"("Todos nós adoraríamos ver o plano", em tradução livre).

Então: Como evitar a crise climática se transformar em uma catástrofe climática? **Qual é o plano focado, acionável e mensurável que pode realmente evitar o desastre iminente?** Onde está o guardanapo quando precisamos dele?

Já faz um tempo que estou incomodado com essas questões. Nos últimos 15 anos, li tudo o que pude sobre esse assunto infinitamente complexo. Consultei autoridades de alto nível acerca da teoria e prática de combate às mudanças climáticas. Quanto mais aprendia, mais me preocupava. Em 2009, compartilhei minhas preocupações com um comitê do Senado norte-americano. A revolução tecnológica de energia, eu disse, estava sendo prejudicada por uma política federal ruim e pelo financiamento insuficiente para pesquisa e desenvolvimento.

No ano seguinte, para construir uma rede de inovação em cleantech, meus parceiros e eu organizamos um workshop sobre a crise climática. Reunimos o vencedor do Prêmio Nobel, e então Secretário de Energia, Steven Chu, com alguns dos maiores pensadores climáticos e econômicos do mundo, incluindo Al Gore, Sally Benson, Abby Cohen, Tom Friedman, Hal Harvey e Amory Lovins.

Quando começamos a entender o problema, Kleiner Perkins aumentou os investimentos em cleantech de cerca de 10% para quase metade do nosso portfólio. Ao mesmo tempo, comecei a advogar em Sacramento por políticas de clima e energia de vanguarda na Califórnia. Realizei uma palestra TED emocionante sobre mudanças climáticas e investimentos, incentivando outros a se juntarem à cruzada.

Como membro fundador da American Energy Innovation Council, trabalhei para instar o governo dos EUA a aumentar o financiamento para P&D em questões climáticas. Com alguns defensores da mesma opinião, visitei laboratórios e fábricas no Brasil para ver como a cana-de-açúcar se tornou biocombustível. Fomos em fazendas de energia solar térmica no deserto de Mojave. Caminhamos pela floresta amazônica. E escalamos turbinas eólicas da Califórnia. Nos encontramos com o presidente Obama na Casa Branca. Nossa obstinação foi recompensada com algum financiamento federal inicial para uma nova agência, a ARPA-E, Advanced Research Projects Agency for Energy, e uma cesta de garantias de empréstimos para empresas em estágio inicial.

Internacionalmente, o Acordo de Paris, de 2015, reuniu a comunidade global para declarar suas próprias metas de redução de emissões — um avanço histórico. Mas, como observou John Kerry, o enviado dos EUA para o clima, os compromissos não são adequados à tarefa. Mesmo que as promessas feitas em Paris fossem cumpridas na íntegra, resultariam em um mundo muito mais quente — em 3 °C ou mais em 2100, bem além do ponto de inflexão para a catástrofe global.

Em minha busca por um plano abrangente, analisei mais opções do que posso contar, desde as rigorosamente científicas até as profundamente otimistas, para as mais desoladas e sombrias. Não é difícil ficar confuso ou oprimido. Porém, aqui está o que aprendi ajudando gerações de novas empresas a terem sucesso: **para executar um bom plano, você precisa de metas claras e mensuráveis**. Meu primeiro livro mostrou como os OKRs viabilizam o sucesso em todo tipo de empresa, do Google à Bill and Melinda Gates Foundation, de modestas startups à gigantes da Fortune 500. E acredito que também podem ajudar em emergências globais.

Para saber mais sobre OKRs, veja Resources em whatmatters.com [em inglês].

OKRs significam objetivos e resultados-chave. Eles abordam as duas facetas críticas de qualquer objetivo que valha a pena alcançar: o "o quê" e o "como." Objetivos (Os) são *o que* almeja alcançar. Resultados-chave (KRs) nos dizem *como*. Normalmente, se propagam para objetivos mais granulares.

Um objetivo bem formado é significativo, orientado para a ação, durável e inspirador. Cada objetivo é apoiado por resultados-chave cuidadosamente escolhidos e elaborados. Os resultados-chave fortes são específicos, limitados no tempo, agressivos (mas realistas), e, acima de tudo, mensuráveis e verificáveis.

OKRs não são a soma de todas as tarefas. Ao contrário, concentram-se no que é mais importante, o punhado de etapas de ação essenciais para determinadas buscas. Eles nos permitem acompanhar o progresso à medida que avançamos. E são projetados para visar alto — para se estender por metas ambiciosas, mas ainda alcançáveis.

O zero líquido é a nossa meta. O "líquido" significa que não há um caminho plausível para o zero apenas por meio de reduções de emissões. Também precisaremos nos apoiar na natureza e na tecnologia para remover e armazenar emissões de fontes difíceis de reduzir. Mas, para ser claro, não podemos recorrer à futura limpeza atmosférica como desculpa para continuar queimando combustíveis fósseis. O principal trabalho que temos pela frente é reduzir todas as emissões.

==O OKR de primeira linha de *Velocidade & Escala* é atingir o zero líquido em emissões até 2050 — e chegar à metade do caminho em 2030==, um marco crítico. Diante de um desafio tão grande, os objetivos e resultados-chave nos manterão com olhos claros e práticos. Nos impedirão de prometer algo improvável. E nos salvarão das distrações causadas por objetos atraentes, as inovações aparentemente brilhantes que ainda não podem competir em custo ou atuar em escala. Ao nos responsabilizarmos pelas próprias metas quantitativas, ficamos menos tentados a confiar na esperança. Vamos nos concentrar implacavelmente nas oportunidades maiores e mais frutíferas, aquelas que nos farão chegar ao zero líquido no prazo.

Como as emissões de gases do efeito estufa se somam

24 Gt	**12** Gt	**9** Gt	**8** Gt	**6** Gt
Energia	Indústria	Agricultura	Transportes	Natureza
41%	20%	15%	14%	10%

59 Gt
Total
100%

> Muitas projeções mais baixas de fazer "negócios, como sempre" pressupõem que as políticas atuais sejam mantidas. Mas, como vimos nos EUA, não há garantia de que as políticas permanecerão intactas.

Como vimos, a emissão de gases do efeito estufa soma 59 gigatoneladas de CO_2e por ano. Manter o *status quo* nos levará ao norte dessa figura, algo entre 65 e 90 gigatoneladas todos os anos. Pelos padrões de lógica e justiça, as nações responsáveis pela maior parte das emissões do planeta devem ser as primeiras a cortá-las agressivamente. À medida que o mundo desenvolvido lidera pelo exemplo, isso também reduzirá os custos de energia limpa para o globo em desenvolvimento.

Nossas metas estão de acordo com os cálculos do Painel Intergovernamental sobre Mudanças Climáticas, o Programa das Nações Unidas para o Meio Ambiente e os delegados que negociaram o Acordo de Paris. Todos os 3 computaram níveis de emissões que se correlacionam com os cenários de aquecimento de 1,5 °C, 1,8 °C e 2 °C em relação aos níveis pré-industriais. Para simplificar o objetivo, **Velocidade & Escala alinhou seus resultados principais com a meta mais ambiciosa, um aquecimento de não mais que 1,5 °C**. Essa é a melhor chance de evitar uma calamidade climática — embora os cientistas concordem que não é certo. O que é mais uma razão para agirmos rapidamente.

Então, eis o plano: o Plano Velocidade & Escala para resolvermos a crise climática. Como o rascunho a lápis de FDR, contém apenas um punhado de palavras. Mal dá uma ideia de como os nossos objetivos serão difíceis de alcançar. Ele realmente caberia em um guardanapo:

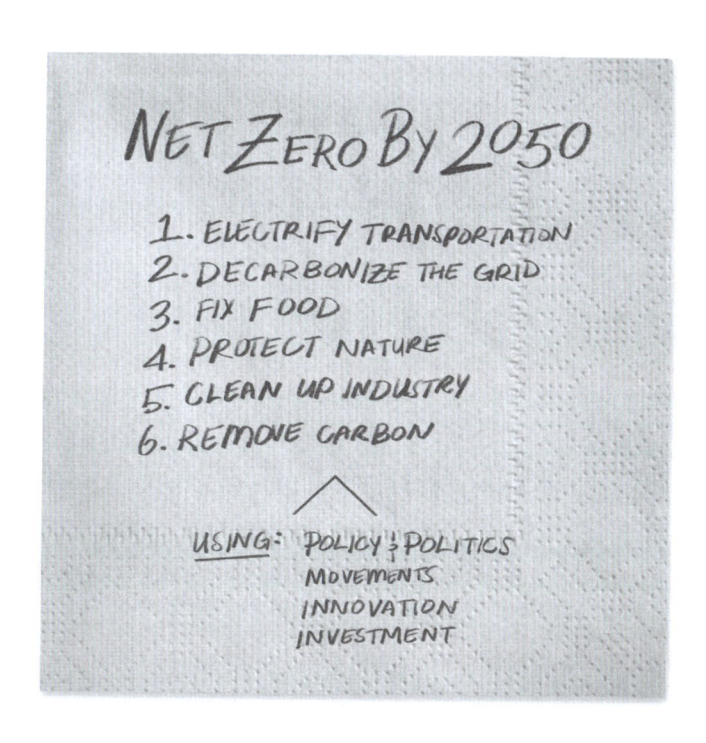

NET ZERO BY 2050

1. ELECTRIFY TRANSPORTATION
2. DECARBONIZE THE GRID
3. FIX FOOD
4. PROTECT NATURE
5. CLEAN UP INDUSTRY
6. REMOVE CARBON

USING: POLICY & POLITICS
MOVEMENTS
INNOVATION
INVESTMENT

Os primeiros 6 itens apoiam o objetivo de primeira linha: resolver a crise climática, chegando ao zero líquido no máximo até 2050. Todos os 6 são mundos entrelaçados em si mesmos. E cada um tem seu próprio capítulo. Compõem a Parte I do livro "Zerar as Emissões". Abaixo deles, há um grupo de "aceleradores" para a ação climática. Essa é a Parte II, "Acelerar a Transição", com 4 capítulos, um por acelerador.

Para moldar os principais resultados, recrutamos uma equipe de especialistas em políticas, empresários, cientistas e outros líderes climáticos que doaram generosamente seu tempo e consideração. Fomos inspirados pelas soluções e caminhos recomendados pelas autoridades de Project Drawdown, Environmental Defense Fund, Energy Innovation, World Resources Institute, RMI (antigo Rocky Mountain Institute) e Breakthrough Energy.

No espírito de FDR, pretendemos ser claros e concisos:

Por "Electrify Transportation" (Eletrificar o Transporte), queremos dizer mudar os motores a gasolina e diesel para bicicletas, carros, caminhões e ônibus elétricos (Capítulo 1).

Por "Decarbonize the Grid" (Descarbonizar a Rede), queremos dizer substituir os combustíveis fósseis por energia solar, eólica e outras fontes de emissão zero (Capítulo 2).

Por "Fix Food" (Ajustar a Comida), queremos dizer restaurar o solo rico em carbono, adotando melhores práticas de fertilização, motivando os consumidores a comer mais proteínas de baixa emissão e menos carne, reduzindo o desperdício de alimentos (Capítulo 3).

Por "Protect Nature" (Proteger a Natureza), estamos nos referindo a intervenções e proteções para florestas, solo e oceanos (Capítulo 4).

Por "Clean up Industry" (Limpar a Indústria), queremos dizer que toda a manufatura — especialmente concreto e aço — deve reduzir drasticamente as emissões de carbono (Capítulo 5).

Por "Remove Carbon" (Remover o Carbono), estamos dizendo que devemos remover o dióxido de carbono da atmosfera e armazená-lo por um longo prazo, usando soluções naturais e de engenharia (Capítulo 6).

Quanto aos 4 aceleradores, vamos agilizar as soluções fazendo o seguinte:
- → Implementando políticas públicas vitais (Capítulo 7).
- → Transformando movimentos em ações climáticas significativas (Capítulo 8).
- → Inventando e escalando tecnologias poderosas (Capítulo 9).
- → Distribuindo capital em grande escala (Capítulo 10).

Como não podemos falhar, cada uma dessas metas vem com seu próprio conjunto de resultados-chave mensuráveis. Acompanharemos nosso progresso em direção a esses marcos para mostrar como estamos indo e se precisamos acelerar nosso ritmo ou reajustar o curso.

Embora acredite que todos os nossos objetivos são alcançáveis, nenhum deles é certo. Podemos superar alguns de nossos principais resultados e ficar aquém de outros. E está tudo bem — desde que cheguemos ao zero líquido até 2050. Essa é a nossa dívida para com as gerações futuras; ela deve ser paga integralmente.

Nossos objetivos são informados pelo trabalho de uma rede mundial de valentes pesquisadores do clima. Por muito tempo, eles têm sido vozes clamando no deserto; somente nesta décima primeira hora aqueles com poder, influência e dinheiro começaram a os ouvir. Seu trabalho orienta nossas estimativas sobre fontes de emissão de carbono, de onde e como os cortes necessários podem ser feitos.

Velocidade & Escala: Contagem para o zero líquido

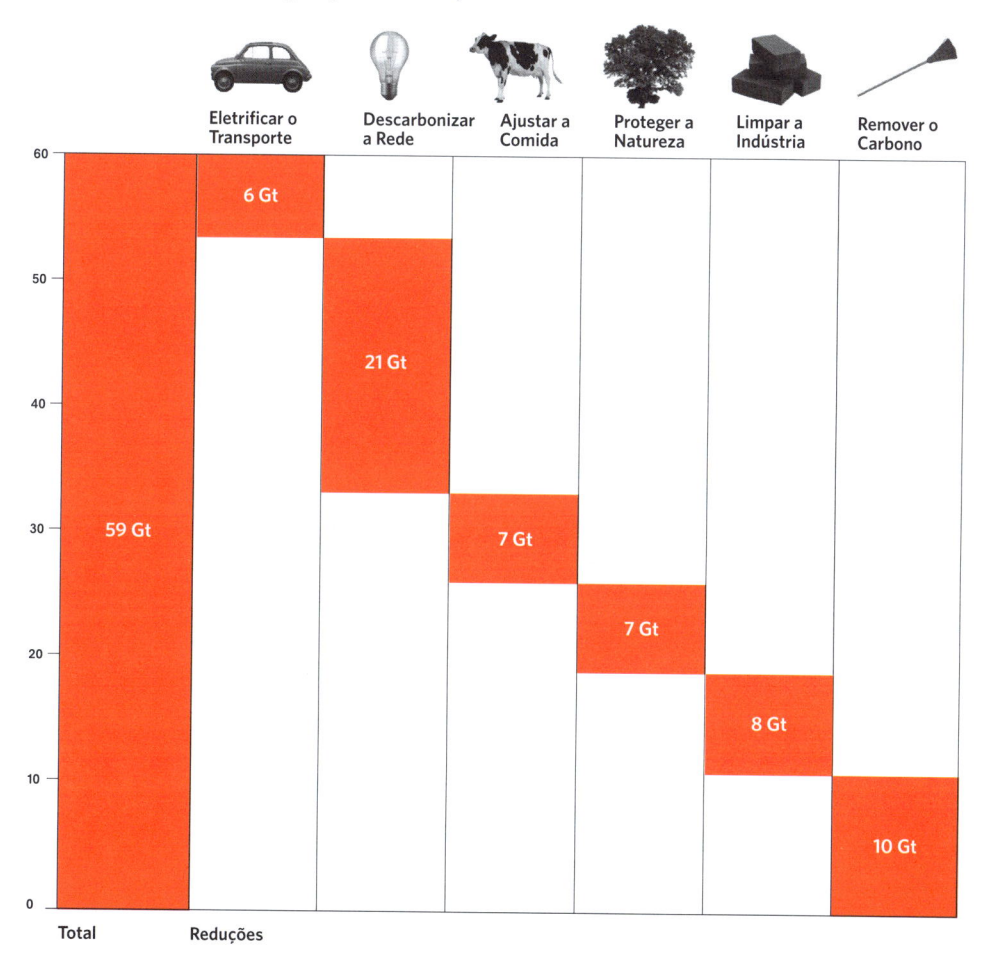

	Eletrificar o Transporte	Descarbonizar a Rede	Ajustar a Comida	Proteger a Natureza	Limpar a Indústria	Remover o Carbono
Total: 59 Gt	6 Gt	21 Gt	7 Gt	7 Gt	8 Gt	10 Gt

Reduções

Para ser justo, devemos fazer uma advertência. Embora saibamos com alto grau de precisão quanto gás de efeito estufa está na atmosfera, nossos cálculos das emissões atuais — por país e setor — envolve margens de incerteza. As metas para cortar essas emissões representam uma visão séria de como enfrentar a crise diante de nós. Nem mais, nem menos.

Como aprendi nos negócios, muitas vezes existem várias respostas certas. O mesmo ocorre com políticas públicas e soluções climáticas. O Plano Velocidade & Escala não é o único plano "certo" para esta emergência, mas acreditamos que atinge um equilíbrio prático. É extremamente ambicioso, contudo, enraizado em realidades difíceis. De muitas maneiras, é a aplicação final dos objetivos e resultados-chave. Ainda estou para ver uma meta mais ousada do que esta para chegar ao zero líquido.

////////////

Estamos em perigo, para dizer o mínimo. E o que dá medo e raiva é que não tinha que ser assim. Quarenta anos atrás, um cientista da Exxon, chamado James Black, conectou os pontos entre os combustíveis fósseis, o aumento dos níveis de carbono e o aquecimento global.

VUGRAPH 18

SUMÁRIO

I. LIBERAÇÃO DE CO_2 FONTE MAIS PROVÁVEL DE MODIFICAÇÃO CLIMÁTICA INADVERTIDA.

II. A OPINIÃO DOMINANTE ATRIBUI O AUMENTO DE CO_2 À COMBUSTÃO DE COMBUSTÍVEIS FÓSSEIS.

III. DOBRAR O CO_2 PODE AUMENTAR A TEMPERATURA GLOBAL DE 1°C A 3°C ATÉ 2050 A.D. (10°C PREVISTO NOS POLOS).

IV. NECESSÁRIO MAIS PESQUISA NA MAIORIA DOS ASPECTOS DO EFEITO ESTUFA.

V. 5-10 ANOS. JANELA DE TEMPO PARA OBTER INFORMAÇÕES NECESSÁRIAS.

VI. GRANDE ESFORÇO DE PESQUISA SENDO CONSIDERADO PELA FORÇA.

Trecho da apresentação interna da Exxon, 1978.

Na época, poderíamos ter saído desse engarrafamento com mudanças incrementais — digamos, cortes e emissões em 10% ou mais por década. Mas a análise do cientista foi ignorada e as outras pesquisas suprimidas, já que a Exxon (depois ExxonMobil, após a fusão) passou a liderar a acusação de negação das mudanças climáticas. Vinte e tantos anos atrás, quando Al Gore cedeu e George W. Bush se tornou presidente, poderíamos ter nos livrado com ações agressivas para cortar 25% por década.

Porém agora estamos sem tempo. E meias medidas não serão suficientes. Para bater as probabilidades e limitar o aquecimento em 1,5 °C, de acordo com o IPCC, não podemos emitir mais de 400 gigatoneladas. Esse é o orçamento de carbono — e estamos a caminho de gastá-lo nesta década. **Nada menos do que uma ação drástica e imediata o impedirá**. Precisamos cortar 50% das emissões até 2030. E o resto até 2050. Porque, estejamos prontos ou não, danos climáticos irreversíveis estão se formando.

Vamos considerar as estratégias que podem desbloquear um futuro zero líquido. Em ordem de impacto de clima, são:

> O presidente Obama enquadrou o desafio diante de nós com sua eloquência habitual: "Somos a primeira geração a sentir o efeito das mudanças climáticas e a última que pode fazer algo."

1. **CORTAR** (reduzir emissões).
2. **CONSERVAR** (ficar mais eficiente).
3. **REMOVER** (limpar o que sobrou).

Evitar as emissões de gases do efeito estufa — digamos, eletrificando o transporte ou descarbonizando a rede — continua sendo o principal curso de ação. É a maneira mais rápida e confiável para reduzir gigatoneladas de gases. A seguir, vem a eficiência energética, que nos proporciona mais produção por entrada de energia.

A terceira estratégia é a remoção natural ou tecnológica e o armazenamento de carbono a longo prazo. Aborda emissões difíceis de evitar, especialmente em transporte, indústria e agricultura. Mesmo com os melhores e mais focados esforços globais, as emissões estarão conosco em um futuro previsível. Devemos acrescentar, no entanto, que a remoção do dióxido de carbono não é um substituto para anulação ou eficiência, mas sim um complemento crítico. Precisamos seguir os três caminhos simultaneamente.

///////////////

O Plano Velocidade & Escala desafia os líderes de todos os lugares. Seja tanto no governo quanto nos negócios a serem guiados por um profundo sentimento de justiça climática e equidade. Para garantir uma transição justa, devemos reconhecer as diferenças entre os países desenvolvidos e os em desenvolvimento. Há grandes disparidades em sua capacidade econômica de se afastar dos combustíveis fósseis. E na velocidade que podem ir. Logo, devemos estar atentos aos milhões de trabalhadores comuns, cujo sustento se vincula aos combustíveis fósseis. Eles merecem reciclagem e oportunidades de trabalho de qualidade em nosso futuro verde.

Por fim, temos que reconhecer as desigualdades relacionadas ao clima dentro dos países também. A poluição por combustíveis fósseis tem um impacto desproporcional nas comunidades pobres e negras. Elas têm menor responsabilidade na crise e são menos capazes de se protegerem contra os estragos. Aqueles que são mais prejudicados por indústrias intensivas em carbono devem receber sua parte dos benefícios de transição energética já em andamento.

As tecnologias limpas contribuem para um novo começo. À medida que usinas de energia a carvão fecham, devemos aproveitar a oportunidade para reviver as comunidades a favor do vento e fazer a transição dos trabalhadores para empregos de energia limpa. Devemos parar de despejar carbono, metano e outros gases do efeito estufa na preciosa atmosfera, como se fosse um esgoto a céu aberto.

///////////////

Lembre-se de que o plano é projetado para reduzir as emissões profundamente. Não tem a intenção de ajudar a nos adaptar a um mundo cada vez mais quente. Sim, a mudança climática já está em andamento. E, sim, precisamos investir para proteger as cidades e zonas rurais contra furacões, tornados, ciclones, incêndios florestais, inundações e secas cada vez mais ferozes. Contudo, quanto mais fizermos hoje para limitar o aquecimento global, menos drásticas as adaptações precisarão ser.

Quando perguntado por que assaltava bancos, Willie Sutton supostamente disse: "Porque é onde o dinheiro está." Portanto, temos que ir aonde estão as emissões. **Precisamos ir para as gigatoneladas**. Isso significa rastrear os 20 principais emissores, responsáveis por 80% dos gases do efeito estufa no mundo. Significa mirar particularmente nos 5 principais, que representam quase 2/3: China, EUA, União Europeia (incluído o Reino Unido), Índia e Rússia.

Em junho de 2021, pelo menos 14 países — incluindo Alemanha, Canadá, Reino Unido e França — tinham uma lei ou proposto uma legislação para reduzir as emissões de carbono para o zero líquido até 2050. O problema é que todos esses países somados respondem por apenas cerca de 17% do total das emissões globais.

Os principais emissores começaram a sinalizar suas ambições apenas recentemente. O plano da administração Biden para a ação climática pede o zero líquido até 2050, um salto impressionante com relação à política norte-americana anterior. A União Europeia se comprometeu a fazer o mesmo. A China declarou um compromisso nacional de chegar lá até 2060 — muito tarde, em nossa opinião, mas pelo menos uma base para negociação. A Índia e a Rússia ainda têm que fazer alguma promessa de zero líquido. Ainda assim, finalmente há motivos para esperança na frente internacional. O que resta é a questão importantíssima do acompanhamento.

Mitigar décadas das emissões imprudentes de carbono não irá sair barato. Mas sabemos que será muito mais caro adiar uma ação agressiva do que começar hoje. Nas eloquentes palavras do internacionalmente reconhecido especialista em políticas climáticas, Hal Harvey: **Hoje é mais barato salvar a Terra do que a arruinar.** Embora a aposta em tecnologia limpa já tenha sido vista como arriscada ou precipitada, está começando a ser considerada como a via expressa para o crescimento econômico.

///////////////

Enquanto escrevo, a crise do coronavírus ainda está entre nós, com um número terrível e inaceitável de mortes em muitas partes do mundo. A pandemia nos lembra como é vital reagir *antes* que ocorra um desastre. E o mesmo se aplica à crise climática. Na qual cada grama de prevenção nos salvará de dores inimagináveis.

Em 2020, em meio à pandemia, a vida como conhecemos praticamente parou. No entanto, todas as restrições impostas pelo Covid-19 retiraram apenas 2,3 gigatoneladas das emissões de carbono do topo, em torno de 6% das emissões anuais de gases do efeito estufa mundial. Logo, mesmo aquela pequena redução foi embora. E a poluição do carbono voltou com força total. A privação de curto prazo pode ajudar a desacelerar a propagação de uma praga, mas não resolve a crise climática.

A tarefa diante de nós é clara. A necessidade de agir nunca foi tão urgente. Se atingirmos o zero líquido a tempo, podemos nos orgulhar com justiça do planeta que passamos para os filhos e as gerações futuras.

Então, vamos agir, com velocidade e escala.

Parte I - Zerar as Emissões

Eletrificar o Transporte

Capítulo 1

Eletrificar o Transporte

Existe um antigo axioma do capital de risco: *Nunca invista em qualquer coisa que tenha rodas.* Em 2007, não muito depois de se comprometer a investir em cleantech, Kleiner Perkins, pensou em quebrar essa regra. Devemos apoiar uma empresa de carros elétricos? Pessoas inteligentes me desaconselharam. Em pouco mais de um século, mais de mil foram lançadas. E quase todas já não existem. Muitas fracassaram espetacularmente. Lembra do DeLorean?

Kleiner se envolveu em discussões com um brilhante designer que fez fama na Aston Martin e na BMW. Henrik Fisker veio da Dinamarca, mas vivia em Los Angeles. Em nossa primeira reunião, ele esboçou um plano estratégico para produzir um carro elétrico para consumidores de luxo. Então baixou a curva de preço em direção ao meio do mercado, onde está o dinheiro real. A Fisker Automotive faria apenas a estrutura do carro, minimizando o risco. Para a bateria, a parte mais cara, contrataram a bem consolidada A123 Systems, com tecnologia criada pelo conceituado Yet-Ming Chiang, do MIT.

Mais ou menos naquela época, fomos abordados por uma dupla de engenheiros, que batizaram a startup em homenagem a Nikola Tesla, o lendário inventor. Eles fizeram parceria com um empresário do PayPal de grande sucesso, que aplicou tanto do próprio dinheiro que agora é presidente do conselho. Foi assim que Elon Musk nos procurou para apresentar sua ideia.

Gostamos do plano de três passos dos negócios de Elon. A Tesla começaria com um carro esporte de ponta, o Roadster, para mostrar que veículos elétricos (também chamados EVs) eram viáveis *e* legais. A empresa estava pronta para começar a produção tão logo levantasse capital. A seguir, viria um sedã de luxo, o Modelo S, para competir com a BMW e a Mercedes. Por fim, com 10 anos ou mais de estrada, a Tesla lançaria um EV de baixo custo, para o mercado de massa.

O prazo prolongado não me incomodou. Na verdade, nada no plano de Tesla me incomodou — era estrategicamente sólido e bem estruturado. Mas, mesmo se Kleiner tivesse recursos para investir em Fisker e Tesla, não teria dado certo. Como concorrentes, nos colocariam em um conflito de interesses. Teríamos que escolher um ou outro.

Tomamos a decisão errada — muito errada. Ao escolher Fisker, perdemos um dos investimentos de maior retorno de todos os tempos. Ainda dói; a Tesla teria sido uma viagem e tanto. Porém, mesmo que não tenhamos conseguido, estou emocionado com o resultado para o mundo. Elon conduziu a empresa por alguns dos pontos mais difíceis já enfrentados por uma startup.

> Um investimento inicial de US$1 milhão na Tesla em 2007 valeria hoje mais de US$1 bilhão.

Veículos elétricos estão ganhando popularidade

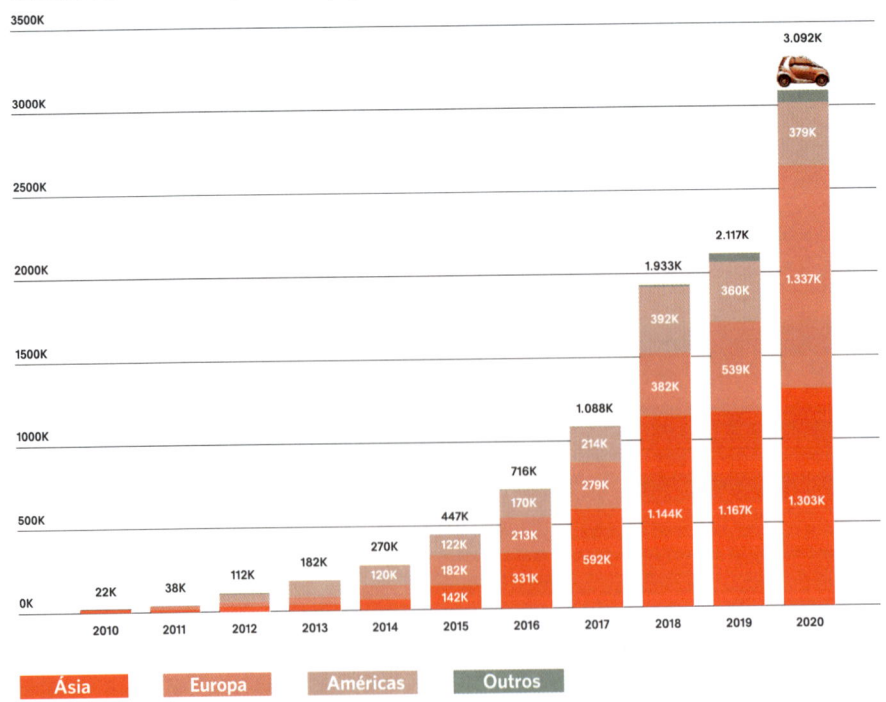

Ano	Ásia	Europa	Américas	Outros	Total
2010			22K		
2011			38K		
2012		112K			
2013		182K			
2014	120K	270K			
2015	142K	182K	122K		
2016	331K	213K	170K		447K
2017	592K	279K			716K
2018	1.144K	382K	214K		1.088K
2019	1.167K	539K	360K		1.933K
2020	1.303K	1.337K	379K		2.117K / 3.092K

Adaptado de dados e gráficos por BloombergNEF.

A Tesla prosperou enquanto impulsionava a indústria automotiva. Para ajudar a impulsionar o mercado de veículos elétricos, a empresa compartilhou gratuitamente suas patentes com os concorrentes.

Em 2019, a Tesla vendia um a cada cinco veículos elétricos no mundo. Em 2020, vendeu meio milhão. Ostenta um valor no mercado de ações com cerca de US$600 bilhões, mais do que seus quatro rivais mais próximos somados. Melhor de tudo, em um clássico efeito cascata, Elon estimulou os líderes automotivos globais a aumentarem a produção de EV. Cada uma das vendas é uma boa notícia para o plano climático.

E a escolha de Kleiner? A Fisker Karma teve uma estreia magnífica para o modelo de 2012. O carro era elegante e bonito. Mas, por razões que vão desde o preço (mais de US$100 mil) ao desempenho, não vendeu. Antes do mercado de Fisker se materializar, a A123 Systems, o fabricante de baterias seguras, dobrou. Alguns incêndios em sedãs acionaram um recall. Todas as esperanças remanescentes foram destruídas em um dia úmido de outubro de 2012, no Porto de Newark, Nova Jersey, quando o Furacão Sandy inundou uma remessa de US$30 milhões de híbridos plug-in Karma, vindos da Europa. Mais de 300 carros deram perda total; 16 explodiram. A Fisker acabou antes de começar.

Contagem Regressiva no Setor de Transportes

A contagem regressiva global de 59 gigatoneladas para o zero líquido cobre cinco grandes fontes de emissões: transportes, energia, agricultura, natureza e indústria. O primeiro objetivo, eletrificar os transportes, mira 8 gigatoneladas de emissões, que vêm, principalmente, dos canos de escapamento. Para alcançar a meta, o mundo precisa substituir todos os veículos a gasolina — e a diesel — por uma frota de carros, caminhões e ônibus de emissão zero até 2050.

A eletrificação dos transportes já existe. Em janeiro de 2021, quase 10 milhões de EVs estavam nas ruas do mundo inteiro. Entretanto a tecnologia de que precisamos para escalar está atrasada. E o **progresso, frustrantemente lento. Precisamos acelerar.** O mundo dirige mais quilômetros a cada ano. Nas próximas duas décadas, apesar da crescente popularidade dos EVs, vislumbra-se que o número de quilômetros percorridos por veículos a combustão permanecerá no nível atual. Não estamos rápidos o suficiente, porque os EVs ainda não competem em conveniência e custo com os carros a gasolina e diesel. Com a vida útil média de um carro novo em até 12 anos, o volume de negócios da frota global desacelerou para um engatinhar. Os veículos a combustão continuarão a jorrar carbono por muito tempo.

O impacto da eletrificação completa não pode ser exagerado. E vai além da mudança climática. A cada ano, minúsculas partículas de canos de escapamento e usinas de energia causam 350 mil mortes prematuras só nos EUA. E uma em cada cinco no mundo. De acordo com a Agência de Proteção Ambiental, a poluição está ligada a doenças cardiovasculares e a câncer no pulmão. O transporte eletrificado é mais do que a pedra angular do plano zero líquido. É essencial para conter doenças mortais que afetam desproporcionalmente os países mais pobres e as comunidades não brancas. É uma questão de vida ou morte.

Nove dos dez carros nas ruas hoje são movidos a combustíveis fósseis.

Em nossos esforços para limpar os transportes das emissões de gases do efeito estufa, elaboramos um punhado de Resultados-Chave. Um bom resultado pode ser medido e verificado com dados disponíveis publicamente. Se atingirmos todos os resultados-chave, teremos a certeza de cumprir o objetivo — nesse caso, cortar as emissões no setor para 2 gigatoneladas por ano.

Objetivo 1
Eletrificar os Transportes

Redução de 8 gigatoneladas nas emissões dos transportes para 2 gigatoneladas até 2050.

RC 1.1 — **Preço**
Os EVs alcançam a paridade preço-desempenho em novos veículos com motor de combustão nos EUA até 2024 (US$35K). Na Índia e China até 2030 (US$11K).

RC 1.2 — **Carros**
Um entre dois novos veículos pessoais comprados no mundo será um EV em 2030. E 95% em 2040.

RC 1.3 — **Ônibus e Caminhões**
Todos os novos ônibus serão elétricos em 2025. E 30% dos caminhões médios e pesados comprados serão veículos de emissão zero em 2030. 95% dos caminhões em 2045.

RC 1.4 — **Quilômetros**
50% dos quilômetros percorridos (2-eixos, 3-eixos, carros, ônibus e caminhões) nas estradas do mundo serão elétricos em 2040; 95% em 2050.

↓ 5Gt

RC 1.5 — **Aviões**
20% dos quilômetros voados usarão combustível de baixo carbono em 2025. 40% dos quilômetros voados serão neutros em carbono em 2040.

↓ 0,3Gt

RC 1.6 — **Marítimo**
Mudar todas as novas construções para navios "zero pronto" em 2030.

↓ 0,6Gt

← Para resultados-chave designados, o corte de emissões é quantificado em gigatoneladas. Por exemplo, RC 1.4 produz uma redução de 5 gigatoneladas.

Nosso RC Preço (1.1) quebrou uma teimosa barreira para veículos elétricos: paridade de preço e desempenho com motores de combustão. Se os EVs pretendem capturar a maior parte do mercado de automóveis de passageiros, eles devem ser amplamente acessíveis. Quando as pessoas gastam mais para comprar um produto "verde", em vez de um que emite mais carbono, pagam o que é conhecido como "premium verde", termo que ouvi pela primeira vez de Bill Gates. Os mercados provaram que, quando dada uma escolha, a maioria não paga ou não pode pagar um premium pela energia. "As pessoas vão adotar a solução de baixo custo", diz Eric Toone, líder técnico do fundo Breakthrough Energy. "Se custar 5 centavos a mais o litro do combustível mais limpo, versus o petróleo das areias betuminosas mais sujas do mundo, muitas pessoas não pagarão por aquilo." E mesmo os dispostos a pagar mais esperarão um desempenho superior.

O premium verde varia amplamente entre os setores

	Preço "verde" (sem ou com pouco carbono)	Preço tradicional do produto	Premium verde
Eletricidade	US$0,15/kWh*	US$0,13/kWh**	US$0,02/kWh (15%)
EVs de Passageiros	US$36.500 (Chevy Bolt)	US$25.045 (Toyota Camry)	US$11.455*** (46%)
Combustível de transporte de longa distância: Caminhão/frete	US$3,18/litro (Biodiesel B99)	US$2,64/galão (Diesel)	US$0,54/galão (20%)
Concreto	US$224/ton	US$128/ton	US$96/ton (75%)
Combustível de avião	US$9,21/litro	US$1,84/litro	US$7,37/litro (400%)
Ida e volta (econômica) SFO para o Havaí	US$1.069/passagem	US$327/passagem	US$742/passagem (227%)
Carne moída de hambúrguer	US$8,29/libra	US$4,46/libra	US$3,83/libra (86%)

Fonte: Múltiplas. Ver notas finais.

*Contrato solar residencial.
**Preço médio global ao consumidor, incluindo distribuição.
***Antes dos incentivos.

Os primeiros a adotarem, e os cidadãos preocupados por si só, não nos levarão ao zero líquido. Para garantir uma guinada do mercado para os veículos elétricos, precisaremos de performance *melhor* a preços compatíveis. Neste contexto, **o premium verde é uma medida aproximada da dificuldade de cada problema** — de quão longe temos que ir para chegar ao zero líquido, seja para veículos elétricos, produtos alimentícios ou cimento.

Nosso **RC Carros (1.2)** considera os veículos elétricos responsáveis pela maioria das vendas de veículos novos até 2030 — uma grande extensão por qualquer estimativa. Graças às políticas públicas esclarecidas, o futuro de que precisamos está acontecendo hoje em partes da Europa. A Noruega já possui 75% de participação no mercado EV para venda de carros novos. A China passou 5% para se tornar o maior mercado em vendas unitárias. Nas grandes cidades chinesas, um em cada 5 carros vendidos são EVs. Os EUA, apesar de serem o lar do Tesla, a maior fabricante de veículos elétricos, não tem mais que 2%.

Milhas percorridas por carros elétricos estão atrasadas em todas as categorias

- Veículos elétricos
- Motor a combustão interna

	Veículos de passageiros	Veículos comerciais	2 e 3 eixos	Ônibus municipais
Motor a combustão interna	99,30%	99,90%	81,40%	69,10%
Veículos elétricos			18,60%	30,90%

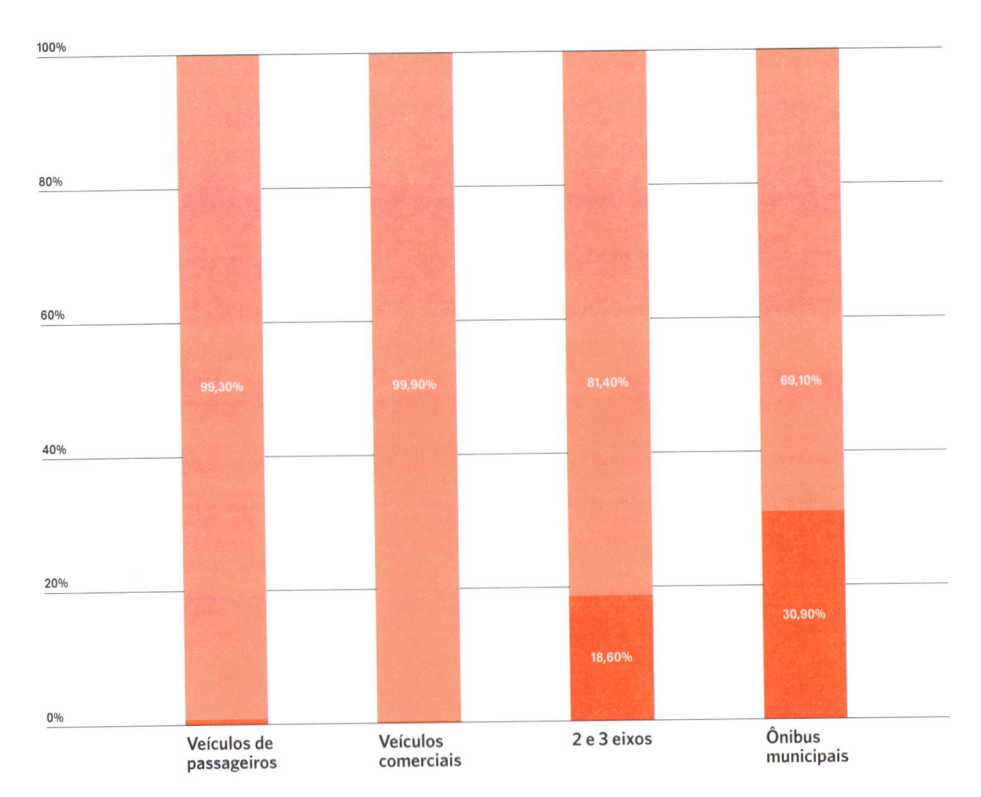

Adaptado de dados e gráficos de BloombergNEF.

As grandes montadoras já estabelecidas podem ver as projeções de crescimento na parede. A Volkswagen investe mais de US$85 bilhões em eletrificação até 2025. General Motors, Ford e Hyundai também estão apostando alto na eletrificação das frotas.

Nosso **RC Ônibus e Caminhões (1.3)** foca duas classes de veículos que têm menos atenção do que os carros de passeio, apesar das suas emissões excessivas. Enquanto ônibus e caminhões representam 10% dos veículos nas ruas, eles geram 30% dos gases do efeito estufa globais do setor.

Nosso **RC Quilômetros (1.4)** vincula-se mais diretamente aos cortes de emissões. Ao focar o total de quilômetros percorridos, é responsável por todos os veículos na estrada, desde os EVs recém-cunhados até os veículos de combustão mais antigos e sujos. Globalmente, em 2020, menos de 1% do total de quilômetros percorridos por carros de passeio era feito por carros elétricos. Considerando a escala de mais de 13 trilhões de quilômetros percorridos em todo o mundo a cada ano, chegar a 100% até 2050 é uma elevação ambiciosa.

Nosso **RC Aviões (1.5)** reúne a indústria da aviação para acelerar na adoção de combustível sustentável. A meta é que 20% de todas as milhas aéreas sejam voadas com combustíveis de baixo carbono até 2025. Em um horizonte mais amplo, a indústria precisará inventar caminhos para voos neutros em carbono com aviões mais eficientes movidos a combustíveis sintéticos, eletricidade ou hidrogênio.

Nosso **RC Marítimo (1.6)** pede reduções mais agressivas nas emissões em transporte marítimo de cargas e cruzeiros. O óleo combustível pesado gera grandes quantidades em dióxido de carbono e óxidos de enxofre. Mais de dois terços das emissões é expelido dentro de 250 milhas da costa, expondo centenas de milhões de pessoas a poluentes nocivos.

Dada a vida útil de 15 anos do graneleiro típico, o setor marítimo será especialmente desafiador. O caminho a seguir é estimular a indústria a fazer ou reformar navios para que fiquem "prontos para emissão zero" usando fontes de energia mais limpas. Nesse ínterim, as emissões marítimas podem ser reduzidas diminuindo a velocidade dos navios, com motores mais eficientes, melhorando cascos e sistemas de propulsão ao adicionar filtros para capturar essas pequenas partículas mortais antes que escapem para o ar.

Como Vai a General Motors, Vão os Estados Unidos

Em 1953, Charles Wilson, o diretor-executivo da General Motors, foi nomeado pelo presidente Dwight Eisenhower como secretário de Defesa. Quando Wilson deixou claro que não venderia as participações substanciais nas ações da GM, um senador dos EUA perguntou sobre o potencial para um conflito de interesses. Wilson respondeu: "Não consigo imaginar, porque durante anos pensei que o que era bom para o país, era para a General Motors e vice-versa." Durante os anos, a declaração de Wilson (com alguma licença) foi invocada para elogiar e ridicularizar a GM, bem como os negócios em geral. Mas não há dúvida de que o maior fabricante de automóveis dos EUA moldou significativamente a economia do país, até mesmo a identidade.

Após uma ou duas largadas falsas, a General Motors abraçou o papel de liderança no desenvolvimento das soluções de emissão zero. De volta a 1996, a empresa lançou o primeiro carro elétrico comercial, o EV1, com autonomia de 80km. Como observou a *Wired*, era "impraticável, pequeno e totalmente condenado". A GM consignou cerca de mil EVs, principalmente na Califórnia, antes de recolhê-los e destruí-los.

Levou 15 anos para outra gigante automobilística tentar novamente, com o Chevy Volt, um híbrido plug-in com preço para o mercado médio. Em 2011, o Volt foi escolhido o Carro do Ano da *Motor Trend*. E nos próximos 4 anos, competiu com o Nissan Leaf pela honra de ser o plug-in mais vendido nos EUA. O modelo 2016 trouxe outra entrada da Chevrolet no mercado, o Bolt, um EV totalmente elétrico, projetado para competir com o Modelo 3, da Tesla.

Ainda assim, os planos de produção do EV, da GM, ficaram atrás da Tesla e dos rivais globais — até março de 2020, quando a empresa surpreendeu a todos com uma série de anúncios de reviravolta que capitalizaram as economias de escala da empresa. A boa notícia começou com uma prévia do Ultium, uma plataforma de bateria EV de grande formato e alta energia. Em novembro de 2020, a empresa anunciou uma nova linha de 30 modelos EV a serem lançados em 2025. Ainda mais impressionante foi o plano estabelecido pela presidente-executiva Mary Barra para 2035: acabar com 112 anos de história da GM na fabricação dos carros de combustão interna.

Mary Barra

Tudo começou nas conversas com clientes do país inteiro. Vimos um ponto de inflexão em sua visão dos EVs: *Se tiver o alcance certo, houver a infraestrutura de carregamento certa, atender às minhas necessidades e eu puder pagar por ele, vou considerá-lo.*

Ouvimos isso em todos os lugares. Passamos a acreditar que havia um movimento em andamento. Dada a importância da acessibilidade, também vimos que a GM tinha um papel crítico a desempenhar. Se queremos eletrificar os transportes, temos que alcançar as pessoas que compram só um veículo. Não será o segundo, terceiro ou quarto carro da família. Será o único. Então, decidimos liderar a transformação para fazê-la em escala, em todo o mundo.

É uma tremenda oportunidade de crescimento. Também queremos fornecer EVs para compartilhamento autônomo de emissão zero. E baixar o preço de US$3 por milha para apenas US$1.

Desenvolvemos um conceito de eletrificação para um potencial uso pelo Departamento de Defesa dos EUA. Em veículos comerciais, vendemos vans de entrega elétricas e soluções de última milha para a FedEx Express e outras frotas.

Em última análise, trata-se da execução. Temos know-how em nossas equipes e fábricas. Agora, a eletrificação é uma competência central. Nós entendemos o cliente. Temos os recursos para fazer isso.

Primeiro, temos que manter a inovação — para diminuir o custo das baterias, por exemplo. Também precisamos de infraestrutura para carregamento em grande escala. Estamos conversando com o Edison Electric Institute sobre gestão de energia, incluindo maneiras de mudar a cobrança para entre as 2h e 5h, quando as taxas são mais baixas. Há muita inovação que ainda precisa acontecer.

Li que uma pequena cidade da Califórnia proibiu a construção de postos de gasolina. Há dois anos, isso seria impensável. Mas, especialmente com as metas de adoção de EV na administração Biden, está claro que precisamos acelerar. E precisamos fazer de forma equitativa, para que não haja divisão. EVs devem ser para todos. Não podemos deixar ninguém para trás.

Ser líder começa com um forte foco nos clientes. Em seguida, você precisa considerar as responsabilidades corporativas no que se refere às mudanças climáticas e à equidade. Precisa estar disposto a fazer a coisa certa — e, francamente, seus funcionários esperam isso.

Não é uma escolha entre o capitalismo das partes interessadas e o dos acionistas; eles estão inextricavelmente ligados. Os constituintes são funcionários, revendedores, fornecedores, comunidades locais e governo, bem como acionistas e clientes. Ao tomar decisões, precisamos entender as implicações para todas as partes interessadas. Como descobri em meu tempo nesta função, você toma as melhores decisões quando está focado na missão certa.

> Você precisa estar disposto a fazer a **coisa certa** — e, francamente, seus funcionários esperam isso.

Vendas Aceleradas
Através da Política

Para cumprir a meta de RC Carros (1.2), as vendas de EVs devem acelerar rapidamente. Para permanecer no caminho certo para alcançar a maioria das vendas até 2030, um de cada três veículos comprados no mundo precisa ser um EV até 2025. Um grande avanço em escolha, em um período tão curto. A nova política é fundamental, como discutiremos no Capítulo 7. Porém, para estimular a transição, 3 políticas existentes devem ser reforçadas em breve.

Primeiro: Precisamos de incentivos financeiros mais generosos, principalmente créditos fiscais ou descontos, para preencher a lacuna entre o premium verde inicial em uma compra de EV e a economia de longo prazo do comprador de gasolina. Isso é exatamente o que um crédito fiscal federal de US$7.500, promulgado em 2009, foi projetado para ser feito. Mas podemos fazer de forma mais inteligente. Em vez dos créditos serem restritos aos primeiros compradores de um modelo, eles seriam eliminados apenas depois que os dois EVs estivessem bem além da paridade do preço de lista. Como Mary Barra aponta: "Você não deve penalizar os pioneiros por correrem o risco."

Segundo: Para acelerar a extinção do motor a combustão, os proprietários precisam de incentivo financeiro para entregar seus carros, em vez de revendê-los. Um incentivo "dinheiro por velharia" — mais bem projetado e mais generoso do que a versão de 2009 — poderia tirar milhões de carros a gasolina das ruas por uma pechincha.

Terceiro: **A política final de transportes proibiria todas as vendas dos carros de combustão interna**, educadamente conhecida como "a exigência de vendas de veículos elétricos". Só essa medida poderia alcançar três quartos do corte de emissões de que necessitamos para o setor inteiro. Ao menos 8 países europeus, além de Israel e Canadá, dizem que proibirão os motores a combustível. A China trabalha em um cronograma. O governador da Califórnia, Gavin Newsom, ordenou uma proibição para 2035; e outros 11 governadores apelaram ao presidente Biden para seguir o exemplo em âmbito nacional.

Enquanto esperamos que tais políticas sejam implementadas, precisamos aumentar o nível da eficiência de combustível para todos os veículos de combustão e híbridos. Se carros, caminhões e ônibus vão queimar carbono, precisam ir mais longe por litro.

Como o Mercado de E-Bus Se Moveu Mais Rápido

De todos os modelos de transporte, os ônibus estão mais adiantados na adoção da tecnologia EV. Dado o alto nível de poluição do ar dos ônibus a diesel, esse é um assunto urgente, principalmente no mundo congestionado das grandes cidades. O surgimento da BYD, uma fabricante na cidade de Shenzhen, na costa central da China, mostrou o quão longe uma empresa verde pode ir quando um empreendedorismo experiente é recompensado com o apoio do governo.

O fundador e diretor-executivo da BYD, Wang Chuanfu, cresceu em uma das províncias mais pobres da China. Órfão na adolescência, foi criado pelos irmãos mais velhos antes de ir para a faculdade e se tornar engenheiro. Em 1995, escolheu um acrônimo para Build Your Dreams [Construa Seus Sonhos, em tradução livre] como o nome da sua startup. Vinte e cinco anos depois, o sucesso estrondoso de Wang o colocou na lista dos mais ricos da China.

Após iniciar com baterias de celular, a BYD se expandiu, começando a fazer baterias para tablets, laptops e armazenamento de energia solar. A empresa abriu o capital na Bolsa de Valores de Hong Kong. Em 2003, Wang lançou a subsidiária de automóveis da BYD — um risco significativamente maior do que construir um negócio de baterias. Mas Wang tinha uma carta na manga: o apoio do governo chinês, que permitiu sua empresa competir com a Tesla no mercado global de EV.

Em muitas das maiores cidades chinesas, a poluição do ar é um pesadelo à vista de todos. Sob a liderança de Wang da ação climática, a BYD respondeu que está desenvolvendo os ônibus elétricos ao mesmo tempo que seu carro compacto de baixo custo. A empresa conseguiu retirar milhares de ônibus a diesel das movimentadas rodovias da China. Shenzhen, com uma população de 13 milhões, ostenta uma frota de 100% de ônibus e táxis elétricos. E está próxima dos 100% de veículos de entrega elétricos.

Em Shenzhen, a população de 13 milhões depende de uma frota de ônibus totalmente elétricos.

A história do mercado de e-bus na China mostra como uma política pública pode acelerar a inovação e adoção. Para superar a vida útil limitada da bateria e a escassez de estações de recarga, o governo canalizou mais de US$1 bilhão em concessões e subsídios para a BYD. Além dos incentivos financeiros aos consumidores de EV. A empresa cresceu e se tornou a peça central na oferta de US$50 bilhões de Pequim para se transformar na líder mundial em veículos elétricos, um componente central do plano estratégico Made in China 2025. Com a garantia de financiamento do setor público para P&D, isenções de impostos e financiamento para estações de recarga, pelo menos 400 empresas entraram no negócio de EVs.

Um investidor que percebeu isso foi Warren Buffett, que abocanhou uma participação de 8% na BYD. O selo de aprovação Buffett abriu outras portas. Em 2013, o prefeito de Lancaster, 112km ao norte de Los Angeles, convidou a BYD para construir a primeira fábrica nos EUA lá. Em 2016, a empresa de Wang entregava centenas de ônibus elétricos para cidades em toda a Califórnia. Em 2017, quando a BYD expandiu a pegada industrial, a inauguração foi ignorada pela mídia nacional. Então o líder da maioria do Partido Republicano na Câmara, Kevin McCarthy, estava presente — a fábrica fica em seu distrito. McCarthy liderou o coro elogiando a promessa da BYD de contratar 1.200 trabalhadores e construir até 1.500 ônibus por ano.

Amor a Distância:
A História Proterra E-Bus

O legado do século XX, com milhões de ônibus barulhentos, sujos e movidos a diesel — para municípios, escolas e aeroportos — deve ser erradicado o mais rápido possível. Um empreendedor norte-americano à frente disso é Dale Hill. Ele começou em Denver revivendo um fabricante de ônibus movido a gás natural comprimido — mais limpo do que o diesel, mas ainda um emissor de CO_2. Em 2004, Hill deu o salto para a construção exclusiva de ônibus elétricos. Ele batizou a empresa de Proterra: para a Terra.

A transição não foi fácil. Em 2009, com 5 anos no empreendimento, o custo da bateria Proterra por kilowatt de energia estava preso em US$1.200. Para alcançar a paridade de preços com os ônibus a diesel, Hill sabia que tinha que baixar o número em mais de 40%, cerca de US$700. À medida que a tecnologia ficava cada vez melhor e mais barata, ele começou a apresentar os protótipos aos agentes de compras municipais.

Contudo, fazer ônibus elétricos exige muito capital, com os custos dos veículos chegando a centenas de milhares de dólares. O mercado crescia lentamente. As decisões de compras podem levar anos.

Em 2010, dois de meus sócios de investimentos em cleantech na Kleiner Perkins argumentaram em apoio ao Proterra. Após pesquisarem aplicações potenciais para a tecnologia EV, Ryan Popple e Brook Porter encontraram uma oportunidade. Uma vez que ônibus são muito utilizados (milhares de quilômetros ao ano), e têm uma notória baixa eficiência de combustível (menos de 6km/litro), ajustam-se perfeitamente à eletrificação.

Ryan estava especialmente entusiasmado. Ex-comandante do pelotão do Exército no Iraque, seu foco e disciplina serviram bem como diretor financeiro na Tesla, onde ajudou Elon Musk e sua equipe a sobreviverem à recessão de 2008. Ryan entende com propriedade o que é necessário para fazer a transformação global para uma economia zero líquido. A escolha perfeita para ocupar o cargo de presidente-executivo interino da Proterra.

Ryan Popple

Há tempos difíceis no mundo dos negócios, mas nada como um dia ruim no Iraque. Lá, o risco significa atiradores de elite, morteiros e bombas à beira da estrada. Um de meus melhores amigos foi morto em ação enquanto desdobrávamos juntos. Lutei para encontrar as palavras certas para um elogio em homenagem à sua memória. O capacete, as botas e o fuzil dele foram colocados com cuidado em um deserto longe de casa.

A experiência me deixou com perguntas que não podia responder. O que a guerra conseguiu? Valeu o sacrifício? Por que éramos sempre arrastados para o conflito naquela região?

Uma coisa sabia com certeza, o Oriente Médio não se estabeleceria tão cedo. E, ainda assim, o preço global do petróleo dependia do fornecimento de lá. Nos portos do Kuwait, os petroleiros iam e vinham, enquanto chegavam navios com tanques e equipamentos pesados para a invasão ao Iraque.

Voltei para casa acreditando que os EUA estavam loucos em pensar que poderíamos depender do petróleo importado do Oriente Médio. Então fiquei muito interessado em ajudar a reduzir a exposição do país ao petróleo. Eu tinha 26 anos.

Fui aceito na Harvard Business School. E tudo parecia tedioso, comparado à cleantech. Após me formar, juntei a uma startup de biocombustíveis. Veículos elétricos ainda não eram uma indústria. Estávamos trabalhando com etanol de grãos como substituto da gasolina, mas não achei que fosse funcionar. As empresas convencionais de petróleo e gás ainda controlavam a distribuição. No final do dia, o etanol ainda está em combustão. E a maior parte da sua energia é desperdiçada.

Em maio de 2007, minha esposa, Jen, me mostrou a edição verde da *Vanity Fair*. "Você já ouviu falar da Tesla?", perguntou. Parecia excitante. A eletrificação fazia sentido para mim. Mandei meu currículo. E me tornei o funcionário número 250, por aí. Era um grupo de pessoas impressionantes, mas encontramos obstáculos mesmo assim. O nosso primeiro carro, o Roadster, teve problemas na produção. As pessoas que fizeram pedidos estavam irritadas, pedindo o dinheiro de volta.

Então, veio a Grande Recessão. Superar isso como diretor financeiro foi o trabalho mais difícil que já fiz. Quando está vendendo um carro esporte de US$100 mil durante uma recessão, todo elemento externo trabalha contra você. Tínhamos recebido depósitos à vista e gastado a maior parte desse capital em desenvolvimento, não em estoque. Sabíamos que, quando entrássemos em produção, teríamos fluxo de caixa negativo.

Superamos os desafios definindo metas específicas para a estrutura de custos do veículo. E tivemos a sorte da política mudar em favor dos EVs. No início de 2010, estabilizamos a produção do Roadster, anunciamos o Modelo S, obtivemos um empréstimo para fabricação de tecnologia avançada do Departamento de Energia e abrimos o capital.

Consequentemente, do nada, uma recrutadora ligou. Ela disse: "Há uma nova vaga para criar um portfólio de cleantech em uma empresa de capital de risco." Respondi: "A menos que seja com Kleiner Perkins, não tenho interesse." Ela replicou: "Então acho que devemos marcar um almoço."

Foi assim que me juntei à equipe verde da Kleiner. Fiz parte da administração do primeiro fundo de cleantech. E pediram para me concentrar no transporte. Foi uma grande oportunidade de ter muita influência em um espaço que era importante para mim. Os embates com Fisker foram, na verdade, um grande ímpeto para mudar nosso foco dos carros de passeio. Nenhum de nós queria perder o resto do setor de EV.

Então perguntamos: "O que mais vai acontecer quando baratearmos as baterias?" Descobri que a proposta de valor para eletrificação era ainda melhor para veículos municipais. Ônibus urbanos são o exemplo mais forte, por conta dos muitos quilômetros percorridos e da ineficiência dos modelos a diesel.

O Comitê Nacional de Energia da China já entendeu isso: "Eletrificamos primeiro os ônibus." Eles jogaram uma quantia enorme de dinheiro e incentivos nos ônibus urbanos. Foi assim que a BYD surgiu. Comecei a olhar ao redor. Quem mais estava fazendo ônibus elétricos?

Tenho muito respeito pelos fundadores. Em 2010, conheci Dale Hill, que iniciou a Proterra no Colorado com seu cartão AmEx. A Proterra tinha menos de 100 funcionários, com apenas um cliente quando a Kleiner investiu na rodada da Série A. Servi como conselheiro por 2 anos.

A empresa estava na mesma situação de muitas startups. A tecnologia funcionava, mas estava lutando para se tornar um negócio. Fiquei como CEO interino por um verão enquanto procuravam um substituto permanente.

Entendi o desafio. E fiquei determinado a enfrentá-lo. Não queria acordar daqui a 10 anos, ver ônibus elétricos em todo lugar e ficar cheio de arrependimento. Meus filhos diriam: "Pai, você não trabalhava no setor de ônibus elétricos?" Portanto, eu abracei a missão.

O que mais vai acontecer quando as baterias ficarem mais baratas?

Depois de assumir as rédeas como presidente-executivo da Proterra, em 2014, Ryan viajou por muitos lugares para se reunir com gerentes de compras em dezenas de cidades. O feedback foi desanimador, mas também honesto e útil. Embora todos gostassem dos ônibus elétricos Proterra, os viam como experimentais. Não comprariam mais até que os preços caíssem e o desempenho melhorasse.

"Mantenham o foco", Ryan dizia à equipe. "Façam algo melhor do que qualquer outra pessoa no mundo pode fazer." Ele acreditava que podiam fazer a melhor empresa de e-bus do planeta.

////////////////

Como Kleiner aprendeu com Fisker e, novamente, com a Proterra, **o elemento mais crítico de um veículo elétrico é a bateria**. A pedido de Ryan, aumentamos o investimento e criamos um novo centro de P&D e fabricação de baterias em Burlingame, perto do aeroporto de San Francisco.

Precisávamos recrutar engenheiros que soubessem como aumentar a densidade energética das baterias. O problema é que sabíamos que só existiam 3 pessoas assim no país inteiro. E todas trabalhavam na Tesla. Uma delas, Dustin Grace, concordou em se unir à Proterra como diretor de tecnologia. Os sistemas funcionavam com a bateria de próxima geração... até que o projeto parou bruscamente.

É preciso atravessar o deserto.

Ryan Popple

Nossa nova bateria tinha energia suficiente para muitas aplicações pesadas, mais de 100 quilowatt-hora por carga. Contudo, para tornar os ônibus elétricos práticos, precisávamos alcançar 400. Passamos a maior parte do ano seguinte chegando ao nível de 250 quando uma das baterias começou a se despedaçar. Exceto que eu (o CEO) não sabia disso.

Um dia, no final de 2015, avistei dois engenheiros andando atrás da área de P&D. Tinham um olhar nervoso. Sou faminto por punição, então perguntei o que estava acontecendo. Eles olharam para o chão e disseram: "Não sabemos se devemos contar, mas estamos preocupados." E disseram que custaria mais para consertar a bateria do que a jogar fora e começar de novo.

Estava diante de um dilema enorme. Se tivesse que reiniciar o programa de baterias, a maior parte da receita seria empurrada por mais 2 anos. Estaríamos frustrando clientes que queriam ônibus melhores para ontem. Teria sido mais fácil manter o programa existente no caminho certo e tentar contornar os problemas.

Eu não poderia fazer uma chamada tão grande sozinho. Essa era uma decisão do conselho, sendo a reunião mais importante que a empresa já teve. Deixei meus engenheiros apresentarem diretamente. Não os interrompi.

Dustin Grace disse que a equipe tinha 100% de convicção de que poderíamos transformar o mercado de ônibus em 100% de EVs. Porém, a única forma era jogando tudo no lixo, incluindo 18 meses do capital, para recomeçar.

Eu disse: "É o seguinte: Precisamos atravessar o deserto, reduzir nossa receita e levantar mais capital." Já havíamos arrecadado cerca de US$100 milhões, mas precisávamos de mais. Achei que o conselho poderia, simplesmente, se levantar e sair do prédio — isso, talvez, seria o fim da empresa e da única chance que tínhamos de construir uma indústria doméstica de fabricação de ônibus elétricos. Só que o conselho nos apoiou. Eles votaram sim.

Em 2017, a Proterra embarcou em um teste de estrada crucial: Quão longe iria um e-bus com uma carga simples? Com dois motoristas se revezando, um ônibus elétrico de 12m iniciou um teste de alcance em uma pista fechada, com um terceiro medindo os resultados. No momento em que acabou a bateria, o e-bus havia registrado 1.771km sem recarga, quebrando o recorde mundial anterior de um e-bus.

Isso ajudou a fechar mais negócios. Prefeitos de uma dezena de importantes cidades — incluindo Los Angeles, Seattle, Londres, Paris e Cidade do México — disseram que comprariam exclusivamente ônibus com emissão zero até 2025.

O ônibus escolar elétrico da Proterra ganha em eficiência, custos operacionais e emissão zero.

Reiniciar o programa de baterias da Proterra foi duro, mas absolutamente a coisa certa a se fazer. Os ônibus da próxima geração da empresa vieram 1.800kg mais leves, ao trocarmos o aço por fibra de carbono. Com a nova plataforma de veículos da equipe, chamada Catalyst, eles superaram 560km por carga. À medida que as baterias de ônibus davam um salto, a hipótese de mudar para uma frota totalmente EV ficou mais atraente do que nunca. Os funcionários de transporte municipal se concentraram nos custos totais de propriedade. Ao longo de um ciclo de vida normal de 12 anos, reduzindo os custos de manutenção e combustível, um e-bus economiza entre US$73 mil e US$173 mil comparado a um ônibus a diesel. Também elimina emissões equivalentes a 27 carros movidos a combustão.

Para a Proterra, a viagem tinha apenas começado. Embora os ônibus elétricos estejam operando em 43 estados desde 2021, o mercado ainda está aberto. Ônibus elétricos têm uma pequena posição nos EUA, apenas 2% do transporte público no país — versus 25% na China. A esmagadora maioria dos ônibus municipais e escolares ainda é movida a diesel. Entretanto acreditamos que os ônibus elétricos podem ganhar licitações competitivas até 2025. E a frota do país pode ser totalmente elétrica até 2030. É um resultado-chave audacioso, mas realista. Essencial para o Plano Velocidade & Escala.

A melhoria da tecnologia de bateria galvanizará uma eletrificação de transporte mais ampla. Para EVs de passeio, o primeiro sucesso veio com carros esportivos de alto desempenho. Para veículos comerciais, os ônibus foram a primeira peça a tombar. Agora, a tecnologia da Proterra está se expandindo para eletrificar vans de entrega e caminhões pesados. A empresa firmou recentemente a primeira parceria — com a Daimler, o maior fabricante de veículos comerciais do mundo. Como diz o membro do conselho da Proterra, Brook Porter: "Os dias do diesel acabaram."

Reduzindo os Custos e Melhorando o Desempenho

Baterias melhores e mais baratas estão no topo da lista de inovações de que precisamos. Apesar do progresso significativo, ainda estamos no início do esforço para reduzir os custos de bateria e, ao mesmo tempo, melhorar o desempenho. Vi algo semelhante de perto acontecendo no mercado de computadores pessoais. Era 1974, eu tinha acabado de sair da Rice University, buscando testar o que aprendi sobre engenharia elétrica. Fui para o Vale do Silício e consegui um emprego na Intel, que estava desenvolvendo o primeiro microprocessador de 8 bits. A empresa esperava democratizar a computação, tornando os microchips baratos e onipresentes.

Demonstração do crescimento exponencial da Lei de Moore

Contagem de transistor, eixo logarítmico

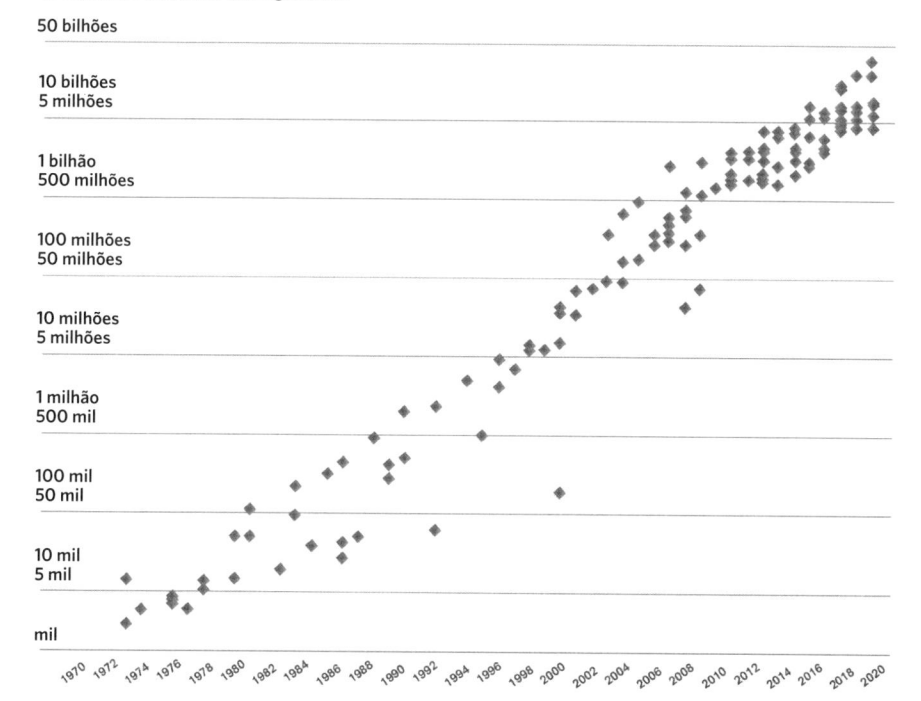

Ano em que cada tipo de microchip foi lançado

Adaptado de dados e gráficos de Wikipedia e Our World in Data.

O presidente da Intel, o grande químico da Caltech, Gordon Moore, acreditava que sustentaríamos uma taxa composta de melhoria em chips de computador indefinidamente. Ele propôs que o número de transistores que poderiam ser colocados em uma pastilha de silício dobraria a cada 2 anos. O conceito era surpreendente até para nós, que tentávamos fazê-lo acontecer. **"A Lei de Moore", como começou a ser chamada, não foi predeterminada; tornou-se uma realidade ao longo de anos de progresso cumulativo e implacável de milhares de engenheiros**. É baseada em um ecossistema de inovação em física, química, litografia, circuitos, design, robótica, embalagem e muito mais.

À medida que cada geração de microprocessadores confirmava a previsão de Gordon, o caminho pavimentava para computadores mais poderosos e acessíveis. Máquinas vendidas às centenas por ano (UNIVACS), depois aos milhares (mainframes e microcomputadores), em seguida centenas de milhares (Apple IIs), aos milhões (PCs e Macs da IBM) e, ultimamente, aos bilhões (iPhones e Androids). Ao longo dos últimos 50 anos, a Lei de Moore transformou a economia mundial e mudou quase todos os aspectos dos negócios e do cotidiano.

A Lei de Wright em Ação: Solar
Os preços dos módulos solares caíram conforme as instalações aumentaram*

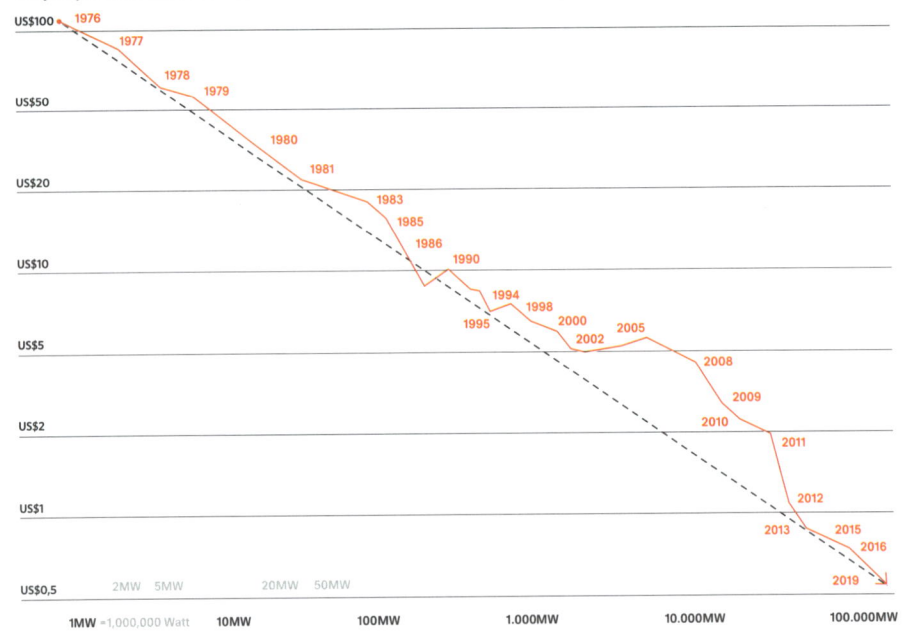

Capacidade solar fotovoltaica cumulativa instalada (eixo logarítmico)

*Preço por watt de módulos solares fotovoltaicos (PV) (eixo logarítmico).
Os preços são ajustados pela inflação e apresentados em dólares de 2019.

Adaptado de dados e gráficos por Our World in Data.

Licenciado sob CC-BY pelo autor Max Roser.

Infelizmente, não se aplica à energia renovável. Os desafios de materiais e engenharias são muito diferentes. Mas poderia haver outra maneira de antecipar o progresso das baterias e outras tecnologias vitais?

Na verdade, há. **É chamada de Lei de Wright**. Em 1925, o engenheiro chefe da Curtiss Aeroplane Company era um graduado do MIT, chamado Theodore Wright (nenhuma relação conhecida com Wilbur e Orville). Ele calculou que, para cada duplicação da produção, os fabricantes de aeronaves poderiam obter um declínio confortável nos custos. Por exemplo, se você tem mil aviões, e os mil seguintes custam 15% a menos, o custo para a próxima duplicação (para 4 mil) deve cair 15% também. A Lei de Wright ajuda a prever custos com base na produção. Wright se tornou líder da aviação durante a Segunda Guerra Mundial. E, depois, presidente interino da Universidade de Cornell. Embora sua regra prática não tenha se tornado tão famosa quanto a de Gordon Moore, não era menos profética.

A Lei de Wright em Ação: Baterias
Preço das baterias de lítio ao longo do tempo

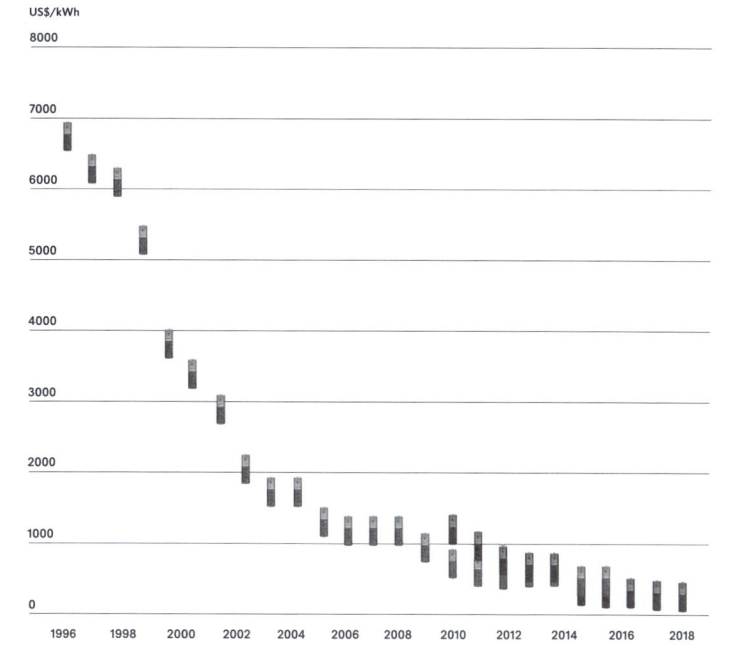

Consumo elétrico (células)

Automotivo (pacotes)

Adaptado de dados e gráficos por IEA.

Anos depois, um estudo do Instituto Santa Fe mostrou que a Lei de Wright se aplica à curva de custos de 62 tecnologias diferentes, dos televisores aos utensílios de cozinha. Aplique-a às baterias de EV para ver algo impressionante. Em 2005, quando as primeiras startups de EV começavam, uma bateria custava pelo menos US$60 mil. Os únicos veículos elétricos que poderiam dar lucro eram carros de luxo ou esportivos com preços acima de US$100 mil, como os primeiros modelos da Tesla e da Fisker. De acordo com a Lei de Wright, cada duplicação da produção reduzia o custo das baterias em 35%. Em 2021, uma bateria de tamanho similar custava apenas US$8 mil. De repente, os EVs estavam ao alcance da competitividade com veículos a combustão.

Relâmpagos na Ford

Em maio de 2021, a Ford revelou a primeira versão elétrica da picape F-150, número 1 em vendas nos EUA por 44 anos consecutivos. Após um crédito fiscal de US$7.500, o modelo básico terá um preço inferior a US$32 mil quando for colocado à venda, em 2022 — sendo ainda menor em estados com descontos adicionais de EV, como Califórnia e Nova York.

A nova F-150 é chamada, sem hipérbole, Lightning [Relâmpago]. Ela alcança até 370km. E vai de zero a 100 em 4,4 segundos. "Esta maldita é rápida", disse o presidente Biden, após uma volta (com um sorriso) em um protótipo na pista de testes da Ford. Como a companhia vende cerca de 900 mil F-150 por ano, muitos veem como um momento do Modelo T, um ponto de virada decisivo. **"O futuro da indústria automobilística é elétrico", disse Biden. "Não há como voltar atrás."**

A Lightning não é só uma picape — é um gerador multifuncional, multitarefa e altamente portátil. Em um blecaute, de acordo com a Ford, mantém uma casa por 3 dias. Com 11 tomadas, pode operar uma serra elétrica, uma betoneira, fornecer iluminação noturna para qualquer local de trabalho — ou tudo junto. Afinal, como observou *The Atlantic*, um EV é, essencialmente, "uma bateria gigante com rodas".

No entanto, mesmo quando nos aproximamos da paridade de preço para EVs de passeio, pelo menos nos EUA, ainda precisaremos da redução de custos inovadora e agressiva para fazer carros acessíveis para o resto do mundo. Na Índia, o carro mais popular, o Maruti Swift, é vendido entre US$8.600 e US$12.600 — cerca de um terço do preço médio de um carro na Europa Ocidental ou nos EUA. Quais avanços podem surgir para eliminar o premium verde no mundo em desenvolvimento? A densidade aprimorada da bateria. Novos materiais e designs podem reduzir o peso de um veículo, o que se traduz em custos de vida útil menores e maior alcance.

Uma volta com um sorriso: O presidente Biden testa o Ford F-150 Lightning elétrico.

No mundo desenvolvido, entretanto, ainda precisamos abordar o medo do comprador de que as baterias acabem — alguns chamam de ansiedade de alcance. Embora o norte-americano médio dirija apenas 40km por dia, as decisões de compra são guiadas pelo alcance *máximo* que alguém pode precisar para aquele feriado prolongado ou viagem de verão.

EVs de passeios e ônibus elétricos compartilham um ponto ideal para alcance: cerca de 560km ou 6 horas de viagem ininterrupta em rodovia. No ritmo atual de inovação da bateria, estamos no caminho certo para alcançar até 800km. Para viagens mais longas e grandes plataformas, vamos precisar de baterias ainda maiores.

O transporte elétrico é um empreendimento ambicioso. Contudo ganharemos muito menos se a energia "limpa" vier de uma fonte suja, um carvão ou uma usina de gás natural. Simplificando, **não podemos descarbonizar o transporte sem descarbonizar a rede** — o tópico do próximo capítulo.

Velocidade & Escala: Contagem para o zero líquido

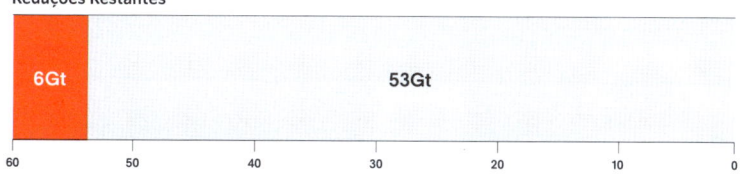

Objetivo	Reduções Restantes
Eletrificar o Transporte	6Gt / 53Gt

Parte I - Zerar as Emissões

Descarbonizar a Rede

Capítulo 2

Descarbonizar a Rede

Muito tempo atrás, Thomas Edison comentou: "Eu colocaria dinheiro no Sol e na energia solar." Porém, na época, não havia como fazer tal aposta. O carvão era a opção prática para ferver água 24h por dia e fazer o vapor empurrar as pás de turbinas gigantes, gerando eletricidade. Hoje, a história é outra. Combustíveis fósseis são uma das várias formas na produção de energia para casas e empresas.

Ainda assim, na virada deste século, as usinas de energia a carvão ainda forneciam a maior parte da eletricidade do mundo. Foi quando Hermann Scheer, membro de longa data do Bundestag, o Parlamento alemão, defendeu que a Alemanha se tornasse o primeiro grande país a expandir a energia solar e eólica. Scheer alimentou a própria casa com um moinho de vento. Sua visão de uma sociedade movida a energia renovável foi considerada por alguns como quixotesca. Mas o legislador tinha um plano: usar um tipo especial de subsídio para reduzir os custos das energias renováveis.

Durante os anos 1990, o apelo de Scheer na eliminação do carvão a longo prazo, bem como no desligamento gradual das usinas nucleares da Alemanha, foi ferozmente contestado por incumbentes entrincheirados no setor de energia. O legislador se recusou a recuar.

Ele ainda fundou a Agência Internacional de Energia Renovável. E se tornou presidente da Eurosolar, uma coalização de empresários de energia.

No entanto, nada disso ajudou muito na disputa da política interna. Ex-membro da equipe alemã de pentatlo moderno, Scheer brincou em particular que a aprovação da legislação exigira o equivalente político de todas as suas 5 habilidades esportivas: natação, esgrima, hipismo, cross-country e tiro com pistola. (Não disse em quem estaria mirando.) No ano 2000, no chão do Bundestag, declarou: "Os combustíveis fósseis criaram um desastre climático. A única opção realista é a substituição total das energias fóssil e atômica por renováveis."

Diante de colegas impassíveis, Scheer brandiu uma metáfora: "Os combustíveis fóssil e nuclear equivalem à piromania global. A energia renovável é o extintor de incêndio." Graças à persistência, o projeto foi aprovado. E o que ficou conhecido como a Lei de Scheer, estabeleceu **o primeiro grande mercado nacional do mundo para a energia solar e eólica**. A ideia era simples, brilhante e efetiva. Qualquer um — proprietário comum, fazendeiro com área livre, varejista com espaço no telhado — poderia instalar uma série de painéis solares ou um banco de moinhos de vento para alimentar a rede elétrica de uma concessionária. Em troca, a empresa pagava uma taxa predefinida pela energia gerada localmente, congelada por 20 anos. As pessoas podiam calcular os ganhos anuais com antecedência e financiar o equipamento.

A Lei de Scheer especificava uma taxa de até 60 centavos por quilowatt/hora, 4 vezes do padrão. Os custos adicionais foram repassados aos proprietários e a algumas empresas, como uma sobretaxa nas contas de luz — para os proprietários, menos de US$10 no mês. Uma minoria se opôs ao premium, em princípio. Mas a maioria dos cidadãos alemães apoiou o plano, que prometia gerar milhares de empregos.

O dinheiro começou a jorrar em novas direções. E a energia elétrica limpa veio junto. Logo, as encostas foram pontilhadas com turbinas eólicas. Painéis fotovoltaicos cobriam os telhados das vizinhanças. Longos trechos da Autobahn foram alinhados com células solares azul-celeste. Um criador de gado da Baviera, chamado Heinrich Gartner, emprestou 5 milhões de euros para instalar 10 mil painéis solares em suas terras. Ele calculou que dariam mais lucro do que seus porcos.

O plano de Scheer visava resultados-chave simples: 10% da eletricidade viria de fontes renováveis até 2010 e 20% até 2020. Embora as energias eólica e solar fossem sua pedra angular, o papel de apoio seria desempenhado por outras tecnologias limpas: usinas hidrelétricas e geotérmicas e biomassa. Em 2006, o experimento alemão com energias renováveis estava no rumo certo para cumprir suas metas. Contudo a política ficou crítica com a perda de empregos na mineração de carvão. Conforme os custos aumentavam, alguns consumidores começaram a se preocupar. Implacável, Scheer continuou citando dados de mudanças climáticas e pesquisas de opinião pública a favor do plano.

À medida que as energias solar e eólica cresciam na Alemanha, as reduções de custos faziam mágica. Novos modelos de negócios surgiram. O premium verde — o custo extra da energia limpa — começou a encolher. Por um tempo, a demanda vertiginosa por energias renováveis desencadeou um boom da manufatura. A nova área industrial do "vale solar" da Alemanha, principalmente na antiga Alemanha Oriental, criou até 300 mil empregos extremamente necessários para o projeto e a fabricação dos painéis solares. Várias startups bem financiadas tiveram estreias impressionantes no mercado de ações.

Naqueles dias mais inocentes, era fácil acreditar que uma empresa de tecnologia de hardware solar era grande ideia. Sei disso em primeira mão. Kleiner Perkins apoiou 7 empreendimentos de painéis solares na época, para nosso pesar subsequente.

Conforme o mercado crescia na Alemanha, os EUA entraram em ação. Apesar dos painéis solares terem sido inventados lá, nos anos 1950, os EUA fizeram pouco de início para aumentar a escala. Com a Lei de Scheer, os defensores do meio ambiente convenceram uma gama de estados norte-americanos a estabelecerem requisitos modestos para terem energia renovável em suas redes elétricas e a adotarem preços favoráveis para a solar. A demanda mundial por energia eólica e solar, um nicho de mercado insignificante anos antes, cresceu.

No entanto, a política de definição de ritmo da Alemanha não conseguiu gerar o novo programa de empregos no qual os políticos alemães estavam apostando. O motivo era simples: a China viu um grande e novo mercado para painéis solares em desenvolvimento na Alemanha. Com a injeção de dinheiro no governo, os fabricantes chineses marcharam para a Alemanha, arrebatando o mercado da concorrência doméstica. Painéis solares chineses baratos também sacudiram o mercado norte-americano, um grande motivo pelo qual os investimentos na Kleiner Perkins não deram certo.

Com a queda dos preços da energia solar, a demanda disparou

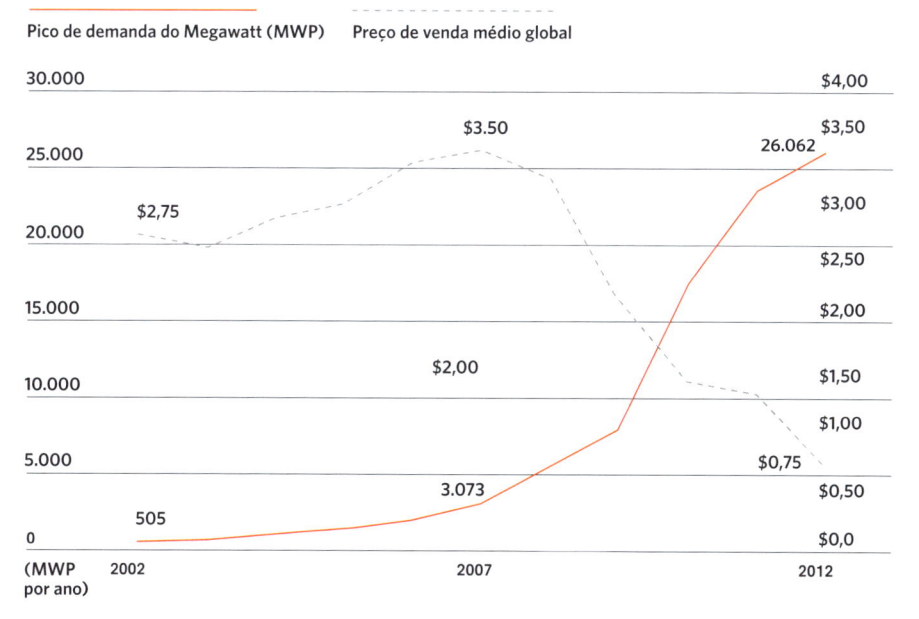

Pico de demanda do Megawatt (MWP)   Preço de venda médio global

Adaptado de dados e gráficos de Renewable Energy World.

A expansão solar chinesa foi espetacular. O governo investiu não só em startups, mas também em P&D, para ganhar vantagem competitiva. De repente, cada região da China, grande e pequena, tinha a própria startup de painéis solares. O governo chinês decidiu que essa era uma indústria estratégica do futuro e que a dominaria. Fabricantes norte-americanos e alemães detinham algumas patentes de painéis solares tecnicamente avançados, que dariam uma chance de lutar, mas nenhum deles fez muito para ajudar as empresas a se manterem no topo. Os chineses conquistaram 70% do mercado global de painéis.

Como outros investidores, fracassei em prever os efeitos em cascata do experimento alemão ou o impacto da grande mudança da China para a fabricação de energia solar. Quando os painéis começaram a vender em grande volume, isso desencadeou uma guerra de preços. Entre 2010 e 2020, os painéis despencaram de US$2 por watt de produção para 20 centavos. Seis das sete empresas apoiadas por Kleiner faliram. Para aqueles de nós que perdemos dinheiro, foi outra lição aprendida: cuidado ao investir em commodities, onde o preço manda — especialmente quando outros governos as estão subsidiando.

Voltando à Alemanha: mesmo que a maioria dos empregados de fabricação de energia solar tenha evaporado, as instalações solares eram mais populares do que nunca. O subsídio de energia limpa para produtores e instaladores permaneceu alto, mesmo quando o preço dos painéis despencou, levando o preço da energia por atacado junto. Quando o Bundestag retirou os subsídios, uma série de empresas de serviço público alemãs acordou, em meados da década de 2010, e viu os lucros despencarem.

Quanto mais energia solar era bombeada para a rede, especialmente no meio do dia, mais prejuízo tinham as horas mais lucrativas para as usinas movidas a combustível fóssil.

A maioria dessas concessionárias foi forçada a demitir empregados e se reestruturar, fazendo grandes baixas contábeis nas usinas de energia fóssil e voltando o foco para a energia limpa. Os governos municipais com investimentos em serviços públicos foram forçados a reduzir os serviços. O dano colateral da interrupção foi substancial.

Mas, apesar da Lei de Scheer não ser perfeita, mostrou que ==a política correta, no momento certo, é fundamental== para ajudar a dimensionar a tecnologia de energia limpa — e ficar mais acessível no processo. (Essa também foi uma advertência para os titulares de cargos que ignoram a mudança.) Graças ao experimento alemão, painéis solares baratos estão disponíveis em quase todo lugar. Hal Harvey, executivo-chefe da think tank Energy Innovation: ==**"Foi um presente da Alemanha para o mundo."**==

Em 2010, a Alemanha atingiu 16% de energia renovável. Muito além da meta original, 10%. Infelizmente, Scheer morreu aos 66 anos, de insuficiência cardíaca. Três anos depois, a filha, Nina Scheer, foi eleita para o Bundestag e nomeada para o comitê ambiental. Ela apoiou uma lei subsequente para eliminar gradualmente os subsídios para energias renováveis até 2021 — não eram mais necessários. Também ajudou a maioria a desligar a energia a carvão até 2038.

Em 2019, 42% da eletricidade alemã era gerada por fontes renováveis. Pela primeira vez, uma "maioria de energia renovável" estava disponível em um país industrial líder. No verão de 2020, aconteceu. Como a demanda caiu com a pandemia de Covid-19, a energia solar ficou perto da capacidade total. As energias renováveis se tornaram a principal fonte para 80 milhões de alemães, abastecendo 56% da rede elétrica do país.

Desde que a Lei Scheer foi aprovada, a Alemanha cortou as emissões em sua rede quase pela metade. Nina Scheer diz que só desejaria ver o pai vivo para ver isso.

Mais Energia Livre de Emissões

A 24 gigatoneladas por ano, mais de 1/3 do total global, **o setor de energia é a maior fonte das emissões de carbono**. Contamos com ele para aquecer as casas e os escritórios, cozinhar a comida e abastecer os veículos elétricos. Lembre-se, a eletricidade não é uma *fonte*, mas uma *portadora* de energia. Enquanto for derivada de combustíveis fósseis, tudo o que eletrificarmos não será livre de emissões. Mas, por si, a eletricidade não quer combustão. Pode ser criada pela água, vento ou luz solar. Descarbonizar a rede e trocar para energia limpa é o maior passo para tornar o plano realidade.

O problema com as energias solar e eólica é que não funcionam sem sol e vento. Para descarbonizar completamente a rede, precisamos de energia para quando o sol se pôr e os ventos acalmarem. Precisamos localizar a previsão para transferir energia de áreas com excedente para outras com deficiência de energia. As energias renováveis sob demanda, como a geotérmica e a hidrelétrica, terão que preencher as lacunas. Em geral, precisamos de energia de curto prazo acessível por horas a dias de cada vez, além de armazenamento para estocar reservas de longo prazo.

Os principais resultados para o setor de energia exigem tecnologias limpas ainda mais baratas no futuro. Para reconhecer a lacuna entre os países ricos e pobres, eles apresentam cronogramas mais flexíveis para as nações que lutam contra a pobreza de energia.

Objetivo 2
Descarbonizar a Rede

Redução de 24 gigatoneladas da eletricidade global e do aquecimento de emissões para 3 gigatoneladas até 2050.

RC 2.1 — **Emissão Zero**
50% da eletricidade em todo o mundo vir de fontes de emissão zero até 2025; 90% até 2035 (mais de 38% em 2020).*

↓ 16,5Gt

RC 2.2 — **Solar e Eólica**
Energias solar e eólica mais baratas para construir e operar do que fontes emissoras em 100% dos países até 2025
(mais de 67% em 2020).

RC 2.3 — **Armazenamento**
Armazenamento de eletricidade abaixo de US$50 por kWh para curta duração (4–24 horas) até 2025, US$10 por kWh para longa duração (14–30 dias) até 2030.

RC 2.4 — **Carvão e Gás**
Nenhuma nova usina de carvão ou gás depois de 2021; as existentes devem ser desativadas ou zerar as emissões até 2025 para o carvão e até 2035 para o gás.*

RC 2.5 — **Emissões de Metano**
Eliminar vazamentos, ventilação e a maior parte da queima de locais de carvão, petróleo e gás até 2025.

↓ 3Gt

RC 2.6 — **Aquecimento e cozimento**
Cortar o gás e o óleo do aquecimento e cozinha pela metade até 2040.*

↓ 1,5Gt

RC 2.7 — **Economia Limpa**
Reduzir a dependência de combustíveis fósseis e aumentar a eficiência energética para quadruplicar a taxa de produtividade de energia limpa (PIB ÷ consumo de combustível fóssil) até 2035.

* Esse é o cronograma para países desenvolvidos. Para os países em desenvolvimento, espera-se que esse resultado-chave leve mais tempo (5 a 10 anos).

A prioridade é o **RC Emissões Zero (2.1)**, que exige que as fontes de eletricidade com emissão zero excedam 50% da energia global até 2025 e 90% até 2035. A solução inclui a energia nuclear, que atende à demanda por energia quando o vento e o sol não são abundantes. Apesar do combustível nuclear não produzir emissões, não é estritamente renovável; depende de quantidades limitadas de elementos radioativos. As usinas nucleares duram décadas e continuam fazendo parte do mix global. Mas como os custos continuam a aumentar, e outras opções ficam mais baratas, seu papel pode ser reduzido no futuro.

Por um lado, precisamos intensificar a pesquisa e o desenvolvimento, para tornar a energia nuclear mais segura. Por outro, mudanças regulatórias para acelerar a construção de usinas podem nos ajudar a chegar ao zero líquido em 2050. Não há tempo a perder nessa frente. Enquanto as renováveis podem ser instaladas em semanas, usinas nucleares podem levar uma década ou mais para entrar em operação.

Cada nação deve escolher o próprio caminho na construção da rede livre de emissões. Algumas, como a Alemanha, eliminarão a energia nuclear junto com o carvão e o gás. Já França e China podem escolher um caminho diferente. Nos EUA, 28 estados têm usinas nucleares; geram 1/3 da eletricidade da Virgínia. Em 2020, ao promulgar a lei do plano de carbono líquido zero, a Virgínia considerou a energia nuclear livre de carbono. Nosso plano também.

Somos agnósticos sobre quais tecnologias são implantadas, desde que não adicionem gases do efeito estufa à atmosfera. A hidreletricidade já responde por 16% da energia global, principalmente as grandes barragens. As energias eólica e solar têm participações globais de cerca de 6% e 4%, respectivamente. Nos EUA, o Sudoeste é seco e ensolarado, perfeito para a energia solar, enquanto o centro tempestuoso do país é adequado para turbinas eólicas. A Islândia obtém quase toda a energia de fontes hidrelétricas ou geotermais renováveis. Ao fazer a importante transição, cada país e região precisará aproveitar as vantagens geográficas.

Na verdade, estamos perto de alcançar o **RC Solar e Eólico (2.2)**. Novas instalações das fontes renováveis são as mais baratas em 2/3 do mundo, incluindo EUA, China, Índia, África do Sul, América do Sul e Europa Ocidental. Porém o resultado-chave demanda mais até 2025: que as energias solar e eólica sejam mais baratas em todos os lugares.

O **RC de Armazenamento (2.3)** visa que a energia despachada do armazenamento seja competitiva com os preços atuais de eletricidade. Para chegar lá, precisaremos de fontes de energia de baixo custo. Além de tecnologias de armazenamento inovadoras que atendam a metas de preço específicas. Os dois devem trabalhar em conjunto para fornecer energia para a rede.

Fontes renováveis ganham com queda de preços e aumento da capacidade instalada

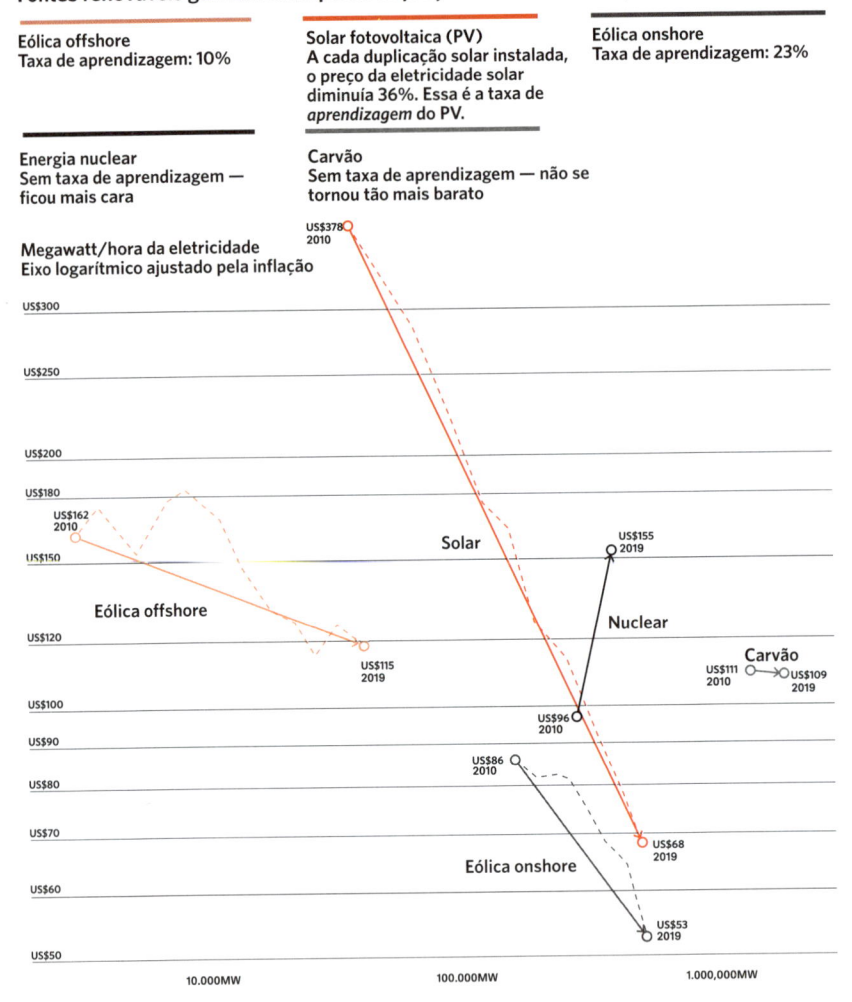

Eólica offshore
Taxa de aprendizagem: 10%

Solar fotovoltaica (PV)
A cada duplicação solar instalada, o preço da eletricidade solar diminuía 36%. Essa é a taxa de *aprendizagem* do PV.

Eólica onshore
Taxa de aprendizagem: 23%

Energia nuclear
Sem taxa de aprendizagem — ficou mais cara

Carvão
Sem taxa de aprendizagem — não se tornou tão mais barato

Megawatt/hora da eletricidade
Eixo logarítmico ajustado pela inflação

- US$378 (2010) Solar
- US$162 (2010) Eólica offshore
- US$115 (2019) Eólica offshore
- US$155 (2019) Nuclear
- US$111 (2010) → US$109 (2019) Carvão
- US$96 (2010)
- US$86 (2010) Eólica onshore
- US$68 (2019) Solar
- US$53 (2019) Eólica onshore

Capacidade instalada cumulativa (em megawatts): 10.000MW — 100.000MW — 1.000.000MW

Adaptado de dados de IRENA, Lazard, IAEA, e Global Energy Monitor. Gráficos de Our World in Data.

A transição da energia de combustíveis fósseis está no cerne do **RC de Carvão e Gás (2.4)** — um desafio colossal. Os trabalhos com carvão, petróleo e gás precisam parar imediatamente a nível global. O mundo já tem oferta suficiente e temos que reduzir a demanda. No mundo desenvolvido, precisamos parar de construir usinas de gás natural e evitar instalações de carvão. Então, a ênfase deve mudar para a eliminação gradual da maioria das usinas de combustível fóssil existentes. Para as que permanecerem em operação, as tecnologias de remoção eliminarão as emissões.

Para o mundo desenvolvido, esse resultado deve levar mais tempo, mais 5 a 10 anos. Nos países mais pobres, que não têm um acesso estável à eletricidade, os portfólios de energia limpa podem não atender às necessidades da população e desestabilizar as redes. Nesses casos, a construção de novas usinas de gás se justifica — com a condição de que sejam aposentadas ou que as emissões sejam mitigadas até 2040.

Em geral, o papel do primeiro mundo é baixar o custo das fontes renováveis, eliminar o premium verde, financiar investimentos em energia limpa e colocar a própria casa em ordem ao descarbonizar. Os países em desenvolvimento têm a oportunidade de superar o modelo obsoleto de combustível fóssil e passar para fontes de energia limpas e acessíveis. Investimentos de nações ricas e do Banco Mundial podem acelerar esse salto. É mais fácil e barato construir uma infraestrutura de energia correta da primeira vez do que voltar para corrigir erros do passado.

Embora ainda não saibamos exatamente como isso se desenrolará, **a hora da despedida global da energia movida a carvão é agora**. Em maio de 2021, em resposta ao apelo da Agência Internacional de Energia pelo zero líquido e a uma "transformação total" dos sistemas de energia do mundo, as 7 maiores economias avançadas concordaram em "interromper o financiamento internacional de projetos de carvão que emitem carbono" até o final do ano. Liderados pelos EUA e União Europeia, o compromisso impulsionará as fontes de energia renováveis à frente do carvão até 2026 e do gás antes de 2030.

O **RC Emissões de Metano (2.5)** confronta as "emissões fugitivas" ao eliminar 3 gigatoneladas de metano de vazamentos e liberações industriais até 2025. As regulamentações existentes devem ser aplicadas estritamente para uma melhor gestão do local e tamponamento de poços, minas e locais de fraturamento.

O **RC Aquecimento e Cozimento (2.6)** visa substituir as instalações de petróleo e gás dos edifícios por unidades de aquecimento elétrico e fogões elétricos. As bombas elétricas de calor modernas, que aumentam a eficiência do aquecimento em, pelo menos, três vezes, são substitutas confiáveis para o aquecimento e o resfriamento. Os fogões de indução conquistaram o coração dos chefs, ao mesmo tempo que apagam a principal fonte de poluição do ar interno: os fornos. Em vez de um apelo ao sacrifício, esse resultado-chave reflete a modernização.

O que é uma economia de emissão zero? É o caminho para um crescimento econômico sustentável sem combustíveis fósseis. A taxa de produtividade de energia limpa de um país é o produto interno bruto (PIB) dividido pelo consumo de combustíveis fósseis. O **RC Economia Limpa (2.7)** busca quadruplicar a taxa de cada país até 2035.

Dos 20 maiores emissores, a França está no topo, em grande parte porque 70% da energia é nuclear. Abaixo, estão Arábia Saudita e Rússia, duas nações ainda viciadas em petróleo e gás, que precisam diversificar as fontes de energia. Os países podem melhorar essa taxa mudando para fontes mais limpas ou usando recursos de combustíveis fósseis de forma eficiente.

Assim como um OKR bem construído, precisamos atingir todos os resultados-chave para garantir o cumprimento desse objetivo. Cinco ou seis não adiantam. Felizmente, o Sol fornece tanta energia para o planeta em uma hora quanto usamos em um ano inteiro. Após décadas de empreendimentos fracassados, as instalações solares hoje ultrapassam todas as outras tecnologias, até mesmo a eólica.

A Europa gera mais produção econômica com menos emissões
Razão do PIB para o consumo de combustível fóssil

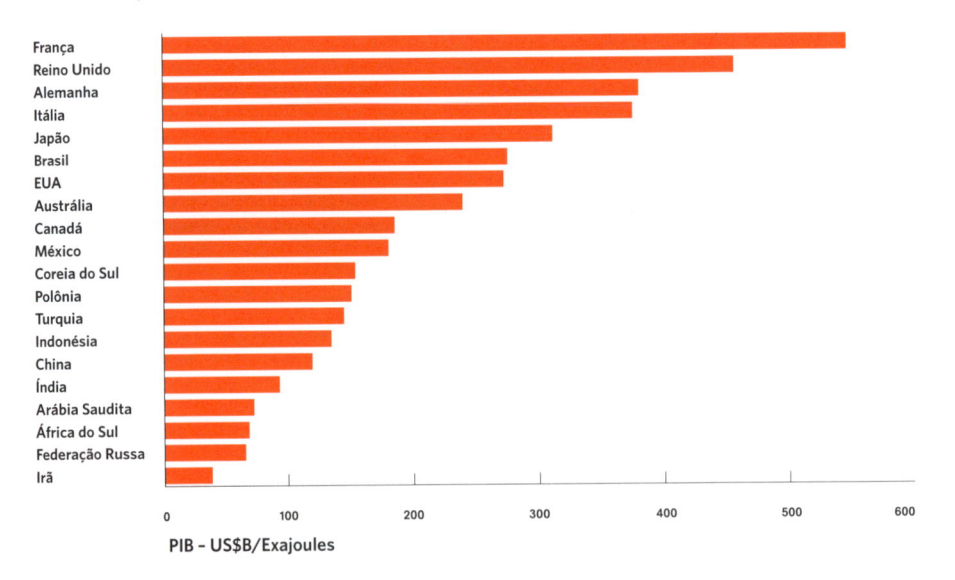

País	PIB – US$B/Exajoules
França	~550
Reino Unido	~450
Alemanha	~380
Itália	~375
Japão	~310
Brasil	~275
EUA	~270
Austrália	~230
Canadá	~195
México	~190
Coreia do Sul	~160
Polônia	~155
Turquia	~140
Indonésia	~135
China	~120
Índia	~95
Arábia Saudita	~75
África do Sul	~70
Federação Russa	~65
Irã	~30

Inventando um Modelo de Negócios Solar: A História da Sunrun

Grande parte do sucesso recente da energia solar repousa em modelos de negócios inteligentes, que escalam agressivamente. Como executiva-chefe da Sunrun, startup com sede em São Francisco, Lynn Jurich foi pioneira no mercado criando um modelo de negócios. Em 2020, a Sunrun tinha 300 mil famílias como clientes nos EUA.

Lynn Jurich

Muito jovem, li toda a seção de biografias da biblioteca. Eu estudava pessoas que causaram um grande impacto duradouro.

Depois, fui à Stanford, para a escola de negócios, onde estudei finanças com uma abordagem que me fez entender problemas complexos. Você não pode resolver os desafios sociais sem saber sobre dinheiro.

Consegui um estágio de verão em um banco global, que me levou a Hong Kong e Xangai. Era 2006, ambas as cidades estavam no meio de enormes booms de construção, com guindastes em todas as direções. Na rua, me via caminhando por entre nuvens de poluição, respirando-a.

No verão, vinha de usinas de energia que queimam carvão para manter o ar-condicionado funcionando em todos os escritórios. E de casas que aqueciam pequenos espaços. O sistema que fora construído com combustíveis fósseis não estava funcionando.

Embora tivéssemos a tecnologia para substituir o combustível fóssil por renovável, muito trabalho tinha que ser feito para a transição econômica. Ao imaginar a carreira de 50 anos à minha frente, eu sabia que queria colaborar com a causa. Não estava necessariamente focada em energia solar, mas em energia distribuída.

Na época, uma startup chamada SunEdison ganhava força com uma abordagem de utilidade distribuída para empresas. Sem nenhum custo inicial, eles instalaram painéis solares no telhado de Whole Foods, Best Buy e Walmart para abastecer parte das necessidades de eletricidade e refrigeração. A loja pagaria à SunEdison uma taxa fixa, congelada por 20 anos. Usando esse fluxo de receita previsível, a startup levantou dinheiro suficiente para financiar seus projetos.

Ninguém estava fazendo isso para o mercado residencial, embora possa imaginar que havia menos atrito. Me juntei a dois cofundadores, Ed Fenster e Nat Kreamer, que tinham muita experiência em finanças de consumo. Em vez de passar por longas negociações de contrato com corporações gigantescas e burocráticas, pensamos sobre o que seria necessário para falar com proprietário por proprietário.

Na década de 2000, houve muito investimento em hardware fotovoltaico solar, tanto para painéis quanto para células. Não queríamos estar nesse jogo; mas investir na implantação da energia solar. O que há de único é a micropropriedade e o potencial em escala. É aí que a paridade da rede é alcançada. Poderíamos capacitar os proprietários de residências para gerar a própria energia, em vez de depender de um serviço público, e para criar um sistema de energia distribuída.

Para lançar a Sunrun, e dimensionar a visão para a energia solar residencial como serviço, arrecadamos dinheiro com familiares e amigos. Colocamos flyers nos para-brisas de estacionamentos de lojas. Conversamos com mães sobre energia solar enquanto compravam em um mercado de fazendeiros para seus vegetais e queijos.

Desde os primeiros dias, nos beneficiamos da popularidade da energia solar. As pesquisas de opinião pública disseram que as pessoas acreditavam nisso — você tinha apenas que entrar na frente delas. As pessoas não amavam os serviços públicos tradicionais, para dizer o mínimo.

Embora os primeiros usuários tenham gostado dos benefícios do clima, acima de tudo, gostavam de se sentir no controle — eles poderiam ser o próprio fornecedor e economizar dinheiro. O custo inicial era zero. E podiam congelar o preço da eletricidade por longos períodos. Foi como se alguém instalasse gratuitamente uma bomba de gasolina em seu quintal e dissesse que dali em diante custaria US$1 o litro. Preferiria mantê-la ali por um ano ou por muitos anos? Foi assim que conseguimos que os proprietários assinassem contratos de 20 anos.

Levantamos capital para cobrir os custos iniciais da instalação do sistema solar, cerca de US$50 mil por casa — um número que diminuiu significativamente desde então. Os clientes assinaram contratos de compra de energia que cobriam manutenção e reparos.

Usamos nosso capital próprio para comprar e instalar os painéis. E para provar que as pessoas adeririam. Foi um trabalho árduo, mas estava funcionando.

A recessão de 2008 nos acertou em cheio. A bolha da hipoteca estourou. Quem continuaria a financiar uma startup que vive do crédito do proprietário? Para os clientes, o maior risco era a falência. Felizmente, fechamos um acordo no dia anterior à falência do Lehman Brothers. Fomos salvos pelo gongo, com capital suficiente apenas para sobreviver à Grande Recessão.

Do ponto de vista do modelo de negócios, ir de casa em casa parecia lento. Mas era o que tínhamos que fazer. E, na verdade, escalamos mais rápido do que o mercado comercial. Cobrimos o máximo possível de bairros em 10 estados. Os clientes passaram a criar a própria energia. E mais e mais pessoas queriam a oportunidade.

Em 2013, finalmente estávamos lucrando de forma estável. O conselho achou que era o momento certo para abrir o capital. Foi complicado. Meu marido, Brad, e eu estávamos casados há 9 anos. Não tínhamos certeza se queríamos filhos. Ele também é empresário, então estávamos sempre levantando capital ou lidando com crises no trabalho. Nunca seria um bom momento. Eu tinha 35 anos quando resolvemos que tínhamos que ter um bebê. E fiquei grávida. Claro, coincidiu perfeitamente com a oferta pública inicial.

Podíamos capacitar os proprietários para gerar a própria energia.

O modelo do negócio de energia solar como serviço da Sunrun a tornou a instaladora de topos de telhado nos EUA.

Na época, as energias solar e eólica expandiam lentamente as participações nos mercados em todo o mundo. No entanto, o andamento ainda estava difícil. A maioria dos pioneiros da energia solar foi recompensada com flechas nas costas das empresas de serviço público politicamente conectadas. Porém o modelo solar como serviço da Sunrun rapidamente encontrou um mercado. A oferta pública inicial da empresa, em 2015, levantou US$250 milhões na NASDAQ para operações de financiamento em 11 estados. E os primeiros investidores foram recompensados com um retorno considerável.

Lynn Jurich

Como os serviços públicos estão tão entrincheirados, não sentem muita necessidade de educar os clientes sobre eletricidade. Quando começamos, 9 em cada 10 pessoas pensavam que a solar era a forma mais cara de energia. Muitas ainda acreditam que é muito cara, mesmo agora, anos depois, o que não é mais o caso.

O modelo de prestação de serviços está quebrado. E o mercado, muito fragmentado. Como um veículo de entrega, a rede foi projetada como uma via de mão única. Quando o sol está alto, as casas movidas a energia solar produzem mais do que podem usar. De acordo com as chamadas políticas de "medição líquida", as concessionárias em 38 estados são obrigadas a comprar essa energia e enviá-la para outras residências. Mas, muitas vezes, as operadoras da rede dizem que há muita energia renovável e não podem levar tudo. As concessionárias não são incentivadas a terem uma rede distribuída, então, cabe aos reguladores mudar as regras.

As concessionárias precisam combinar a oferta com a demanda. E a intermitência da energia solar é seu maior desafio. Precisam ser inteligentes sobre o que cobrar durante os horários de pico e fora dele. Os consumidores precisam ser espertos sobre quando carregar os carros ou secar as roupas.

Uma solução é fazer com que as concessionárias desenvolvam um melhor gerenciamento de demanda e resposta. Outra é incluir baterias de armazenamento em todos os sistemas residenciais, para que os proprietários possam armazenar a energia para uso à noite ou no dia seguinte. Se pudermos fazer em escala, construiremos o que chamamos de "usinas de energia virtuais".

O Havaí é um interessante microcosmo no qual cerca de 30% das casas têm energia solar e baterias. Ter tanta escala nos permite fornecer energia mais acessível e confiável do que as concessionárias. Hoje, estamos convencidos de que cada casa deveria ter uma bateria, com redes projetadas para acomodar esse modelo.

Neste momento, estamos em 22 estados. Nos tornamos o maior instalador de energia solar em telhados nos EUA — passamos, inclusive, a Tesla, que possui outra empresa de energia solar residencial. Qualquer pessoa que esteja no negócio é um aliado para mim. Acreditamos que eletrificar tudo é o caminho a seguir. E estamos alcançando esse futuro juntos. Isso significa energia distribuída. Tenho ainda mais convicção hoje do que quando começamos.

//////////////

Em 2021, graças a Lynn Jurich e outros pioneiros, os EUA alcançaram 100 gigawatts de capacidade solar instalada. A China, com mais do quádruplo da população norte-americana, alcançou 240 gigawatts. A Índia definiu uma meta de 20 gigawatts até 2022, alcançou a marca há 4 anos e, agora, visa 450 gigawatts até 2030. No mundo, a energia solar está próxima de uma marca histórica, seu primeiro terawatt (1 trilhão de watts ou mil gigawatts). Porém, apesar do progresso rápido, ficaremos aquém da meta de zero líquido sem as mudanças fundamentais de política.

Lynn Jurich

Em termos de aquecimento global, já estamos contra o teto de 1,5 °C para evitar desastres climáticos. Logo, temos que começar a tomar decisões quase perfeitas. Nos anos de 1950, construímos o sistema nacional rodoviário com uma rapidez incrível. Eisenhower foi um grande líder. Precisamos de um general em tempos de guerra para obter energia solar em todos os telhados em que possa ser útil.

Isso significa incentivos para ajudar os consumidores, não apenas as empresas de energia estabelecidas. Precisamos energizar edifícios com baterias solares de telhado e armazenamento. A energia pode ser usada para carregar os EVs e para mudarmos de gás natural ou queimadores de óleo para resfriamento e aquecimento com bombas elétricas e compressores.

A tecnologia está aí. O custo das baterias continua caindo. Todos falam sobre o que a China e a Índia precisam fazer. Porém, se os EUA assumirem a liderança, eles farão mais rápido ainda.

O que restringe o crescimento da energia solar? A inércia — é sempre mais fácil não mudar. Os titulares defendem seus territórios. E complicam, com burocracia e papelada.

Mais cedo ou mais tarde, a instalação da energia solar será como a de um eletrodoméstico. Se um proprietário a quiser na próxima semana, conseguirá. Todas as novas casas deverão ser construídas com energia solar — deverá fazer parte do preço da residência, como bancadas de granito.

Temos que a tornar supersimples e barata, o que está acontecendo. Esse novo mundo de eletrificação não se baseia no sacrifício. Não custa mais. E você ainda pode ter a casa que deseja. Contudo, atualmente, pode ter isso enquanto gera a própria energia pelo sol.

O Lado para o qual o Vento Sopra

Visto que a solar e a eólica são duas fontes de energia de crescimento mais rápido, você pode pensar que estariam presas na competição por participação no mercado. Entretanto, não é esse o caso, porque ambas são complementos naturais. Os painéis solares transformam a luz do sol em eletricidade durante o dia, enquanto as turbinas eólicas tendem a trabalhar à noite, quando o vento aumenta. De certa forma, a energia eólica também é solar. O sol aquece a Terra de forma desigual, devido às variações de terreno. Como o ar quente sobe, deixa bolsões de baixa pressão atrás. Isso causa um desequilíbrio. A pressão resultante é o vento.

As duas formas renováveis também têm modelos de negócios complementares. Enquanto a energia solar acelera a mudança para uma rede de distribuição, a eólica é uma fonte fornecida e administrada centralmente. O vento permite que as concessionárias continuem fazendo o que fazem de melhor: negociar acordos de compra favoráveis sobre fontes de energia e fornecer eletricidade aos clientes. A energia eólica está crescendo mais rápido do que qualquer outra em escala de serviço público, incluindo os combustíveis fósseis.

Nos EUA, a energia eólica há muito goza de uma participação de mercado maior do que a solar, principalmente devido à sua aceitação por grandes empresas de serviços públicos. Situado na rica região de petróleo do Golfo do México, o Texas é a casa da indústria petroleira norte-americana. Graças a políticas de estado amigáveis para empresários, também é o líder de longa data na energia eólica. Em 2006, foi construído o Horse Hollow Wind Energy Center (Centro de Energia Eólica Horse Hollow, em tradução livre), no centro do Texas. Girando 735 megawatts de energia, era o maior parque de turbinas eólicas do mundo quando foi construído. (Desde então, foi ultrapassado por instalações maiores, como a chinesa Gansu Wind Farm, que tem 27 vezes o seu tamanho.)

Com o tempo, a tecnologia eólica melhorou aos trancos e barrancos. As pás ficaram maiores. As turbinas, mais altas. Quando a capacidade de produção dobrou, o custo de novas turbinas caiu pela metade. Uma vez que a energia eólica nos EUA ficou mais barata do que o transporte ferroviário a carvão, simplesmente fez sentido integrá-la à rede.

O crescimento futuro da energia eólica onshore enfrenta várias restrições: gargalos de transmissão, restrições de serviços públicos, escassez de terras disponíveis, oposição local a novos lugares. A nova fronteira para esse setor está no mar, onde um visionário dinamarquês transformou uma crise financeira em uma nova oportunidade verde.

A Revolução Offshore da Ørsted

O primeiro parque eólico offshore começou como um experimento. Em 1991, em uma pequena ilha na costa do Mar Báltico, a concessionária estatal da Dinamarca Danish Oil & Natural Gas (DONG) construiu 11 turbinas. Nomeada em homenagem à cidade costeira mais próxima, a Vindeby Offshore Wind Farm seria capaz de gerar 5 megawatts. Era um pequeno empreendimento no esquema das coisas, atendendo a uma fração de 1% dos padrões de eletricidade da Dinamarca.

No ano 2000, muito do crescimento da energia eólica foi deixado para negócios mais empreendedores. A estatal DONG fundiu-se com rivais para fortalecer a posição como uma empresa de energia focada em petróleo e gás. Mas, em 2012, a concessionária de 6 mil funcionários estava à beira do desastre financeiro. À medida que o boom de fraturamento hidráulico dos EUA impulsionou a produção de gás natural a níveis recordes, os preços globais despencaram 85%, do pico ao final, em 4 anos. Embora parecesse uma boa notícia para os consumidores de eletricidade dinamarqueses, a margem de lucro da DONG evaporou. A Standard & Poor's rebaixou a classificação de crédito da concessionária para negativa. O executivo-chefe deixou o cargo.

Para substituí-lo, o conselho escolheu um líder de fora do setor de energia. Henrik Poulsen, 45 anos, foi líder da famosa inovadora dinamarquesa LEGO, que provocou uma grande reviravolta durante a gestão. No momento em que o futuro da DONG era nebuloso, na melhor das hipóteses, Poulsen foi encarregado de restaurar a base financeira da empresa e construir uma nova estratégia de crescimento.

Em 2012, o mercado eólico offshore mal existia. Os custos o impediam. Construir plataformas no oceano aumentava o risco, sem mencionar a oposição influente dos proprietários de casas à beira-mar.

Henrik Poulsen enfrentou algumas escolhas difíceis. Qualquer outro CEO teria entrado em pânico, despedindo trabalhadores até que o preço do gás natural se recuperasse. Porém Poulsen não. Ele aproveitou a oportunidade para fazer uma mudança fundamental.

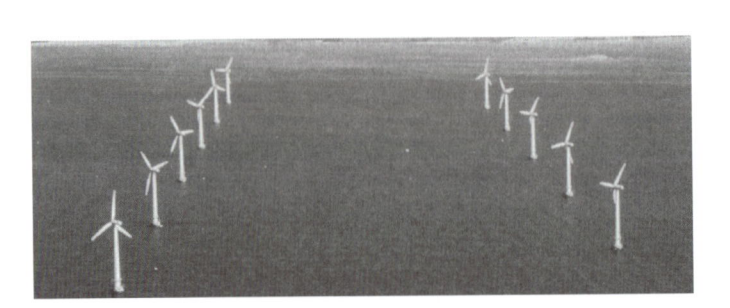

Em 2006, a DONG fundiu-se com outras 5 empresas de energia dinamarquesas para se tornar uma empresa integrada de petróleo, gás e energia, ainda com os combustíveis fósseis no centro do negócio.

O primeiro parque eólico offshore do mundo, construído em 1991, na costa da Dinamarca.

Henrik Poulsen

Pouco após me juntar à DONG, em agosto de 2012, ela se encontrava em uma crise profunda. A S&P rebaixou a dívida. Muitas outras empresas do ramo na Europa também estavam sob uma pressão intensa. O legado de negócios na produção de energia convencional estava se desgastando rapidamente. O negócio de gás natural liquefeito e armazenamento ficou sob uma pressão de preços significativa, impulsionada pelo boom do xisto nos EUA.

Para mim estava claro que precisávamos de um novo plano de ação. Examinamos o negócio, ativo por ativo, para descobrir uma força competitiva e o potencial de crescimento futuro do mercado.

Decidimos desinvestir em uma longa lista de negócios não essenciais para reduzir a dívida. Precisávamos construir uma empresa nova. Eu acreditava fortemente que precisávamos mudar de energia escura para verde para combater as mudanças climáticas. Havia apenas um tipo de negócio que decidimos desenvolver em nossa estratégia de crescimento: a energia eólica offshore.

Acredito que tínhamos uma oportunidade única na energia eólica offshore. Também tínhamos uma vantagem nos primeiros passos. Eu acreditava que não tínhamos escolha a não ser apostar tudo.

Uma transformação radical nunca é fácil. Olhamos todos os parques eólicos existentes no mar. A equipe de liderança revisou todos os custos e dados. Essas operações são muito caras; o custo dessa energia é mais do que o dobro da eólica onshore.

Colocamos em prática um programa radical de redução de custos para levar a energia eólica offshore a um nível em que pudéssemos superar a produção da energia de combustível fóssil.

Dividimos os parques eólicos em componentes, das turbinas à infraestrutura de transmissão, das instalações às operações e manutenções.

Instalamos turbinas maiores, para aumentar a capacidade dos parques eólicos offshore. Em colaboração com os fornecedores, continuamos baixando os custos a cada nova instalação.

Em 2014, fizemos uma licitação para uma série de projetos eólicos offshore no Reino Unido, o maior leilão de todos os tempos no setor. E vencemos três. Isso garantiu um volume suficiente para manter o programa da redução de custos.

Tínhamos uma meta do custo de instalação de 100 euros por megawatt/hora até 2020. Ultrapassamos a meta e atingimos 60 euros em 2016. Em 4 anos, reduzimos o custo da energia eólica offshore para 60%, muito além do que jamais imaginamos. Mobilizar toda a indústria e cadeia de suprimentos para a missão foi realmente poderoso.

Posteriormente, descartamos o nome DONG. Então rebatizamos a empresa como Ørsted, em homenagem ao lendário cientista Hans Christian Ørsted, quem descobriu que as correntes elétricas criam campos magnéticos.

Decidimos desenvolver apenas um negócio: a energia eólica offshore.

////////////////

Quando um novo mercado é aberto, há pouca competição. Os pioneiros têm uma grande vantagem — para a indústria eólica, a Dinamarca tinha duas. Vestas, um fabricante de equipamentos industriais, tornou-se um dos primeiros fabricantes de turbinas eólicas e, hoje, é o maior do mundo.

Contudo a Ørsted foi a primeira a ver que as locações offshore podem ser muito maiores que terrenos. Cada um dos primeiros parques eólicos gerou cerca de 400 megawatts. O seu novo negócio crescia e lucrava. Em 2016, a empresa abriu o capital com valor de mercado de US$15 bilhões. E alcançou US$50 bilhões em 4 anos depois. Como os governos europeus mostraram interesse crescente na energia eólica offshore, outras empresas surgiram, o que ajudou a reduzir os custos de toda a indústria.

Henrik Poulsen

O pipeline global de novos projetos permitiu uma abordagem mais industrializada para o projeto e a construção de parques eólicos offshore. Em vez de pensar como projetos únicos, se tornaram uma correia transportadora padronizada. Isso nos deu o ímpeto e a convicção para avançar agressivamente nas águas em toda a Europa, na Ásia e na América do Norte.

Não temos ideia se haverá um mercado significativo de energia eólica offshore nos EUA. Mas abrimos a sede norte-americana em Boston. Então, adquirimos a empresa que venceu a licitação para a primeira usina, o Parque Eólico Block Island, na costa de Rhode Island. Agora, reduzimos as emissões de dióxido de carbono em 40 mil toneladas por ano. É o equivalente a tirar 150 mil carros das ruas.

Desde então, os mercados offshore abriram ao redor do mundo. E nós ganhamos uma fatia justa dessas licitações. O que é especialmente surpreendente é como redirecionamos nosso pessoal para aprender novas habilidades. O negócio tem sido turbulento, mas a missão infundiu um novo propósito na empresa.

////////////////

Em 2020, 90% da energia gerada pela Ørsted era renovável. Após cortar as próprias emissões de CO_2 em 70%, foi nomeada a empresa mais sustentável pelo Fórum Econômico Mundial. Atualmente, é a maior desenvolvedora eólica offshore do mundo, com 1/3 de um crescente mercado global. Para qualquer empresa de combustíveis fósseis que busque fugir do passado, a Ørsted é um modelo exemplar por excelência.

Tamanho Importa: As Turbinas Eólicas da Ørsted's Produzem Mais Energia à medida que Aumentam de Tamanho

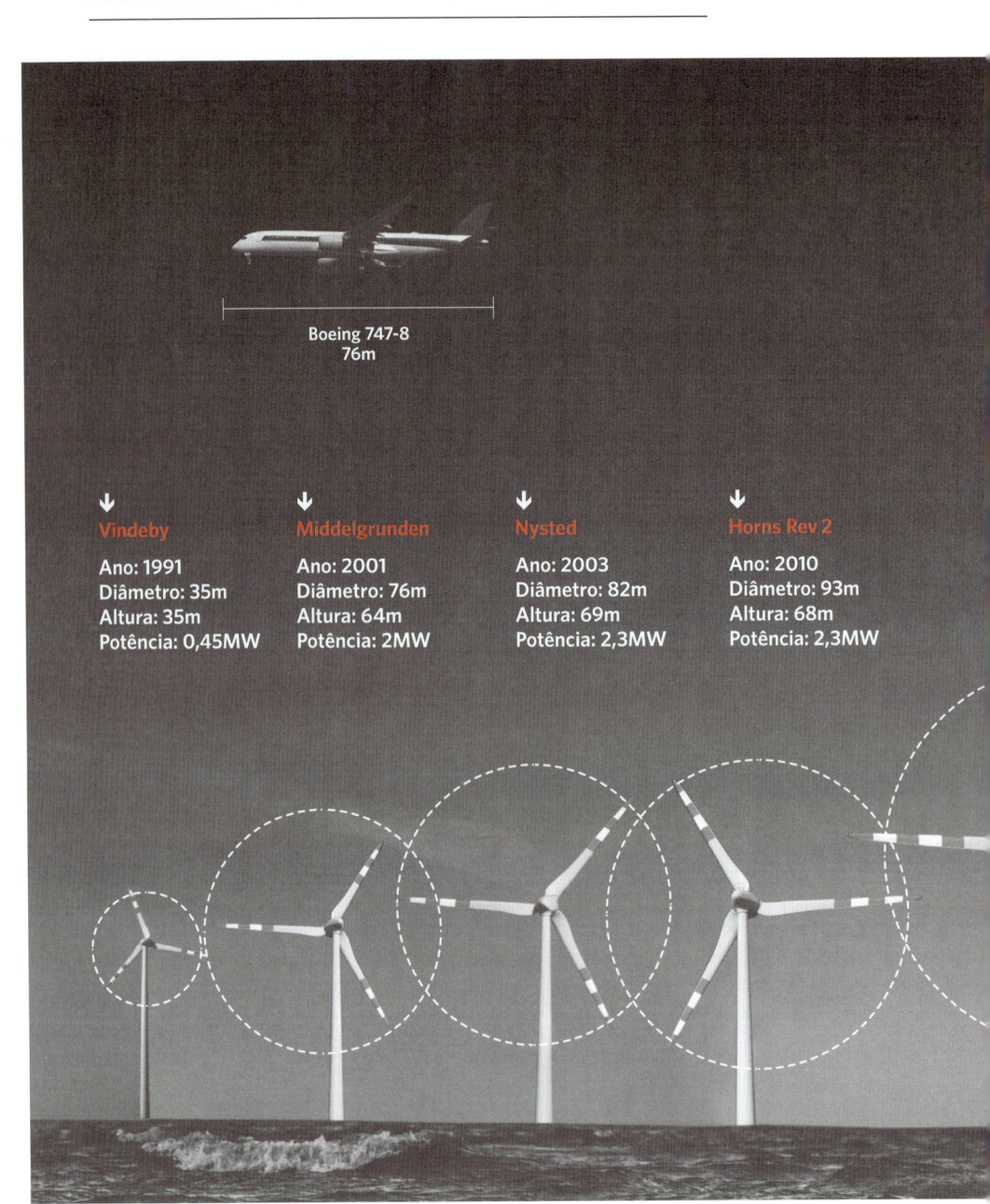

Boeing 747-8
76m

Vindeby
Ano: 1991
Diâmetro: 35m
Altura: 35m
Potência: 0,45MW

Middelgrunden
Ano: 2001
Diâmetro: 76m
Altura: 64m
Potência: 2MW

Nysted
Ano: 2003
Diâmetro: 82m
Altura: 69m
Potência: 2,3MW

Horns Rev 2
Ano: 2010
Diâmetro: 93m
Altura: 68m
Potência: 2,3MW

↙
Anholt

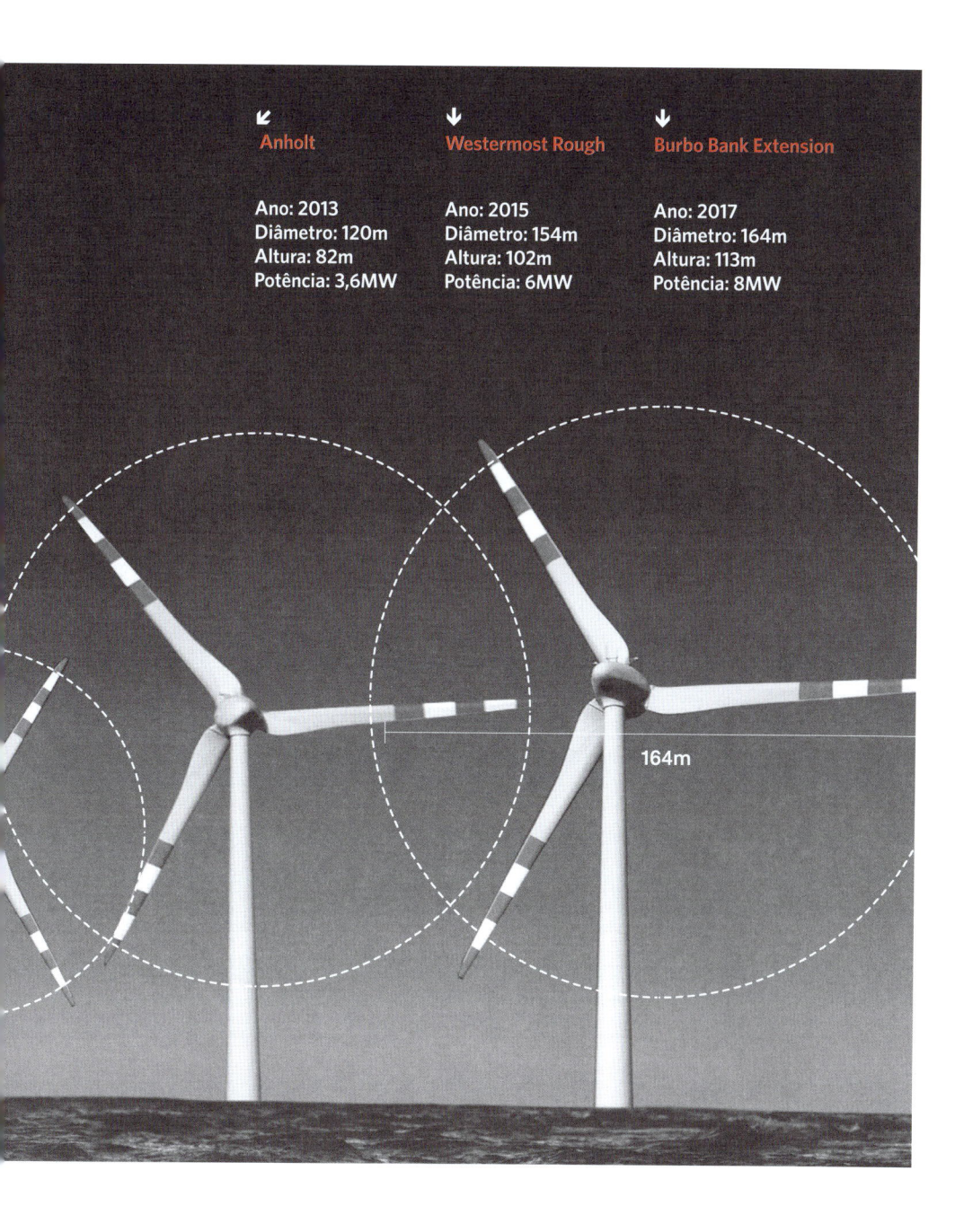

↓
Westermost Rough

↓
Burbo Bank Extension

Ano: 2013
Diâmetro: 120m
Altura: 82m
Potência: 3,6MW

Ano: 2015
Diâmetro: 154m
Altura: 102m
Potência: 6MW

Ano: 2017
Diâmetro: 164m
Altura: 113m
Potência: 8MW

164m

O Segredo Sujo do Gás Natural

Em 2020, o Fundo de Defesa Ambiental relatou uma emergência de emissões em Permian Basin, no Oeste do Texas, a maior zona de mineração e perfuração dos EUA. O cientista-chefe do fundo, Steve Hamburg, ficou surpreso com as imagens e dados rolando na rede de monitoramento do metano: feeds de satélites, drones de vigilância, helicópteros com câmeras infravermelhas.

Logo, ficou alarmado. "Estas são as maiores emissões já medidas em uma grande bacia dos EUA", relatou Hamburg. O local em Permian estava vazando 4% da produção total de gás natural da bacia — um jorro de metano prejudicial ao clima.

A explosão monstruosa de emissões mostrou como a medição precisa e em tempo real fortalece os esforços para cortar e conter as emissões. Em poucos dias, o Fundo de Defesa Ambiental emitiu memorandos legais para as empresas de petróleo e gás responsáveis e reguladores, insistindo que agissem para acabar com os vazamentos.

Ex-professor de ciências ambientais da Universidade do Kansas e da Brown, a vida de Steve Hamburg deu uma reviravolta quando atuou como autor principal de uma série de relatórios assustadores para o Painel Intergovernamental sobre Mudanças Climáticas, trabalho que rendeu ao seu grupo de cientistas o Prêmio Nobel da Paz em 2007. Quando o fundo entrou em contato, no ano seguinte, Hamburg viu aquilo como a chance de agir diretamente no clima. Ele deixou a cátedra na Brown para ir ao campo e subir aos céus.

O projeto principal do fundo é o MethaneSAT, um satélite dedicado a rastrear e medir as emissões do metano. Até 2023, em colaboração com a SpaceX, uma missão espacial conjunta dos EUA com a Nova Zelândia lançará o satélite em órbita baixa da Terra com um foguete Falcon 9. O MethaneSAT estará à espreita para emissões fugitivas em todo o mundo de petróleo, gás e carvão, enquanto rastreia gigatoneladas adicionais de metano das fazendas de gado e resíduos alimentares de aterros. Parece certo que aumentará o perfil da medição global em tempo real em nosso esforço para resolver a crise climática.

O gás natural consiste em até 90% de metano, que retém mais de 30 vezes mais calor, libra por libra, do que o dióxido de carbono.

Steve Hamburg

Os esforços do MethaneSAT começaram com a coleta de dados e os estudos para quantificar as emissões do metano. Os instantâneos de dados que tinham eram melhores do que qualquer coisa já vista. Só que precisávamos de um filme, um fluxo contínuo de dados. E não apenas em alguns lugares, mas em todos.

Ainda não podemos coletar dados em várias partes do mundo. Precisamos conseguir colocar uma tripulação em terra ou um avião, porém simplesmente não conseguimos as permissões.

Assim, os satélites são a solução. Por muitos anos, disse que tudo bem, se quiséssemos fazer em escala e com precisão, precisaríamos de um satélite dedicado ao metano.

Tudo começou com os dados que precisávamos coletar e quanta precisão poderíamos obter rastreando do espaço. Fomos para o corpo docente dos observatórios Astrofísicos de Harvard e Smithsonian para perguntarmos: "Vocês podem construir isso?" "É tecnologicamente possível?" Eles respiraram fundo e disseram: "Sabe, há uma nova tecnologia chegando."

Então falamos: "Vamos descobri-la." E colocamos tudo em quadros brancos ao dizermos: "Acho que podemos. Isso é possível." Portanto, tínhamos um projeto.

A urgência de caçar o metano fugitivo decorre do seu papel no aquecimento do planeta — e da vida útil relativamente curta. Na era pré-industrial, o metano estava presente na atmosfera com 722 partes por bilhão (ppb). Atualmente, a concentração mais do que dobrou. E se nós tivermos sucesso em cortar as emissões causadas pelo homem em 25% até 2025 e 45% até 2030, veríamos uma redução do aquecimento global ainda nessa geração.

De sensores do metano em aeronaves às pesquisas conduzidas em residências, sabemos que vazamentos de metano ocorrem não apenas na produção de petróleo e gás, mas em cada etapa da cadeia de abastecimento dos aparelhos a gás que são usados. Quanto mais cedo for trocado pelos elétricos, mais cedo eliminaremos as fontes adicionais de vazamento do metano.

Divulgar essa mensagem — tanto como uma emergência codificada quanto como oportunidade única — tem sido o foco de Fred Krupp, presidente do fundo desde 1984. A organização tem uma longa e reconhecida história na proteção do meio ambiente, com mais vitórias do que derrotas. E desempenhou um papel de destaque na remoção do chumbo da gasolina e na proibição do perigoso pesticida DDT. Hoje, a organização global sem fins lucrativos tem 700 funcionários em tempo integral e um orçamento anual de US$225 milhões.

A urgência de caçar o metano decorre do seu papel no aquecimento do planeta.

Fred Krupp

O metano tem o impacto extraordinário e imediato de aquecer o planeta. Cientistas e legisladores estão acordando para a realidade de que mitigá-lo é importante por si só, independente da descarbonização. O metano se difunde da atmosfera muito mais rápido — após cerca de 10 anos contra mais de 100 anos do CO_2. Portanto, cumprir os marcos do metano até 2025 e 2030 reduzirá o aquecimento. E logo depois, terá até um *efeito de resfriamento*.

A urgência é especialmente aparente com o gelo do Mar Ártico no verão. Não conhecemos nenhuma maneira de evitar que desapareça sem reduzir as emissões. Isso inclui o das vacas leiteiras e de corte. Mas, no fundo, focamos a indústria do petróleo e gás. Temos uma oportunidade imediata para reduzir o metano e evitar os ciclos de feedback. Se não o fizermos, perderemos o gelo do Mar Ártico quase completamente.

A boa notícia é que a indústria reconhece o problema. Os grandes atores estabeleceram compromissos, incluindo ExxonMobil e Chevron, Shell e BP, Saudi Aramco, Petrobras no Brasil e Equinor na Noruega. As empresas formaram um consórcio de investimentos denominado Oil & Gas Climate Initiative. Comprometeram a reduzir a intensidade do metano e apoiam a eliminação para até 2030 da queima de rotina, a queima do metano desperdiçado.

A má notícia é que o consórcio inclui apenas empresas de capital aberto, não as estatais da Rússia, Irã, México, Indonésia e China, que devem ser abordadas com a ajuda da diplomacia. Essas empresas precisam eliminar os vazamentos e todas as outras emissões fugitivas de suas operações, agora.

Além das metas de médio prazo, precisamos de um ==*plano* para as empresas de combustível fóssil acelerarem o ritmo e eliminarem as emissões até 2025.== As empresas de petróleo e gás precisam de uma estratégia para medição e monitoramento de campo e atualizações de equipamentos. Muitas ainda operam com válvulas *projetadas* para liberar metano, baseadas na pressão do gás que passa por elas. Esse equipamento deve ser substituído por válvulas modernas, que drenam o gás. A tecnologia existe e custa apenas US$300 por válvula.

À medida que a indústria começar a cumprir a responsabilidade, o MethaneSAT observará a fim de detectar vazamentos desconectados e não relatados. Precisaremos de fortes proibições legais e punições contra as emissões fugitivas.

Em 2016, nos últimos meses da administração Obama, a Agência de Proteção Ambiental instituiu uma regra de poluição por metano para detecção e vazamentos nos novos locais de petróleo e gás. Porém, com a administração Trump suspendendo os esforços, surgiram vazamentos de fraturamento hidráulico entre 2018 e 2020. Em abril de 2021, a administração Biden considerou como um elemento central do pacote de infraestrutura, com foco em cabeças de poço abandonadas.

Para conter a mineração e a perfuração, as nações e os reguladores devem estar vigilantes. As leis devem ser cumpridas. Os vazamentos limitados em operações novas e existentes. "Alguns desses vazamentos são intencionais", diz Fred Krupp. A prática da queima, em que os gases residuais são queimados no local por razões de segurança e economia, deve ser estritamente regulamentada como uma emissão desnecessária e um desperdício de gás natural. A ventilação aberta, que libera metano na atmosfera, deve ser proibida.

Eletrificando Tudo

Como um orgulhoso residente da Califórnia, gostaria de agradecer a Jerry Brown, o governador de 4 mandatos. Muito antes do clima se tornar uma célebre causa global, Brown liderava a busca por um ambiente mais limpo. Ele transformou em lei uma série surpreendente de estreias mundiais. Em 1977, a Califórnia promulgou um incentivo fiscal sem precedentes para painéis solares. No ano seguinte, surgiram os primeiros padrões de eficiência energética para edifícios e eletrodomésticos. Em 1979, Brown assinou as leis antipoluição mais rígidas do mundo, um mandato para banir o chumbo da gasolina, uma moratória da energia nuclear e uma proibição de perfuração de petróleo offshore.

A quinta maior economia do mundo nunca desistiu. Em 2002, sua liderança climática tornou-se bipartidária com a eleição de Arnold

Schwarzenegger. A Califórnia se tornou líder oficial do clima quando o governador republicano assinou a Lei de Soluções para o Aquecimento Global, que visava uma redução de 80% nos gases do efeito estufa até 2050.

Retornando ao cargo em 2011, Jerry Brown continuou de onde parou, ao assinar uma lei histórica. Em 2018, o último ano no cargo, ele assinou um mandato para 60% de eletricidade limpa até 2030 e 100% até 2045. A Califórnia se tornou a maior jurisdição do mundo a se comprometer a ter energia elétrica completamente limpa.

Do ponto de vista nacional, entretanto, temos um longo caminho a percorrer. Aproximadamente metade das casas e dos restaurantes norte-americanos ainda dependem de fogões e fornos a gás. E muitos cozinheiros relutam em mudar para os elétricos. As concessionárias de gás estão elaborando campanhas de marketing para explorar a tendência das pessoas em relação aos combustíveis fósseis.

Contudo, de acordo com testes extensivos do Consumer Reports, os fornos de indução elétricos superam os equivalentes a gás na maioria das tarefas de cozinha, incluindo fervura e grelhar. Em vez de uma chama, esses fogões usam campos magnéticos para produzir energia para aquecer as panelas e frigideiras de ferro fundido ou aço. Sem queimadores, são mais seguros do que os fogões a gás. E lançam menos gases tóxicos no ar. "Amo nosso forno de indução", diz James Ramsden, coproprietário do restaurante com estrelas Michelin Pidgin, de Londres. "Jamais voltaria para o gás." Os famosos chefes Thomas Keller, Rick Bayless e Ming Tsai também estão nessa. Os códigos de construção de todos os lugares devem estipular fogões de indução para novas construções. Incentivos para edifícios existentes podem facilitar as trocas ao longo do tempo.

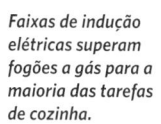

Faixas de indução elétricas superam fogões a gás para a maioria das tarefas de cozinha.

Nosso Majestoso Futuro Energético

Conforme mudamos a maneira como cozinhamos, aquecemos as casas e dirigimos, a demanda por eletricidade — há muito estagnada em vários estados — crescerá novamente. A rede elétrica precisa evoluir para suportar ==a carga de energia do futuro e o crescente fluxo de fontes variáveis, como a solar e eólica==. A rede norte-americana é, com boa vontade, antiquada. Para atender a demanda em tempo real, e transportar energia por longas distâncias por meio das linhas de transmissão de alta tensão, a rede precisa ficar muito mais inteligente.

Algumas concessionárias fazem um trabalho melhor do que outras. Umas instalaram sistemas de "resposta à demanda" com software conectado a chips embutidos em milhares de termostatos. Em uma crise regional de energia, as redes "inteligentes" creditam os consumidores que concordam em ter o ar-condicionado reduzido para diminuir o uso de energia no pico. Outra abordagem é a "medição líquida", onde a energia solar do telhado alimenta a rede sempre que uma casa produz mais do que consome. Além de reduzir as contas de serviços públicos dos proprietários de energia solar, a medição líquida é uma vitória para o planeta.

Quanto mais energia de emissão zero surgir na rede elétrica do mundo, um desafio ainda maior se aproxima. Os 27 mil terawatts/hora de eletricidade gerados pelo globo em breve ficarão muito aquém das nossas necessidades. Até 2050, de acordo com a Agência Internacional de Energia, precisaremos de pelo menos 50 mil terawatts/hora de capacidade para os 10 milhões de carros elétricos adicionais, entre outras coisas. Assim que os painéis solares abastecerem as casas, como Elon Musk e Lynn Jurich entenderam desde o início, as garagens das pessoas se tornarão seus postos de gasolina.

Com as casas *solares*, as garagens se tornam postos de gasolina.

O Poder da Eficiência Energética

Durante grande parte da história, as economias nacionais cresceram em sincronia com o uso da energia. Muitos acreditavam que a energia necessária para gerar um determinado dólar do PIB era mais ou menos fixa. Mas um físico de Oxford chamado Amory Lovins teve uma visão contrária: usar muito menos energia e ainda fazer as economias crescerem. Em 1982, Lovins cofundou o Rocky Mountain Institute, para promover a eficiência energética. Sua casa provida a energia solar, em Old Snowmass, Colorado, com 99% de calor passivo, tornou-se uma vitrine para um design eficiente. Possui uma estufa, na qual Lovins planta bananas durante o ano todo sem aquecedor.

Lovins afirma que os saltos de eficiência são tão previsíveis que podem acelerar de forma confiável a transição para um futuro de emissões zero. As lâmpadas de LED, por exemplo, usam 75% menos energia do que as tradicionais. Tubos e dutos projetados de forma mais eficiente podem cortar até 90% do atrito dos sistemas de bomba e ventilador.

Em 2010, em consultoria a uma adaptação no Empire State Building, o Rocky Mountain Institute mostrou uma forma para economizar 38% de energia. E outros prédios famosos seguiram o exemplo. "O que é melhorado não são, necessariamente, as tecnologias...", diz Lovins. "É o design, as escolhas que toma combinadas com as tecnologias já inventadas." No Empire State Building, os ganhos vieram do isolamento de janelas, adição de barreiras radiantes e otimização do sistema de aquecimento e resfriamento. Qualquer prédio comercial ou casa pode fazer o mesmo.

Nos EUA, os prédios usam quase 75% da eletricidade. Eles precisam ser aquecidos e refrigerados — na maioria das vezes, por enquanto, com dois aparelhos separados: um aquecedor movido a gás natural ou óleo e um ar-condicionado movido a eletricidade. O próximo salto é livrar-se totalmente dos aparelhos antigos e instalar uma bomba aquecedora elétrica que forneça os dois serviços em um único dispositivo. Esses sistemas inteligentes tanto aquecem quanto resfriam. E transformam uma unidade de eletricidade em três ou mais de calor, com versões industriais disponíveis para prédios maiores. Embora a tecnologia ainda precise ficar mais barata, está pronta e esperando no revendedor autorizado mais próximo.

Muitas pessoas pensarão em uma bomba aquecedora quando os aparelhos velhos quebrarem. Porém as concessionárias podem oferecer incentivos para substituir os aparelhos a gás, da mesma forma que incentivam medidas de eficiência, como proteção contra intempéries, isolamento e aparelhos Energy Star. Somente em 2019, o programa da

Energy Star ajudou os norte-americanos a cortarem gastos com energia em US$39 bilhões e reduzir as emissões de gases do efeito estufa em 390 milhões de toneladas ou 5% do total nacional.

Em 2018, os EUA ocupavam o 10º lugar em eficiência energética, atrás de Alemanha, Itália, França e Reino Unido. E se o resto do país mantivesse o ritmo de eficiência energética da Califórnia, teriam cortado as atuais emissões de CO_2 em 24%.

A maior parte do potencial da área permanece inexplorado. Para Lovins, a próxima geração de ganhos de eficiência poderia diminuir a economia alcançada desde os anos 1970.

As grandes concessionárias são extremamente vulneráveis a interrupções. A união de forças, de mudanças regulatórias para redes mais eficientes, pode devorar metade da receita do setor até o final dessa década. Cada instalação solar em um telhado significa menos para os serviços convencionais.

A rede está se afastando lentamente do modelo combustível fóssil, velho e ineficiente: centralizado, unilateral, focado no fornecimento e frágil em períodos de pico. A rede inteligente de energias renováveis do futuro será distribuída de forma bidirecional, com foco no cliente. Mais eficiente e resiliente. Um obstáculo é acumular armazenamento suficiente para eletricidade sob demanda, para compensar a variabilidade das energias solar e eólica. Mas, com a contínua redução de custos das fontes renováveis, as redes podem continuar adicionando fontes e armazenamentos mais limpos que atendam às demandas de clientes e às restrições de onde operam. Cada aquisição, melhoria de eficiência e mudança na política de medição está um passo mais perto de uma rede limpa.

A transição da humanidade para um novo modelo de energia nas próximas três décadas será uma conquista majestosa. **Em última análise, todas as usinas de combustíveis fósseis precisarão ser fechadas**. O gás natural deverá ser eliminado. E o carvão, relegado ao passado — não há outro caminho. O objetivo é tornar a rede elétrica 100% livre de emissões no máximo de países possíveis, o mais rápido possível.

Velocidade & Escala: Contagem regressiva para o zero líquido

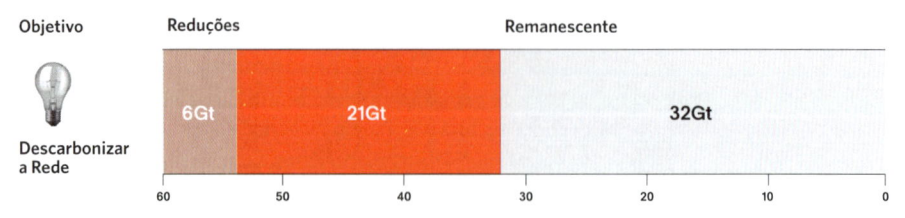

Objetivo	Reduções		Remanescente
Descarbonizar a Rede	6Gt	21Gt	32Gt

Porém, para salvaguardar o clima, precisamos ampliar a visão além da energia — em particular, como alimentamos as pessoas. O que nós comemos e como é cultivado, é responsável por uma parcela alarmante das emissões de gases do efeito estufa mundial. No próximo capítulo, examinaremos como transformar a comida e o sistema agrícola para ajudar a chegar ao zero líquido no futuro.

No final das contas, todas as usinas de combustível fóssil precisarão ser fechadas. O gás natural deverá ser eliminado. E o carvão, relegado ao passado — não há outro caminho.

Parte I - Zerar as Emissões

Ajustar
a Comida

Capítulo 3

Ajustar a Comida

Após *Uma Verdade Inconveniente* atrair atenção sem precedentes para a crise climática, começou a busca por soluções em grande escala para descarbonizar a eletricidade e os transportes. Há muito mais tempo do que tenho investido em soluções de cleantech, Al Gore desafiou publicamente os agressores das emissões e reuniu apoio para tecnologias promissoras. Décadas depois de convocar a primeira audiência do Congresso dos EUA sobre mudanças climáticas, como um calouro de 28 anos, Al retornou às raízes. Ele voltou a focar o que pode ser a solução climática mais promissora de todas: cultivar alimentos de maneira melhor.

Al passou seus primeiros verões trabalhando em Caney Fork Farms, a área plantada da família próxima a Carthage, Tennessee. Certa vez, Albert Gore Sr. andou com o filho pela fazenda, para ensiná-lo onde fica o melhor solo. Quando chegaram ao fundo de um rio, o solo estava preto e úmido. O filho o segurou pelas mãos. "O solo escuro é o melhor", disse Al. "Meu pai me ensinou isso."

Al jamais esqueceu aquela lição. E admite, envergonhado, que levou mais 15 anos para entender *por que* aquele solo rico era escuro. A razão era o carbono. "A alta concentração de carbono ajuda a alimentar toda a vida no solo…", diz Al. "E o solo mais escuro retém melhor a umidade, porque o carbono constrói uma treliça que o mantém no lugar."

O que acontece no nível microscópico determina o que acontece em nível planetário. O solo da Terra, repara Al, contém 2.500 gigatoneladas de carbono, mais de 3 vezes o total na atmosfera. **Para alcançar o zero líquido, precisamos que o solo absorva muito mais**. O potencial é enorme — mas estamos indo na direção errada. O solo está em perigo. Ao longo do século passado, um terço dele foi esgotado.

Al Gore na Caney Fork Farms, em Carthage, Tennessee.

De volta a Caney Fork Farms, Al está implementando o que deveria ser uma prática padrão para as fazendas do futuro. "A fazenda inteira, o celeiro, a produção de alimentos, a casa — tudo é gerado 100% com energia renovável...", diz. "Mas a parte mais complicada da fazenda é o solo." Seja cultivando alface, abóbora ou melão, o desafio é o mesmo: manter o solo rico em carbono o suficiente para alimentar mais interação entre plantas e micróbios.

Nos anos 1930, solos agrícolas esgotados transformaram a planície americana no Dust Bowl (Domo de Poeira).

Nos anos 1930, as práticas agrícolas pobres esgotaram as planícies do Texas, Oklahoma e Kansas. De forma que a camada superficial do solo da região foi levada pelo vento. As rajadas quentes e marrons se levantaram mais alto que edifícios e obscureceram o céu. Desde os dias do Dust Bowl, aprendemos muito sobre rotação de culturas e a importância das culturas de cobertura para manter o frágil solo no lugar. Essa sabedoria duramente conquistada gerou o movimento da agricultura regenerativa.

Na agricultura tradicional, os arados destroem o tecido conjuntivo do solo, perturbando o ecossistema natural e despejando dióxido de carbono no ar. Fertilizantes ricos em nitrogênio tentam ser mais produtivos com a sujeira danificada. Então vêm os pesticidas e herbicidas, jogando produtos químicos nos rios e lençóis freáticos, que matam os micro-organismos valiosos. O óxido nitroso emanado dessa fertilização industrial retém o calor a uma taxa 300 vezes maior que o CO_2. E permanece na atmosfera por um século ou mais. Os fertilizantes, sozinhos, são responsáveis por 2 gigatoneladas de emissões de CO_2 equivalentes.

Al diz que mais de 15% de toda a emergência das emissões, cerca de 9 gigatoneladas por ano, é atribuída ao sistema alimentar — a agricultura industrial, pecuária (especialmente, o gado de corte), produção de arroz e emissões de fertilizantes e resíduos alimentares. Para chegar ao zero líquido, devemos mudar a forma como a agricultura e o sistema alimentar funciona, desde o início.

Até 2050, a população global aumentará para quase 10 bilhões de pessoas, mais do que os 7 bilhões atuais. Uma crescente classe média aumentará a demanda por carnes e laticínios. Para que todos tenham o que comer, precisaremos produzir até 60% mais calorias do que fizemos em 2010. Incorporamos a velocidade e a escala exigida nos seguintes OKRs:

Objetivo 3
Ajustar a Comida

Redução das emissões da agricultura de 9 gigatoneladas para 2 até 2050.

RC 3.1 — Solo das Fazendas: Melhorar a saúde do solo através de práticas que aumentem o carbono, no mínimo, em 3%.

↓ 2Gt

RC 3.2 — Fertilizantes: Parar com o uso excessivo de fertilizantes à base de nitrogênio e desenvolver alternativas mais ecológicas para reduzir as emissões à metade em 2050.

↓ 0,5Gt

RC 3.3 — Consumo: Promover proteínas de menor emissão, reduzindo o consumo anual de carne bovina e laticínios em 25% até 2030 e 50% até 2050.

↓ 3Gt

RC 3.4 — Arroz: Reduzir o metano e o óxido nitroso do arroz cultivado em 50% até 2050.

↓ 0,5Gt

RC 3.5 — Desperdício de Comida: Baixar a taxa, de 33% de toda a comida produzida para 10%.

↓ 1Gt

Para fornecer alimento suficiente para todos e, ao mesmo tempo, cortar as emissões da agricultura, devemos lidar com esses 5 fatores. O **RC Solo das Fazendas (3.1)** busca a melhoria da saúde do solo, medida pelo carbono presente. Ao acelerar a adoção da agricultura regenerativa, aumentamos o teor de carbono. Aplicada de forma ampla, essa prática pode absorver 2 gigatoneladas de CO_2 a cada ano.

O **RC Fertilizantes (3.2)** apela para limitar o uso de fertilizantes a base de nitrogênio, fonte de 2 gigatoneladas de CO_2e. Com novos métodos de entrega e técnicas de precisão para a distribuição e colocação de fertilizantes, os agricultores podem cortar as emissões sem prejudicar a produção. Além disso, devemos inventar maneiras de produzir fertilizantes sem usar combustíveis fósseis. Juntas, essas ações reduzirão as emissões de dióxido de carbono e óxido nitroso pela metade.

O **RC Consumo (3.3)** visa cortar as emissões da pecuária — gado, em particular — ao reduzir o consumo de carne bovina e laticínios. Para isso, precisamos melhorar e dimensionar alternativas baseadas em vegetais para competir com a carne bovina e os laticínios, mudando a demanda de alimentos de alta emissão. Rótulos de carbono e diretrizes dietéticas podem orientar os consumidores a melhorarem as escolhas.

O **RC Metano de Arroz (3.4)** reduz as emissões de metano dos arrozais enquanto ainda cultiva arroz suficiente, um alimento básico em grande parte do mundo.

O **RC Desperdício de Comida (3.5)** controla as emissões de alimentos descartados na produção e transporte ou por varejistas e consumidores. No mundo todo, é descartado 1/3 de toda a comida produzida. E a maior parte vai para aterros, onde gera quase 2 gigatoneladas do equivalente em emissões de CO_2, principalmente gás metano. A redução do desperdício de alimentos também alivia na carga de produção. Cada quilo de comida desperdiçado é uma perda de água e energia.

O Potencial Único do Solo Superficial

Para saber por que o solo é importante, precisamos entender como funciona. O solo é criado ao longo do tempo, à medida que resíduos vegetais e animais ricos em carbono são decompostos de insetos, milípedes e, em seguida, bactérias. A matéria orgânica que resta é um depósito de carbono, nutrientes e plantas. O solo saudável e intacto contém uma rede de poros subterrâneos, o trabalho das raízes das plantas, fungos e minhocas. Esses microtúneis permitem que as raízes se aprofundem no solo, ajudando a reter água, para ficar mais resistente à seca.

A agricultura regenerativa é um conjunto de práticas agrícolas e de pastagem que aumentam a capacidade do solo de reter carbono.

Ela reconstrói a matéria orgânica e restaura a biodiversidade do solo, a variedade de vida. O movimento regenerativo limita a lavoura e o cultivo tradicionais, que expõem a matéria orgânica enterrada ao oxigênio, aceleram a decomposição e lançam dióxido de carbono no ar. Em contraste, os agricultores de plantio direto fazem milhares de buracos rasos — não mais largos que um grão de milho — na terra. As sementes são plantadas com o mínimo de ruptura na camada superficial. As raízes ficam mais profundas, aproveitando mais nutrientes e umidade ao longo do caminho. Limitado a menos de 7% das áreas agrícolas em todo o mundo em 2004, o plantio direto se expandiu para 21% nos EUA e para a maioria das áreas agrícolas na América do Sul.

Os agricultores estão seguindo práticas comprovadas e centenárias. Contudo, à medida que as populações cresceram, na era industrial, como observa Vaclav Smil, tornou-se menos trabalhoso estender o cultivo do que intensificar o plantio nas áreas agrícolas existentes. No século XIX, a tendência se acelerou.

Em vez de enriquecer os solos esgotados, esses agricultores cortaram e incendiaram florestas e pastagens para adicionar espaço ao plantio. No século XX, a agricultura industrial promoveu os rendimentos mais elevados nas terras agrícolas existentes e mais lucros por acre. Mas a um preço: mais emissões.

Lavrar menos deixa raízes e solos mais saudáveis

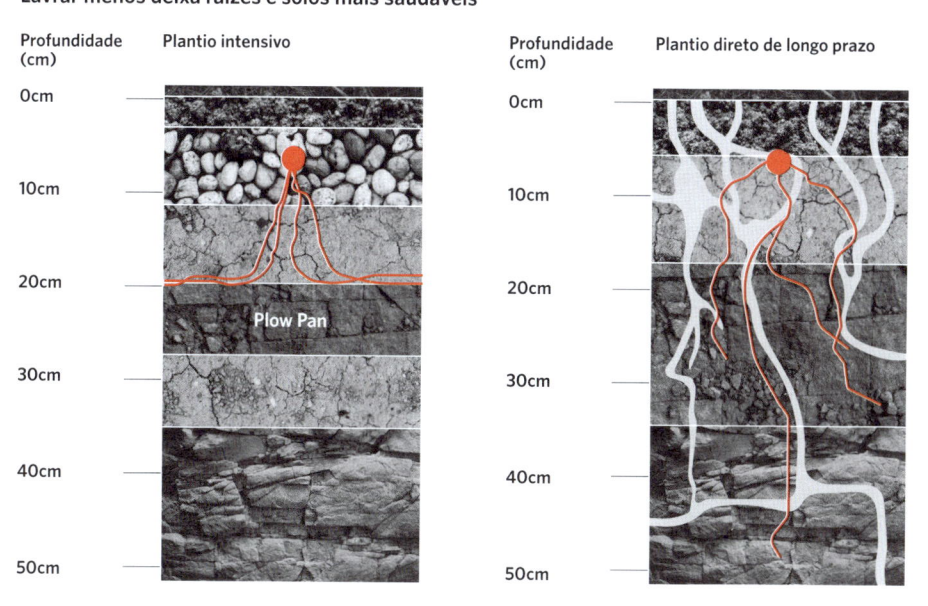

Adaptado de informações e imagens do Ministério da Agricultura e Alimentos de Ontário.

Agricultura regenerativa explicada

Aumento da biodiversidade
para aumentar os nutrientes, a decomposição natural e atrair insetos predadores de pragas.

Culturas de cobertura
que são cultivadas no solo após a colheita comercial e podem ser pastoreadas ou colhidas elas mesmas.

Os agricultores regenerativos usam práticas de cultivo que melhoram a saúde das terras. Os métodos incluem:

Rotação de safras
para equilibrar naturalmente o que está sendo retirado e colocado no solo.

Integração do gado
para combinar animais e plantas em um ecossistema cíclico.

Minimização de insumos químicos
que destroem a biodiversidade e poluem os cursos d'água devido ao escoamento.

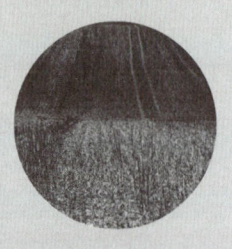

Sistemas de cultivo mínimo
que melhoram a saúde do solo e evitam a erosão graças à perturbação mínima do solo.

Adaptado de gráfico do Eit Food.

A agricultura regenerativa desafia a dependência moderna de fertilizantes químicos e pesticidas. Utiliza-se plantações de cobertura, como o trevo, para nutrir o solo e o proteger contra as ervas daninhas. No fim do ciclo de suas vidas, são deixadas na compostagem, ficando para trás uma camada natural de cobertura morta e nutrientes. Se 25% das terras agrícolas do mundo usasse o cultivo de cobertura, removeria quase meia gigatonelada de dióxido de carbono da atmosfera, ajudando a prevenir secas. Em 2019, somente nos EUA, 20 milhões de acres ficaram sem cultivo após enchentes os inutilizarem. Ao manter mais solo superficial no lugar, as fazendas em regeneração podem prosperar novamente depois que as águas baixam.

A rotação de culturas, uma prática regenerativa milenar, restaura os nutrientes essenciais ao solo. O pasto bem administrado pode substituir os fertilizantes químicos por esterco. Combine as duas práticas para ter a pastagem rotativa, onde uma parte é esvaziada de gado nos anos ruins. Outro pilar regenerativo é a silvopastura, a integração de árvores em pastagens de gado. "Você a vê quando caminha pelo pasto", diz Al Gore. "As árvores são muito melhores para a terra."

Considerando tudo, a agricultura regenerativa é mais lucrativa do que a industrial. Mesmo assim, muitas grandes fazendas industriais continuam investidas no *status quo*. Os custos de curto prazo da transição excedem o que muitos agricultores com dificuldades financeiras podem pagar. Para acelerar a mudança para a agricultura regenerativa, os governos devem fornecer incentivos aos agricultores e empresários. Além de implantar as novas soluções.

Não ao Excesso de Fertilizantes

Devido ao impacto descomunal da retenção do calor na atmosfera, o óxido nitroso é um gás do efeito estufa especialmente nocivo. Embora seja presente em quantidades relativamente pequenas, é responsável por 5% do total das emissões globais. A maior parte deriva de fertilizantes populares entre os produtores de milho nos EUA. Uma vez que muitos fertilizantes naturais têm seu próprio perfil de óxido nitroso. Não são muito melhores como alternativa.

De acordo com o World Resources Institute, as emissões de óxido nitroso podem ser reduzidas com culturas de cobertura, como leguminosas, pois cultivam micróbios que capturam nitrogênio do ar de uma forma que as plantas podem usá-lo. E podem ser reduzidas ainda mais com inibidores de nitrificação, o equivalente agrícola das cápsulas de liberação lenta.

Modelados de acordo com os parâmetros da economia de combustível de automóveis, os padrões governamentais da eficiência do

> Quando espaçadas corretamente, as árvores atenuam o estresse térmico do verão dos animais que pastam, permitindo que o sol penetre o suficiente para permitir o crescimento da grama "sub-bosque". A silvopastura também diversifica a renda dos agricultores; as árvores produzem madeira, enquanto a grama é transformada em feno ou biocombustível.

nitrogênio podem levar as empresas de fertilizantes a melhorarem o desempenho dos produtos — especialmente se os padrões vierem associados a incentivos financeiros.

A criação de fertilizantes sintéticos é um processo intensivo em carbono, que produz amônia pela fusão do hidrogênio dos combustíveis fósseis com o nitrogênio do ar. Requer alto calor e pressão extrema. Como uma alternativa mais limpa, empresas de todo o mundo estão explorando o uso de energia solar ou eólica para fazer "amônia verde". No curto prazo, o uso de menos fertilizantes resultará em menos emissões. No longo prazo, precisaremos de maneiras mais limpas de produzir fertilizantes sintéticos para reduzir emissões em escala.

A Ameaça do Metano

Quando estava na escola, trabalhei durante o verão em um fast-food chamado Burger Chef, fritando hambúrgueres. Fiz um trabalho tão bom, que o gerente me encorajou a pensar em um futuro no negócio: "Doerr, você se daria bem na área." (Meus irmãos se divertiram com isso.) Aquele emprego me ensinou duas coisas importantes: o rigor de fazer uma tarefa certa por vez e o amor profundo dos norte-americanos por hambúrguer.

O que eu só descobriria anos mais tarde é que a carne bovina confinada tem a pegada de emissão mais alta de todos os alimentos populares, por muito.

Após a Argentina, os EUA comem mais carne per capita do que qualquer outro país. Norte-americanos típicos consomem mais do que o próprio peso em carne vermelha e aves por ano, quase 100kg — uma bonança para a indústria de fast-food, que fatura US$648 bilhões no mundo todo, 1/3 só nos EUA. Converta esse negócio expansivo em emissões. Então terá uma noção da dimensão do problema.

Qualquer discussão séria acerca da crise climática deve focar o metano na atmosfera. E muito decorre do gado e desperdício de comida. Juntos, geram 12% de todos os gases do efeito estufa ou 7 gigatoneladas de CO_2e por ano. Como deve ter adivinhado, o gado é o rei, com 4,6 gigatoneladas. **Se o bilhão de vacas do mundo fosse um país, elas estariam em terceiro lugar no ranking dos gases do efeito estufa**, atrás da China e dos EUA. Responsáveis por quase 2/3 do total de emissões de gado, bovinos de corte e leite superam a ameaça climática de todos os outros animais de fazenda combinados, incluindo porcos, galinhas, cordeiros, cabras e patos.

Ajustar a Comida 73

Emissões de comida por quilograma

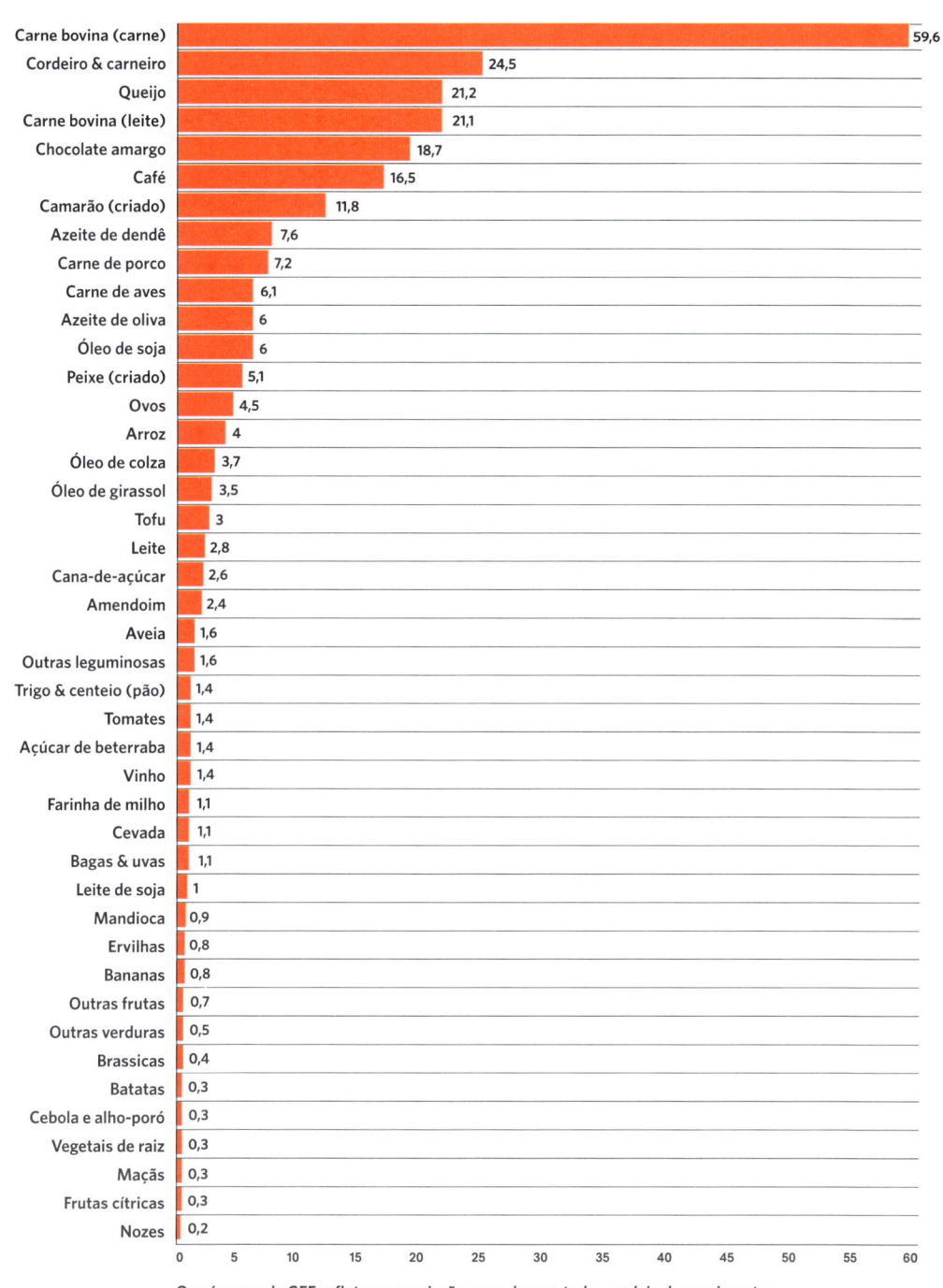

Alimento	Emissões
Carne bovina (carne)	59,6
Cordeiro & carneiro	24,5
Queijo	21,2
Carne bovina (leite)	21,1
Chocolate amargo	18,7
Café	16,5
Camarão (criado)	11,8
Azeite de dendê	7,6
Carne de porco	7,2
Carne de aves	6,1
Azeite de oliva	6
Óleo de soja	6
Peixe (criado)	5,1
Ovos	4,5
Arroz	4
Óleo de colza	3,7
Óleo de girassol	3,5
Tofu	3
Leite	2,8
Cana-de-açúcar	2,6
Amendoim	2,4
Aveia	1,6
Outras leguminosas	1,6
Trigo & centeio (pão)	1,4
Tomates	1,4
Açúcar de beterraba	1,4
Vinho	1,4
Farinha de milho	1,1
Cevada	1,1
Bagas & uvas	1,1
Leite de soja	1
Mandioca	0,9
Ervilhas	0,8
Bananas	0,8
Outras frutas	0,7
Outras verduras	0,5
Brassicas	0,4
Batatas	0,3
Cebola e alho-poró	0,3
Vegetais de raiz	0,3
Maçãs	0,3
Frutas cítricas	0,3
Nozes	0,2

Os números de GEE refletem as emissões geradas em toda a cadeia de suprimentos.

Adaptado dos dados de Joseph Poore e Thomas Nemecek e gráficos de Our World in Data.

A maioria não pensa em emissões quando morde um hambúrguer ou pizza de pepperoni. Mas as refeições criam quantidades enormes de emissões a cada fase do ciclo produtivo, dos fertilizantes para cultivar a ração do gado até o processo digestivo das vacas (principalmente, arrotos). Além disso, os quase 40kg de esterco diário de uma vaca leiteira de 500kg tem um perfil de emissões próprio.

Mais de 75% das terras agrícolas são dedicadas à criação e alimentação de animais para suprimento. Ainda assim, suprem somente 37% da proteína global e apenas 18% das calorias totais. Além do impacto considerável nas emissões de gases do efeito estufa, eles são uma fonte alimentar ineficiente e de baixo desempenho.

Conforme cresce a demanda global por calorias, as terras disponíveis ficam escassas. À medida que grandes segmentos da população veem a renda aumentar, também eleva a demanda por carne e laticínios, crescendo a pressão na limpeza de mais terras para agricultura e pecuária — um dos principais motores do desmatamento. A meta de zero líquido é rebaixada duas vezes — por meio das emissões de metano do gado e da liberação do carbono quando as árvores queimam ou apodrecem. (O Plano Velocidade & Escala prevê o fim de todo o desmatamento, tema abordado no próximo capítulo.)

A maioria dos artigos sobre mudanças climáticas é pessimista acerca das perspectivas dos cortes indiscriminados de emissões provenientes da produção de alimentos. Não minimizo as dificuldades. Até 2050, quase 10 bilhões de pessoas precisarão comer — o que gostam. E os norte-americanos em particular gostam de carne e queijo. E muito.

Portanto, como satisfazer o apetite coletivo e reduzir as emissões decorrentes de gado e agricultura? Embora nunca possamos eliminar totalmente os gases do efeito estufa, podemos acelerar as reduções e alcançar um orçamento anual administrável de 2 gigatoneladas até 2050. E mesmo com a mitigação parcial, exigirá ações coletivas de mercados, inovação, política, educação e medição.

A mudança já está em progresso. As proteínas de origem vegetal entraram no mercado como uma alternativa viável à carne. Os produtos alimentícios de baixa emissão estão melhorando o sabor o tempo todo, replicando a experiência de comer carne de vaca ou porco. Estão amplamente disponíveis em mercados e restaurantes, com rápida expansão.

Do lado da oferta, há P&D promissor para o corte de emissões entéricas (o problema dos arrotos), por meio da mistura de aditivos naturais na alimentação do gado. De acordo com uma pesquisa da Universidade da Califórnia, Davis, pequenas quantidades de algas marinhas podem reduzir as emissões em impressionantes 82%.

A educação é uma ferramenta ainda mais poderosa. Lançados em 1994, os rótulos de informações nutricionais da Food and Drug Administration estão relacionados a uma alimentação mais saudável: uma queda de 7% na ingestão média de calorias nos EUA e um aumento de 14% na ingestão de vegetais. Da mesma forma, os rótulos de alimentos com orientação climática levam os consumidores a escolhas favoráveis para o planeta e a expandir os mercados para alimentos de baixa emissão. Os consumidores "subestimam as emissões associadas aos alimentos, mas são auxiliados pelos rótulos", diz um estudo da Duke University.

Em 2019, a Dinamarca se tornou o primeiro país a propor "etiquetas de preços ambientais" em lojas de alimentos. "A comida é a alavanca mais forte que temos como indivíduos para lutar contra as mudanças climáticas", diz Sandra Noonan, diretora de sustentabilidade do Just Salad, uma cadeia de restaurantes que adotou rótulos climáticos.

Rótulos climáticos claros orientam os consumidores

Carne de vaca alimentada por capim
100% natural, criada sem agrotóxicos
Use até 8/23

Pegada Climática
27kg CO_2e
Por kg

Em 2020, o Panera Bread se tornou a maior rede de alimentos "amigos do clima". Em colaboração com o Instituto de Recursos Mundiais, o restaurante premiou os selos "Cool Food Meal" para opções de menu de baixas opções. Adicionar dados quantificados de pegada de carbono a rótulos fáceis de entender faria ainda mais para ajudar na tomada de decisão dos clientes.

De volta a 1992, o Departamento de Agricultura dos EUA lançou as primeiras diretrizes dietéticas oficiais do país, a "Pirâmide Alimentar Correta". Em 2011, a pirâmide se transformou em um prato. E em 2020, deu mais ênfase aos vegetais e grãos. Essas diretrizes exerceram uma influência significativa sobre o que as pessoas comem, de almoços escolares e refeitórios corporativos às escolhas individuais. Ao desviar os consumidores da carne bovina e dos laticínios em direção às proteínas vegetais, os legisladores aumentam a demanda por alimentos de baixa emissão.

Como seria a dieta ideal para o clima? O botânico e autor, Michael Pollan, tem uma prescrição simples: "Coma. Não muito. Majoritariamente vegetais." Uma pesquisa da Johns Hopkins University concluiu que a "dieta 2/3 vegana", restringindo carne e laticínios a um máximo de uma porção ao dia, cortaria as emissões animais em até 60%.

Com carnes saborosas e laticínios à base de vegetais, não precisamos limitar as porções.

Reinventando o Hambúrguer: Além da História da Carne

Em 2010, um jovem sócio da Kleiner, chamado Amol Deshpande, alertou os relatos de uma escassez global de alimentos. Ele começou a pesquisar tecnologias que usariam proteínas vegetais para replicar a textura e o sabor da carne. Mais tarde naquele ano, mais ou menos na época em que comecei a entender a magnitude das emissões do gado, Amol acompanhou um homem grande, Ethan Brown, em uma apresentação em nosso escritório. Com 1,98m, de jeans e camiseta, Ethan deixou uma impressão poderosa. Mais do que qualquer coisa, fiquei impressionado com sua visão de "um McDonald's feito de vegetais", e a paixão por fazer um hambúrguer totalmente natural, à base de vegetais, que competisse em sabor com o autêntico.

Uma dieta amiga do clima: muitas frutas e vegetais, proteínas de base animal limitadas.

Adaptado de um gráfico do Governo do Canadá.

Ethan Brown

Cresci em Washington, D.C., e College Park, Maryland. Meu pai lecionava na Universidade de Maryland. Como não gostava da vida na cidade, ficava o máximo que podia na fazenda nas montanhas de Maryland. Embora a tenha comprado para fins recreativos e de conservação, sendo ele mesmo um empreendedor, logo tínhamos 100 cabeças de gado holandês e uma operação leiteira.

Quando criança, eu ficava fascinado pelos animais em volta, na casa, no celeiro, nos riachos e bosques. Minha primeira ambição profissional era ser veterinário.

Cresci comendo carne e, pelo meu estilo de vida, mais do que a maioria. Um dos meus itens favoritos de fast-food era o Double R Bar Burger com presunto e queijo do Roy Rogers. E conforme crescia, com o tempo que passávamos na fazenda, ficou mais difícil desassociar os produtos (presunto, queijo, carne) dos animais de onde provinham.

Já avançado, nos meus 20 e poucos anos, estava sentado com meu pai, em seu escritório na Universidade de Maryland, discutindo minha carreira. Ele fez uma pergunta significativa: Qual é o problema mais importante no mundo? Pensei que seria a mudança climática. Se o clima entrasse em colapso, nada mais importaria.

Então, depois de terminar a escola e trabalhar no exterior, estreitei o foco para a energia limpa a serviço do clima. Progredi rapidamente na carreira, me casei, tive um filho, um financiamento. Primeiro, por volta dos 30 e poucos, meu desconforto se intensificou quando percebi que o sistema alimentar dos meus filhos em crescimento não havia mudado. E enfrentariam os mesmos dilemas e escolhas estreitas que tive. Segundo, meu interesse em animais e agricultura, com uma carreira focada em energia e clima começaram a se misturar. Especificamente, me lembro de participar de conferências de cleantech, onde milhares de profissionais se reuniam para discutir como aumentar a eficiência e a densidade de uma célula de combustível ou bateria de íon de lítio e, em seguida, ir comer um churrasco. Por ter aprendido sobre as vastas emissões associadas à pecuária, não podia deixar de pensar que uma solução massiva estava esperando por nós ali mesmo no prato.

Quase aos 30 anos, minha dieta era vegetariana estrita. Em minha mente, a primeira ideia do que agora é a Beyond Meat foi um McDonald's de vegetais. Logo percebi, no entanto, que, mais do que um local, precisávamos de produtos melhores. E, para ter melhores produtos, não podíamos pensar em "substitutos de carne" como um exercício culinário. Precisávamos aplicar ciência e tecnologia e grandes orçamentos — o que vi no setor de energia — e fugir de "alternativas" e "substitutos". Precisávamos construir a própria carne diretamente dos vegetais: carne à base de vegetais.

Para mim, um verdadeiro avanço ocorreu quando parei de pensar e definir a carne em termos da origem animal (por exemplo, frango, vaca, porco) e comecei a fazê-lo em termos de decomposição. Grosso modo, a carne são cinco elementos: aminoácidos, lipídios, pequenas quantidades de carboidratos, minerais e, é claro, água. O animal come vegetais e os transforma em tecido muscular ou no que chamamos de carne. Mas, com a tecnologia de hoje, em vez de usarmos um biorreator (animal), podemos colher os insumos essenciais diretamente dos próprios vegetais. Podemos usar outros sistemas para montá-los em uma arquitetura similar.

Iniciei a procura de tecnologias que pudessem ser parte da solução, em todo o mundo. Por fim, encontrei dois pesquisadores na Universidade de Missouri que trabalhavam em um método para quebrar as ligações nas proteínas das plantas e as reconstituir como a estrutura estriada do músculo. Em 2009, quando fundei a empresa, chamei ambos, me apresentei e graças a Deus concordaram em ser meus parceiros. Em seguida, procurei a Universidade de Maryland para obter apoio adicional. Entre as duas universidades, ao longo de vários anos, conseguimos um protótipo viável.

////////////////

Na época que Ethan compartilhou a visão conosco, na Kleiner, havia levantado dinheiro com a família e os amigos para uma cozinha experimental em um antigo hospital. Ao conhecê-lo, percebi que Ethan é uma das pessoas mais autênticas que já vi. Ele se comprometeu a dar às pessoas o que elas amavam — a experiência de grelhar e degustar carne — mas com ervilhas, lentilhas e óleos de sementes, substituindo os animais. Escolheu as safras mais sustentáveis e retirou as proteínas para criar a essência bioquímica da carne bovina — sem a necessidade de vacas. Embora Ethan parecesse um hippie moderno, tinha um plano de negócios sólido, apoiado por ciência e testes de gosto do consumidor. Além disso, amamos o nome: Beyond Meat (Além da Carne). Kleiner Perkins se tornou o primeiro grande investidor da incipiente empresa de Ethan.

Ethan Brown

Os anos se passaram, com altos e baixos. Coloquei em torno de US$250 mil do próprio dinheiro, mas precisávamos de milhões para transformar a Beyond Meat em algo real. A equipe da Kleiner arriscou o pescoço por nós. Quando todos se envolveram, outros vieram e finalmente começamos a andar.

Embora tivéssemos trazido um produto de carne ao mercado no final de 2009, foi só em 2012 que oferecemos aos consumidores o que eu considerava ser um avanço na estrutura muscular e experiência sensorial, nossas tiras de frango à base de vegetais. A Whole Foods as vendeu na seção de alimentos prontos com um grande alarde, incluindo um artigo de destaque de Mark Bittman na capa do Sunday Review do *New York Times*, com um desenho de um artista de uma galinha com um brócolis no lugar da cabeça. Foi um grande momento para todos nós.

Em 2016, lançamos a Beyond Burger na seção de carnes, ao lado da carne bovina. Primeiro na Whole Foods, depois em todo o país e, agora, globalmente. Feito com ingredientes 100% naturais e apresentado de forma crua para o consumidor cozinhá-lo, esse produto foi a nossa inovação. Mesmo hoje, quando levamos ao mercado a versão 3.0, ainda temos quilômetros a percorrer para tirar a diferença entre o Beyond Burger (e os outros produtos) e seu equivalente em proteína animal. Estamos chegando lá, com o Programa de Inovação Beyond Meat Rápida e Implacável. A boa notícia é que não vemos obstáculo material para algum dia alcançar aquela construção perfeita e indistinguível.

Em 2019, conseguimos outro grande avanço. O McDonald's começou a testar o hambúrguer que desenvolvemos em um pequeno número de lojas na zona oeste de Ontário, Canadá. Tarde de uma noite, após reuniões em Toronto, tive a oportunidade de dirigir algumas horas até uma loja, entrar e comer nosso produto — estava delicioso, e saboreei toda a experiência. Já no estacionamento, senti uma gratidão imensa e um senso de alívio. O que começou como um sonho, agora era realidade.

Crescer significava que precisávamos de mais capital; era hora de abrir o da empresa. A oferta pública, em maio de 2019, pegou a todos de surpresa, inclusive a mim. Abrimos com mais do que o dobro do preço de oferta. E o valor das ações quadruplicou nos próximos meses. De repente, todo mundo conhecia a Beyond Meat.

Os ancestrais começaram a comer carne animal há 2 milhões de anos. A escolha de dieta e, posteriormente, a descoberta de fogo para cozinhar, proporcionaram uma maior densidade de nutrientes. Era como encontrar um Bar Clif na savana em vez de consumir grandes volumes de gramíneas e outros vegetais. Não precisando mais processar tanto material, o estômago encolheu. Energia foi liberada para alimentar o cérebro de crescimento rápido dos antepassados, que dobrou de tamanho. Hoje, podemos usar o poder do cérebro e da tecnologia para separar a carne dos animais. E assim obter os benefícios decorrentes para a saúde, clima, recursos naturais e bem-estar animal — para nós mesmos e futuras gerações. Isso parece uma mudança em um nível evolutivo, sendo infinitamente energizante para meus colegas e para mim.

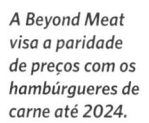

A Beyond Meat visa a paridade de preços com os hambúrgueres de carne até 2024.

A Beyond Meat passou dos 118 mil pontos de distribuição, em mais de 80 países, incluindo o vasto mercado chinês. Assinou acordos estratégicos globais com o McDonald's e o Yum!, duas das maiores marcas de restaurantes do mundo. Mas é só o começo. Um estudo recente de consumo mostrou que mais de 90% dos clientes de hambúrgueres vegetarianos não é vegano nem vegetariano. O mercado mais amplo confirma o poder de permanência da carne de origem vegetal; a categoria cresceu 45% ano após ano em 2020. A curva ascendente não dá sinais de achatamento. O novo alvo da Beyond Meat: paridade de preços com a carne animal até 2024.

Ethan Brown é um cruzado climático que perseverou em uma indústria altamente competitiva. A Beyond Meat luta de igual para igual com a Impossible Foods, que faz o próprio hambúrguer com heme, uma molécula semelhante ao sangue, derivada da soja. Em 2019, o Burger King começou a vender o Impossible Whopper no mundo todo. Naquele ano, se juntou à Tyson Foods, que veio com um nugget parecido com o de frango, feito de proteína de ervilha. Em vez de contrariar a tendência, o maior produtor de carne dos EUA estava optando por lutar por uma fatia do mercado. Proteínas vegetais capturaram quase 3% do mercado de carne embalada — onde estava o leite vegetal há 10 anos.

Carnes cultivadas — também conhecidas como sintéticas, cultivadas em laboratório ou baseadas em células — são outra faceta futura do mercado de proteínas alternativas. Após biópsias de músculo, gordura e tecido conjuntivo de um animal, as células são cultivadas em um soro rico em nutrientes. Embora a carne sintética não seja vegana, nem mesmo vegetariana, e ainda tenha preços mais elevados do que a variante animal, a produção tem o potencial de reduzir as emissões. Uma Valeti, cardiologista da Mayo Clinic e CEO e cofundadora do Upside Foods, diz que a tecnologia de células de autorrenovação poderia "remover inteiramente o animal do processo de produção de carne".

O Dilema dos Laticínios

Se mudar o consumo da carne para alternativas vegetais parece um tiro no escuro, pense nos desenvolvimentos recentes na seção de laticínios dos supermercados. Do total de vendas em leite no país, 15%, agora, vêm de aveia, soja, amêndoas e outras fontes vegetais. Com o premium verde em leites à base de vegetais quase zero, a participação no mercado está crescendo a cada ano. Não importa o tipo que os consumidores escolham, todos eles são melhores para o meio ambiente do que o leite animal, com base em três métricas críticas: emissões, uso da terra e da água.

Devemos ressaltar, no entanto, que o leite representa uma pequena fração das emissões diárias relacionadas a laticínios. O maior problema é o queijo, o terceiro maior emissor entre os alimentos, atrás da carne bovina e de cordeiro. Em vendas globais, o principal queijo é a muçarela. São necessários 5kg de leite (cerca de 5 litros) para produzir meio quilo de muçarela, o suficiente para duas pizzas tradicionais. Isso é igual à produção diária de uma vaca leiteira produtiva — só ela emite cerca de 110kg de metano por ano.

Enquanto as alternativas ao leite animal decolaram, ainda estamos em busca de uma ótima alternativa ao queijo animal. Para o meu gosto, os substitutos feitos de nozes e soja ainda não atingiram a marca. Porém não tenho dúvida de que os inovadores em alimentos inventarão algo melhor em pouco tempo.

Repensando o Cultivo do Arroz

Embora a maior parte do debate sobre alimentos e clima se concentre no consumo de carne, outro alimento básico, aparentemente inócuo, também gera emissões pesadas por conta própria. O arroz — base da dieta de mais de 3 bilhões de pessoas — fornece 20% das calorias consumidas no mundo. Responsável por 12% das emissões de metano do globo, com algumas estimativas ainda maiores.

O arroz é comumente cultivado por inundações, uma prática que impedia o crescimento de ervas daninhas e supostamente aumentava a produtividade. Infelizmente, os arrozais inundados constituem um ambiente ideal para micróbios produtores de metano, que se alimentam da matéria orgânica em decomposição, em condições anaeróbicas.

É um problema complicado, mas as soluções estão em andamento. Os métodos aperfeiçoados de produção de arroz são empregados por milhões de pequenos agricultores. Eles reduzem o metano com inundações intermitentes, uma alternativa amigável ao planeta para a variedade contínua. Além de eliminar até 2/3 das emissões de metano, essas práticas podem dobrar a produção de arroz e aumentar drasticamente os lucros. Contudo vêm com pegadinha: um aumento drástico nas emissões de óxido nitroso, que tem um efeito de aquecimento planetário 300 vezes mais poderoso do que o do dióxido de carbono.

Para conter o problema, é essencial que os níveis de água sejam monitorados e gerenciados de perto. As inundações superficiais, com o gerenciamento do nitrogênio e da matéria orgânica, limitam esse efeito gangorra, reduzindo as emissões de gases do efeito estufa em até 90%.

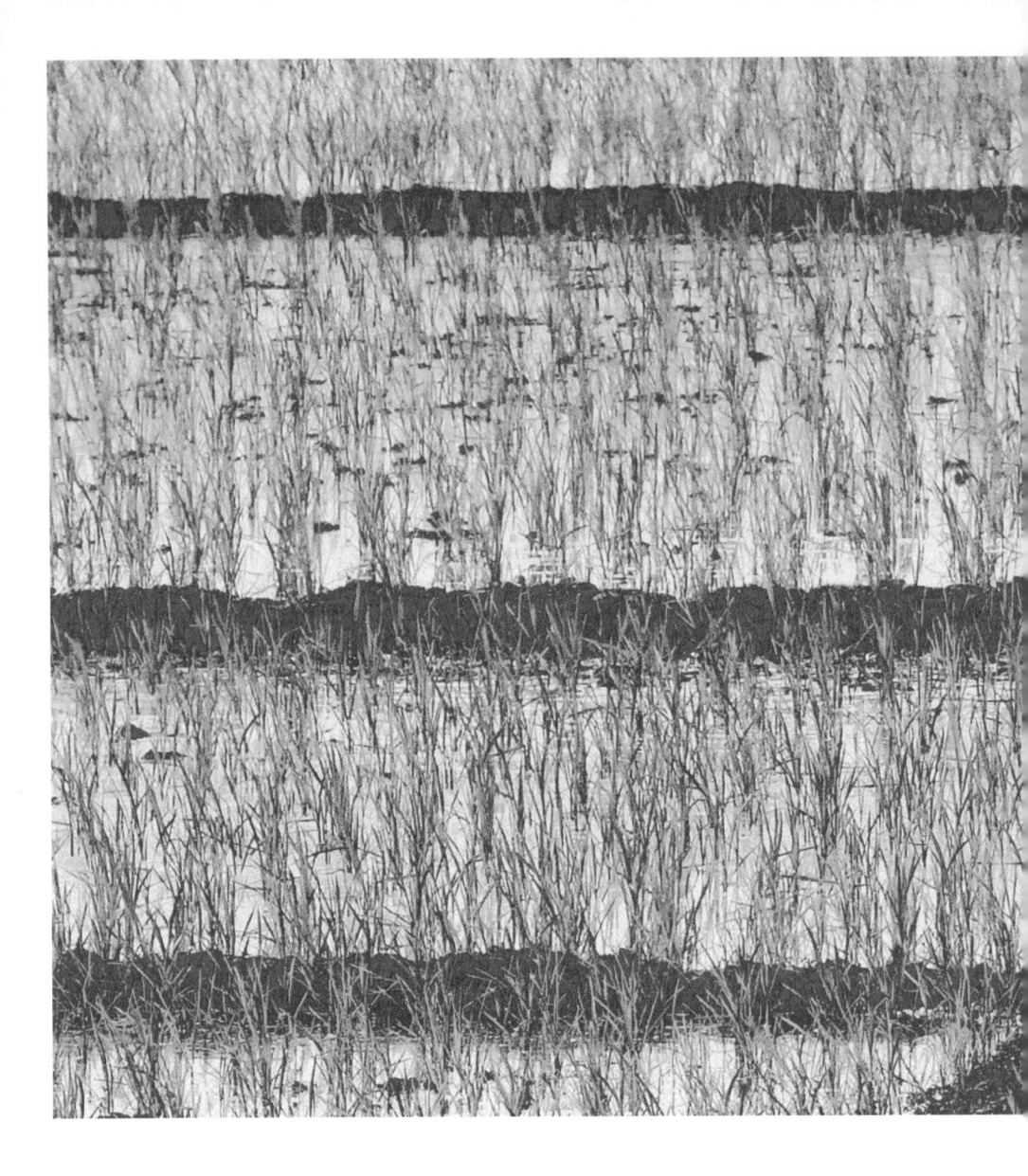

O cultivo mais sustentável do arroz se resume a evitar as grandes oscilações no teor da água. Os principais fornecedores estão comprando mais grãos de fazendas que não envolvem inundações contínuas. Em 2020, a empresa-mãe da Uncle Ben, Mars, Inc., atingiu a marca de 99%. A Plataforma Sustentável apoiada pelas Nações Unidas emitiu um logotipo verificado para orientar os consumidores em direção ao grão certo para os agricultores e o clima.

O arroz é o alimento básico para mais de 3 bilhões de pessoas em todo o mundo.

Mudar para cultivos de baixa emissão não é só um exercício de checagem. A promoção de inundações rasas exigirá um trabalho próximo com centenas de milhões de produtores. Se solicitados a mudar práticas de longa data, precisarão ser convencidos pela promessa de maior rendimento e lucratividade. Mais pesquisa, educação e medidas são necessárias. Entretanto, das muitas soluções necessárias para aliviar a crise climática, essa oferece enormes recompensas a um custo relativamente baixo.

Redirecionar Subsídios para a Oferta

Apesar do progresso substancial, ainda não estamos no caminho certo para cumprir o objetivo de redução das emissões agrícolas. Vemos sinais de esperança, porém há sérios obstáculos. Desde 2010, a população global de gado permaneceu estável, mesmo com o crescimento da população humana. O preço do leite caiu nos EUA, corroendo os lucros das fazendas de laticínios. Alguns agricultores estão reduzindo. Outros estão vendendo ou convertendo as terras para outros usos.

O problema da carne e das emissões não se resolverá sozinho. A maioria dos países subsidia os agricultores. Em 2019, o apoio do governo dos EUA para os produtores agrícolas totalizou US$49 bilhões, incluindo pesados subsídios para a indústria de laticínios. China (US$186 bilhões) e União Europeia (US$101 bilhões) gastaram mais ainda.

Vamos usar este momento para perturbar o *status quo* — forçando a indústria de alimentos a reduzir as emissões. Os agricultores precisam de ajuda para mudar as novas safras. Como primeiro princípio, devemos mudar os subsídios do governo para uma agricultura mais sustentável. "Um movimento mais amplo de agricultores que embarquem na agricultura regenerativa", diz Amol Deshpande, do Farmers Business Network. "É mais lucrativo e ajuda a preservar as terras — e 90% do patrimônio está nelas. Ao transferir mais terras de pastagens para culturas de alta demanda...", acrescenta, "os agricultores aumentam ainda mais o valor de suas fazendas."

No final, ajustar o sistema alimentar será mais lucrativo e melhor ao planeta. "A alimentação é a mãe de todos os desafios climáticos", diz Janet Ranganathan, vice-presidente de ciência e pesquisa do World Resources Institute. "Não podemos ficar abaixo de um aumento de 2°C sem grandes mudanças nesse sistema."

Foco no Desperdício de Alimentos

Para conseguir uma redução drástica nas emissões da agricultura, também devemos enfrentar um dos maiores problemas do sistema alimentar: o desperdício. **Assombrosos 33% dos alimentos do mundo são desperdiçados todos os anos, com percentual ainda maior nos países de alta renda.** A comida que desperdiçamos é responsável por mais de 2 gigatoneladas das emissões globais. Enquanto isso, mais de 800 milhões de pessoas do mundo estão desnutridas. Em resumo, há muita comida não consumida, com muitas pessoas sem o suficiente.

Em países de baixa renda, o desperdício não é intencional — resulta de armazenamento impróprio, equipamentos e embalagens abaixo do padrão ou mau tempo. A maior parte do desperdício ocorre no início da cadeia de abastecimento, com os alimentos apodrecendo antes de serem colhidos ou estragando a caminho dos compradores.

Nos EUA, em contraste, os consumidores jogam fora 35%. O desperdício anual equivale a US$240 bilhões ou quase US$2 mil por família. É impulsionado por datas de validade enganosas nos rótulos dos alimentos, o que leva ao descarte prematuro de itens seguros e comestíveis. O desperdício é composto de alimentos rejeitados no varejo, muitas vezes por motivos superficiais.

Essa desigualdade global exige uma gama de soluções. Em países mais ricos, a estratégia inclui rotulagem padronizada, programas municipais de compostagem e campanhas de conscientização pública. E precisamos dos programas de redução de resíduos mais eficazes entre varejistas e bancos de alimentos e as cadeias de abastecimento.

Em 2015, a França proibiu os grandes supermercados de descartarem alimentos não vendidos que poderiam ser doados a instituições de caridade. Todos os dias, mais de 2.700 supermercados franceses enviam itens próximos à data de vencimento para 80 armazéns em todo o país, resgatando 46 mil toneladas por ano. As doações a bancos de alimentos aumentaram mais de 20%.

Porém, com o devido crédito a esses esforços, precisamos de intervenções mais cedo na cadeia de abastecimento. Nos países desenvolvidos, as suspeitas usuais de resíduos incluem matadouros, fazendas e locais de distribuição. Em nações mais pobres, o problema seria mais bem resolvido com infraestrutura atualizada para armazenamento, processamento e transporte de alimentos. Medidas econômicas, como melhores sacos de armazenamento, silos ou engradados, seriam muito úteis. Uma comunicação mais clara e coordenação consistente entre produtores e compradores é outra necessidade.

Trabalhando com o setor privado, os governos precisarão de medições e relatórios robustos para monitorar o progresso. Para evitar o desperdício se tornar uma prioridade maior, podemos cumprir o objetivo de cortar uma gigatonelada completa de emissões.

Terra no Limbo

Embora a descarbonização do setor alimentício seja um desafio, o impacto pode ser enorme. Ao ajustar a comida, cortaremos as emissões substancialmente. Um passo gigante para estabilidade climática, vidas mais saudáveis e menos fome.

Para ajudar as pessoas a escolherem melhor, precisamos de mais educação sobre a ligação entre os alimentos e as emissões de gases do efeito estufa. Precisamos de mais inovação em agricultura regenerativa. E precisamos de mais dinheiro — muito mais — para promover escolhas sustentáveis por agricultores, fornecedores, empresas de alimentos, varejistas, restaurantes e, não menos importante, consumidores.

Ao ajustar a comida, cortaremos as emissões agrícolas.

Parte da solução está no aumento da produtividade e eficiência agrícolas. Para cultivar tudo o que precisamos sem devastar recursos valiosos, precisamos colher mais alimentos e calorias por acre. Os agricultores dos EUA seguiram essa direção na última metade do século. Os ganhos em eficiência reduziram o total de terra e água usado para produzir um quilo de carne ou litro de leite. No mundo todo, o setor público tem um papel enorme a desempenhar. Mais pesquisas e desenvolvimento fomentarão uma produtividade maravilhosa. E uma política melhor dissuadirá os agricultores de converterem florestas ou pastagens em campos agrícolas.

Até 2050, a humanidade terá algumas contas a vencer. Como observamos, a crescente população exigirá mais de 50% de calorias. Atender às necessidades das pessoas enquanto cortamos as emissões e protegemos os ecossistemas vitais será uma tarefa difícil. Mas, ao abraçarmos uma agricultura mais produtiva e regenerativa, mudando para a fertilização de precisão, encorajando dietas de baixa emissão e reduzindo o desperdício, **colaboraremos com o clima e desfrutaremos de nossa alimentação como devemos**.

Velocidade & Escala: Contagem para o zero líquido

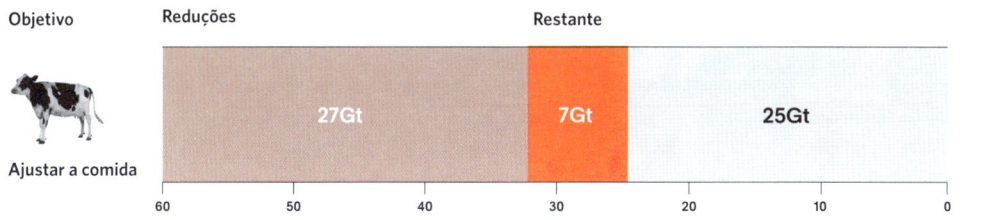

Objetivo	Reduções		Restante	
Ajustar a comida	27Gt		7Gt	25Gt
	60 50 40		30 20	10 0

Parte I - Zerar as Emissões

Proteger a Natureza

Capítulo 4

Proteger a Natureza

Gosto de abordar os problemas como um engenheiro — olhando o todo, então dissecando as partes. Como estudante na Rice University, eu desmontava equipamentos de áudio antigos e os reaproveitava para a KTRU, a estação de rádio do campus. Às vezes, também a usávamos para shows, o que me trouxe uma certa ética. Ao montar o palco, um erro comum era colocar um microfone ligado muito perto de um alto-falante. O resultado era aquele ruído familiar, tão agudo e penetrante, que chega a doer.

Esse problema é conhecido como "ciclo de feedback". O áudio do alto-falante é captado pelo microfone, amplificado pelo alto-falante, captado pelo microfone novamente e enviado pelo alto-falante ainda mais alto. Quando o feedback ataca, tem que desligar o microfone ou cortar os alto-falantes. Caso contrário, a amplificação não controlada pode explodir o equipamento — e o seu tímpano.

No clima de hoje, vemos vários ciclos de feedback perigosos. **É um território aterrorizante e desconhecido; mesmo os melhores modelos climáticos não os consideram totalmente**. Para entender melhor o dano sendo causado, imagine a Terra como uma máquina gigantesca e extremamente complexa. Altas concentrações de carbono aquecem o globo. Altas temperaturas ambientais sugam a água das florestas. O calor seco inflama e espalha incêndios florestais, que lançam o carbono armazenado pelas árvores na atmosfera, aumentando ainda mais a temperatura. É o dilema que estamos enfrentando.

Ciclos de feedback podem ficar presos na repetição. Se a causa fundamental das emissões de carbono não for desligada, o ciclo de aquecimento global se tornará um desastre descontrolado. Ecossistemas inteiros se desestabilizarão — florestas, com certeza, mas também fazendas e savanas, deltas de rios e oceanos. E, quando uma perturbação se prolonga por muito tempo, pode chegar a um ponto sem volta. Uma das regiões mais vulneráveis nesse sentido — com implicações terríveis para o planeta — é o pergelissolo, o solo congelado sob a superfície das terras do Ártico.

O carbono se move pela terra, atmosfera e oceanos

Adaptado de dados e efeitos de U.S. DOE Biological and Environmental Research Information System.

- Emissões humanas
- Fluxo natural
- Carbono armazenado

Fotossíntese

Emissões humanas

Respiração da planta

Biomassa vegetal

Carbono do solo

Respiração microbiana & decomposição

Carbono fóssil

Atmosfera

Troca de gás ar-mar

Superfície do oceano

Fotossíntese

Respiração & decomposição

Sedimentos oceânicos

Oceano profundo

Sedimentos reativos

À medida que o pergelissolo do Ártico descongela, devido ao aumento das temperaturas, os micróbios decompõem a matéria vegetal congelada há eras no solo. O CO_2 e o metano são descarregados na atmosfera. E não há como pausar ou colocar o carbono de volta. Se não for controlado, um pergelissolo descongelado pode transformar o Ártico de um sumidouro de gases do efeito estufa em uma enorme fonte de emissões.

Para impedir que os ciclos de feedback tornem a Terra inabitável, devemos estabilizar o ciclo de carbono. O planeta tem fluxos e refluxos naturais. As árvores respiram dióxido de carbono e emitem oxigênio. Oceanos, solos e pedras absorvem grandes quantidades de carbono. Antes da era industrial, quando o ciclo natural estava balanceado, a atmosfera continha cerca de 280ppm de dióxido de carbono. Então a humanidade começou a queimar carvão para aquecimento, energia a vapor e eletricidade. Queimamos petróleo para transporte. Logo, as emissões de CO_2 excederam o que a Terra pode absorver e armazenar. E a concentração na atmosfera começou a aumentar. É um aumento de 50% desde meados do século XVIII. A taxa acelera a cada ano.

O aumento do nível de carbono prenuncia uma tempestade de emergências planetárias. Os "sumidouros de carbono" da Terra — terras, florestas e oceanos — absorvem o carbono da atmosfera. Mas estão em risco de sobrecarga. A industrialização, a poluição por combustíveis fósseis e práticas prejudiciais ameaçam essa capacidade de absorver as emissões. A menos que mudemos os métodos, aniquilaremos qualquer chance de chegar ao zero líquido. Se queremos evitar uma catástrofe climática, precisamos restaurar todos os três sumidouros da Terra para funcionarem como a natureza os projetou.

/////////////////

Como resolver o problema monumental? Podemos adotar a visão do biólogo E. O. Wilson, a imponente figura conhecida como o "herdeiro natural de Darwin". Em 2016, no final da ilustre carreira de 70 anos, Wilson deu um presente ao mundo, o livro *Half-Earth*. Como uma medida desesperada para preservar a rica variedade de vida na Terra, ele propõe comprometer metade da superfície do planeta para a natureza. "O propósito do Half-Earth oferece, primeiro, uma solução emergencial proporcional à magnitude do problema", escreve Wilson. "Estou convencido de que **somente reservando metade do planeta, ou mais, salvaremos a parte viva do meio ambiente** e alcançaremos a estabilização necessária para a sobrevivência."

A ousada proposta de Wilson protegeria 50% de todos os oceanos, florestas e terras como um meio para um fim importantíssimo — normalizar o ciclo do carbono da Terra e desligar o ciclo de feedback crescente do clima.

Objetivo 4
Proteger a Natureza

Ir de 6 gigatoneladas de emissões para
-1 gigatonelada até 2050.

RC 4.1 Florestas

Alcançar o zero líquido em desmatamento até 2030; acabar com as práticas destrutivas e extração de madeira em florestas primárias.

↓ 6Gt

RC 4.2 Oceanos

Eliminar a pesca de arrasto de fundo e proteger ao menos 30% dos oceanos até 2030. E 50% até 2050.

↓ 1Gt

RC 4.3 Terras
Expandir as terras protegidas dos 15% de hoje para 30% até 2030. E 50% até 2050.

Só temos um planeta para compartilhar. Repensar a relação com a Terra interromperá os padrões arraigados de uso e desenvolvimento dela. As populações locais precisarão ser consideradas; questões de equidade climática, também. Haverá compensações inevitáveis entre a demanda global por recursos e a necessidade de proteger o meio ambiente. Nada disso será fácil. Porém, se quisermos evitar um desastre climático total, precisamos começar a trabalhar a favor da natureza, não contra.

Para reequilibrar o ciclo de carbono, devemos atingir todas as três metas. O **RC Florestas (4.1)** chama para reduções drásticas no desmatamento por causa humana até 2030. E para plantar mais árvores do que cortamos ou queimamos. Proteger as florestas começa fornecendo apoio político e econômico para impedir o corte raso de árvores, mantendo-as intactas por séculos. Regulamentação, monitoramento e certificação mais rígidos são necessários para garantir que apenas madeira sustentável entre no mercado.

O **RC Oceanos (4.2)** exige um fim para a devastação dos mares. Os oceanos costeiros, lar de imensos prados subaquáticos de vegetação marinha que absorve o carbono, devem ser protegidos da poluição e da prática de pescas destrutivas. O oceano profundo é coberto por sedimentos marinhos, o maior estoque de carbono armazenado da Terra. Nesses reinos aquáticos, o arrasto de fundo agressivo da indústria da pesca comercial — arrastando redes pesadas pelo fundo do mar — libera dióxido de carbono na água e, finalmente, uma porção na atmosfera. Precisamos acabar com a pesca de arrasto no alto-mar para proteger 50% de todos os oceanos até 2050.

O **RC Terras (4.3)** protege 30% de todas as terras — de tundras e calotas polares a pastagens, turfeiras e savanas — até 2030 e 50% até 2050. Essa é uma meta de expansão prodigiosa perto dos 15% protegidos em 2020.

Juntos, os 3 RCs deste capítulo devem reduzir as emissões em 7 gigatoneladas ou 13% da crise atual. Para alcançá-los, precisamos de ação governamental ousada, inovação e investimentos heroicos do setor privado e filantropia focada.

O subtexto urgente deste capítulo é a justiça climática. Os seres humanos perturbam a natureza por razões legítimas — para combustível, comida ou abrigo. Para muitos atualmente, práticas como o desmatamento, é a melhor forma de se sustentar. Qualquer plano de proteção da natureza justo deve oferecer alternativas viáveis para as pessoas ganharem renda e alimentarem as famílias. A saída da crise não pode simplesmente ser o banimento nem soluções alheias à realidade. Nações influentes, corporações e filantropos devem arcar com o custo global dessas medidas restaurativas, tanto nos seus países quanto nos mais pobres.

Um Futuro para as Florestas

A calamidade das florestas do mundo é manchete há décadas. Enquanto somos bombardeados por boletins incessantes sobre a queima da Amazônia ou o último incêndio florestal na Califórnia, é fácil nos sentirmos abalados. Mas muitos de nós sabemos pouco sobre a importância das árvores e o que acontece quando as perdemos.

Comecemos do básico. As árvores recolhem o carbono da atmosfera, armazenando pequenas quantidades quando jovens e mais à medida que amadurecem. Elas mantêm esse carbono pelo resto de suas vidas, muitas vezes por 100 anos ou mais. Quando as árvores são queimadas, intencionalmente ou não, liberam o carbono armazenado. O CO_2 que detinham é expelido para a atmosfera. O desmatamento é tanto causa quanto resultado do aquecimento global.

Os números são terríveis. O mundo perde o equivalente a um campo de futebol em florestas a cada 6 segundos. Dito isto, o desmatamento — a soma de todos os cortes e queimadas — é responsável por 6 gigatoneladas de CO_2 anuais ou cerca de 10% do total de emissões do globo.

O desmatamento tropical é especialmente problemático, devido a imensa quantidade de carbono armazenado nos trópicos. Sem mencionar a rica diversidade da vida selvagem. Só a floresta amazônica abriga 76 bilhões de toneladas de carbono. Se classificado entre nações, de acordo com o World Resources Institute, o desmatamento tropical ficaria em terceiro lugar em emissões de carbono, atrás apenas da China e dos EUA.

É uma emergência urgente, segundo Nat Keohane, ex-alto oficial do clima do Fundo de Defesa Ambiental: "**Se não protegermos as florestas tropicais agora, não teremos a oportunidade** daqui a 10 anos."

As árvores são cortadas para dar espaço para o gado e plantações, para produzir madeira e papel ou construir estradas e represas. Em parte, o desmatamento é um produto da demanda por terras agrícolas para alimentar a crescente população mundial. Para dizer o mínimo, temos uma crise de terra. Para alimentar 10 bilhões de pessoas em 2050 sem o desmatamento descontrolado, precisamos aumentar a produtividade das terras agrícolas existentes e evitar o consumo de alimentos intensivos em emissões, como a carne bovina. Devemos implementar políticas para cortar as emissões da produção de alimentos e investir em inovações como aditivos para rações e fertilizantes de precisão, conforme descrito no Capítulo 3. Porém, mesmo que tenhamos sucesso em fazer essas coisas, talvez não sejam suficientes.

Para acabar com o desmatamento, precisamos de incentivos financeiros para mudar o comportamento em relação à proteção florestal. Crucialmente, os fundos devem chegar até as pessoas cujo sustento depende do corte de árvores. Sem substituir — e exceder — a renda conquistada através do desmatamento, não podemos esperar que as florestas tenham um destino melhor. Não por último, precisamos fazer cumprir as políticas nacionais de proteção.

O desmatamento inflige danos aos ecossistemas locais e ao ciclo de carbono do planeta.

O desmatamento tropical leva à perda global de florestas

Florestas temperadas (a soma das áreas "boreal" e "temperada")

Florestas tropicais (a soma das áreas "tropical" e "subtropical")

1700 1720 1740 1760 1780 1800 1820 1840 1860 1880 1900 1920 1940 1960 1980 2000 2020

Ganho florestal
0
Perda florestal

19 milhões de perda líquida por década.

30 milhões de perda líquida por década.

O desmatamento temperado atingiu o pico na primeira metade do século XX.

[1] As regiões temperadas tiveram um ganho líquido desde 1990 — ultrapassando o ponto de transição da floresta.

A perda global de florestas atingiu o pico na década de 1980. Perda líquida de 151 milhões. O equivalente à área de metade da Índia.

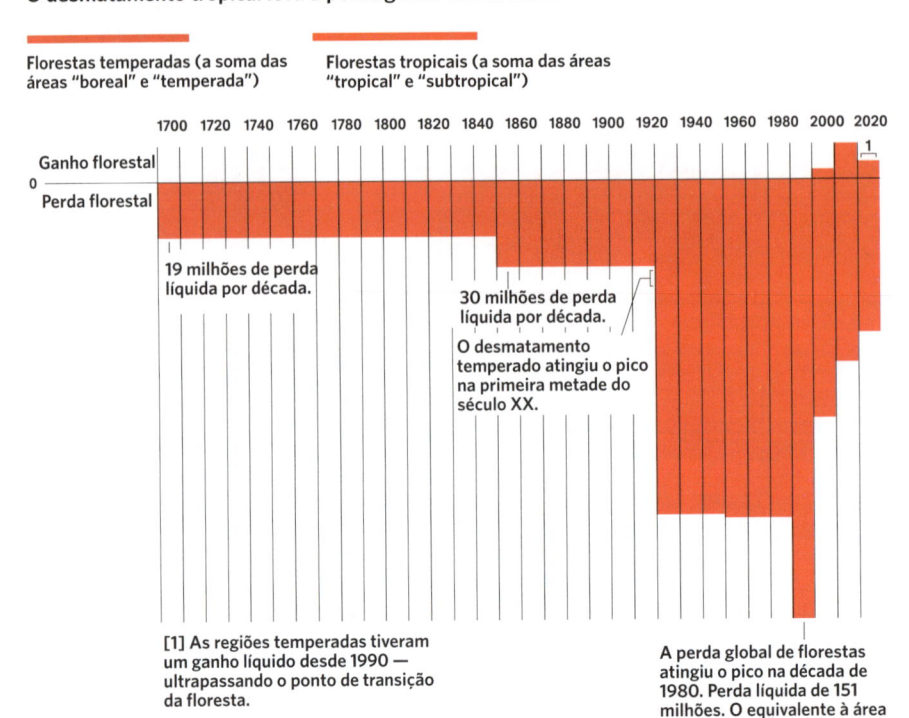

Localização de florestas temperadas e tropicais

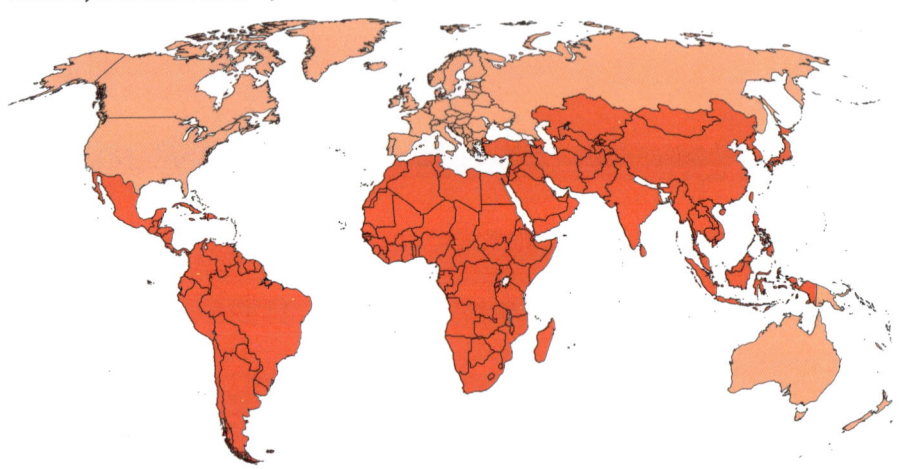

Adaptado de dados de Williams, *Deforesting the Earth*, e Global Forest Resources de 2020. Assessment da Onu e gráficos de Our World in Data.

Em 2007, os EUA anunciaram o REDD+, uma iniciativa na redução das emissões de desmatamento e da degradação florestal nos países em desenvolvimento. A ideia parece simples: nações ricas pagariam aos países em desenvolvimento para deixarem as florestas intactas. Entretanto, devido às lacunas de financiamento e à falta de um preço global para o carbono, o programa tem sido amplamente ineficaz; as emissões das florestas tropicais aumentaram desde que foi lançado. Até que as nações ricas cumpram a contribuição prometida, programas como o REDD+ não podem mover o ponteiro.

Na falta de políticas públicas em larga escala, o setor privado tem tentado preencher a lacuna, promovendo programas nos quais as empresas pagam a entidades públicas e privadas para manter as árvores intactas. Essas emissões evitadas, conhecidas como compensações, são compradas para ajudar a neutralizar a pegada de carbono de uma empresa. Embora abordemos esse tópico em detalhes no Capítulo 6, observaremos que os programas foram questionados com base na adicionalidade (as emissões teriam sido evitadas de qualquer forma?), durabilidade (por quanto tempo as árvores viverão?) e verificabilidade (o programa está cumprindo as promessas?).

Para conter o desmatamento a tempo, precisamos de mais financiamento para esforços de proteção de alta qualidade. Maior transparência é essencial para validar programas. Dados de satélite melhorados e programas de certificação são críticos. Por fim, os governos devem assumir compromissos mais fortes para acabar com o desmatamento com políticas em duas vertentes: incentivos financeiros e proteções legais rigorosamente aplicadas.

Para um exemplo de liderança pioneira, não precisamos ir além de uma organização internacional que criou soluções baseadas no mercado para a crise do desmatamento.

A Rainforest Alliance: Criando um Mercado para Colheita Sustentável

No ano 2000, a conservacionista Tensie Whelan se tornou presidente da Rainforest Alliance. A organização se dedica a proteger a biodiversidade e os meios de subsistência daqueles que dependem dela. Quando Tensie assumiu, a mudança climática foi principalmente uma não história, ignorada pela mídia e pelos governos. Ela estabeleceu uma meta audaciosa: proteger as florestas tropicais do mundo construindo um mercado multibilionário.

Tensie Whelan

Cresci na Cidade de Nova York. Contudo, minha família também tinha uma fazenda em Vermont, onde ia para acampar e pescar. Aprendi muito sobre a natureza com meu pai, que trabalhava no Museu de História Natural. Minha mãe falava espanhol e trabalhava na reforma da justiça criminal. Meus avós maternos viviam na Cidade do México, então vi a pobreza de perto.

Como jovem adulta, me vi editando um jornal ambiental internacional na Suécia. E, depois, fui trabalhar como jornalista na América Latina, cobrindo questões de desenvolvimento sustentável, incluindo desmatamento. Vi em primeira mão que as pessoas cortam árvores por pressão econômica, e não porque são más pessoas.

Um grande ponto crítico na época foi a prática do McDonald's de buscar carne bovina na Costa Rica. Isso mantinha o preço dos hambúrgueres baixo nos EUA, mas o pastoreio adicional também levava ao desmatamento. Boicotes ambientais levaram o McDonald's e outros a pararem de buscar carne bovina lá, porém não pararam o desmatamento. As pessoas se voltaram para a agricultura de corte e queima para colocar comida na mesa. Isso me interessou, pensando em como ajudar a buscarem meios de vida sustentáveis.

A Rainforest Alliance foi fundada por Daniel Katz. Ele foi movido a agir depois de ler que 50 acres de florestas tropicais são destruídos a cada minuto e duas dúzias de espécies são extintas a cada dia.

Daniel usou os ganhos de um cassino para patrocinar uma conferência de especialistas. Eles propuseram duas ideias que funcionaram juntas: primeiro, substituíram os boicotes por compra de produtos das empresas — campanhas positivas para promover a compra de produtos sustentáveis.

O selo Rainforest Alliance: um emblema de prática de fontes sustentáveis.

Segundo, criaram um símbolo para certificar a sustentabilidade no mercado. Eles escolheram um sapo para o selo voltado para o consumidor, porque populações saudáveis de sapos são marcas emblemáticas de ecossistemas saudáveis.

A primeira vitória da Alliance foi certificar fazendas de bananas sustentáveis na Costa Rica. Então fizeram o mesmo com as de café na Guatemala. E começaram um programa de cacau no Equador.

////////////////

A década de 1990 viu um progresso considerável no desmatamento, mas não foi rápido o suficiente para Tensie. Foi um trabalho longo e difícil percorrer o mundo em desenvolvimento, fazenda por fazenda, para colaborar com os produtores locais e os povos indígenas. Tensie prometeu dinheiro para protegerem as florestas tropicais, em vez de destruí-las. Ela conquistou a confiança dos fazendeiros. E as inscrições aumentaram a cada ano. Ao impor condições seguras de trabalho e pagamento justo, o programa também pegou entre trabalhadores rurais.

Logo veio um grande avanço. Chiquita, uma das maiores empresas de bananas do mundo, decidiu fazer a coisa certa — trabalhar somente com fornecedores que renunciaram a práticas de trabalho forçado. Todas as fazendas de propriedade da Chiquita foram certificadas pela Rainforest Alliance. Elas se comprometeram a colher ingredientes das florestas sem prejudicar as árvores ou explorar a força de trabalho.

Ter uma das marcas mais famosas do mundo a bordo fez toda a diferença. A parceria com a Chiquita fez da Rainforest Alliance uma das organizações sem fins lucrativos de maior perfil no movimento ambiental. Dimensionar o programa de práticas sustentáveis tornou-se a prioridade de Whelan.

Vi pessoas cortando árvores por pressão econômica.

Tensie Whelan

A Alliance tinha 35 empregados, com um orçamento anual de US$4,5 milhões espalhados por muitos programas. Precisávamos descobrir como aumentá-lo, especialmente após grandes empresas e marcas começarem a pagar por eles.

Levou cerca de uma década para certificar toda a produção da Chiquita. Outras empresas de bananas começaram a mudar as práticas e trabalhar com a Alliance, sob minha supervisão. Estávamos ampliando a certificação de café e cacau ao mesmo tempo. Para arrecadar dinheiro e conscientizar, começamos a cobrar pela licença de uso do selo Rainforest Alliance.

Também trabalhamos para ajudar as comunidades indígenas que vivem na floresta a obter dinheiro para créditos de carbono e outros pagamentos de serviços relacionados ao ecossistema (transferência de dinheiro de marcas e empresas). Precisávamos fazer com que mais dinheiro fluísse de grandes corporações para os pequenos produtores.

Convidamos o CEO da Kraft Foods, uma empresa com mais de US$30 bilhões em receita, para ver o que estávamos fazendo. Quando Roger Deromedi foi a El Salvador, pedimos aos fazendeiros que conversassem com ele sobre as mudanças que fizemos — o que funcionava e o que não funcionava. Ele viu como uma produção sustentável tem um impacto positivo — econômica, ambiental e socialmente.

Como resultado, a Kraft comprometeu a se abastecer com produtores certificados pela Rainforest Alliance para muitas de suas marcas. Em 5 anos, a empresa estava certificando 25% dos produtos como de origem sustentável. Isso reduziu a pegada de carbono em 15%.

Em 2006, a Alliance alcançou uma marca: US$1 bilhão por ano em vendas certificadas.

Assim, a Unilever me convidou para o conselho consultivo de agricultura sustentável. O próprio padrão deles se alinhava muito com o nosso. Estavam particularmente interessados em chá — tinham cerca de 20 marcas, incluindo a Lipton. Na verdade, estavam me persuadindo a expandir o mercado de chá, em vez de eu persuadi-los.

Isso teve um grande impacto para milhares de pequenos produtores de chá no Quênia. Também vimos agricultores argentinos melhorarem suas práticas ambientais em relação ao chá vendido para o mercado norte-americano. Em seguida, passamos a fornecer cacau sustentável com a Mars, Inc.

Então, fomos muito além das bananas. Certificamos 20% do chá mundial, 14% do cacau e 6% do café — fonte sustentável para 5 mil empresas por meio de cadeias de abastecimento inteiras. Ao todo, estávamos ajudando os produtores locais a garantir a sustentabilidade de cerca de 7% das florestas agrícolas do mundo.

Canalizando os pagamentos em dinheiro aos produtores para banir o carbono e proteger os ecossistemas, a Rainforest Alliance espalhou o evangelho do pagamento por desempenho. Em essência, a organização colocou um preço no carbono. Em 2015, Tensie Whelan deixou a direção do Centro de Negócios Sustentáveis, da Stern School of Business, da Universidade de Nova York. Nesse ponto, graças em parte aos esforços ferrenhos da Alliance, o desmatamento estava diminuindo, pelo menos temporariamente. Entre 2000 e 2015, as emissões de carbono caíram 25%, de 4 gigatoneladas para 3.

Desde que se mudou para a NYU, Whelan levou o desenvolvimento de uma métrica poderosa para justificar os gastos corporativos com sustentabilidade. Ela rastreia o progresso na retenção de funcionários, fidelidade do cliente e avaliações da empresa.

Terceiros estão seguindo os dados. O Instituto Internacional de Desenvolvimento Sustentável publica um relatório anual com os produtos certificados. A Universidade de Nova York fez parceria com uma empresa que compila dados de código de barras de produtos no varejo, obtendo informações importantes sobre o comportamento do consumidor.

Tensie Whelan

Quando vim para a NYU, estava muito interessada na "lacuna verde", a diferença entre o que os consumidores dizem que valorizam em termos de sustentabilidade e o que realmente compram. Em vez de realizar pesquisas, queria olhar os números do mundo real.

Obtivemos dados de 5 anos dos bens de consumo embalados no varejo em 36 categorias de produtos e mais de 70 mil itens de higiene pessoal e alimentos. Vimos tudo o que foi rotulado como sustentável, como produtos à base de vegetais, orgânicos ou não modificados geneticamente, versus produtos convencionais.

Descobrimos que os produtos comercializados com sustentabilidade foram responsáveis por 55% do crescimento em bens de consumo embalados nesses 5 anos — e ganharam em média um premium anual de 39%. Afinal, não havia nenhuma lacuna verde. Na verdade, era um premium verde.

Enquanto a maioria dos consumidores pode não estar disposta a pagar um premium verde por energia limpa ou carros elétricos, muitos estão dispostos a pagar um pouco mais por alimentos sustentáveis.

Em 2015, o Acordo de Paris dirigiu-se às florestas do mundo com uma ênfase sem precedentes: "As partes devem tomar medidas para conservar e melhorar, conforme apropriado, sumidouros e reservatórios de gases do efeito estufa... incluindo florestas." O tratado chegou ao ponto de especificar "pagamentos baseados em resultados" para governos nacionais e organizações não governamentais que protegem as florestas tropicais e outros sumidouros de carbono da natureza.

Parar o desmatamento requererá muito mais investimento. Em uma base global, **o financiamento do desmatamento ultrapassa o financiamento da proteção florestal em uma proporção de 40 para 1**. Há sinais iniciais, no entanto, de que a tendência pode estar mudando para o verde. Em abril de 2021, na Cúpula de Líderes sobre o Clima, do presidente Biden, os setores público e privado se uniram para se comprometerem a arrecadar pelo menos US$1 bilhão durante o ano para proteção florestal em grande escala e desenvolvimento sustentável. Os benefícios serão canalizados para os povos indígenas e as comunidades florestais. Essa pode ser a fórmula vencedora para salvar as florestas: mais financiamento, com alta transparência e padrões supervisionados pelos principais administradores mundiais da terra.

Lideranças Indígenas

Talvez a força mais subestimada para evitar desastres climáticos seja a proteção dos direitos indígenas, das suas terras e seus modos de vida. Enquanto os povos indígenas são apenas 5% da população global, suas terras contêm 80% da biodiversidade mundial. Isso inclui ao menos 1,2 bilhão de acres de florestas, que armazenam 38 bilhões de toneladas de carbono. Porém o papel dos indígenas transcende esses números. Suas tradições estão enraizadas no cuidado e nas relações com os ecossistemas naturais. A sabedoria e prática indígenas, aprimoradas ao longo dos séculos, serão indispensáveis aos esforços da humanidade para mitigar o aquecimento do planeta — e para se adaptar também.

Em termos quantitativos, o poder das práticas indígenas é incomparável. Quando as florestas são administradas por comunidades indígenas, as taxas de desmatamento costumam ser de 2 a 3 vezes menores do que das vizinhas, mesmo naquelas protegidas nacionalmente. De acordo com o Instituto Mundial de Recursos: "Terras indígenas com posse assegurada na Amazônia armazenam carbono; reduzem a poluição, filtrando a água; controlam a erosão e inundações, fixando o solo e fornecendo um conjunto de outros serviços ecossistêmicos locais, regionais e globais."

Para manter a administração intacta ao longo dos séculos, essas terras devem ser legalmente protegidas e reconhecidas como suas.

Dentro dos círculos climáticos, o princípio é conhecido como posse segura da terra.

Em trechos da Amazônia, no Brasil, Bolívia e Colômbia, terras com posse garantida geraram um benefício líquido de até US$4 mil por acre. Ou um benefício total de mais de US$1 trilhão em um período de 20 anos. O custo de garantir as terras não foi mais do que 1% dos ganhos. **Tornar as terras indígenas legalmente seguras manteria 55% do carbono retido da Amazônia**. É um dos mecanismos mais econômicos para evitar o aumento das emissões e proteger o planeta.

Reabastecimento dos Oceanos

Os oceanos do mundo fornecem metade do oxigênio que respiramos e peixes em abundância para comermos. Como reguladores climáticos, sua capacidade é incomparável. Precisamos deles para prosperar — e sobreviver.

A verdade é que os oceanos não estão sendo usados como devem. Décadas de poluição cobraram seu preço. Em 1960, os cientistas já podiam medir declínios pequenos, mas distintos, na absorção oceânica de carbono. Esses dados, junto com as evidências de aumento da acidez dos oceanos, convenceram Roger Revelle a estudar o problema. Como um dos cientistas climáticos originais do Scripps Institution of Oceanography em La Jolla, Califórnia, Revelle concluiu que o planeta sofria de aquecimento global antropogênico — causado pelo homem. Professor convidado em Harvard, Revelle ensinou o jovem Al Gore, de quem era mentor. E a crescente resistência dos oceanos para absorver CO_2 se tornaria conhecida como fator Revelle.

Os oceanos trocam carbono naturalmente com a atmosfera; eles o têm dado e recebido há muito tempo. Mas, nos séculos desde que o carbono atmosférico começou a crescer ininterruptamente, os oceanos têm funcionado principalmente como um receptáculo, absorvendo-o mais do que o liberando. Além do dilúvio de emissões de combustível fóssil no ar, a exploração excessiva e o superdesenvolvimento liberam enormes quantidades de carbono, que acabam sendo armazenadas em ecossistemas aquáticos e sedimentos oceânicos.

Como resultado, os mares mais próximos das costas, lar de grande parte da vida marinha, estão em apuros. Ervas marinhas, recifes de coral e manguezais sofreram abusos da humanidade. Se pararmos a destruição, evitaremos que 1 gigatonelada de emissões de carbono entre na atmosfera a cada ano.

Depois, há a segunda zona do oceano, os mares profundos além das plataformas continentais, que cobrem 50% da superfície do planeta. O solo sedimentado contém milhares de vezes mais carbono do que em todas as terras. A mineração e a pesca em alto-mar agitam o sedimento, liberando carbono e contribuindo para o aumento da acidez do oceano, a ponto de dissolver certos moluscos. A pesca de arrasto é especialmente destrutiva. Arrastadas no fundo do mar, as enormes redes liberam 1,5 gigatonelada de emissão aquosa de CO_2. Embora os pesquisadores ainda não tenham certeza do quanto entra na atmosfera.

Os oceanos estão sob ataque em duas frentes. Estão sendo pressionados a absorver o carbono do ar acima e dos andares abaixo. Enquanto isso, a vida marinha é sufocada no plástico que suja as partes mais remotas e profundas. A sobrepesca se espalhou dos 10% do estoque mundial em 1980 para 33% hoje, com a China, a Índia e a Indonésia como piores agressores. Tragicamente, 90% dos recifes de corais do mundo estarão extintos até 2050, mortos pelo aquecimento das águas e pela acidez. A China já perdeu 80% das barreiras de recifes. A Grande Barreira de Corais da Austrália, o maior sistema do mundo, perdeu mais da metade dos corais em casos de "embranqueamento" em massa, sinais reveladores do aquecimento.

O maior contribuidor da acidificação do oceano, de longe, é o CO_2 do ar, que é absorvido pelo oceano. Alcançando o zero líquido e reduzindo o dióxido de carbono atmosférico, conteremos o aquecimento e a acidificação dos oceanos. No meio-tempo, podemos cortar as emissões relacionadas ao oceano, expandindo as zonas protegidas dos mares.

Um Milagre no México

À frente disso, está o ecologista marinho Enric Sala, um dos principais especialistas do mundo em proteção dos oceanos. Sala herdou a paixão de sua vida naturalmente, crescendo em Costa Brava, no norte da Espanha. Após estudar biologia na Universidade de Barcelona, e obter o doutorado em ecologia, tornou-se professor do Scripps Institution of Oceanography.

Em 1999, na Península de Baja, no México, Sala visitou Cabo Pulmo, outrora um rico ecossistema, que se tornou um deserto subaquático. Os pescadores não conseguiam mais pegar o suficiente para pagar as contas. A vegetação marinha que alimentava os peixes — e capturava toneladas de carbono — havia desaparecido. Desesperados, os pescadores fizeram o que ninguém esperava. Como explicou Sala em uma TED talk: "Em vez de passarem mais tempo no mar tentando pegar os poucos peixes que restavam, eles pararam de pescar. Eles criaram um parque nacional no mar, uma reserva marinha fechada."

Dez anos depois, a estéril zona subaquática tornou-se um caleidoscópio de vida e cor. Até os grandes predadores — garoupas, tubarões, jacks — voltaram. Como observou Sala: "Vimos voltar ao nível original. E esses visionários pescadores e cidades estão ganhando muito mais dinheiro, com crescimento econômico e turismo."

Sala deixou a academia para trabalhar como conservacionista na National Geographic Society. Em colaboração com o naturalista Mike Fay, convenceu o presidente do Gabão, na parte central da África, a criar uma rede de parques marinhos nacionais. Em 2008, Sala e Fay lançaram a iniciativa Pristine Seas, para documentar locais selvagens deixados nos oceanos e protegê-los. Os refúgios espetaculares, espalhados por uma extensão da metade do tamanho do Canadá, agora estão protegidos por leis ou regulamentos governamentais.

"Isso mostrou como seriam os oceanos no futuro", disse Sala. "Porque o oceano tem um poder regenerativo extraordinário. Só precisamos proteger o máximo de lugares em risco para que se tornem selvagens e cheios de vida de novo." É uma história com uma moral simples: quando os negócios se alinham com a conservação, milagres acontecem.

Embora as reservas marinhas costeiras tenham só crescido recentemente, apenas 7% das águas oceânicas estão protegidas da pesca predatória e de outras destruições. Para que o plano funcione, precisamos de pelo menos 30% do oceano sob proteção até 2030 e 50% até 2050. "O júri está nas reservas marinhas — elas funcionam", relatou o National Public Radio. "Pesquisas mostram que o número de peixes aumenta rapidamente após proibições de pesca bem aplicadas, criando benefícios tangíveis para os pescadores que trabalham nas águas circundantes. Na verdade, muitos especialistas acreditam que a pesca só será sustentável se as reservas marinhas forem expandidas significativamente."

Enquanto a maioria dos peixes está na costa dos oceanos, o alto-mar também hospeda a parte justa. A pesca em alto-mar não é regulamentada. As autoridades regionais podem policiar as práticas nas áreas costeiras. Entretanto as regras ficam mais confusas — e a fiscalização, mais complicada — quanto mais longe no mar estiver.

Sala se concentrou na prática destrutiva da pesca de arrasto de fundo. "As supertraineiras, os maiores navios de pesca, têm redes tão grandes, que conteriam uma dúzia de aviões 747. As redes enormes destroem tudo no caminho, incluindo corais profundos em montes marinhos, que têm milhares de anos." Dados de satélite mostram que Rússia, China, Taiwan, Japão, Coreia e Espanha representam quase 80% da pesca em alto-mar. Os governos subsidiam a pesca de arrasto com incentivos financeiros para a compra de navios maiores.

Perda líquida: A pesca de arrasto libera o carbono armazenado em oceanos.

Baseado nas análises de Sala, mais da metade das áreas da pesca em alto-mar depende desses subsídios, o que totaliza US$4 bilhões por ano. O projeto Pristine Seas defende a proibição internacional da pesca de arrasto de fundo. Apoiada pelos principais cientistas marinhos, com discussões convocadas pelas Nações Unidas, a proibição não prejudicaria o abastecimento de peixes no globo.

No mundo em aquecimento, as pessoas que se esforçam para proteger os oceanos são como Sísifo. Os recifes de corais e a vida vegetal e marinha continuam em risco. O ciclo de **feedback da mudança climática ainda não foi desligado**. Para ser mais claro, precisamos de um compromisso mundial mais sério. Em 2016, 24 países e a União Europeia concordaram em proteger o Mar de Ross, na Antártida, com uma proibição de 35 anos da pesca comercial. Entre os signatários, há nações dependentes da pesca, como China, Japão, Rússia e Espanha. E se pudermos expandir as proteções, teremos uma chance de ajudar os oceanos a retomarem seu papel legítimo de lares vibrantes para uma miríade de espécies.

Cultivando Algas

Embora os oceanos ainda possam ser salvos, a missão é urgente. Meu herói de toda a vida, Gordon Moore, já referido como o autor da Lei de Moore, colocou talento e capital nos esforços da Bay Foundation para restaurar as florestas subaquáticas de algas marinhas na costa de Monterey, na Califórnia. As algas marinhas absorvem 20 vezes mais CO_2 do que uma floresta de tamanho igual em terra. A população de lontras marinhas da baía de Monterey foi dizimada pelo comércio de peles entre os séculos XVII e XVIII. Na ausência de lontras-do-mar, um de seus petiscos favoritos — ouriços-do-mar — multiplicava e devorava grande parte das algas. Começando na década de 1980, os esforços de proteção ajudaram a reviver a população de lontras marinhas. Com os ouriços-do-mar mais uma vez sob controle, as florestas de algas marinhas de Monterey gradualmente voltaram à antiga glória. O ecossistema foi restaurado.

As florestas de algas podem ser uma forma de expandir a capacidade anual de absorção de carbono dos mares. As algas próximas à superfície capturam CO_2 por meio da fotossíntese. Uma das formas de vida vegetal de crescimento mais rápido, as algas se expandem em até 60cm de comprimento por dia. Como comentou Charles Darwin sobre os encontros com algas durante sua viagem em meados do século XIX a bordo do HMS *Beagle*: "Só posso comparar essas grandes florestas aquáticas com as terrestres. O número de criaturas vivas de todas as ordens, cuja existência depende de algas, é maravilhoso."

Em 2017, a perspectiva de cultivar centenas de milhares de hectares de novas algas foi citada pelo Projeto Drawdown como uma "atração futura", sendo uma solução climática promissora. À medida que as folhas das algas ricas em nutrientes morrem, caindo a 915 metros ou mais abaixo do nível do mar, o carbono pode "ser considerado retido permanentemente", diz Dorte Krause-Jensen, professora de ecologia marinha da Aarhus University, na Dinamarca.

As florestas de algas são "um caminho de conversão eficiente, que não usa áreas agrícolas valiosas, que deveriam ser reservadas para o cultivo de alimentos", diz Timothy Searchinger, diretor técnico do programa de alimentos WRI. Historicamente, a biomassa que absorve o CO_2 é cultivada em terra. As algas são um caminho potencial para a remoção de carbono, que não compete com a agricultura.

Pesquise "matrizes de permacultura marinha", a invenção de Brian Von Herzen, um cientista planetário de Woods Hole, Massachusetts, e Queensland, Austrália. A Fundação Climática sem fins lucrativos de Von Herzen desenvolveu as redes de crescimento de algas — irrigadas por bombas renováveis — para extrair águas ricas em nutrientes das profundezas do oceano. Em 2020, a organização estava operando pequenas matrizes-piloto nas Filipinas e projetando redes de 300m^2 para a costa australiana. Está arrecadando fundos para construir algo pelo menos 10 vezes maior nas Filipinas.

Embora o tamanho da ambição de Von Herzen diminua a pequena quantidade de território em jogo, seu modelo de negócios é eficaz. Ao colher e vender algumas das algas marinhas e cardumes restaurados, os operadores recuperam o custo de instalação em 4 anos. Se inovadores como Von Herzen puderem escalar essa prática para 1% dos oceanos do mundo, ou cerca de metade do tamanho da Austrália, as florestas de algas absorveriam 1 gigatonelada de CO_2 anualmente.

É uma visão atraente. Porém vamos precisar de mais provas em uma escala maior antes de podermos começar a contar com as florestas de algas para nos ajudar a chegar ao zero líquido.

As florestas de Kelp são fazendas de algas marinhas que absorvem carbono e o armazenam com segurança no fundo do oceano.

O Poder das Turfeiras

Os enormes armazéns de carbono da Terra vão de pântanos, tundras, calotas polares e o solo congelado — o permafrost — que fica abaixo deles. Esses sumidouros naturais capturam e retêm carbono por dezenas de milhares de anos.

As turfeiras precisam de proteção para evitar emissões catastróficas.

As turfeiras talvez sejam menos conhecidas e mais importantes. Uma substância espessa, lamacenta e alagada, a turfa é, historicamente, colhida como combustível. **Depois dos oceanos, as turfeiras são o segundo maior armazém de carbono no mundo**. Quando danificadas, as repercussões atingem a atmosfera do planeta. As turfeiras drenadas, por exemplo, representam somente 0,3% do solo do planeta, mas geram 5% das emissões antropogênicas de CO_2.

Paralelamente aos esforços de proteção florestal, já existem moratórias para proibir a drenagem das turfeiras. Na Indonésia, os primeiros retornos são promissores. Incentivos, monitoramento consistente e padrões rigorosos serão necessários para dimensionar a proteção e a restauração.

A Biodiversidade como Medida da Resiliência do Carbono

Ao restaurar terras, florestas e oceanos, protegemos a biodiversidade do planeta, os milhões de espécies que fazem os ecossistemas prosperarem. As formas de vidas são interdependentes; a perda de uma ameaça a outra. Sempre que uma espécie se extingue, o ecossistema muda de maneiras imprevistas e invisíveis. Quando vermes ou micro-organismos são mortos pela agricultura industrial, a matéria orgânica que consumiriam não se vai. Eles não depositam mais o carbono no solo. No Parque Nacional de Yellowstone, pequenas matilhas de lobos regulam a população de alces, que se alimentam de mudas de álamo antes que se tornem árvores. Se os lobos morrerem, os alces se multiplicarão em abundância. As mudas são dizimadas, e, com o tempo, a cobertura vegetal desaparece. Os lobos ajudam as árvores apenas por serem lobos.

A crescente ameaça de "ecocídio" — a destruição completa de um ecossistema e sua biodiversidade — é uma vertente central da emergência climática. A Terra contém cerca de 8 a 9 milhões de espécies de plantas ou animais. Antes do início da humanidade, apenas uma espécie em um milhão era extinta por ano. No início do século XX, a extinção anual aumentou para cerca de uma dúzia. E a taxa continuou acelerando. **Hoje, mais de um milhão de espécies está ameaçada de extinção.** O pior, como escreveu E. O. Wilson, ainda está por vir: "Se a extinção aumentar, a biodiversidade atingirá um ponto crítico, no qual o ecossistema entrará em colapso."

Nos EUA, um dos principais instrumentos de proteção das terras e espécies é o National Park Service. O romancista e ambientalista Wallace Stegner chamou o sistema de parques de "a melhor ideia que já tivemos". Vários países tentaram seguir o exemplo dos EUA.

No entanto, apesar dos ganhos impressionantes dos conservacionistas, as taxas de extinção permanecem assustadoramente altas. Habitats selvagens estão sob ataque. Então como recuperar os ecossistemas?

Nosso Maior Desafio: 30x30 e 50x50

Com frequência, me pego observando a mágica metodológica da Terra. O ciclo de carbono é um processo mensurável, que precisa desesperadamente de um reequilíbrio. Para evitar desastres climáticos, como nos diria E. O. Wilson, devemos ser tão agressivos na restauração da nossa natureza quanto somos na transição para a energia limpa.

Em 2018, em resposta ao desafio de Meia-Terra de Wilson, a National Geographic Society formou a Campanha pela Natureza, uma coalizão de cientistas, empresários, indígenas e líderes ambientais. Enquanto a visão de Wilson aspira salvaguardar metade do globo até 2050, a Campanha pela Natureza tem meta de curto prazo: a proteção de 30% do planeta até 2030. Eles acreditam que é o mínimo que precisamos fazer para lidar com as mudanças climáticas e "prevenir uma crise de extinção em massa". Em 2021, o governo Biden endossou a meta para os EUA.

O Plano Velocidade & Escala é voltado para os dois cronogramas, a urgência do 30x30 e o objetivo decisivo do 50x50. Quando você está pilotando um avião, não pode levantar voo antes de alcançar uma velocidade mínima. Só assim pode traçar com segurança o curso para o destino.

Todos os três reinos da natureza — terras, florestas e oceanos — são essenciais para o encargo de zero líquido. Os sumidouros de carbono estão na linha de falha entre a estabilidade do clima e a catástrofe climática, entre a biodiversidade e as extinções em massa. Estamos entre as espécies frágeis em risco. Na árvore da evolução, a humanidade está agora em um galho, um perigo iminente para si mesma. Contudo, antes que fique tentado a se desesperar, lembre-se disto: repetidamente, vimos que os esforços de restauração funcionam, não importa o quão longe um ecossistema esteja.

Considerando todas as coisas, estamos muito bem desde o final da última Era do Gelo, 11 mil anos atrás. Prosperamos em um planeta Cachinhos Dourados, nem muito frio, nem muito quente. "O belo mundo que as espécies herdaram levou 3,8 bilhões de anos para ser construído", escreve Wilson. "Somos os administradores do mundo dos vivos. Aprendemos o suficiente para aceitar esse preceito moral simples e fácil de usar: não cause mais danos."

Velocidade & Escala: Contagem regressiva para o zero líquido

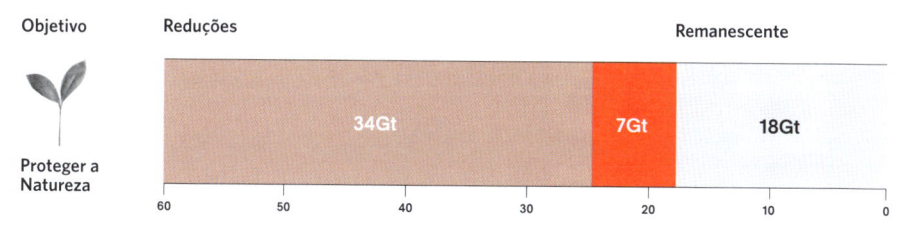

Objetivo	Reduções		Remanescente
Proteger a Natureza	34Gt	7Gt	18Gt

Parte I - Zerar as Emissões

Limpar a Indústria

Capítulo 5

Limpar a Indústria

Com 25 anos, James Wakibia, trilhou um caminho que o tornaria o "portador da visão de banir os plásticos". Fotojornalista de Nakuru, a quarta maior cidade do Quênia, Wakibia começou patrulhando nas ruas com uma câmera e um zoom. Ele fazia fotos do cotidiano: lojas abrindo de manhã, crianças indo para a escola. E, é claro, a natureza — o Quênia é justamente conhecido pela beleza natural. Wakibia postava as fotos em seu blog, o que logo rendeu trabalhos remunerados. "A fotografia me ensinou a enxergar", disse. "Me deu coragem para parar e fotografar primeiro e questionar depois."

Um dia, em 2011, Wakibia passou pelo depósito de lixo local. Estava lotado de sacolas plásticas de supermercado, que explodiram nas ruas próximas. Ele fotografou garrafas plásticas entupindo as margens de lagos e lagoas da cidade — e odiou o que viu. Em 2013, lançou uma petição para realocar o depósito. As autoridades da cidade não se comoveram e rejeitaram a proposta.

Para Wakibia, foi apenas a primeira batalha. Ele conseguiu centenas de seguidores através da hashtag #BanPlasticsKE no Twitter. E passou a citar um célebre cantor folk norte-americano e ambientalista: "Se não puder ser reduzido, reutilizado, reparado, reconstruído, reformado, repintado, revendido, reciclado ou adubado…", cantava Pete Seeger, "então deve ser restrito, redesignado ou tirado de produção." O grito de guerra de Wakibia é mais curto: "Menos plástico é fantástico." Quatro anos após passar por aquele depósito de lixo, correu atrás de uma meta mais audaciosa. Ele peticionou para Nakuru se tornar a primeira cidade a banir todos os plásticos descartáveis, incluindo sacolas, garrafas de água e utensílios descartáveis. Mais uma vez, a cidade rejeitou.

Dessa vez, porém, a campanha chamou a atenção da secretária de gabinete do Quênia para o meio ambiente e desenvolvimento regional. Judi Wakhungu adorou a ideia de Wakibia de tal forma, que pressionou para implementá-la em todo o país. Ela a colocou como um imperativo econômico: metade do gado do Quênia tinha plástico nos estômagos, deprimindo o suprimento de leite do país. Em 2017, o país aprovou a proibição mais rígida no mundo dos plásticos de uso único. "Eu não esperava isso", disse um jubilante Wakibia. "É uma ótima notícia."

As penalidades no Quênia são severas. Quem for pego fabricando, importando ou vendendo sacolas plásticas pode ser multado em até US$40 mil ou ser preso por até 4 anos. Quem for pego usando uma sa-

James Wakibia enfrentou a poluição plástica no Quênia — e a venceu.

cola proibida pode ser multado em US$5 mil ou preso por até 1 ano. O governo estava falando sério. Centenas de infratores foram multados, e mais de uma dúzia, presos.

Menos de 18 meses após a aprovação da lei, o Quênia anunciou que 80% da população parou de usar sacolas plásticas. A BBC relatou em triunfo para uma audiência internacional. Wakibia foi saudado pelo Programa Ambiental da ONU.

Um único pequeno país que aprove uma lei verde enfrentará forças poderosas, especialmente quando um material proibido em questão é fabricado por grandes empresas multinacionais e usado de centenas de milhares de maneiras. Em uma famosa cena de *A Primeira Noite de um Homem*, um empresário conta ao jovem personagem interpretado por Dustin Hoffman: "Quero dizer só uma palavra: plásticos. Há um futuro enorme nos plásticos." Em 1967, quando o filme foi feito, os plásticos começavam a se tornar o material onipresente que conhecemos: extremamente popular, inegavelmente útil e, por fim, um pesadelo.

O plástico polui em dobro: quando é fabricado e quando é descartado. Os plásticos não são apenas fabricados do petróleo e do gás natural, mas emitem dióxido de carbono no processo. Metade do plástico da história humana foi fabricado nos últimos 15 anos, um fato que traz implicações sombrias para o futuro. O problema está ficando cada vez pior, cada vez mais rápido e em escala industrial.

No momento da criação, quase tudo no mundo construído faz emissões — do plástico banido no Quênia às pontes de concreto nas estradas, ao aço nos maiores prédios. Mesmo que tenhamos sucesso em descarbonizar as redes e eletrificar os meios de transporte, a fabricação dos materiais de que precisamos para tê-los libera gases do efeito estufa. Algumas emissões derivam do combustível fóssil usado como fonte direta de calor; outras são criadas por reações químicas no processo de fabricação.

Existe um manual que pode ser aplicado de forma confiável em todos os setores industriais para reduzir emissões. A primeira estratégia é usar menos. Estruturas projetadas para usar menos concreto adicionam menos dióxido de carbono na atmosfera. A segunda é reciclar e reutilizar. Ao recuperar tecidos e criar tecidos reciclados, evitamos a necessidade de produzi-los do zero. A terceira são as fontes de calor alternativas. Ao usar a eletricidade para o calor necessário para derreter o aço, podemos explorar fontes de energias livres de emissões. Por último, mas não menos importante: invenção. Ao criar novos tipos de recipientes que podem ser adubados, evita-se que acabem em um aterro.

Objetivo 5
Limpar a Indústria

Redução de 12 gigatoneladas das emissões industriais, 4 gigatoneladas até 2050.

RC 5.1 — Aço

Reduzir a intensidade total de carbono da produção de aço em 50% até 2030; 90% até 2040.

↓ 3Gt

RC 5.2 — Cimento

Reduzir a intensidade total de carbono da produção de cimento em 25% até 2030; 90% até 2040.

↓ 2Gt

RC 5.3 — Outras Indústrias

Reduzir as emissões de outras fontes industriais (por exemplo, plástico, químicos, papel, alumínio, vidro, vestuário) em 80% até 2050.

↓ 2Gt

Com 12 gigatoneladas de emissões, cerca de 20% do total global, as coisas que fabricamos representam um fardo pesado na atmosfera. O **RC Aço (5.1)** visa a maior fonte de emissões nesta categoria, em 4 gigatoneladas. Apela para as empresas siderúrgicas mundiais identificarem práticas e tecnologias que reduzam o uso de combustíveis fósseis na produção de aço. O **RC Cimento (5.2)** aplica-se à fabricação de concreto, que emite quase 3 gigatoneladas. A produção de aço e cimento é dominada pela China atualmente, com seu ritmo alucinante de urbanização e construção. Para que esses dois setores megaindustriais se descarbonizem, o custo de novas abordagens e tecnologias deve fazer sentido para o mundo em movimento.

A fabricação de plásticos, produtos químicos, papel, alumínio, vidro e vestuário usa combustíveis fósseis para aquecimento direto. Muitos desses bens acabam incinerados, gerando ainda mais emissões. O **RC Outras Indústrias (5.3)** aplica o nosso manual industrial — use menos, recicle, troque as fontes de calor e invente — para reduzir essas emissões.

É claro, será mais fácil dizer do que fazer. Neste capítulo, começaremos com os setores que tocam os consumidores mais diretamente, os plásticos e os vestuários. Então veremos novas maneiras de gerar calor, uma abordagem que pode ajudar a descarbonizar amplamente este setor. Por fim, enfrentaremos os dois gigantes emissores, concreto e aço, onde os desafios são mais assustadores.

Não há como contornar. Se não cortarmos as emissões industriais, elas seguirão em sincronia com a crescente população mundial e a demanda por energia — muito alta.

O Flagelo dos Plásticos

Os plásticos são uma parte da indústria química responsável por 1,4 gigatonelada das emissões anuais. Vinte produtores globais de polímeros respondem por mais da metade de todos os resíduos plásticos descartáveis. A ExxonMobil e a Dow nos EUA, mais a Sinopec, sediada na China, encabeçam a lista. Neste momento decisivo da história humana, essas empresas têm uma escolha: continuar usando combustíveis fósseis à custa do clima ou liderar a transição para um futuro sustentável.

A proibição dos plásticos descartáveis deve fornecer substitutos funcionais. Os sacos de plástico podem ser substituídos por papel cru ou sacos reutilizáveis feitos de garrafas recicladas. As fibras compostáveis podem ser usadas para fabricar utensílios, canudos e recipientes resistentes. Para bebidas, é uma mudança simples de vidro e alumínio para produtos de prateleira, como garrafas reutilizáveis e copos com-

Alternativa mais ecológica: os polímeros PLA — feitos de amido vegetal — emitem 75% menos gases de efeito estufa do que os petroplásticos.

postáveis para viagem. A história do maior sucesso de reciclagem de todos os tempos? As latas de alumínio que embalam as prateleiras de porção única do supermercado e loja de conveniência da vizinhança. Quase 75% de todo o alumínio já produzido nos EUA permanece em uso, prova do potencial da "economia circular".

Com plásticos, o atual estado de emergência reflete o fracasso — pelo menos até o momento — de duas soluções outrora promissoras. A primeira é a reciclagem de plásticos. Apesar da adoção generalizada e altos níveis de conformidade, o mercado quebrou. Receptores de longa data do lixo plástico nos EUA, China e Malásia, estão menos dispostos a servir como depósito. Não muito tempo, a China importava 7 milhões de toneladas de lixo por ano. Ela fechou a porta após ver seus cursos d'água saqueados por plástico despejados ali por empresas de reciclagem. Em vez de prejudicar os resultados financeiros, as empresas arruinaram os rios da China com montes de plástico que não atendiam aos padrões de qualidade. A reciclagem global é uma bagunça.

Nos EUA, muito da culpa é das indústrias de petróleo e plástico. Além do mais, os erros foram deliberados. Em 1989, fizeram lobby para que símbolos de reciclagem fossem adicionados a *todos* os plásticos, sabendo que subverteria o programa. (O onipresente código 1-7 é confuso, na melhor das hipóteses.) Como resultado, consumidores confusos dos EUA começaram a jogar quase tudo em caixas azuis, incluindo itens não recicláveis e outros contaminados por alimentos.

Para tornar os programas mais eficientes, as pessoas precisam saber identificar o que realmente é reciclável. Os novos rótulos projetados pela Sustainable Packaging Coalition ajudam. Por exemplo: os biscoitos são, normalmente, embalados em uma bandeja de plástico envolta por um plástico filme fino, dentro de uma caixa de papelão. Uma etiqueta apropriada diria que o papelão é reciclável, o invólucro de plástico, não, e a bandeja precisa ser limpa antes de ir para a lixeira azul. Rótulos mais precisos também exporiam as empresas que, de outra forma, fingiriam desconhecer seus materiais não recicláveis.

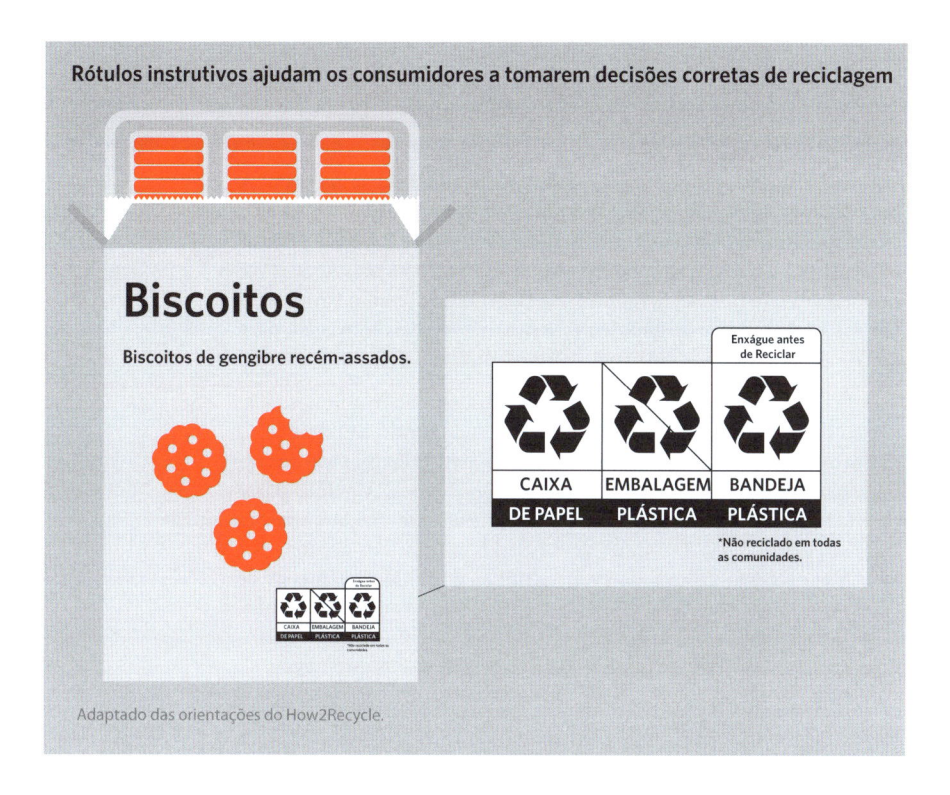

Rótulos instrutivos ajudam os consumidores a tomarem decisões corretas de reciclagem

Adaptado das orientações do How2Recycle.

A segunda promessa não cumprida são os bioplásticos. Para entender por que falharam até agora, precisaremos fazer duas perguntas: O material é orgânico? E é biodegradável? O bioplástico ideal, uma resina orgânica que é decomposta por bactérias, confirma as duas perguntas. Mas, ao que parece, nenhum dos dois é fácil de verificar.

Em uma mudança gradual de combustíveis fósseis e petroquímicos para fontes renováveis, a Coca-Cola fez experiências com garrafas, usando 70% de petróleo e 30% de etanol, derivado da cana-de-açúcar. Embora esse híbrido marginalmente reduza a pegada de carbono, ainda resulta em uma garrafa plástica que leva centenas de anos para decompor. Outros bioplásticos são ainda piores para o meio ambiente — e a saúde — do que os tradicionais petroplásticos. Algumas abordagens geram mais poluentes, esgotam mais o ozônio e engolem terras mais preciosas.

Precisamos de uma abordagem mais degradável, mas ainda dimensionável. Os químicos estão se aproximando do polímero ácido polilático ou PLLA. Fabricado a partir do milho ou da mandioca, o PLLA é resistente — parece um copo de plástico normal. Entretanto, reduz as emissões dos gases do efeito estufa em 75%, em comparação com os plásticos tradicionais. Qual é o truque? O polímero é biodegradável apenas em instalações de compostagem industrial especializadas, onde leva de 10 a 12 semanas para decompor, limitando a utilidade. Em um aterro convencional, ou, se despejado no oceano, ele luta para se dissolver.

Ainda assim, sempre que possível, seria uma vitória usar PLLA para porções de alimentos de uso único. Reduz a tonelagem de plástico enviada a aterros, evita a contaminação de lixeiras e garante que os resíduos alimentares sejam compostados e devolvidos ao solo, em vez de apodrecerem nos aterros sanitários, libertando metano. Para que os bioplásticos atendam ao momento, é necessária mais inovação, para que decomponham nas caixas de compostagem caseiras.

O ciclo de vida da poluição do plástico mostra onde estamos. Não é nada bom. **Só 9% do plástico descartado no mundo é reciclado**. O que acontece com o resto? 12% é incinerado, emitindo dióxido de carbono, e o resto acaba em aterros sanitários e oceanos. A poluição por plástico explodiu por um fator de 10 desde 1980. Devido à má gestão do fluxo de resíduos, 8 milhões de toneladas entram nos oceanos por ano. Mata até um milhão de aves marinhas e prejudica centenas de espécies de peixes, tartarugas e mamíferos marinhos. Quando os animais ficam presos em detritos de plástico, sufocam ou afogam. Quando o ingerem, morrem de fome — o plástico cobre seus estômagos.

O impulso para proibir os materiais mortais foi além do Quênia. Em 2018, o Parlamento Britânico promulgou um plano de 25 anos

O plástico polui em todas as fases do ciclo de vida
Produção e uso global de plástico, 1950-2015, em bilhões de toneladas (BT)

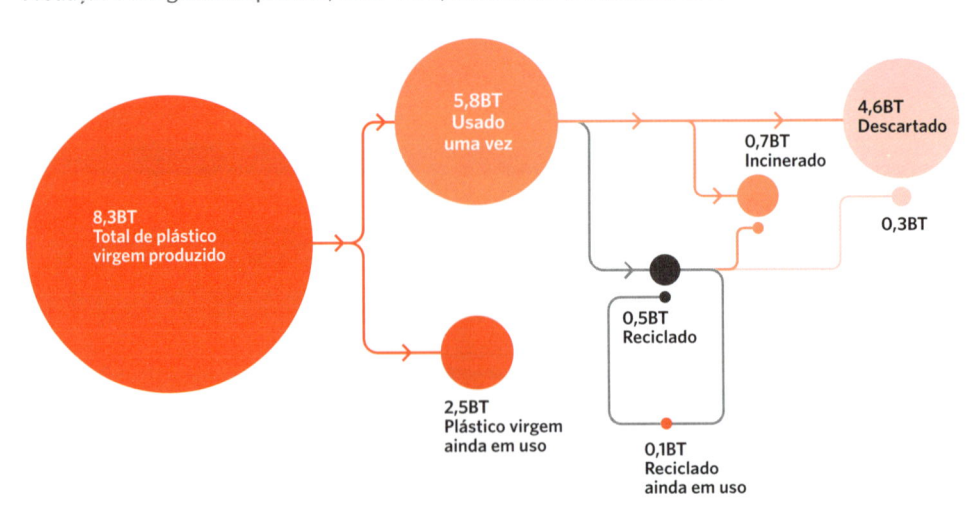

- 8,3BT Total de plástico virgem produzido
- 5,8BT Usado uma vez
- 4,6BT Descartado
- 0,7BT Incinerado
- 0,3BT
- 2,5BT Plástico virgem ainda em uso
- 0,5BT Reciclado
- 0,1BT Reciclado ainda em uso

Adaptado de dados por R. Geyer et al. e gráficos por Our World in Data.

para eliminar certos plásticos e cumprir as proibições de varejo dos EUA sobre microplásticos, as pequenas esferas usadas em detergentes e cosméticos em geral. A partir de 2021, a União Europeia proibiu canudos, pratos e talheres de uso único, estabelecendo "uma meta de coleta de 90% para garrafas plásticas até 2029". Ao todo, 127 países têm algum tipo de regulamentação para limitar o uso do plástico.

==Sabemos que não podemos proibir o uso de plástico totalmente, ao menos por enquanto==. Os plásticos são insubstituíveis para certos suprimentos médicos, eletrodomésticos e recipientes multiuso. E não há nada que impeça — exceto por falta de vontade política — reprimir embalagens, sacolas de supermercado e outros itens de uso único que respondem por quase metade das emissões relacionadas ao plástico.

Soluções de Alfaiataria

Embora roupas e calçados sejam uma fonte menor de emissões de gases do efeito estufa, a importância cultural transcende os números — usamos os produtos todos os dias. Nas duas últimas décadas, o advento da "moda rápida" acelerou tanto a produção quanto o consumo de vestuário — 62 milhões de toneladas por ano. Perseguindo ciclos de tendências rápidas, os fabricantes produzem roupas de baixa qualidade que são usadas brevemente e descartadas, empilhando aterros com resíduos têxteis, borracha, couro e plástico.

> De acordo com um estudo publicado pela Harvard Business School, os materiais usados nas roupas vendidas pela Zara são projetados para durar não mais que 10 usos.

A indústria tem demorado a tomar medidas climáticas, apesar de um relatório recente da *Vogue* sobre o consenso da indústria para cortar 50% das emissões até 2030. Para chegar lá, marcas de moda, fabricantes e varejistas precisam acelerar a implantação de soluções rio acima e abaixo. O desafio rio acima — operações têxteis — é mais direto. Ao usar energia renovável e eficiência energética aprimorada na produção de roupas, podemos reduzir diretamente as emissões. O rio abaixo exige soluções mais difusas. Precisamos que as marcas escolham transportes com emissões mais baixas e operações de varejo mais limpas, ao mesmo tempo que reduzam a superprodução. Para impulsionar a mudança em escala, precisamos que as companhias impulsionem a adoção pelo consumidor de aluguel, revenda, reforma, coleta e reutilização. O objetivo geral é encontrar maneiras de prolongar a vida útil de cada suéter, casaco, sapato ou bolsa.

Uma estratégia de alto impacto é fabricar roupas com materiais reciclados. A Patagônia se tornou uma das primeiras a dar esse salto, em 1993, fabricando lã a partir de garrafas plásticas recicladas. Agora, o movimento foi acompanhado por dezenas de marcas líderes e insurgentes de mercado.

Outros líderes do setor estão voltando para materiais mais ecológicos desde o início — incluindo uma fabricante de sapatos sediada em São Francisco, que usa OKRs para acompanhar o progresso em suas metas de zero líquido. Com um mercado lotado e hipercompetitivo, a Allbirds foi fundada em 2014 com uma aspiração única: construir conforto e design de alta qualidade no "calçado mais sustentável do planeta". Dois anos após o lançamento, venderam seu milionésimo par de sapatos: o tênis de lã merino, com entressolas feitas da cana-de-açúcar brasileira.

Como o cofundador e COO Joey Zwillinger diz: "Tratamos o meio ambiente como parte interessada crítica no sucesso de nossos negócios." Para garantir que os objetivos financeiros estejam em sincronia com a meta de zero líquido, a empresa definiu OKRs para todos os seus 250 funcionários. Os esforços estabeleceram a Allbirds como mais do que uma empresa de calçados — também é uma empresa ambiental. Em 2021, para acelerar o mercado de calçados sustentáveis, a Allbirds compartilhou publicamente a calculadora de pegada de carbono com outras empresas do setor.

Um objetivo de alto nível da empresa estipula uma promessa firme aos clientes: todos os produtos da Allbirds são estritamente neutros em carbono ao longo de seu ciclo de vida. Os principais resultados correspondentes rastreiam as metas de emissões em todas as facetas da operação, desde a cadeia de suprimentos até a fabricação e o envio para o varejo. Para implementar esse OKR, a empresa treina todos os funcionários para quantificar — e reduzir — as emissões de carbono a cada etapa.

A Allbirds faz parte de um quadro crescente de líderes da moda verde. Empresas como a Reformation fornecem e classificam as fibras por sustentabilidade. Marcas como a Stella McCartney estão mostrando que a alta moda também pode fazer a transição.

Do lado do consumidor, estamos testemunhando um boom em roupas usadas e vintage. Jovens nos EUA, Europa e Ásia estão transformando rapidamente a categoria de vestuário de segunda mão em uma tendência de moda genuína. Serviços como Trove and Tradesy estão criando novos mercados de revenda online para incentivar na compra de roupas de qualidade e revendê-las, combatendo o impacto negativo da moda rápida. Agora, o resto da indústria precisa acompanhar a nova moda: emissões de zero líquido.

Eletrificando o Calor Industrial e as Esperanças para o Hidrogênio

O calor para processos industriais é responsável por quase um quinto do uso global da energia. Também é o maior fator de contribuição das emissões de CO_2 de todo o setor industrial. Na fabricação, vários graus de calor são necessários na produção, desde papel e têxteis até aço e cimento. O calor é gerado no local a partir de gás natural, carvão ou petróleo, todos fontes de alta emissão.

Agora é tecnologicamente viável eletrificar os processos de fabricação que respondem pelo menos metade do consumo de combustível industrial. Bombas de calor elétricas, boilers elétricos e calor residual reciclado são alternativas estabelecidas para necessidades de baixo e médio calor. Enquanto alguns fornos elétricos podem atingir temperaturas acima de mil graus celsius, uma necessidade para a fabricação de aço, eles são limitados por altos custos e demandas excessivas por energia. À medida que a indústria procura maneiras mais práticas de atingir altas temperaturas sem emissões de carbono, ela se transforma em algo elementar.

A substituição de combustíveis fósseis em muitos processos industriais é possível

Participação do consumo de combustível para calor de processo	%	Exemplo de processos	Status tecnológico
Temperatura muito alta (>1000 °C)	32%	Fusão em forno de vidro, reaquecimento de placa em laminador de tiras a quente e calcinação de calcário para produção de cimento	Pesquisa ou fase piloto
Temperatura alta (400 °C-1.000 °C)	16%	Reforma a vapor e craqueamento na indústria petroquímica	Disponível hoje
Temperatura média (100 °C-400 °C)	18%	Secagem, evaporação, destilação e ativação	Disponível hoje
Baixa temperatura (≤100 °C)	15%	Lavar, enxaguar, preparar alimentos	Disponível hoje
Outros (potencial não avaliado)	19%		

Adaptado de dados e gráficos por McKinsey and Company.

Em anos recentes, o debate climático mais intenso na indústria se concentrou no papel prospectivo do hidrogênio. Assim como a eletricidade, o hidrogênio é um transportador de energia, não uma fonte. É uma grande promessa, porque é quase onipresente; se tem água e uma corrente elétrica, o hidrogênio está lá. A eletrólise usa a eletricidade para dividir a água — duas partes de hidrogênio e uma de oxigênio — em componentes atômicos. O hidrogênio pode ser armazenado, usado diretamente no local ou condensado em um líquido e transportado para gerar calor ou eletricidade.

A indústria usa um código de cores para as várias classes de hidrogênio:

Hidrogênio marrom ou preto:
Produzido a partir de carvão.

Hidrogênio cinza:
De gás natural.

Hidrogênio azul:
De gás natural, com CO_2 emitido capturado ou sequestrado.

Hidrogênio verde:
De uma fonte de energia de emissão zero.

A maior parte do hidrogênio produzido é para a fabricação de produtos químicos, sendo 95% feito a partir de gás natural. **A ambição nas próximas décadas é que o hidrogênio limpo se torne o padrão para gerar calor de alta intensidade.** Então seríamos capazes de descarbonizar setores difíceis de lidar, como cimento e aço.

Embora o custo de produção de hidrogênio limpo caia à medida que mais fábricas são construídas, pode levar 20 anos ou mais para se tornar mais barato que o hidrogênio sujo na maior parte do mundo. E, independentemente das fontes, o hidrogênio enfrenta uma barreira de custo para a adoção em indústrias que não o usaram no passado. A pressurização e a refrigeração são caras. O hidrogênio líquido é difícil de transportar e os dutos precisam ser reconstruídos para evitar que o gás hidrogênio vaze — ou exploda. A soma desses custos é um premium verde robusto.

O hidrogênio verde deve competir com baterias e outras fontes de energia limpa que estão em queda de custo. Onde o hidrogênio verde pode vencer? Uma oportunidade é substituir o hidrogênio sujo na geração de amônia para fertilizantes. No futuro, o hidrogênio verde pode ser econômico para a fabricação de aço e outras manufaturas de alto calor. Os custos podem ser contidos produzindo o hidrogênio no local, com painéis solares ou turbinas eólicas alimentando os eletrolisadores.

Em outros setores, o hidrogênio verde funciona para armazenamento em rede e transporte marítimo. Contudo, é improvável que abasteça carros, ônibus, caminhões ou trens, para os quais baterias mais densas e leves estão se tornando uma opção prática. Como uma escolha livre de emissões para fabricar os materiais para construir as cidades, no entanto, o hidrogênio verde pode inaugurar uma nova era industrial.

Cimentando o Carbono

O concreto tem sido usado por quase 2 mil anos. Porém, só no início da Era Industrial, em meados dos anos 1800, os construtores de cidades aprenderam a usá-lo em escala. Joseph-Auguste Pavin de Lafarge, administrava uma pedreira de calcário no sudeste da França. Procurando novas maneiras de explorar a rocha branca e a argila rica em minerais da pedreira, Lafarge dimensionou um processo recentemente patenteado para o cimento Portland, assim chamado porque se assemelhava ao famoso calcário da ilha de Portland, no Canal da Mancha.

O cimento libera dióxido de carbono em diferentes estágios de produção.

Nos anos 1830, Lafarge podia ver as emissões subindo das chaminés. Ele não sabia que estava contribuindo para uma futura crise

Emissões da produção de cimento

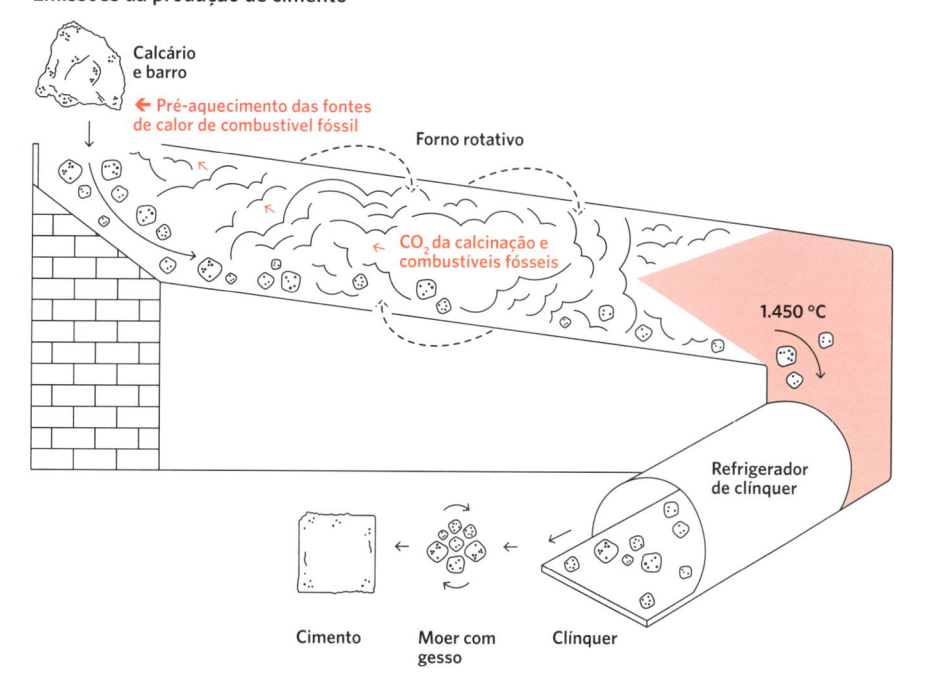

Calcário e barro

← Pré-aquecimento das fontes de calor de combustível fóssil

Forno rotativo

← CO_2 da calcinação e combustíveis fósseis

1.450 °C

Refrigerador de clínquer

Cimento ← Moer com gesso ← Clínquer

climática — ou que um dia a indústria de cimento do século XXI iria jogar cerca de 3 gigatoneladas de emissões CO_2 anualmente. Fazer cimento sempre foi um esforço ardente. Calcário e argila são aquecidos a 1.450 °C em um forno a combustível fóssil, gerando metade das emissões de dióxido de carbono do cimento. Conforme o material é girado e aquecido, o calcário se divide em óxido de cálcio e dióxido de carbono — o que gera a outra metade. Do forno, emergem seixos de "clínquer", que são moídos com gesso e outros materiais para criar cimento. Isso é, essencialmente, uma cola misturada com água, areia e cascalho para formar o concreto. Para a indústria de construção do século XIX, era uma fórmula vencedora. A Lafarge se tornou uma das maiores fabricantes de cimento do mundo. E continua assim, com US$25 bilhões em receita.

Para cada tonelada de concreto produzido, quase o mesmo em dióxido de carbono é jogado na atmosfera. Salvo mudanças radicais, as emissões de carbono do setor — 5% da produção total de gases do efeito estufa do mundo — continuarão a aumentar com o crescimento econômico. A pressão por uma mudança radical está aumentando. Em 2019, o Institutional Investors Group, sobre mudanças climáticas, alterou para alavancar US$33 trilhões sob gestão para obrigar a indústria a atingir o zero líquido até 2050. Em uma carta com palavras fortes para quatro gigantes europeus fabricantes de cimento (incluindo a LafargeHolcim, agora uma multinacional suíça de capital aberto com 67 mil funcionários), eles pediram a adoção de metas de emissões de curto e longo prazo.

"Não encaramos este desafio de forma leve", disse o CEO da Lafarge, Jan Jenisch. Ele citou o uso de 20% de energia renovável pela empresa para alimentar as fábricas. E prometeu redobrar os esforços para desenvolver cimento neutro em carbono. Investidores preocupados com o clima não ficaram impressionados; a LafargeHolcim não se mexia rápido o suficiente para fazer uma diferença grande o bastante. Por fim, em setembro de 2020, a empresa se comprometeu com a emissão zero até 2050.

Eric Trusiewicz passou uma década no negócio de cimento e concreto. Jan Van Dokkum foi parceiro operacional da Kleiner Perkins quando desenvolvemos as estratégias de investimento verde. Juntos, fazem parte do conselho da Solidia, uma empresa jovem que desenvolveu uma nova receita química: cimento que absorve o CO_2 durante o processo de endurecimento.

Eric Trusiewicz

Concreto é o material subjacente invisível de toda civilização. Se pensar em qualquer urbanização, atividade industrial, produção de energia, infraestrutura de transporte, edifício — tudo é concreto.

O concreto são 30 bilhões de toneladas por ano de magia. Você pega um pouco desse pó branco, mistura-o com o que encontrar em volta e faz uma rocha que durará por mais de 50 anos. E 40% do mundo faz com pouco mais que uma pá. Os outros 60% usam equipamentos industrializados para construir prédios e estruturas maiores. É inimaginável ter civilização de qualquer forma sem essa coisa.

O concreto são 30 bilhões de toneladas por ano de magia.

Jan Van Dokkum

Esse é o desafio de descarbonizar a indústria de cimento. Hoje, há em torno de duas dúzias de empresas no mundo que detêm a maior parte da produção global de cimento. A partir de agora, não há nenhum incentivo para adotar novas tecnologias relacionadas à redução de CO_2.

Nas empresas que produzem cimento, há um desalinhamento básico entre economia e meio ambiente. A pegada de carbono é significativa. As margens na indústria de cimento são muito pequenas, porque é um negócio de commodities altamente competitivo. Portanto, é um desafio para as empresas gastar dinheiro em inovação quando os outros produtores não a adotam. A inovação tem sido vista como um obstáculo, não uma necessidade.

A indústria precisa de um mandato claro para limpar. Só então a inovação e a mudança se tornarão uma necessidade.

Eric Trusiewicz

Sim, este é um problema difícil. Mas já pode obter uma redução de emissões de 50% ou mais com as técnicas e tecnologias existentes. Primeiro, pode projetar a construção usando metade do concreto. Segundo, pode recorrer a soluções de redução de CO_2, como materiais e cargas suplementares semelhantes a cimento. As alternativas não são tão chamativas quanto uma forma de concreto de marca, porém funcionam. O desafio é dimensionar a disponibilidade.

Sim, este é um problema difícil.

Mudar não é fácil. Há um premium verde com a nova tecnologia de concreto. Embora os materiais às vezes sejam ainda mais baratos, a abordagem geralmente custa mais em termos da necessidade de conhecimento técnico e supervisão. As pessoas passaram décadas construindo estruturas de uma maneira particular; centenas de milhões de trabalhadores, muitos deles pouco qualificados, trabalham na indústria da construção em todo o mundo. Além disso, há questões regulatórias e de segurança pública. Precisamos aumentar a educação sobre como usar esses novos materiais de forma eficaz e segura. Bem como projetar edifícios usando menos.

Os governos podem criar incentivos ou mandatos para acelerar o ritmo da mudança. Os gigantes no setor não são culpados pelo fato do cimento ser rico em CO_2. Se as pessoas e os governos querem uma mudança, têm que modificar as regras. Essas empresas têm resistido porque ainda é mais barato resistir.

Mas estamos no ponto em que ignorar as emissões não será mais barato. As empresas veem o que está acontecendo nas indústrias de carvão, petróleo e gás. Em vez de serem deixadas para trás, estão perguntando como podem inovar.

Jan Van Dokkum

O fardo não recai apenas sobre os governos. A comunidade financeira e de investimento também pode pressionar a indústria de cimento para aprimorar as leis. A indústria de cimento precisa se sentir pressionada para adotar a mudança. A pressão financeira afeta o preço das ações, do acesso ao mercado de capitais e do retorno em investimentos. A pressão dos acionistas é o maior impulsionador para a adoção de novas tecnologias e práticas.

Eric Trusiewicz

Como levamos essa indústria ao zero líquido? Precisamos dimensionar as inovações existentes e continuar a trazer tecnologia viável para o mercado. Para ser aceita, uma nova abordagem precisa usar materiais crus altamente disponíveis e baratos. O produto final precisa ser simples de usar, com um custo competitivo e confiável. Idealmente, usaria a infraestrutura existente. É um padrão alto, porém há muita energia empreendedora para resolver o problema.

Inovações em cimento precisam mirar em dois pontos primários de emissões: o combustível para aquecer e a reação química dentro do forno. Para o aquecimento, há abordagens promissoras para substituir combustíveis fósseis por eletricidade ou hidrogênio limpo. Quanto à produção real dentro do forno, várias empresas estão redesenhando o processo para capturar o dióxido de carbono que sai do calcário. Grupos como Jan and Eric's, Solidia, estão se desviando da receita original do cimento com novas químicas que alteram a forma como o concreto é endurecido. Ao trocar a química, o concreto da Solidia absorve o CO_2 à medida que endurece. Outros grupos estão testando novos materiais e aditivos que podem ajudar a formar concreto com menos cimento — e menos emissões.

Como Eric diz, o concreto é um problema difícil. Se as mais novas e limpas abordagens forem implantadas, grandes multinacionais e startups inovadoras precisarão trabalhar juntas. Com o custo de uma nova fábrica de cimento chegando a US$400 milhões, empreendedores e equipes de pesquisa universitária não podem fazer por conta própria.

Não há garantia de que encontraremos uma forma de eliminar todas as emissões do setor. Contudo, a civilização não está prestes a parar de construir. E, por isso, devemos continuar tentando. A recompensa será um passo gigante em direção ao zero líquido.

Tornando-nos de Aço para o Futuro

Artesãos habilidosos forjaram metais superfortes por séculos. Mas, nos anos 1800, Andrew Carnegie, um industrialista nascido na Escócia que viveu na Pensilvânia, descobriu algo que mudou o mundo. Ele dimensionou um processo que usava temperaturas escaldantes para queimar as impurezas do ferro bruto, criando algo mais sólido e durável. Logo, o aço se tornou indispensável. Com vigas de aço, os edifícios podiam ser lançados para o céu, muito além do antigo limite de 4 ou 5 andares. As cidades se tornaram verticais. E, quando a indústria automobilística surgiu, a chapa de aço tornou-se o material escolhido.

De uma perspectiva climática, o problema com a fabricação do aço é que soma até 4 gigatoneladas das emissões anuais de carbono ou cerca de 7% do total global. Assim como o cimento, o aço requer temperaturas extremamente altas, em torno de 2.200 °C. Esses altos-fornos são alimentados por carvão, aumentando a poluição por carbono da própria metalurgia.

Extrair emissões da siderurgia não é uma tarefa fácil. É um processo complexo de várias etapas, desde o reaquecimento de produtos semiacabados até a laminagem do aço em chapas, com a necessidade de combustíveis fósseis a cada etapa. Uma solução parcial é usar corrente elétrica para derreter sucata de aço reciclado, um processo implantado em quase dois terços da produção nos EUA. É menos popular na China, no entanto, respondeu por mais da metade dos 1,8 bilhão de toneladas de produção global em 2020.

O aço livre de emissão deve atender a três critérios. Primeiro, o forno deve ser alimentado por uma fonte de emissão zero. Segundo, o ferro deve ser produzido sem combustíveis fósseis ou substituído por sucata de aço. Finalmente, a etapa de aquecimento, antes da laminação, precisa ser realizada com hidrogênio verde ou alguma outra fonte limpa.

Antes que uma solução de aço verde seja viável em escala, o desempenho e os custos precisam de um teste no mundo real. Em 2020, em um esforço conjunto com a produtora de hidrogênio Linde Gas, a siderúrgica sueca Ovako instalou um sistema de hidrogênio verde na usina de sucata, em Hofors. De acordo com o líder de projetos, Göran Nyström, isso marcou a primeira vez que o hidrogênio foi usado para aquecer o aço nos laminadores. O sucesso dos testes permitiu que a Ovako levantasse o capital necessário e mudasse todas as fábricas, reduzindo a pegada de carbono do início ao fim.

A Ovako provou que o hidrogênio sem emissões pode ser usado no processo de fabricação sem qualquer impacto negativo na qualidade do aço. Previsivelmente, o setor de combustíveis fósseis recuou. As empresas de gás natural liquefeito (GNL), em particular, temiam uma ameaça competitiva ao uso de hidrogênio "azul". Nils Rokke, presidente da European Energy Research Alliance, classificou de "ridículo" pular o hidrogênio GNL e passar para o 100% verde. "Você precisa fazer os dois", argumentava.

Enquanto Rokke tinha razão, pelo menos para a transição, o gênio verde estava fora da garrafa. O consórcio sueco HYBRIT de siderurgia saiu a favor do hidrogênio verde em uma escala ainda maior. Em agosto de 2020, a primeira usina siderúrgica de hidrogênio verde em larga escala foi inaugurada por um membro do consórcio SSAB, a empresa líder em chapas de aço da Suécia. O primeiro-ministro sueco, Stefan Löfven, ficou entusiasmado: "Estamos embarcando na maior mudança tecnológica na fabricação de aço em mil anos."

O governo sueco criou, efetivamente, um OKR. Eles definiram um objetivo claro: emissões zero de carbono na indústria siderúrgica sueca até 2040. Um resultado importante foi o teste de larga escala em nível de produção até 2024; outro foi um lançamento mais amplo. E como declarou o executivo-chefe da SSAB: "Precisamos aproveitar esta chance."

Como vimos, a indústria pode ser a área mais complexa para descarbonizar. Mesmo assim, novas tecnologias e modelos de negócios estão fazendo progressos notáveis em plásticos, vestuário, cimento e aço. Ao todo, contêm o potencial na redução de 8 gigatoneladas das emissões. Se você está contando, sabe que mais 10 gigatoneladas estão na balança da atmosfera — e no próximo capítulo.

A fabricação de aço gera em torno de 3 gigatoneladas das emissões anuais de CO_2.

Velocidade & Escala: Contagem para o zero líquido

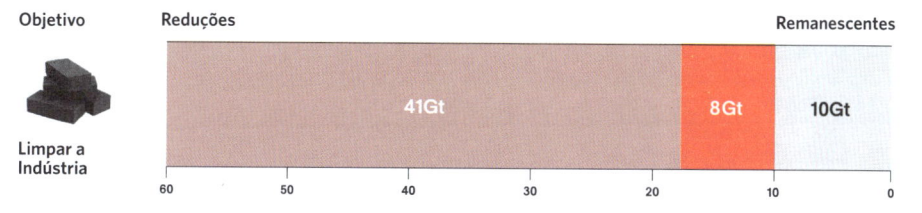

Objetivo: Limpar a Indústria

Reduções: 41Gt | 8Gt
Remanescentes: 10Gt

60 — 50 — 40 — 30 — 20 — 10 — 0

Parte I - Zerar as Emissões

Remover o Carbono

Capítulo 6

Remover o Carbono

Vamos imaginar que alcançamos os objetivos dos 5 primeiros capítulos. Limpamos os transportes e a eletricidade. Transformamos a agricultura. E reinventamos nossos métodos para fabricar cimento e aço. É mais do que provável que tenhamos um desempenho inferior em alguns desses grandes objetivos e superemos outros, mas digamos que os números se mantenham em equilíbrio. Pela própria matemática, ainda ficaremos com 10 bilhões de toneladas de gases que retêm calor por ano.

Isso é o que me tira o sono. O **RC Remoção de Dióxido de Carbono (6.1 & 6.2)** é um resultado-chave verdadeiramente diabólico. Devemos, de alguma forma, encontrar uma maneira de lançar aquelas 10 gigatoneladas de CO_2e a cada ano. Menos se constituirá um fracasso — não apenas para o plano, mas para a humanidade.

E assim a questão se torna: Devemos nos concentrar em reduzir as emissões ou priorizar a remoção delas? Dada a competição acirrada pelo fornecimento limitado da ação climática, é mais do que um debate acadêmico. É aqui onde estamos: *O mundo precisa de ambos*. Os dois esforços estão entrelaçados. Sem a remoção de carbono em escala, os cortes de emissões precisariam dobrar a cada ano até 2040 para chegarmos ao zero líquido a tempo. Em setores em que ainda não existem alternativas limpas, o fardo seria esmagador.

Então, o que exatamente é a remoção do dióxido de carbono — ou, simplificando, a remoção do carbono? É uma série de atividades que capturam moléculas de CO_2 da atmosfera para armazenamento. O CO_2 pode ser incorporado em produtos industriais ou reservatórios subterrâneos, solos, florestas, rochas ou oceanos. Na prática, a remoção de carbono tem soluções naturais e de engenharia. Um excelente exemplo da primeira é a captura direta de ar, quando o CO_2 é separado do ar ambiente e armazenado permanentemente. As soluções baseadas na natureza incluem reflorestamento (replantio de árvores onde antes floresciam), arborização (incentivando um novo crescimento) e agrossilvicultura (integração de árvores e arbustos em terras agrícolas).

A eliminação do CO_2 da atmosfera não será um feito tecnológico pequeno. O que torna o desafio realmente difícil — quase implausível — é a escala colossal do trabalho. De acordo com o World Resources Institute, uma think thank ambiental cuja especialidade é a mitigação no mundo real, não estamos no caminho certo para retirar bilhões de toneladas de carbono a cada ano.

No momento, o objetivo do zero líquido — remoção anual de 10 gigatoneladas de carbono, cerca de 17% da emissão mundial total — é uma meta ambiciosa. Como observou Michael Cembalest, do JPMorgan, apenas parcialmente irônico, a maior proporção na história da ciência é o número de trabalhos acadêmicos escritos sobre remoção de carbono versus sua quantidade removida na vida real. De todas as tarefas difíceis pela frente, de acordo com Cembalest, **a remoção de carbono projetada é a subida "mais íngreme de todas"**.

Vejo desta forma: Precisaremos ser espetacularmente inovadores e engenhosos para limpar tais gigatoneladas até 2050. Não temos escolha a não ser descobrir como.

A Corrida para Capturar o Carbono

O planeta precisa de um portfólio de soluções da remoção. Para ter uma chance de fechar a lacuna para o zero líquido até 2050, agora precisamos começar a financiar e dimensionar todas.

Tanto na remoção natural quanto na engenharia do carbono, os desafios são complexos. As soluções naturais são incomodadas por questões em torno de padrões, contabilidade, verificação e "adicionalidade", um indicador de se a remoção teria acontecido em qualquer caso. Embora proliferem oportunidades para investimentos florestais e preços acessíveis, um padrão de mercado para a adicionalidade nos iludiu. Além disso, as soluções competem com a terra necessária para a agricultura e o desenvolvimento. Finalmente, são prejudicadas pela durabilidade incerta. Árvores são queimadas. O solo rico em carbono é arado. O carbono armazenado é liberado de volta para o ar.

Objetivo 6
Remover o Carbono

Remoção de 10 gigatoneladas do dióxido de carbono por ano.

RC 6.1   Remoção baseada na natureza

Remover ao menos 1 gigatonelada por ano até 2025; 3 gigatoneladas até 2030; 5 gigatoneladas até 2040.

↓ 5Gt

RC 6.2   Remoção Projetada

Remover ao menos 1 gigatonelada por ano até 2030; 3 gigatoneladas até 2040; 5 gigatoneladas até 2050.

↓ 5Gt

Remoção do carbono: As muitas formas de fazê-la

Abordagem CDR	Descrição
Arborização & reflorestamento	Isolar o CO_2 em florestas recém-crescidas (arborização). Rebrotamento de florestas degradadas ou removidas (reflorestamento).
Melhor gestão florestal	Alteração das práticas de gestão florestal para melhorar o armazenamento de carbono.
Biocarvão	Incorporação de resíduos sólidos de degradação térmica da biomassa em solos.
Bioenergia com a captura de carbono & armazenamento (bcca)	Isolar o CO_2 na biomassa, que não é liberada na transformação de energia, mas capturada e armazenada.
Materiais de construção	Cura do concreto, integração de materiais de carbono mineralizado e fibras vegetais.
Mineralização do carbono	Reação de minerais alcalinos naturais ou artificiais com CO_2 para formar minerais de carbono sólido, como calcita e magnesita.
Captura de ar direta com armazenamento de carbono (cadac)	Separação química de CO_2 do ar ambiente acoplado ao armazenamento permanente.
Melhora da alcalinidade dos oceanos	Aumento do carbono inorgânico dissolvido armazenado no oceano por meio da adição de alcalinidade, geralmente através da dissolução mineral ou eletroquímica.
Retenção do carbono sólido	Melhoria do carbono nos solos, ajustando o manejo da terra. Por exemplo, reduzindo o plantio direto ou estabelecendo sistemas agroflorestais.
Carbono azul costeiro	Retenção do CO_2 em biomassa, adicionalmente cultivada em solos de ecossistemas restaurados, incluindo turfeiras e costas.
Manejo e cultivo de biomassa marinha	O cultivo de microalgas em ecossistemas marinhos, com a finalidade de aumentar a retenção do carbono na biomassa aquática e/ou aumentar a durabilidade do carbono sequestrado através de uma melhor gestão ou utilização de biomassa.

Adaptado de informações e gráficos de CDR Primer.

Com soluções da remoção de carbono projetadas, a durabilidade pode chegar a mil anos ou mais. Mas essa abordagem tem outros problemas.

Volume: Como observa Kelly Levin, do World Resources Institute, estamos apostando em um "escalonamento fora do comum para tecnologias completamente sem precedentes". Embora a captura direta do ar seja promissora, a tecnologia reteve apenas 2.500 toneladas de carbono no mundo até agora — uma pequena fração de 1% de uma única gigatonelada.

Se contamos com soluções projetadas para remover metade dos 10 bilhões de toneladas das emissões de carbono restantes, a tecnologia atual não conforta. **Precisaríamos de painéis solares tão extensos quanto o estado da Flórida**. O processo absorveria cerca de 7% da energia total do mundo — mais do que o consumo do México, do Reino Unido, da França e do Brasil juntos. **Bombear tanto CO_2 no subsolo seria o equivalente a operar toda a indústria petrolífera ao contrário**. Se as tecnologias da remoção de carbono são para atender significativamente às necessidades, devem se tornar muito mais eficientes.

Custo: Nenhum modo existente de remoção projetada é econômico o suficiente para capturar e armazenar carbono em escala. Os mercados mal se formaram. O preço aproximado atual para a captura direta do ar é de US$600 bilhões por gigatonelada. Para lidar com 5 gigatoneladas, seriam necessários US$3 trilhões por ano.

Por isso estamos vinculando este resultado-chave ao **RC de Remoção de Carbono (9.4)** no capítulo de inovação, na Parte II. Com os futuros avanços tecnológicos e economias em escala, a projetada remoção de carbono pode atingir um preço comercial de US$100 por tonelada até 2030 e US$50 por tonelada até 2040 — 95% menos o custo atual.

Equidade: Como observado pelo Painel Intergovernamental sobre Mudanças Climáticas, o caminho em direção a um futuro de baixo carbono e resiliente ao clima é "repleto de dificuldades morais, práticas, políticas e inevitáveis compensações". Nas comunidades atormentadas pela poluição letal do ar, a remoção do carbono não substitui os cortes de emissões. Quando uma fábrica de aço e carvão na China e nos EUA paga as compensações da remoção de uma empresa de captura de carbono na Islândia, ainda prejudica a população local com a fábrica.

E Quanto à Compensação?

Antes de dimensionar a remoção do carbono, devemos perguntar quando será alcançada — e por quem. Compensações são programas que permitem as empresas ou os indivíduos pagarem por reduções ou remoções de emissões que, em teoria, anulam as próprias emissões.

Nos círculos de ações climáticas, *compensação* é um termo carregado, fortemente criticado e amplamente usado. ==Na pior das hipóteses, as compensações são um exercício de greenwashing==, uma forma de absolver empresas ou indivíduos da responsabilidade pelo mau comportamento. Apesar das compensações de alta qualidade terem um impacto positivo, são propensas a superestimativas de fraudes. Muitas vezes, são usadas para financiar soluções verdes que seriam implantadas sem eles. Não podemos resolver a crise climática com greenwashing. O orçamento do carbono é muito pequeno. E o tempo, muito curto.

Gareth Joyce, presidente da Proterra e ex-diretor de sustentabilidade da Delta Airlines, acredita que precisamos de uma nova moeda para créditos da remoção de carbono. O sistema ideal recompensaria investimentos em soluções tecnológicas futuras e, ao mesmo tempo, manteria o dinheiro fluindo para as abordagens baseadas na natureza.

Faça estas duas perguntas antes de escolher um processo de compensação:

Fizemos todo o possível para descarbonizar as operações, cadeia de suprimentos e a forma como o produto é usado?

Otimizamos todas as eficiências disponíveis?

Se ambas as respostas forem positivas, as compensações são soluções provisórias que valem a pena, desde que sejam:

Adicionais

Verificáveis

Quantificáveis

Duráveis

Benéficas socialmente

O plano Velocidade & Escala pede para os países e as empresas arrumarem as próprias casas primeiro para reduzirem as emissões por meio da prevenção e eficiência energética. Só então podemos recorrer às compensações — não como uma jogada contábil ou estratégia de relações públicas, mas um esforço genuíno para ajudar a curar o planeta. Quando você está no fio da navalha, como diz Kelly Levin, do WRI, "precisa fazer tudo".

Devemos Plantar Um Trilhão de Árvores?

Plantar mais árvores, uma forma óbvia e barata de puxar o carbono do ar, é algo que precisa ser abordado sistematicamente. As árvores são o melhor mecanismo natural para absorver o CO_2 e acabar com o ciclo de feedback do aquecimento global. Propostas para plantar um trilhão de árvores atraíram um alarde considerável. Mas as campanhas cativantes contornam as questões difíceis do plantio de árvores: Quanto carbono pode ser absorvido por uma árvore e por quanto tempo? Como o plantio de uma árvore afetará o ecossistema e a economia local? Quanto de terra será necessário para um trilhão de árvores?

Para funcionar em escala, o plantio de árvores exige premeditação, planejamento e regulamentação. O reflorestamento é mais bem-sucedido quando agrega espécies nativas ou complementares ao ecossistema local, em espaços que possam prosperar. Para restaurar e expandir o sumidouro de carbono, atendendo o **RC de Florestas (4.2)**, precisamos de árvores que vivam para nos ver através de anos de crise. Até além de 2050.

Também precisamos estar atentos aos requisitos de terra. **Para as árvores retirarem somente as emissões dos norte-americanos, precisaríamos dedicar metade da massa terrestre do mundo**. Isso não quer dizer que o plantio de árvores não tenha um papel a desempenhar. Muito pelo contrário. Porém, como em todas as outras soluções de remoção de carbono, é importante lembrar que não é uma panaceia. O plantio de árvores é uma estratégia importante que vem depois de parar o desmatamento descontrolado e as emissões descontroladas.

Com os esforços em curso da China à Etiópia, o plantio de árvores está em alta. Sob esse dossel de boas intenções, é crucial que nos concentremos não em metas arbitrárias, mas no impacto duradouro.

A Partir do Nada

Em 2009, estudantes de engenharia na Suíça, Christoph Gebald e Jan Wurzbacher, fundaram uma startup de captura direta de ar chamada Climeworks. Oito anos depois, construíram um banco de 18 unidades gigantescas semelhantes a ventiladores que podiam filtrar o dióxido de carbono do ar. Após uma demonstração de estreia, uma estufa vizinha comprou o dióxido de carbono para fertilizar frutas e vegetais. E assim, estimular seu crescimento. Como um negócio paralelo, a Climeworks bombeava CO_2 capturado em tanques. E o vendia a um engarrafador local para fazer o gás de Coca-Cola.

Esses primeiros negócios foram uma ponte para empreendimentos maiores. Em colaboração com a Reykjavík Energy, uma concessionária islandesa, a Climeworks construiu uma instalação piloto no telhado para capturar 50 toneladas de dióxido de carbono por ano, a mil dólares por tonelada. Um teste significativo de remoção mecânica. O próximo passo é uma usina que captura 4 mil toneladas de CO_2 por ano. Ao invés de vender o carbono capturado, a Climeworks vai misturá-lo em água aquecida geotérmica e injetá-lo em reservatórios subterrâneos. Durante 2 anos, uma reação química gradual produzirá um mineral sólido, o carbonato de cálcio. Emissões passadas serão retidas nas rochas.

A Carbon Engineering, uma startup da British Columbia, planeja empregar uma tecnologia similar em uma dimensão muito maior. Apoiada por Bill Gates e pela Chevron Corporation, a empresa está

A startup suíça Climeworks é pioneira na captura direta do ar. Uma forma projetada de remoção e armazenamento de carbono.

construindo a dita maior usina de captura direta de ar do mundo, com capacidade para remover 1 milhão de toneladas de CO_2 por ano.

A captura direta de ar não é a única forma de fazer o trabalho. Em 2018, um grupo de engenheiros aeroespaciais fundou, em São Francisco, a startup Charm Industrial. "Passamos os sábados de um ano procurando modos de reter o dióxido de carbono economicamente", diz o fundador e executivo-chefe Peter Reinhardt. Eles estabeleceram a "prólise rápida", uma decomposição rápida e de alta temperatura do material vegetal em combustível líquido. Os resíduos agrícolas, outrora fonte de emissões de carbono, tornaram-se um "bio-óleo" bombeado para antigos poços de petróleo. "Não é mais um gás, então afunda e fica no chão", diz Reinhardt. "O carbono não emergirá nunca mais." A Charm já pode reter o CO_2 a US$600 por tonelada. E obter um pequeno lucro.

==As potenciais soluções dependerão dos governos estabelecerem um preço para o carbono, como pagamento por tonelada retida==. Até 2030, se os custos de remoção caírem, como acreditamos, um preço de carbono de US$100 por tonelada compensaria todo o custo do processo. Além disso, estimularia mercados maiores e ajudaria a reduzir o premium verde. O dióxido de carbono capturado pode ser usado para fazer cimento, por exemplo, ou ser combustível de aviação. Os créditos de remoção podem ser vendidos para compensar as emissões de uma empresa em outras áreas. "Não estamos apenas fundando uma empresa", disse Jan Wurzbacher, CEO da Climeworks, ao *New York Times*. "Estamos fundando uma nova indústria."

Catalizando o Mercado de Remoção do Carbono

Você não pode construir uma nova indústria sem um mercado para o produto. A questão prática com a remoção do carbono é a falta de qualquer incentivo real para pagamento. Por que alguém gastaria mais de US$600 ou US$300 para apagar uma tonelada de carbono do ar? O preço é substancial. E essa tonelada leva apenas a um bilionésimo do caminho para a primeira gigatonelada de cinco que precisamos eliminar por meio de remoção projetada. Caso gastasse e comprasse um milhão de toneladas, estaria devendo meio bilhão de dólares — e ainda precisaria de mil amigos para fazer o mesmo para remover uma única gigatonelada em um único ano.

A Enter Stripe é uma companhia de processamento de pagamentos pela internet que abriu uma loja em Palo Alto, Califórnia, em 2019. O fundador da empresa, Patrick Collison, tinha um histórico notável em software antes de ter idade suficiente para votar. Com 16 anos, Patrick venceu o Ireland's BT Young Scientist Competition pela criação do Croma, um programa de linguagem para inteligência artificial. Depois da matrícula no Massachusetts Institute of Technology, logo desistiu para fundar a Stripe com o irmão mais novo, John. A empresa fornece serviços financeiros para outras como Amazon, DoorDash, Salesforce, Shopify, Uber e Zoom. A outrora pequena firma familiar é, agora, avaliada em US$95 bilhões. Com serviços de software baseado em nuvem operando em 120 países, a Stripe está posicionada de forma única para construir um mercado de grande escala para remoção de carbono. Em outubro de 2020, sob a liderança de Nan Ransohoff, lançou a Stripe Climate, que facilita para qualquer empresa direcionar uma pequena fração de receita para a causa. Em junho de 2021, a Stripe Climate tinha mais de 2 mil empresas comprando remoções de carbono a um preço médio de mais de US$500 por tonelada.

Nan Ransohoff

A incursão inicial da Stripe aconteceu no final de 2019, quando comprometemos a pagar pelo menos US$1 milhão por ano pela remoção direta de dióxido de carbono da atmosfera, com o armazenamento permanente, a qualquer preço por tonelada.

Isso decorreu em grande parte de uma lição importante do relatório do IPCC de 2018: que a remoção de carbono, além da redução de emissões, será fundamental para mitigar os piores efeitos das mudanças climáticas.

Embora algumas das soluções necessárias para chegarmos lá existam — como plantar árvores e reter o carbono do solo —, é altamente improvável que as soluções por si só nos levem até lá.

O foco da Stripe é preencher essa lacuna. Na prática, significa que estamos comprando a remoção de carbono das primeiras empresas, geralmente como o primeiro cliente, com a teoria de que os primeiros clientes ajudam a acelerar novas empresas promissoras nas curvas de custo e volume. Essa não é uma ideia nova; a experiência com curvas de aprendizado de fabricação mostrou repetidamente que a implantação e a dimensão geram melhorias, um fenômeno observado no sequenciamento de DNA, capacidade do disco rígido e painéis solares.

Mudamos da teoria para a prática na primavera de 2020, quando fizemos as primeiras compras de remoção de carbono. Em resposta ao anúncio, aconteceram duas coisas. Primeiro, a comunidade da remoção do carbono teve uma reação surpreendentemente positiva — o que era indicativo de quão faminto por capital o campo estava. Segundo, recebemos uma enxurrada de contatos de muitos usuários da Stripe compartilhando que queriam fazer os próprios compromissos climáticos, mas não sabiam por onde começar — muito menos como desenvolver os próprios critérios para avaliar os projetos.

Os dois insights levaram à gênese da Stripe Climate, que torna mais fácil para qualquer empresa direcionar uma fração da receita para financiar a remoção do carbono de fronteira.

Nenhum negócio sozinho pode criar demanda suficiente para dimensionar a remoção de carbono por conta própria. Porém, os milhões de negócios executados na Stripe, coletivamente, ajudam o novo setor a crescer e a se sustentar. O objetivo é criar um grande mercado para a remoção de carbono reunindo a demanda. Se for bem-sucedido, acelerará a disponibilidade de tecnologias permanentes na remoção do carbono de baixo custo. E aumentará a probabilidade de que o mundo tenha portfólio de soluções necessárias para evitar os efeitos mais catastróficos das mudanças climáticas.

O objetivo é criar um grande mercado para remoção de carbono reunindo a demanda.

À medida que mais clientes chegam ao momento e fazem compras voluntárias, permitirão que as empresas de remoção do carbono aumentem as operações e reduzam os preços. E o próximo avanço será auditar a quantidade capturada e premiar a durabilidade.

Um líder na área é a Microsoft, que recentemente assumiu um compromisso sem precedentes de se tornar *negativa* em carbono até 2030. A gigante da tecnologia prometeu que as operações totais — mais a cadeia de suprimentos — removerão mais carbono do que emitem. Até 2050, a Microsoft pretende eliminar todo o histórico de emissões, que remonta a 1975, quando Bill Gates abandonou Harvard e cofundou a empresa com Paul Allen.

A promessa veio associada a um investimento de US$1 bilhão para acelerar e dimensionar um portfólio crescente de projetos de remoção do carbono em andamento. Como os líderes da Microsoft escreveram: "Aqueles de nós que podem se dar ao luxo de mover mais rápido e ir mais longe devem fazê-lo." No espírito do OKR, prometeram um relatório anual de sustentabilidade para "detalhar a jornada de impacto e redução de carbono".

A Microsoft emitiu um pedido de propostas que suscitou 189 ideias de 40 países. Os 15 planos vencedores removeriam um total de 1,3 milhão de toneladas métricas — mais de 500 vezes a captura aérea direta em todo o mundo até o momento. Climeworks e Charm fizeram o corte final.

Com certeza, 99% do volume da primeira safra de projetos de remoção reside em soluções naturais, principalmente os florestais e o de solo, com 100 anos de durabilidade ou menos. A Microsoft planeja criar portfólios maiores e mais amplos a cada ano. Com o tempo, espera que uma porcentagem crescente dos esforços de remoção seja das soluções projetadas de maior duração.

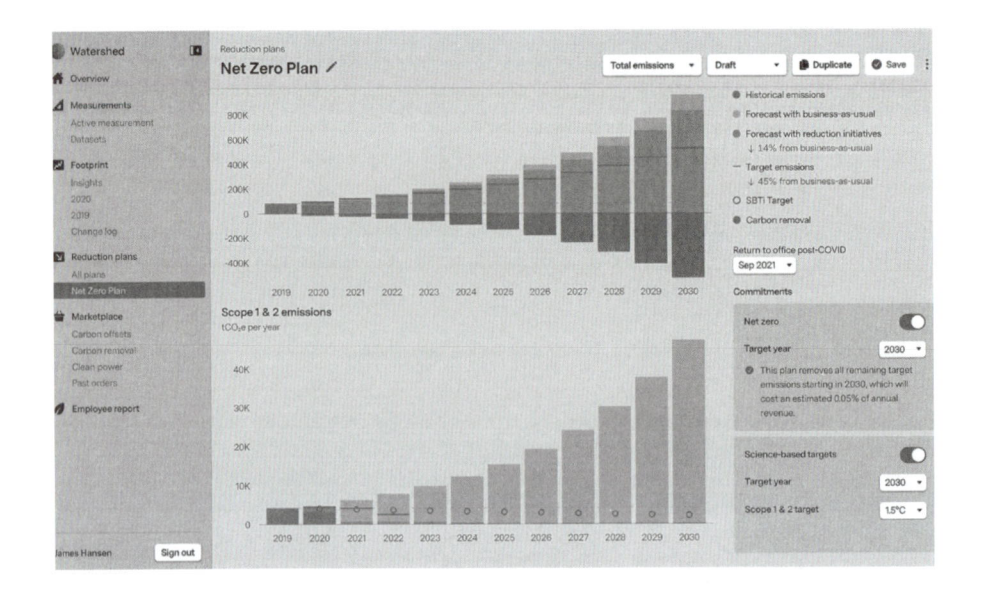

A plataforma de contabilização de carbono da Watershed permite que as empresas rastreiem e reduzam as emissões.

Encontrando o Caminho de Cada Organização para o Zero Líquido

Levar uma empresa ao zero líquido é um trabalho duro. Isso significa encontrar maneiras de reduzir as emissões existentes até o osso, maximizar a eficiência energética, medir o progresso em cadeias de suprimentos distantes e calcular quantas compensações são necessárias para cancelar o carbono restante. Não menos importante, um esforço de zero líquido envolve a apresentação de resultados aos investidores com o mesmo rigor e transparência que se espera nos relatórios financeiros corporativos.

Duas décadas atrás, eu e meu amigo, Mike Moritz, da Sequoia Capital, nos unimos para apoiar Larry Page e Sergey Brin no lançamento do Google. Juntamos forças novamente naquele ano para apoiar três empreendedores da Stripe — Christian Anderson, Avi Itskovich e Taylor Francis — na criação da Watershed. Todos concordamos que uma plataforma de software para impulsionar a redução de carbono seria de fato um divisor de águas na campanha pelo zero líquido.

Como podemos ver pela experiência de Taylor, **se não medir, não pode gerenciá-lo — ou, ainda mais importante, alterá-lo**.

Taylor Francis

Lembro-me de ver *Uma Verdade Inconveniente* no verão após o nono ano. Saí do cinema apavorado, mas também fascinado e energizado. A crise climática parecia um desafio geracional, que afetaria a mim e amigos à medida que crescêssemos. Algo que poderíamos resolver se começássemos agora.

Eu queria fazer o que pudesse para ajudar. Comecei a enviar e-mails frios para o escritório de Al Gore, até que alguém respondeu dizendo que estava treinando pessoas para darem versões locais de apresentação de slides. Fui a Nashville para o treinamento. (Tinha 14 anos, então minha mãe foi comigo para ajudar a conseguir um quarto de hotel.) Passei os próximos 4 anos viajando para escolas da Califórnia à China, falando sobre mudanças climáticas. Falei para os alunos que precisávamos pressionar nossos pais à ação, para que pudéssemos crescer em um mundo livre da catástrofe climática.

Porém lutei para encontrar algo que fosse além da conversa, que realmente dobrasse o gráfico de carbono. Assim coloquei o clima em segundo plano para trabalhar na Stripe, onde aprendi muito sobre a construção de produtos de software.

Em 2019, parecia que era hora de voltar para a luta climática. Comecei a trabalhar com Christian Anderson e Avi Itskovich para construir uma startup com a missão de eliminar diretamente pelo menos 500 milhões de toneladas de CO_2 por ano. Christian lançou a iniciativa climática da Stripe, depois vimos que o *status quo* dos programas climáticos corporativos era totalmente inadequado. As empresas passavam meses reunindo relatórios em PDF de sua pegada de carbono que já estavam obsoletos no momento que foram publicados.

Estavam comprando compensações de carbono baratas, que na verdade não o removem da atmosfera. Aquele foi o momento *ahá*: Se a descarbonização fosse um empreendimento de toda a economia, precisaria de ferramentas de software à altura do desafio.

E é o que estamos construindo na Watershed: ferramentas para ajudar as empresas a medir, reduzir, remover e reportar as emissões de carbono. Pense como uma plataforma para chegar ao verdadeiro zero líquido. Queremos permitir que as empresas incorporem a matemática do carbono nas decisões que tomam todos os dias.

Sabemos que é possível. Empresas líderes como Apple, Google, Microsoft, Patagonia e até Walmart descobriram que podem reduzir drasticamente as emissões enquanto expandem os negócios. É bom para a linha de fundo delas.

Uma onda de empresas está usando a Watershed para gerenciar o carbono da mesma forma que gerenciam todas as outras partes dos negócios. A Square está adquirindo materiais de baixo carbono para o hardware e impulsionando a adoção de energia limpa com mineradores de blockchain. A Sweetgreen projeta o menu contando o impacto de carbono de cada item ao mesmo tempo que conta as calorias. AirBnB, Shopify e DoorDash têm a chance de reinventar a hospitalidade, o comércio eletrônico e a logística de maneira zero carbono.

Trata-se de dobrar o gráfico de carbono. As emissões totais do mundo são a soma de bilhões de decisões de negócios — sobre como alimentar edifícios, fabricar os produtos e levá-los aos clientes. Só chegaremos ao zero se todas as empresas integrarem o carbono nas decisões.

Só chegaremos ao zero se todas as empresas integrarem o carbono nas decisões.

Do Sóbrio ao Inspirador

Nos 6 primeiros capítulos do livro, tentamos transmitir a percepção da escala dos desafios à frente. São 6 elementos essenciais que, juntos, podem fazer retroceder o relógio das emissões de carbono. Entendo se está se sentindo um pouco desanimado; muitas vezes me sinto assim. A mudança climática é um produto de enormes forças interligadas — biologia e física, governo e comércio. O problema é tão complexo que testa a nossa capacidade de compreendê-lo, mais ainda de resolvê-lo. Há muito o que fazer para ter uma chance confiável de evitar uma catástrofe climática. Há pouco tempo. Acima de tudo, as apostas são muito, muito altas.

Contudo as recompensas são altas também. Quando estivermos no caminho para o zero líquido, benefícios extras serão acumulados. Assim que conseguirmos reduzir e remover as emissões de carbono, restauraremos os poderes curativos da natureza. Ajudaremos o planeta a absorver mais carbono — o círculo virtuoso definitivo.

Tal como os OKRs, este livro vem em duas partes. Compartilhei com você *o que* precisamos fazer para resolver a crise climática antes que nos ultrapasse. Esta é a parte difícil e sóbria. Agora, vamos enfrentar *como* podemos chegar lá no prazo até 2050. Examinaremos 4 ferramentas afiadas que podemos usar para fazer maravilhas. Eu as chamo de *aceleradores*: **política, movimentos, inovação e investimento**.

Não vou sugerir que a Parte II seja "fácil". Mas, para mim, é a parte edificante. A parte inspiradora. E, embora eu não esteja apostando na esperança de nos ajudar, é também a parte mais esperançosa. Aborda as coisas que podem acontecer dentro de comunidades e governos, das empresas e organizações sem fins lucrativos — lugares sobre os quais podemos exercer algum controle.

Quando estiver tudo dito e feito, nos meteremos nesse conserto. Cabe a nós — com todas as fragilidades humanas, mas também ingenuidade conjunta — nos libertarmos. A seguir vamos considerar como podemos fazer isso exatamente.

Velocidade & Escala: Contagem para o zero líquido

Objetivo	Reduções
Remover o Carbono	49Gt — 10Gt

Parte II - Acelerar a Transição

Vencer na Política e na Diplomacia

Capítulo 7

Vencer na Política e na Diplomacia

Em janeiro de 2009, após 2 anos lutando a guerra pelo bom clima na Califórnia, entrei em uma arena bem maior. Ergui a mão direita para testemunhar perante o Senado dos EUA, que ouviria sobre mudanças climáticas e política de energia. E diante de um comitê comandado pela senadora de meu estado, Barbara Boxer, eu avisei que os EUA estavam ficando para trás em tecnologias solar e eólica e baterias avançadas. Disse que soluções críticas viriam se fizéssemos um trabalho melhor no financiamento de empreendedores norte-americanos, mesmo que alguns falhassem ao longo do caminho. E argumentei que colocar um preço nas emissões de gases do efeito estufa — um preço no carbono — era a única política que substituía todo o resto, a que mais importava. Além de encorajar o corte nas emissões, um preço no carbono nivelaria o campo de jogo entre energia renovável e combustíveis fósseis. Isso poderia mudar tudo.

"Me perdoem por ser franco...", falei aos senadores, "**o que estamos fazendo não basta. Precisamos agir agora, com velocidade e escala.**"

Escolhi as palavras com cuidado. Se começaríamos a reverter mais de um século de abuso climático, os esforços precisavam de ordens de magnitude, mais velocidade e escala, sendo exponencialmente maiores. Como nação com capacidade inigualável de inovação, os EUA precisavam liderar o esforço para conter o aquecimento global. E por ser o território mais culpado, fomos obrigados a fazer mais do que os outros para resolvê-lo.

////////////////

Caso pudessem identificar o momento que a mudança climática foi amplamente reconhecida como ameaça mortal para a humanidade, seria em 1992, no Rio de Janeiro, na Conferência das Nações Unidas sobre o Meio Ambiente e Desenvolvimento — mais conhecida como Cúpula da Terra. Cientistas, diplomatas e formuladores de políticas de 178 nações, incluindo 117 Chefes de Estado — convocados para 12 dias em junho. Eles juntaram ideias distintas para descobrir como salvar o planeta.

A agenda cobria florestas tropicais ameaçadas, escassez de água iminente, expansão urbana sufocante e toxinas em todos os lugares, de gasolina com chumbo a lixo nuclear. Mas um tópico se sobrepôs aos demais. A evidência científica de quantidades de CO_2 e outros gases do efeito estufa na atmosfera, além da ligação com as mudanças climáticas, clamaram por uma resposta.

A Cúpula da Terra se tornou um apelo ao desenvolvimento sustentável e ao crescimento que preservou os ecossistemas. Os encarregados adotaram um plano ambicioso, com um preço anual de US$600 bilhões. O momento ampliou a consciência de uma questão política emergente e de um termo ameaçador: *aquecimento global*.

No entanto, a Cúpula fora comprometida desde o início. O então presidente George H. W. Bush, que havia prometido ser "o presidente ambiental", estava concorrendo à reeleição e relutava em ofender as fábricas de combustíveis fósseis. Citando potenciais danos à economia norte-americana, Bush ameaçou boicotar a convenção se avançasse em direção a metas de emissões específicas. No final, os EUA se uniram aos outros 153 países na assinatura de um acordo que ficou muito aquém do que precisávamos. Aquele momento definiria um padrão para as próximas décadas. **Repetidamente, os acordos climáticos internacionais seriam diluídos em deferência à política dos EUA e à indústria de combustíveis fósseis.**

Dois anos depois, em 1994, a Convenção-Quadro das Nações Unidas sobre a Mudança do Clima conclamou as nações mais ricas a reduzirem as emissões enquanto subsidiam as mais pobres para proteger os recursos naturais. A geopolítica não era bonita. "Países ricos e pobres brigaram sem parar no Rio sobre quem deveria pagar por várias proteções ambientais", observou o *Washington Post*. "Entretanto, no final, as nações do mundo concordaram em continuar discutindo as questões em futuros fóruns da ONU [...] A esperança era a de que as soluções duradouras surgissem ao longo do tempo."

Os signatários agarraram na esperança com o Protocolo de Kyoto, de 1997, o primeiro pacto internacional a especificar as reduções dos gases do efeito estufa. Porém o Senado dos EUA votou para bloquear a ratificação. A ação climática estagnou-se por quase 2 décadas, até o avanço do Acordo de Paris, em 2015, acompanhado pelos EUA por meio de uma ordem executiva do presidente Obama. Cento e noventa e cinco países pediram para limitar o aumento da temperatura média global a "bem abaixo" de 2 °C acima dos níveis pré-industriais. E também "prosseguir esforços" para restringir o aumento em 1,5 °C, "reconhecendo que reduziria significativamente os riscos e impactos das mudanças climáticas". Quando os negociantes deixaram de lado metas e cronogramas obrigatórios, a nova abordagem desbloqueou uma maior ambição. Pela primeira vez, cada país do mundo se comprometeu — ao menos no papel — a compartilhar os objetivos de manter as emissões sob controle, com esforços a serem intensificados no futuro.

Um ano depois, o recém-eleito Donald Trump prometeu retirar os EUA do acordo. E após quatro anos, o presidente Biden retornou à comunidade de Paris. Exceto as oscilações partidárias, eis a dura verdade: na campanha de vida ou morte para zerar as emissões de gases do efeito estufa a tempo, o Acordo de Paris — um primeiro passo importante — não nos levará lá. O enviado do clima dos EUA John Kerry observou: "Se fizessem tudo o que precisávamos fazer em Paris, ainda estaríamos subindo 3,7 °C. Isso é catastrófico. Mas não estamos fazendo tudo o que planejamos, então estamos […] indo para 4,1 °C ou 4,5 °C — a fórmula para o Armagedom ambiental."

Christiana Figueres, uma das principais arquitetas do Acordo de Paris, enfatizou que foi concebido como estrutura para que as nações estabeleçam os próprios planos e os tornem mais ambiciosos ao longo do tempo em direção à meta de zero líquido até 2050. Os compromissos iniciais das nações, apontou Figueres, foram somente o "ponto de partida" do longo processo de melhoria contínua. Baseados em Paris, os governos devem se reunir a cada 5 anos para relatar os esforços e dar o próximo passo coletivo na redução de emissões. Com a descarbonização combinada e a "ambição sempre crescente" nas próximas 3 décadas, Figueres diz: "Podemos atingir o zero líquido até 2050."

As Políticas Necessárias

Como sempre, pretendemos ser ambiciosos na concepção dos objetivos e resultados-chave ou OKRs. Na Parte I, definimos metas quantitativas dos cortes nas emissões de gases do efeito estufa. Agora, na Parte II, abordaremos as alavancas essenciais para acelerar a transição para zero: política e diplomacia, para começar, mas também movimento, inovação e investimento.

O próximo conjunto de políticas de ações globais deve acelerar a transição mundial para o zero líquido enquanto define, com transparência e precisão, como cada país enfrentará o desafio. A ameaça sem precedentes também é uma oportunidade sem precursores. Com os EUA de volta ao jogo, temos o mais amplo consenso global para a ação climática da história. O significado desta abertura se tornou evidente em abril de 2021, quando o presidente Biden convocou uma cúpula virtual do clima com 40 líderes mundiais em torno do Dia da Terra.

No mundo da política, é imperativo saber como vencer. Mas e as próprias políticas? **Como ocorre com qualquer conjunto de metas, devemos nos concentrar nas essenciais. Destilamos dezenas de possibilidades nas nove que mais importam.**

Natio

Conférence sur les Char

COP

Pari

SECRETAIRE EXECUTIVE CCNUCC

O Acordo de Paris foi um quadro para as nações definirem um conjunto ambicioso de metas para reduzir as emissões ao longo do tempo.

Objetivo 7
Vencer na Política e na Diplomacia

(Vamos rastrear o objetivo por país para os 5 maiores emissores globais.)

RC 7.1 **Compromissos**

Cada país promulga um acordo nacional para atingir emissões zero até 2050, chegando na metade do caminho até 2030 pelo menos.*

RC 7.1.1 **Energia**

Definir um requisito do setor elétrico para reduzir as emissões em 50% até 2025; 80% até 2030; 90% até 2035. E 100% até 2040.

RC 7.1.2 **Transportes**

Descarbonizar todos os novos carros, ônibus e caminhões até 2035. Navios de carga até 2030. Semicaminhões até 2045. E tornar 40% de todos os voos neutros em carbono até 2040.

RC 7.1.3 **Construções**

Aplicar padrões de construções de emissões zero para novos edifícios residenciais até 2025. Comerciais até 2030. E proibir a venda de equipamentos não elétricos até 2030.

RC 7.1.4 **Indústria**

Eliminar o uso de combustíveis fósseis para processos industriais pelo menos na metade até 2040. E completamente até 2050.

---

*Esse é o limite para os países desenvolvidos. Às nações em desenvolvimento, espera--se que o resultado-chave leve mais tempo (5-10 anos).

RC 7.1.5	Rótulo de Carbono	
	Exigir rótulos da pegada de carbono em todas as mercadorias.	
RC 7.1.6	Vazamentos	
	Controlar a queima, proibir a ventilação e exigir tampar prontamente os vazamentos de metano.	
RC 7.2	Subsídios	
	Acabar com os subsídios diretos e indiretos para empresas de combustíveis fósseis e práticas agrícolas nocivas.	
RC 7.3	Preço do Carbono	
	Definir os preços nacionais dos gases do efeito estufa em um mínimo de US$55 por tonelada, aumentando 5% anualmente.	
RC 7.4	Proibições Globais	
	Proibir HFCs como refrigerantes e plásticos de uso único para todos os fins não médicos.	
RC 7.5	P&D de Governo	
	Dobrar (no mínimo) o investimento público em pesquisa e desenvolvimento; quintuplicar nos EUA.	

O **RC Compromissos (7.1)** requer tratados nacionais firmes para zerar o carbono até 2050, em conjunto dos planos de ação executáveis internamente, também alinhados com as metas de redução ambiciosas para 2030.

O **RC Energia (7.1.1)** rastreia metas nacionais para a eletricidade com emissões zero. Metas dimensionáveis — 50% até 2025 e 80% até 2030 — são poderosos sinais de mercado que estimulam as empresas de serviços públicos a fazerem a transição no prazo. Também orientam os governos a investir em infraestrutura crítica para energia limpa.

O **RC Transportes (7.1.2)** mede os incentivos nacionais na compra de veículos elétricos. Créditos fiscais e descontos são populares nos EUA, Ásia e Europa. Mesmo que os EVs sejam mais baratos de operar que os veículos a combustão, os acordos de "dinheiro" podem compensar os preços iniciais de compra mais altos.

Não faltam ideias de como aumentar os quilômetros dos EVs e como diminuir os de combustão. Na Noruega, o governo renunciou às taxas de importação para EVs, oferecendo aos proprietários incentivos fiscais e descontos em estradas com pedágios e estacionamentos públicos. Nos EUA, um programa de troca de carros velhos por novos, de curta duração em 2009, mostrou o potencial de pagar os proprietários para tirarem de circulação os carros antigos. Os padrões nacionais de quilometragem automotiva são ferramentas confiáveis para melhorar a eficiência do combustível. Aumentar os limites dos créditos fiscais pode incentivar ainda mais a compra de EVs. Precisamos apenas de algumas poucas políticas inteligentes — e vontade política para financiá-las — para mudarmos para uma frota global totalmente elétrica.

O **RC Construções (7.1.3)** apela para uma norma de emissões zero para todas as novas construções residenciais até 2025 e novos edifícios comerciais até 2030. Isso significa mudar os fornos e fogões de óleo e gás para elétricos em todos os sistemas de aquecimento e cozinha. Além disso, incorpora metas de eficiência para construções já existentes. O modelo global são os códigos de construção verde da Califórnia, que ajudaram residentes do estado a economizarem mais de US$100 bilhões desde os anos 1970. A conta média anual de eletricidade das residências é US$700 mais baixa do que a média no Texas. Como isso foi alcançado? Com padrões de isolamento e eletrodomésticos, design de construção aprimorado e lâmpadas muito eficientes. E mais importante ainda, os requisitos da Califórnia aumentam com o tempo.

O **RC Contagem de Carbono (7.1.4)** propõe rótulos de emissões de carbono em todos os bens de consumo, incluindo alimentos, móveis e vestuário. O objetivo é permitir que os compradores façam escolhas de emissões mais baixas, divulgando a pegada de carbono de todos os produtos.

O **RC Vazamentos (7.1.6)** especifica que as nações aprovem regulamentos que controlem a queima, proíbam a ventilação e obriguem o reparo imediato de vazamentos em locais de perfuração de petróleo e gás. Graças à regulamentação e fiscalização negligentes, as "emissões fugitivas", principalmente o metano, passam do equivalente em O_2 a 2 gigatoneladas. O metano é um "forçador climático de curto prazo", uma substância que permanece na atmosfera por muito menos tempo do que o dióxido de carbono, mas cria mais aquecimento no curto prazo. Cada país deve abordar diretamente a emergência da poluição evitável por metano.

O **RC Subsídios (7.2)** elimina os subsídios governamentais que custeiam efetivamente as emissões de carbono. Reaproveita o dinheiro em eficiência energética e transição para a energia limpa. O combustível fóssil recebe US$296 bilhões em subsídios anuais diretos e US$5,2 trilhões em subsídios indiretos, quase 6,5% do PIB global. (O número maior inclui fatores corolários, como custos de saúde decorrentes da poluição.) Além disso, os EUA sozinhos investem US$81 bilhões em gastos militares e seguranças para protegerem locais de petróleo e gás, mais rotas de transporte globais. Este resultado-chave também acabaria com os subsídios agrícolas para práticas de altas emissões e substituiria os incentivos para a agricultura regenerativa e outras medidas favoráveis ao clima.

O **RC Preço de Carbono (7.3)** põe um preço nas emissões de gases do efeito estufa. Embora a implementação possa variar de país para país, a ideia básica é simples: a poluição dos gases do efeito estufa vem com uma etiqueta de preço, uma penalidade crescente para as emissões de dióxido de carbono, metano e outros gases que aquecem o clima. Um preço de carbono poderia tornar a energia a combustível fóssil mais cara e menos competitiva, desencorajando o uso. Mandaria um sinal forte aos mercados para acelerarem a adoção de alternativas mais limpas e eficientes.

O **RC Proibição Global (7.4)** apela para a adoção universal da Emenda de Kigali ao Protocolo de Montreal. Esse tratado internacional proíbe o uso de todos os hidrofluorcarbonos (HFCs), os refrigeradores de retenção de calor que são milhares de vezes mais potentes, quilo por quilo, do que o CO_2. Mais de 120 nações ratificaram a Emenda de Kigali para eliminar os HFCs — mas eles ainda precisam da companhia, até o momento, dos 3 principais emissores: China, EUA e Índia. Pouco tempo após o início do mandato do presidente Biden, ele submeteu a Emenda ao Senado dos EUA, onde se espera que seja ratificado. Além disso, a Agência de Proteção está formulando um regulamento para frear os gases refrigeradores do efeito estufa. Este resultado-chave também propõe uma proibição global dos plásticos de uso único para fins não médicos, incluindo uma eliminação rápida das sacolas de supermercado e recipientes de bebidas de dose única.

O **RC P&D de Governo (7.5)** financia a descoberta de tecnologias inovadoras que, por sua vez, reduzem os custos nas adoções de tecnologias limpas. Prescreve uma duplicação mundial da pesquisa e desenvolvimento de energia financiados pelo governo, com salto de pelo menos 5 vezes pelos EUA, para US$40 bilhões ao ano. O dinheiro adicional cobriria pesquisas básicas e aplicadas, incluindo testes iniciais. Mesmo pequenos subsídios do governo podem fazer uma grande diferença para startups de tecnologia limpa. Também podem pagar grandes dividendos à economia de uma nação no futuro.

Sempre Teremos Paris

Mais de 5 anos após Christiana Figueres assumir um papel de liderança no cumprimento do Acordo de Paris, perguntei a ela sobre a próxima conferência da climática da ONU, em Glasgow, marcada para novembro de 2021. Ela disse que esperava o Acordo de Paris como base, pedindo aos países que apresentassem um segundo conjunto de esforços para a redução das emissões até 2030. E que os encarregados em Glasgow concordassem com um preço global do carbono, um grande salto em direção à meta de zero líquido.

Christiana Figueres

O Acordo de Paris de 2015 foi o primeiro tratado juridicamente vinculativo adotado por unanimidade; todos os 195 países membros da UNFCCC o assinaram. Depois, os EUA tiraram umas "pequenas férias" do Acordo, mas, retornaram. E graças à rápida ratificação pelos signatários, o Acordo entrou em vigor em tempo recorde.

Paris é o único a exigir um processo de melhoria constante, tendo em conta as realidades de cada país como ponto de partida. O Acordo também possui um ponto final para as metas: o zero líquido até 2050. Essa foi a parte mais difícil de chegar a um consenso.

Sabíamos desde o início que haveria muitos caminhos diferentes para chegar ao zero líquido, um para cada país. Permitir o que chamamos de "contribuições determinadas nacionalmente" tornou o acordo mais flexível. Não era punitivo. Baseava-se no interesse próprio esclarecido dos países, uma poderosa força de mudança.

Quaisquer que sejam as emissões, você tem essas emissões. Não há dedos apontando. E sem culpa. Há um ponto de partida, uma direção comum e um resultado compartilhado. Enquanto estivermos no zero líquido globalmente até 2050, cada país pode determinar o próprio caminho.

Há também o que chamamos de mecanismo de catraca, uma série de pontos de verificação. A cada 5 anos, os países devem se reunir e relatar o que fizeram para reduzir as emissões. Eles devem delinear a ambição de próximo nível para reduzir as emissões. Os planos são necessariamente fluidos. E se baseiam em soluções e tecnologias de rápida evolução, mudanças velozes nas considerações financeiras e no cenário para as políticas mais eficazes.

Com relação às prioridades principais para Glasgow, adoraria ver o que quisemos em Paris finalmente se tornar realidade: um preço global nas emissões, porque precificar o carbono é fundamental para descarbonizar economias inteiras e combater o desmatamento.

Agora, temos 60 jurisdições com um preço no carbono, mas é ridiculamente baixo — entre US$2 e US$10 por tonelada. Para fazer uma diferença real, o preço precisa subir para US$100 a tonelada com o tempo. Com rigorosa padronização transfronteiriça e metodologias de quantificação, estou convencida de que um preço global do carbono seria absolutamente transformador.

O ponto que mais me preocupa é sobre a natureza: as terras e os oceanos. Somos muito melhores em transformar energia, transporte e finanças do que restaurar a natureza que nos cerca. Realmente não incorporamos como vamos regenerar solos, reflorestar terras degradadas ou proteger florestas ativas. E restam poucas. Não teremos um modelo de negócios para sustentar as terras e os oceanos até que o preço do carbono aumente com o tempo. É assim que poderemos unir todas as medidas de mitigação. E é isso que me mantém acordada à noite.

Enquanto estivermos em zero líquido globalmente até 2050, cada país poderá determinar o próprio caminho.

Mais de dois terços das emissões vem destes 5 países:

Compartilhamento de emissões 2010–2019 (%yr)

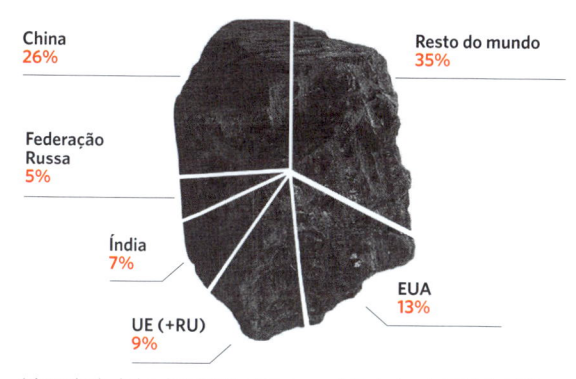

- China 26%
- Federação Russa 5%
- Índia 7%
- UE (+RU) 9%
- EUA 13%
- Resto do mundo 35%

Adaptado de dados do Relatório de Lacunas de Emissões da ONU de 2020.

Concordo plenamente com Christiana, é melhor olhar para a frente. Os tratados climáticos internacionais anteriores prepararam o cenário para onde estamos hoje. As apostas para além de Glasgow são muito, muito altas.

Foco nos Cinco Grandes

Cinco nações respondem por quase 2 terços do total global da poluição por gases do efeito estufa: China (26%), EUA (13%), União Europeia e Reino Unido (9%), Índia (7%) e Rússia (5%).

Para aprimorar ainda mais o foco, visamos as principais fontes de emissão em cada um dos Cinco Grandes. Na China e Índia, é a energia a carvão. Na Rússia, a perfuração de petróleo e gás, com a mineração de carvão. Uma vez que consideramos as emissões fugitivas e a combustão de uso final, a indústria de energia responde por 80% da poluição na Rússia. Nos EUA e Europa, onde as emissões de transportes cresceram em 2018 e 2019, é a dependência de gasolina e diesel. Para ter o zero líquido no mundo em pouco tempo restante, precisamos medir continuamente o progresso real dos Cinco Grandes — tanto de acordo com os objetivos oficiais mais recentes quanto contra os resultados-chave ambiciosos do nosso próprio plano.

Onde estão os grandes emissores? Quais políticas serão mais importantes? No quadro a seguir, mostraremos onde os Cinco Grandes se encontram com um ou mais RCs. (Um quadro de acompanhamento de políticas expandido com países adicionados é atualizado regularmente em speedandscale.com.) Como pode ver, temos quilômetros a percorrer.

Vencer na Política e na Diplomacia

As diferentes políticas de descarbonização dos 5 principais emissores:

Atende/excede — **Direcionalmente significativo** — **Insuficiente**

RC Objetivos de Política & Diplomacia	China	EUA	UE + R.U.	Índia	Rússia
7.1 Compromissos: Decretar um acordo nacional de emissões zero até 2050. E a metade no mínimo até 2030*	Zero líquido até 2060	Corte das emissões pela metade até 2030	Zero líquido até 2050	Sem compromisso	Sem compromisso
7.1.1 Energia: Definir um requisito no setor de energia que corte as emissões em 50% até 2025, 80% até 2030, 90% até 2035. E 100% até 2040	A China se comprometeu a controlar rigorosamente o carvão e as emissões de pico antes de 2030	10 estados, DC e Porto Rico têm legislação vinculativa exigindo 100% de energia limpa ou líquida zero até 2050	A UE se comprometeu com uma meta para energia renovável de pelo menos 32% até 2030	A Índia prometeu que no mínimo 40% da eletricidade do país será gerada por fontes não fósseis até 2030	Sem meta
7.1.2 Transportes: Acelerar a rotatividade de carros, ônibus e caminhões pequenos/médios até 2035 e caminhões pesados até 2045	A China emitiu um Plano de Desenvolvimento da Indústria de Veículos de Nova Energia (2021–2035) emitido pelo Conselho de Estado em outubro de 2020, com 20% das vendas até 2025. EVs se tornam o principal em vendas até 2035 (significa >50%)	Os EUA oferecem um crédito fiscal federal de até US$7.500. O crédito termina quando o fabricante vende 200 mil unidades de um determinado modelo de EV. Alguns estados oferecem incentivos adicionais (por exemplo, Califórnia, Colorado, Delaware)	A UE propôs reduzir os padrões de CO_2 abaixo dos níveis de emissões de 37,5% de 2021 para 50% abaixo até 2030. E uma proibição efetiva de automóveis com motores de combustão interna até 2035	A Índia aprovou o FAME II, em vigor a partir de abril de 2019, que tem um desembolso de INR 100 bilhões (USD1,4 bilhão) a serem usados para incentivos iniciais na compra de EVs e apoiar a implantação da infraestrutura de carregamento	A Rússia renunciou aos impostos de importação para carros elétricos (até o final de 2021)
7.1.3 Construções: Aplicar padrões de construções com emissões líquidas zero para novas construções residenciais até 2050 e comerciais até 2030. E proibir a venda de equipamentos não elétricos até 2030	Até 2022, o Plano de Ação de Construção Verde da China exige que 70% das novas construções atendam aos padrões do Sistema de Classificação de 3 Estrelas do país	Nenhuma exigência federal para a construção de edifícios de energia zero líquido. Califórnia, Colorado e Massachusetts têm requisitos	Na UE, novas construções têm que estar "próximas" do zero no início de 2021. A UE e vários países membros consideram restrições à venda de aparelhos movidos a combustíveis fósseis em construções novas e existentes	Sem requisitos de construção de zero líquido. Sem restrições à venda de aparelhos movidos a combustíveis fósseis	Sem requisitos de construção de zero líquido. Sem restrições à venda de aparelhos movidos a combustíveis fósseis
7.1.4 Indústria: Eliminar o uso de combustível fóssil para os processos industriais até 2050. E pelo menos metade do caminho até 2040	Sem política	Sem política	O trabalho está em andamento para traduzir a estratégia da indústria da Comissão Europeia em instrumentos legislativos e financeiros robustos	Sem política	Sem política

170 Velocidade & Escala

Vencer na Política e na Diplomacia

RC Objetivos de Política & Diplomacia	China	EUA	UE + R.U.	Índia	Rússia
7.1.5 Rótulo de Carbono: Requer rótulos da pegada de emissões em todos os produtos	Sem rótulo de carbono	Sem rótulo de carbono	Sem rótulo de carbono, exceto em um programa piloto na Dinamarca	Sem rótulo de carbono	Sem rótulo de carbono
7.1.6 Vazamentos: Controle de queima, proibição de venda, e ordenação do limite imediato de vazamentos de metano	Sem leis	Leis sendo revisadas	Leis sendo revisadas	Sem leis	Sem leis
7.2 Subsídios: Acabar com os subsídios diretos e indiretos às empresas de combustíveis fósseis e práticas agrícolas danosas	US$1.432 bilhão	US$649 bilhões	US$289 bilhões	US$209 bilhões	US$551 bilhões
7.3 Preço no Carbono: Definir preços nacionais para emissão de gases do efeito estufa a um mínimo de US$55/tonelada, aumentando 5% ao ano*	Na China, um mercado nacional de carbono foi lançado em Xangai, em julho de 2021	Os EUA não têm um preço nacional. 12 estados têm programas ativos de precificação de carbono	O European Trading Scheme concentra-se no setor de energia. A partir de maio de 2021, o preço ficou em torno de US$50/tonelada. Os Estados-membros individuais têm impostos sobre o carbono, que variam de menos de US$1/tonelada para mais de US$100/tonelada	Sem preço	Sem preço
7.4 Proibição Global: Proibir HFCs, como refrigerantes, e os plásticos de uso único para todos os fins médicos	O presidente Xi aceitou a Emenda Kigali em abril de 2021, com pico da produção e consumo de HFCs em 2024. NDC: HCFC-22, de redução 35% em 2020. 68% em 2025	Em maio de 2021, a EPA propôs sua primeira regra sob a Lei Norte-americana de Inovação e Fabricação de 2020 para avançar com a eliminação progressiva dos HFCs. Isso está pendente	A UE dispõe de um regulamento relativo aos gases fluorados desde janeiro de 2015. A Comissão está a rever o atual regulamento relativo aos gases fluorados e a reforçar as medidas anteriores	Propostas, sem proibição total	Sem proibição
7.5 P&D do Governo: Fazer investimento público duplo (no mínimo) em pesquisa e desenvolvimento; 5x nos EUA	US$7,9 bilhões	US$8,8 bilhões	US$8,4 bilhões	US$110 milhões	Pouca a nenhuma

*Gráfico de julho de 2021.
*Fonte: Ver Notas.

Uma Mudança Radical na China

Em 2006, a China ultrapassou os EUA como maior emissor do mundo. E desde então, a diferença só aumentou. Em 2019, lançou mais de 14 gigatoneladas de gases do efeito estufa — bem mais que o dobro dos EUA, o segundo colocado. Mas, paradoxalmente, também investiu mais em energia limpa do que qualquer outro país.

As decisões mais importantes sobre energia e meio ambiente do país são tomadas por meio dos famosos planos quinquenais, formulados pelo Comitê Central do Partido Comunista. Embora sejam obscuros, não são promessas vazias ou brilhantes campanhas de relações públicas. Uma vez no lugar, têm autoridade. Em setembro de 2020, o presidente Xi Jinping surpreendeu a Assembleia Geral das Nações Unidas com o anúncio de que a China teria como objetivo atingir o zero líquido em carbono até 2060. Foi uma meta sem precedentes na nação mais populosa do mundo. E certamente, um passo na direção certa. Mas ainda está 10 anos longe da meta estabelecida pelo Painel Intergovernamental sobre Mudanças Climáticas.

Qual é o maior obstáculo para o zero líquido na China? Encontrar emprego para os mais de 2 milhões de mineiros em um território que queima metade do carvão do mundo, sendo ainda dependente de 60% para eletricidade. Do lado otimista, os líderes sabem de que precisam mudar. De acordo com Christiana Figueres, uma alteração do carvão está cada vez mais alinhada com os objetivos de melhorar a saúde pública e liderar o caminho para uma economia global mais verde. "Não está no interesse próprio da China continuar preso em tecnologias obsoletas do século XX", diz. Em 2020, a China respondia por metade da nova capacidade de geração renovável do mundo. Isso correspondeu à energia eólica do resto do globo no ano anterior.

Muitas perguntas sobre *como* a China se aproximará de uma eliminação gradual do carvão permanecem sem resposta, embora algumas pistas tenham sido deixadas na cúpula climática de abril de 2021. O presidente Xi anunciou planos para "limitar estritamente" o aumento do consumo de carvão até 2025 e "reduzi-lo gradualmente" entre 2026 e 2030, quando as emissões devem atingir o pico. Apesar das estratégias energéticas do país provavelmente variarem de região para região, essas metas nacionais são primordiais.

Uma dose de ceticismo saudável está em ordem: As ações de curto prazo. **Ao longo dos primeiros 6 meses de 2020, à medida que outras potências econômicas mudaram de combustíveis fósseis para renováveis, a China emitiu licenças para aumentar a capacidade das usinas de carvão mais do que para 2018 e 2019 juntos.**

Linhas de ultra-alta tensão permitem que a China acesse fontes de energia mais limpas longe dos centros urbanos.

Também devemos observar atentamente o financiamento da China nos projetos de combustíveis fósseis na África, Eurásia, Sul da Ásia e América Latina. Em dezembro de 2020, como parte do Belt and Road Initiative, as empresas chinesas financiavam 7 usinas de carvão apenas na África, com mais 13 em andamento.

Ao mesmo tempo, há sinais de mudanças significativas na postura com relação ao clima. Algumas das ideias mais ousadas estão saindo da elite da Universidade Tsinghua, situada no local dos jardins reais da grande dinastia Qing. Lá hospeda o Instituto de Mudanças Climáticas e Desenvolvimento Sustentável. Durante grande parte de 2019, cientistas climáticos chineses se reuniram para analisar modelos para chegar ao zero líquido.

Como chefe do Instituto e enviado especial do clima da China, Xie Zhenhua, de 71 anos, é a voz mais poderosa do país no assunto. A ele, coube apresentar os dados da Tsinghua ao Comitê Central do Partido Comunista chinês, os principais líderes da nação. Nas assembleias climáticas em Copenhague e Paris, Xie argumentou que as nações em desenvolvimento, incluindo a China, tinha um direito moral às emissões descontroladas de carbono. Contudo, em 2017, ele veio para ver os benefícios esmagadores de um compromisso com o zero líquido. E se converteu. "Quando você começa, é só um trabalho", contou Xie ao *Bloomberg Green*. "Mas, após algum tempo, quando vê o impacto que pode trazer para o país, para as pessoas e o mundo, não é mais um trabalho. Se torna uma causa, um chamado superior."

Antes de 2019, "a China relutava em falar sobre conceitos como emissões zero e neutralidade de carbono", disse Li Shuo, um ambientalista que passou anos fazendo lobby para Xie por políticas mais agressivas. "Xie ajudou a criar uma ponte."

Na esfera das negociações internacionais, Xie tomou uma atitude colaborativa. Ele disse ao *Bloomberg Green*: "Um negociador climático tem rivais e amigos, mas nunca inimigos." Como advertência, devemos reconhecer que a China e os EUA estão envolvidos em uma acirrada competição global por tecnologias novas e emergentes, de redes sem fio 5G a robótica e inteligência artificial. Cleantech não será exceção. E, como admite Xie, a postura da China sobre "mitigação, adaptação, financiamento e tecnologia" ainda precisa ser martelada em Glasgow. Para um empurrão global rumo ao zero líquido, os dois maiores emissores de carbono devem achar uma forma de cooperar. Cada um traz o conhecimento para a mesa que é fundamental para os interesses mútuos na redução e remoção de emissões.

Xie mantém que a meta chinesa do zero líquido em 2060 irá acelerar a mudança nos mercados quase capitalistas do país. "Isso manda uma mensagem clara", diz. "De que temos que transformar rápido e inovar grande." Os investimentos em carvão passarão a ser vistos como arriscados, segundo ele. Os mercados se ajustarão. As energias renováveis ascenderão e, por fim, dominarão.

Embora o compromisso dos líderes climáticos chineses seja com o rápido crescimento, também são sensíveis à crise climática e à ameaça econômica do país. Embora tenha diminuído parcialmente a terrível poluição do ar, a poluição tóxica matou cerca de 49 mil pessoas no primeiro semestre de 2020 apenas em Pequim e Xangai. As inundações recorde naquele ano afligiram 70 milhões e custaram US$33 bilhões em perdas. Como Xie diz: "Os danos causados pelas mudanças climáticas não estão no futuro, mas aqui e agora."

EUA: De Volta aos Negócios

De longe, os EUA são o maior contribuinte *cumulativo* para a crise climática, com mais de 400 gigatoneladas de carbono — e aumentando — despejados na atmosfera até o momento. Durante as duas últimas décadas, a postura norte-americana sobre mudanças climáticas oscilou como em um pêndulo, dependendo do ocupante da Casa Branca. O presidente George W. Bush tomou as sugestões climáticas da indústria de combustíveis fósseis. Apoiou a construção de mais usinas de carvão e recusou a implementar o Protocolo de Kyoto.

O presidente Barack Obama, apesar de todo o sucesso na reforma do sistema de saúde, não conseguiu aprovar a legislação sobre mudanças climáticas. Mesmo assim, Obama entendeu que investimentos em energia limpa criariam empregos na sequência da Grande Recessão. A Lei Norte-americana de Recuperação e Reinvestimento canalizou mais de US$90 bilhões para iniciativas de energia limpa: campos eólicos, inovação em painéis solares, programas de baterias avançadas. A administração usou a Lei do Ar Limpo para aumentar os encargos de eficiência de combustível em carros novos e caminhões leves em 29% entre 2009 e 2016 e estabelecer uma meta histórica de cerca de 30 quilômetros por litro de combustível até 2025.

Muito do progresso foi revertido depois que presidente Donald Trump ordenou uma reversão total das proteções ambientais. Porém, pouco após o início do mandato de Joe Biden, mudou diversas ordens de Trump e apresentou um plano climático histórico. Ele comprometeu os EUA a terem 100% de energia elétrica limpa até 2035 e zero emissões até 2050. O Plano Biden oferece a visão mais ousada para a liderança norte-americana em ação climática. **É mais do que uma mudança fundamental das políticas do governo anterior — é um verdadeiro salto**.

Enquanto escrevo isto, no entanto, o pêndulo político continua. O Congresso norte-americano considera um pacote de infraestrutura muito menor, que pode excluir elementos importantes do Plano Biden. Muita coisa está na balança. Falhar no clima não é uma opção, mas às vezes é uma escolha — uma pela qual nossos filhos não podem pagar.

A forma mais óbvia dos EUA e dos outros Cinco Grandes emissores alcançarem o zero líquido até 2050 é adotar *todos* os RCs de política, incluindo um plano nacional do preço de carbono. Contudo, onde os EUA podem liderar melhor é em pesquisa e desenvolvimento, uma força norte-americana tradicional que clama por um compromisso renovado. Por quase duas décadas, o gasto federal em pesquisa e desenvolvimento energético permaneceu abaixo dos níveis de 1980, de US$8 bilhões por ano corrigidos pela inflação. É menos do que o gasto da população com combustível por semana. De fato, é menos do que gastamos anualmente com batatas fritas. Para alcançar os avanços necessários, como baterias mais baratas e leves ou a escala do hidrogênio verde, os EUA devem intensificar a pesquisa e desenvolvimento no setor público por um fator de 5, para US$40 bilhões ao ano. Em outras palavras, estamos propondo que o governo dos EUA iguale hoje o mesmo alocado para os Institutos Nacionais de Saúde: em torno de US$40 bilhões por ano. Com o P&D público devidamente financiado e um preço de carbono, os EUA podem percorrer um longo caminho na redução do premium verde, para benefício de todo o mundo.

Europa: Liderando, mas Não Rápido o Suficiente

Quase duas décadas atrás, a União Europeia estabeleceu o que hoje é o maior sistema de limite e comércio do mundo para impor um preço no carbono. Avancemos para 2019, quando o Reino Unido se tornou o primeiro grande emissor a legislar uma meta de zero líquido para 2050. No ano seguinte, a União Europeia também definiu a própria meta para 2050, pedindo uma redução mínima de 55% até 2030. Em um primeiro olhar, as ações parecem impressionantes. Ativistas climáticos argumentam que membros da UE não estão se movendo rápido o suficiente para construir uma infraestrutura de transporte limpa e reduzir as emissões nos termos do Acordo de Paris.

Um problema, diz Patrick Graichen, diretor-executivo do proeminente think tank de energia da Alemanha, Agora Energiewende, é a diferença entre compreensão e ação. "Se perguntar a um político o que é mais importante, ele dirá que é uma eliminação gradual do carvão. Mas não consegue fazê-lo sem sua substituição por energias eólica e solar. Isso não é bem compreendido, muito menos tratado com a devida urgência."

Como a maior economia da Europa, a Alemanha, com sua política energética, é de especial importância. Em resposta a uma recente decisão do Tribunal Constitucional, Berlim prometeu neutralidade em carbono até 2045, com uma redução de 65% até 2030. Empresas alemãs lideram o aumento da produção de combustível de hidrogênio verde para a fabricação de cimento e aço limpos. Talvez o mais encorajador, a nação definiu um preço para o carbono em combustíveis para construção e transportes. Contudo ==é quase certo que a Alemanha ficará aquém das metas de emissões para 2030, a menos que acelere o fechamento das usinas de carvão do país, um plano que agora se estende até 2038==. Enquanto o país olha para as eleições de setembro de 2021, com um novo chanceler pela primeira vez em 16 anos, isso deve elevar a ambição.

Epicentro mundial em ação climática, a Europa tem muito a fazer sobre o tema: forte apoio público, momento tecnológico e cortes nacionais favoráveis ao clima. Com compromissos agressivos em marcha, a UE e os Estados-membros precisam trabalhar para construir uma infraestrutura de energia limpa, enquanto reduzem a dependência de combustíveis fósseis — tudo em ritmo recorde.

Índia: O Desafio do Crescimento

O subcontinente indiano oferece uma boa prévia da potencial catástrofe climática reservada para todos nós. Nos anos recentes, ciclones tropicais, aumento do nível do mar e secas assassinas se intensificaram, com um impacto correspondente na vida humana e na produção de alimentos. A Índia prometeu manter as emissões per capita não superiores às dos países mais desenvolvidos. Entretanto, até 2050, é previsto que a população do país cresça próximo de 20%, para 1,6 bilhão, a maior no mundo. Juntamente com uma taxa de pobreza em mais de 60%, o crescimento explosivo da Índia torna a meta de zero líquido especialmente desafiadora.

"Como nação em desenvolvimento, a Índia tem razões válidas para adiar a definição de um prazo para toda a economia por emissões zero", diz Christiana Figueres. Desligar as fontes de energia existentes cedo demais, ressalta, jogaria ainda mais pessoas na pobreza: "A Índia tem sido consistente há anos em dizer que chegaria ao zero líquido por meio de metas setoriais, protegendo a biodiversidade. E estão cumprindo as próprias metas de Paris, setor por setor."

Para a Índia, o caminho mais seguro para o zero líquido está em transformar o setor de energia e eletrificar a frota de transportes. Em uma tentativa de acelerar a transição para um futuro zero líquido, o Primeiro-Ministro Narendra Modi ==anunciou um monumental esforço nacional — um verdadeiro empenho — para alcançar 450 gigawatts de energia renovável até 2030. Mas, apesar das áreas de progresso, o governo Modi continua desigual em navegar na transição do país e se afastar do carvão==.

Ao mesmo tempo, a Índia apontou a disparidade entre o progresso e os registros medíocres dos países mais desenvolvidos. Como disse o Ministro do Meio Ambiente Prakash Javadekar, em 2020: "Fomos bem além. Por que não pedem aos países que nos ensinam que corrijam seus próprios caminhos? Nenhum dos países desenvolvidos é complacente com o Acordo de Paris."

Quando olhamos as emissões cumulativas de dióxido de carbono, diz a especialista em políticas climáticas indiana Anumita Roy Chowdhury: "A Índia pergunta: 'Como divide a torta do carbono e compartilha a responsabilidade?'" Historicamente, os EUA emitiram 25% do CO_2 do mundo, a Europa, 22%, a China, 13%, a Rússia, 6%, e o Japão, 4%. E a Índia? Somente 3%. Como apontam Javadekar e Roy Chowdhury, a transição global para uma energia limpa precisa ser razoável e justa. Deve refletir a contribuição proporcional dos países para a emergência das emissões.

Ao mesmo tempo, a Índia tem uma oportunidade histórica de ultrapassar os combustíveis fósseis sujos, como o gás natural. Ao ignorar o investimento em infraestrutura obsoleta, pode reduzir a mortalidade associada à poluição e estabelecer uma posição de liderança global, econômica e ambiental. Para ser claro, não será barato. Só em atingir as metas de energia renovável da Índia exigirá um investimento de pelo menos US$20 bilhões por ano.

Apesar dos impedimentos, a Índia precisa fazer mais, se queremos alcançar o zero líquido. Apesar do uso per capita ser menos da metade da média mundial, ainda é o terceiro maior consumidor de energia do mundo e o quarto maior emissor. Está adicionando à população urbana, por ano, o equivalente a Los Angeles. Incontáveis milhões comprarão novos utensílios, aparelhos de ar-condicionado e muitos carros e caminhões. À medida que a demanda por materiais de construção e eletricidade explode, será essencial atender com mais energia de emissões zero e uma ênfase mais forte na eficiência energética. Por causa do tamanho do país, qualquer ação climática que for tomada será profundamente sentida no mundo todo por gerações. Se expandir e acelerar esforços para descarbonizar, a Índia poderá salvar o planeta.

Monumental esforço nacional: A Índia pretende atingir 450 gigawatts de energia renovável até 2030.

A Rússia Está à Altura do Desafio?

Em 2019, o quinto maior emissor do mundo despejou 2,5 gigatoneladas na atmosfera. Um número crescente a cada ano nas duas últimas décadas. Para os pessimistas, a Rússia é O Exemplo do por que não resolveremos a crise climática. A preocupação é dupla: ausência de qualquer compromisso de longo prazo com o zero líquido e metas de curto prazo extremamente modestas estabelecidas em Paris — e depois empurradas ladeira abaixo.

Sob o comando do eterno presidente Vladimir Putin, diz Figueres: "O sistema político autocrático da Rússia não permite uma análise objetiva, transparente e de baixo para cima para chegar à mesa de decisão." Putin tem alternado entre duvidar abertamente da ciência da mudança climática e sugerir que o aquecimento pode ser benéfico para a Rússia. Em um mundo em aquecimento, enormes extensões de tundra siberiana inabitável podem tornar cultiváveis ou pelo menos mais exploráveis na perfuração de petróleo e gás — potencial ganho inesperado para os oligarcas do círculo interno de Putin. Infelizmente, Figueres acrescenta: "Se as camadas de gelo do Ártico desaparecerem no verão, isso abre uma nova rota marítima para o transporte internacional de petróleo que beneficia a Rússia."

A tragédia é que Putin pode realizar o desejo. Terras russas estão aquecendo duas vezes mais rápido que o resto do globo. O permafrost siberiano está derretendo, liberando dióxido de carbono e metano que estavam congelados há milênios. Ao todo, o permafrost do Ártico armazena 1.400 gigatoneladas de carbono. Cada pedacinho que escapa funciona contra o nosso plano.

A Estratégia Nacional da Rússia para 2035 é um grande passo para trás. Pede o aumento da produção de petróleo e gás na medida que expande as exportações de petróleo. As energias solar e eólica não têm espaço no portfólio. As próprias projeções da Rússia para 2050 presumem que as emissões de gases do efeito estufa serão ainda maiores do que os níveis atuais.

Como o desonesto fator pode ser induzido a mudar? As alavancas mais óbvias são as forças de mercado. Uma estratégia pressionaria a Rússia decretando um preço de carbono nas vendas de petróleo ou gás, pondo as principais exportações em desvantagem competitiva. Mesmo sem pressão ativa, o território está nadando contra a maré das energias renováveis.

À medida que China e Europa avançam para a descarbonização, as importações de combustíveis fósseis russos podem se tornar coisa do passado.

Com a vasta extensão territorial, quase o dobro do tamanho dos EUA ou China, a Rússia tem um tremendo potencial inexplorado para energia renovável e agricultura regenerativa. E pode ser um personagem importante na economia do zero líquido — se aceitar o desafio.

Por agora, porém, as perspectivas são sombrias. O Kremlin contesta ativamente as penalidades internacionais aos retardatários climáticos. Mas, como todos sabem, é difícil refutar a penalidade depois de já ter tomado o cartão amarelo. Se a Rússia continuar a se isolar, por opção, da economia do zero líquido, enfrentará um futuro sombrio.

Um caminho potencial para a Rússia, sugere Figueres, seria seguir o exemplo dos Emirados Árabes Unidos, um Estado rico em petróleo do Golfo Pérsico que se mexe para diversificar a sua economia em energias renováveis. O chefão do petróleo da Arábia Saudita está fazendo o mesmo. O problema com a Rússia, diz Figueres, é que eles "não têm um plano".

A Gravidade de Glasgow

Para onde vamos? Com compromissos nacionais desiguais e progresso inconsistente para cumpri-los, é fácil perder a esperança de que as nações se unam para uma ação climática significativa. Para ver melhor como podemos avançar coletivamente, voltamo-nos para o indivíduo encarregado de executar o plano climático dos EUA, o enviado especial para o clima e ex-secretário de Estado. Como me lembrou John Kerry, ele estava presente na primeira Cúpula da Terra, em 1992, e quase todas as principais convenções climáticas desde então.

John Kerry

Em Paris, os países fizeram o que queríamos que fizessem. A diferença agora, indo para Glasgow, é o que temos que fazer. E esse é um exercício muito diferente, muito mais difícil.

A realidade é que, se não diminuirmos significativamente as emissões entre 2020 e 2030, não poderemos sustentar o aumento das temperaturas pré-industriais para 1,5 °C. Teremos cedido isso para todas as gerações. Teremos desistido disso, com grandes consequências.

Partimos no início deste ano para deixar claro para as nações que pressionaríamos muito para adotar e manter a meta de 1,5 °C. Na Cúpula de Líderes sobre o Clima, os EUA anunciaram a contribuição nacionalmente determinada, uma redução de 50% a 52% entre o presente e 2030.

Se não alcançarmos o que precisamos nesse período, não poderemos alcançar o zero líquido até 2050. Não podemos nos dar ao luxo de simplesmente esperar para descobrir algo. Isso seria o cúmulo da irresponsabilidade e imprudência.

Temos que pegar as tecnologias e colocá-las em uso o máximo possível. Também não estamos fazendo o suficiente para descobrir novas. Falamos sobre como é uma ameaça existencial, mas não está sendo tratado como se fosse verdadeiramente existencial. Certamente, não estamos nos comportando como o fizeram na Segunda Guerra Mundial, quando sabiam que tinham que controlar os oceanos e o ar e aprender como derrubar as defesas que Hitler havia construído.

O que torna o dia atual diferente é a tarefa ficar mais difícil. Exige uma resposta maior da qual está a ser dada, mesmo quando estamos a fazer alguns progressos notáveis.

Em termos econômicos, as nações que representam 55% do PIB global estão comprometidas com 1,5 °C. Podemos trazer os outros 45% — ou pelo menos a massa crítica — para a mesa? Índia, Brasil, China, Austrália, África do Sul e Indonésia precisam ser trazidos para o rebanho.

Você não pode correr o mundo apontando o dedo para as pessoas e dizendo: "Tem que fazer isso e aquilo." Não sem colocar algum dinheiro para ajudá-las a fazer. Temos que fazer o mundo em desenvolvimento se desenvolver, mas com inteligência, sem cometer os erros que cometemos. Na maioria dos casos, o mundo desenvolvido precisará ajudar o mundo em desenvolvimento. Até o momento, não há um plano suficiente.

O que me dá esperança — e eu tenho muita — é que, quando colocamos as nossas mentes nas coisas, nós as fazemos. Não tínhamos certeza de como iríamos para a Lua. Nós fomos lá. Inventamos a vacina contra o Covid-19 em tempo recorde. Só na minha geração, o número de pessoas que vivem na extrema pobreza caiu de 50% para 10%.

É questão de nos organizarmos. Sabemos o que precisa ser feito e, agora, temos que o fazer. Glasgow é o momento imediato para o mundo se unir e enfrentar essa crise.

Sabemos o que precisa ser feito e, agora, temos que fazer.

Minha Primeira Luta Climática

Admito que o aquecimento global não esteve na frente e no centro do meu radar político durante grande parte da década de 1990. Contudo, no ano 2000, virei apoiador ativo da candidatura de Al Gore à presidência. A crise climática estava prestes a se tornar notícia de primeira página.

Naquele dezembro, veio o desgosto *Bush versus Gore*, quando a Suprema Corte decidiu, por 5 a 4, interromper a recontagem na Flórida. A margem de George W. Bush? Meros 537 votos. (Nunca deixe ninguém dizer que o seu voto não importa!)

As consequências daquela decisão não podem ser exageradas. **A luta contra as mudanças climáticas perdeu 20 anos**. Gore presidente teria feito disso uma prioridade antes de tornar a crise drástica atual.

Em 2006, depois da exibição de *Uma Verdade Inconveniente* e do fatídico jantar, eu estava por dentro da ação climática. Há um ditado que diz: "Como vai a Califórnia, vão os EUA." Minha atenção se voltou para meu estado natal.

Em 2008, alguns intelectuais mundiais de políticas climáticas juntaram forças em torno da Assembly Bill 32 (mais conhecida como AB32), o projeto de lei cap-and-trade divisor de águas da Califórnia. Foi o mais ambicioso programa local para colocar um preço na poluição por carbono ao impor uma taxa aos maiores emissores. Depois de intensa pressão em pleno tribunal em Sacramento por executivos de negócios da Califórnia, finalmente conseguimos que o projeto fosse aprovado e assinado pelo governador republicano Arnold Schwarzenegger. Embora o lobby dos combustíveis fósseis tenha prevalecido limitando o escopo do AB32 ao petróleo e carvão, excluindo o gás natural, tornou-se um modelo internacional, do Canadá à China. A Califórnia acabaria conseguindo reduzir as emissões de gases do efeito estufa abaixo do nível de 1990 — 4 anos antes do previsto. E o programa continha um forte componente de equidade, com cerca de metade das receitas da taxa de carbono canalizadas para reduzir a poluição do ar e financiar reformas habitacionais em comunidades pobres.

A AB32 provou as previsões erradas de desgraça e melancolia dos interesses dos combustíveis fósseis. A Califórnia mostrou que se pode reduzir as emissões e ainda promover uma economia próspera. De fato, os dois trabalharam de mãos dadas enquanto a Califórnia avançava para ultrapassar a nação em crescimento econômico.

A nível pessoal, aprendi lições valiosas com a AB32, principalmente sobre o que é necessário para prevalecer na política: coalizões amplas e bipartidárias, forte liderança de campanha, mensagens claras, alcance agressivo da mídia e aliados comprometidos. Naquele ponto, evoluí do liberal do Vale do Silício para um grande reformador do governo. De fato, passei a ver o governo como um parceiro essencial para realizar as coisas em escala.

Isso nos leva a 2009, o ano em que testemunhei perante o Senado, o período do projeto de lei de mudança climática Waxman-Markey, que teria colocado um preço nacional no carbono. Quase conseguimos. E quase recebemos um cronograma crescente de taxas de gases do efeito estufa cobradas das empresas de combustíveis fósseis. Em junho de 2009, depois de algumas disputas intensas com a presidente Pelosi, Waxman-Markey venceu apertado na Câmara controlada pelos Democratas, 219 a 212. As negociações foram épicas, com projetos de lei concorrentes e interesses conflitantes. No final, o projeto do clima era estrangulado por interesses especiais e falta de liderança coordenada. Foi o fim quando ficou claro que não conseguiríamos os 60 votos no Senado. O projeto de lei morreu sem votação no plenário.

No ano seguinte, os Democratas perderam o controle do Congresso. E você já sabe o resto. Em meados de 2021, o Senado dos EUA ainda não havia votado em um grande projeto de lei sobre o clima.

No entanto, a Califórnia continuou em frente. Em 2015, finalmente conseguimos trazer o gás natural ao sistema cap-and-trade. No todo, o programa reduziu as emissões de gases do efeito estufa do estado em até 15%.

No mundo das políticas públicas, o cálculo está sempre mudando. Mesmo assim, descobri 4 regras de valores consistentes:

1. Atacar as gigatoneladas: Para alcançar o zero líquido, precisaremos nos concentrar nos Cinco Grandes emissores e mirar soluções para os setores mais importantes, os responsáveis pela maior poluição de gases do efeito estufa. Precisaremos agir em todos os principais: CO_2, metano, óxido nitroso e gases fluorados.

2. Descobrir como — e onde — as decisões são tomadas: A legislação nacional é apenas uma peça do quebra-cabeças. Os ativistas que desejam fazer mudanças precisam conhecer os locais em todos os níveis. Os códigos de construção, por exemplo, são definidos pelas cidades, com amplas oportunidades de contribuição em reuniões públicas. Decisões sobre eficiência ou eletrificação de aquecimento e cozimento carregam ramificações para os próximos anos. Muitas vezes, o público não se preocupa em ir às reuniões. Mas a empresa que vende geladeiras a gás estará lá — e será ouvida.

Da mesma forma, ao moldar a política energética dos EUA, uma plataforma poderosa é frequentemente negligenciada: as comissões de serviços públicos em cada estado.

Sejam eleitos ou (mais comum) nomeados, estes comissários são guardiões da política. Eles definem os mais importantes padrões do portfólio de energia renovável que determinam as metas futuras para a rede. Normalmente, há cinco comissários por estrado. Digamos que decidimos nos concentrar nos 30 estados com as maiores emissões e almejar uma maioria simples de comissão em cada um deles. Você está reduzido a 90 indivíduos que controlam quase metade das emissões nos EUA. Pressionar esses punhados de funcionários do estado faz toda a diferença.

Antes de pressionar, é importante aprender como as decisões são tomadas. Um senso de urgência é certamente necessário, mas não é o suficiente. Como Hal diz: "Se a preocupação com as mudanças climáticas não for bem direcionada, apenas se dissipa." Existem movimentos para alavancar? Poderia um grande comício público ter sucesso? Ou o equilíbrio pode ser alterado por uma análise econômica direta ou pela eleição da pessoa certa? Existe um ângulo legal? Como as questões de equidade, empregos e saúde podem ser levadas para casa?

Nenhuma ferramenta é mais poderosa ou acessível do que o envolvimento cívico, em nível regional. Por todo o país, as pessoas estão se tornando ativistas comunitárias para exigir que transportes públicos abandonem os combustíveis fósseis. Em junho de 2021, após uma persistente defesa da comunidade local, o distrito escolar público em Montgomery County, Maryland, anunciou uma transição da frota de 1400 ônibus para elétricos durante a próxima década. "Estávamos vendo muito interesse e pressão de todos os lados", disse Todd Watkins, o diretor de transportes do distrito. "Eu ouvia vários grupos ambientais, líderes eleitos, membros de conselho, grupos estudantis, perguntando quando o transporte seria elétrico."

Em Phoenix, Arizona, um grupo de praticantes de cross country da South Mountain High School persuadiu o distrito a comprar o primeiro ônibus escolar elétrico. Levados a agir depois de sentir os efeitos do ar sujo da área, cercaram o treinador e um grupo de defesa local, chamado Chispa, para pressionar por mudanças.

As particularidades — e o ritmo — da transição para a energia limpa variam de lugar para lugar. E poucas forças são mais poderosas do que a motivação pessoal para agir, com uma compreensão de como e onde as decisões são tomadas. Em conjunto, serão essenciais para inaugurar resultados melhores e mais saudáveis no futuro.

3. Concentrar-se nos benefícios da vida real: Ao trabalhar pela ação climática, precisamos esclarecer os fatos e a ciência correta. Se estamos tentando aprovar uma lei ou eleger um candidato, é nosso trabalho persuadir os outros, transmitindo questões técnicas de maneira acessível. "As pessoas não sabem de quilowatts-hora", diz Hal. "Mas se preocupam com energia acessível, confiável, segura e limpa."

Com o que mais se preocupam? Empregos e economia, saúde e bem-estar próprio e dos filhos. Líderes efetivos contam histórias que conectam as preocupações às políticas públicas. O Projeto de Realidade Climática de Al Gore treinou 55 mil líderes de ação climática para construírem narrativas que se conectam com valores compartilhados e benefícios da vida real. (Eu o convido a se juntar em www.climaterealityproject.org — conteúdo em inglês.)

4. Lutar por equidade: A equidade importa, tanto como um imperativo moral quanto uma necessidade prática. Politicamente falando, precisamos construir coalizões entre novos eleitores, líderes e legisladores de grupos antes marginalizados. Precisamos recrutar pessoas que nunca estiveram ativas na política.

Uma coisa é elaborar uma política ousada e imaginativa. É muito mais exigente garantir que a sua implementação seja justa e razoável. O Sistema Rodoviário Interestadual de 80 mil quilômetros, lançado durante o governo Eisenhower nos anos 1950, é amplamente saudado como um triunfo de um grande governo. Mas raramente é reconhecido quantos bairros negros pobres foram pavimentados e deliberadamente destruídos, comunidades como Paradise Valley, em Detroit, ou Treme, em Nova Orleans. Em todo o mundo, a crise climática está devastando os menos responsáveis pela crise. A campanha para alcançar o carbono zero deve proteger a saúde e os meios de subsistência de comunidades de baixa renda e povos indígenas.

Os Modelos São Importantes

Para garantir que as políticas climáticas tenham o impacto desejado, precisamos mais do que boas intenções. Todas as políticas não deveriam ser pontuadas por seu impacto climático? Os intrépidos analistas da Energy Innovation construíram uma ferramenta dinâmica de modelagem de energia que prevê o impacto das emissões em tempo real. Os especialistas em projetos da EI, Megan Mahajan e Robbie Orvis, fizeram um argumento convincente para o uso desses modelos na elaboração de qualquer plano de zero líquido.

Megan Mahajan & Robbie Orvis

Emissões estão enraizadas no mundo físico. Cortá-las significa mudar a eficiência, o consumo de energia e os resultados dos materiais que usamos. Se você não tem um forte senso de como a política afetará esses fatores e de como somam ao longo do tempo, então não pode projetar uma política sólida.

Portanto, como é modelado o que as diferentes políticas podem alcançar? A pergunta foi feita exatamente pelos formuladores de políticas chineses em 2012, no contexto do pico das emissões da China até 2030. Há modelos rigorosos que usam escolhas de tecnologia como entrada, mas queríamos usar a política como ponto de partida. Nosso desenvolvedor líder de modelos, Jeff Rissman, criou um para fazer isso. E assim, nasceu o Simulador de Política Energética.

O simulador usa a política como entrada e estima como qualquer cenário modelado afeta emissões, custos, empregos e resultados de saúde. Considera as interações entre as políticas, permitindo identificar quais se alavancam e são mais econômicas. O simulador é atualizado regularmente e incorpora os custos mais recentes da tecnologia, como os preços em queda para as energias solar e eólica e baterias.

O modelo tem código aberto, o que significa que todos os dados estão disponíveis publicamente. Qualquer um pode baixar a ferramenta e se aprofundar em nossas suposições. Isso é vital para construir confiança e obter adesão, especialmente fora dos EUA.

Esse trabalho dá a países e estados uma compreensão realista dos resultados que serão impulsionados por políticas específicas, permitindo que separem o joio do trigo. Em última análise, o que o modelo destaca é que um pequeno número de grandes políticas fará uma enorme diferença.

https://energypolicy.solutions

Os Poderes por Trás da Política

Política e diplomacia estão profundamente entrelaçadas; o avanço de uma depende da outra. Há uma ligação natural entre as diretivas e como as decisões são tomadas. Contudo os dois também estão sob tensão. Na melhor das hipóteses, a política é a arte do possível. E na pior, é onde as grandes ideias vão para morrer. De minha própria experiência, atesto que uma boa política deve passar por um desafio para ser aprovada. Os projetos ficam engarrafados no comitê. Os votos são bloqueados ou vetados. Tratados não são ratificados. Os esforços mais sérios podem falhar repetidamente — por anos, até décadas. **Pode pensar que tem uma ótima ideia política, mas, até que o pequeno *d* de diplomacia passe o grande *P* de Política, não há nada.**

O maior obstáculo para políticas climáticas efetivas não são ideias ruins ou políticos retrógrados. São os "incumbentes", cujo futuro está ligado aos gases do efeito estufa. Historicamente, os interesses arraigados em combustíveis fósseis nos EUA têm uma alta taxa de sucesso em anular o progresso no clima. Canalizam o dinheiro para políticos de ambos os lados do corredor para combater a política progressista, pará-la ou ignorá-la. Financiam esforços para obscurecer a compreensão das pessoas sobre os danos dos combustíveis fósseis — até pelo Facebook e Twitter, que envenenam o discurso público em todo o mundo.

Grupos de interesse público documentaram campanhas de desinformação de empresas como a ExxonMobil e a família Koch. Mais insidiosas ainda são as notícias falsas e vídeos enganosos nas mídias sociais de células de propaganda financiadas pela Rússia ou outras fontes nebulosas. Entidades mais tradicionais — incluindo empresas da Fortune 500 — recrutam agências de publicidade de primeira linha para promover a negação das mudanças climáticas. Em 2019, o *Washington Post* descobriu que os operadores estabelecidos minaram a ciência climática e o consenso público com duas estratégias paralelas: "Primeiro, eles têm como alvo os meios de comunicação para levá-los a relatar mais sobre as 'incertezas' na ciência do clima. Segundo, têm como alvo os conservadores com a mensagem de que a mudança climática é uma farsa liberal e pintam qualquer um que leve a questão a sério como 'fora de contato com a realidade'."

Os esforços não foram em vão. Na esteira da Cúpula da Terra, de 1992, 80% dos norte-americanos concordou que algo tinha que ser feito sobre a mudança climática. E fortes maiorias de Democratas e Republicanos compartilhavam a visão. Mas, em 2008, uma pesquisa da Gallup descobriu evidências de uma profunda polarização e cisão partidária do assunto. Em 2010, quase metade dos norte-americanos (48%) achava que a ameaça da mudança climática era exagerada.

A esperança é a maré mudar com as próximas gerações. Em uma pesquisa do Pew Research Center, em 2020, quase dois terços dos republicanos entre 19 e 39 anos concordava que a mudança climática ocorre por atividade humana e o governo federal faz muito pouco para parar isso. De acordo com Kiera O'Brien, fundadora do Young Conservatives for Carbon Dividends [Jovens Conservadores para os Dividendos de Carbono, em tradução livre], jovens republicanos estão "anos-luz à frente dos colegas mais velhos na questão".

Para as mentes abertas, um forte argumento de venda política na transição em uma economia zero líquido é que ela criará milhões de empregos bem-remunerados — mais de 25 milhões globalmente, de acordo com a Agência Internacional de Energia. Além de instaladores de painéis solares e técnicos de parques eólicos, duas das categorias de trabalho que mais crescem, milhões de trabalhadores serão necessários para construir retrofits ou atualizar redes elétricas.

Em última análise, a aprovação de políticas inteligentes dependerá da nossa capacidade de superar os titulares. Bem financiados, politicamente conectados e muitas vezes nefastos, são inimigos formidáveis. Não podemos derrotá-los com a política de sempre. Para vencer, vamos precisar de uma força ainda mais poderosa.

Uma força como os movimentos.

Parte II - Acelerar a Transição

Transformar Intenções em Ação

Capítulo 8

Transformar Intenções em Ação

Para Greta Thunberg, começou com a loucura. E, quanto mais os jovens suecos aprendiam sobre a emergência climática, mais ela enlouquecia. A cada fração de grau do aquecimento global, tempestades, enchentes e incêndios florestais nos atingiriam com muito mais força. Até 2030, da forma como as coisas vão, outras 120 milhões de pessoas serão jogadas na extrema pobreza. Cidades inteiras — incluindo Estocolmo, natal de Thunberg — podem estar debaixo d'água até o final deste século.

Thunberg não foi a única estudante que recebeu os relatórios sombrios e entendeu as implicações. Não foi a única jovem com uma grande ansiedade climática. Mas não se desencorajou; cresceu desafiadora. Com 15 anos, começou a faltar à escola. Em 2018, acampou em frente ao Parlamento sueco, segurando um cartaz branco com letras pretas: SKOLSTREJK FÖR KLIMATET, "Greve Escolar pelo Clima". De início, o protesto foi solitário. Então, outro adolescente se uniu, e outro, e, em pouco tempo, virou um movimento. Tudo isso de uma adolescente que se esquivava de multidões e odiava a ideia da fama.

Em janeiro de 2019, ela foi convidada para discursar no Fórum Econômico Mundial em Davos, Suíça. "Sempre ouço adultos dizerem, 'Precisamos dar esperança à próxima geração'", disse aos executivos-chefes e líderes mundiais reunidos. "Mas não quero sua esperança. Quero seu pânico. Quero que sinta o medo que eu sinto. E quero que você aja. Quero que se comporte como se a nossa casa estivesse pegando fogo. Porque ela está."

Ampliadas pelas redes sociais, as palavras de Thunberg inspiraram milhares de jovens a fazerem as próprias greves climáticas onde estivessem. Em 20 de setembro de 2019, 4 milhões de pessoas ao redor do mundo se juntaram à maior demonstração ambiental de todos os tempos. Então, Thunberg discursou para outra sala cheia de adultos. Desta vez, nas Nações Unidas: "Vocês roubaram meus sonhos e infância com suas palavras vazias. E, ainda assim, eu sou uma das felizardas. As pessoas estão sofrendo. Estão morrendo. Ecossistemas inteiros estão entrando em colapso. Estamos no início de uma extinção em massa e tudo o que vocês fazem é falar sobre dinheiro e contos de fadas sobre um crescimento econômico eterno. Como ousam?!"

Não muito depois, o Parlamento Britânico aprovou uma lei para eliminar a pegada de carbono até 2050, a primeira grande nação a fazê-lo. Enquanto a jovem falava com mais líderes mundiais, incluindo o Papa, ela podia ver seu movimento começando a criar uma mudança real. Ela começou a mudar, da raiva ao otimismo cauteloso. De volta à escola, falou com seus colegas: "Não podemos só continuar vivendo como se não existisse amanhã, porque há um amanhã."

Por ser "a mais convincente voz sobre a questão mais importante que o planeta enfrenta", Thunberg foi eleita a Pessoa do Ano de 2019 na revista *Time*. Sua organização Fridays for the Future alcançou cada canto do mundo. Pessoas importantes sentiram a mensagem. "Quando você é um líder e toda semana tem jovens se manifestando com essa mensagem, não dá para permanecer neutro", disse o presidente francês Emmanuel Macron à *Time*. "Eles me ajudam a mudar." Líderes

A Greve Escolar pelo Clima, de Greta Thunberg, começou pequena, mas logo chamou a atenção dos líderes globais.

respondem à pressão. A pressão é criada por movimentos. Os movimentos são criados por milhares de indivíduos.

Mas, às vezes, começam com somente um.

O que Faz um Movimento Ser Importante?

Quando uma questão importa — quando *realmente* importa —, as coisas começam a acontecer. A legislação é introduzida. A contralegislação é proposta.

Há diálogo, debate, atenção da mídia. Em última análise, a questão se torna catalítica, levando os eleitores às urnas. Quando uma questão é levada ao topo da agenda, ela ganha o que o mundo político chama de "grande saliência". Apesar do progresso significativo, a crise climática ainda não ganhou relevância global. De um modo geral, ainda não leva as pessoas a votarem ou orientarem suas escolhas quando o fazem.

Movimentos impulsionam a saliência. Mas, para terem sucesso, precisam exercer dois tipos de poder. Primeiro, há o *poder das pessoas*, uma ampla base de apoiadores, além de um grupo mais restrito de líderes e participantes ativistas. Segundo, há o *poder político*, quando aliados em cargos públicos são convocados a apresentar, patrocinar e defender a legislação. A meta do movimento deve ser um realinhamento político, uma redefinição fundamental do sentimento público, um novo conjunto de líderes ou todos os itens acima. De qualquer forma, os movimentos dão cobertura aos formuladores de políticas para a coragem política.

Os realinhamentos políticos mudam o jogo. Embora não ocorram com muita frequência. Nos EUA, o New Deal de Franklin Roosevelt foi significativamente enraizado em seus laços como o movimento trabalhista organizado, que apoiou sua primeira corrida presidencial em 1932. Nas profundezas da Grande Depressão, as pessoas clamavam por uma rede de proteção social e segurança no emprego. Em 1935, a pedido de FDR, o Congresso aprovou a Lei Nacional de Relações Trabalhistas, que estabeleceu diretrizes para a negociação coletiva. O movimento trabalhista de repente exerceu o poder político. A política se realinhou.

O movimento que ajudou a dar origem ao New Deal alavancou os dois tipos de poder popular: uma massa de eleitores e apoiadores menos ativos e um grupo menor e profundamente engajado de apoiadores ativos para protestar, fazer greve, litigar e conscientizar os outros. Entre 1900 e 2006, de acordo com um estudo da Universidade de Harvard, **todo movimento político que conquistou a participação ativa e sustentada de, pelo menos, 3,5% da população, acabou tendo sucesso**. Nos EUA atual, isso é menos de 12 milhões de pessoas!

Na melhor das hipóteses, os movimentos forjam uma nova consciência, que resulta em ação clara e mudança duradoura. A revolução não violenta da Índia pela independência é um exemplo lendário. O Movimento pelos Direitos Civis nos EUA, nos anos 1950 e 1960, é outro. O impacto dos movimentos na política e na cultura não podem ser exagerados.

Ao pressionarmos para que o problema climático ganhe relevância como uma questão política, também devemos insistir na justiça. Essa crise climática cobra um preço devastador para a saúde humana nas comunidades pobres. Ela amplia as disparidades econômicas e intensifica a injustiça racial. A crise não pode ser resolvida sem combater as desigualdades.

O OKR de Movimentos conta com a tração de três grupos vitais: eleitores, representantes governamentais e corporações.

Objetivo 8
Transformar Intenções em Ação

RC 8.1 — Eleitores
A crise climática é uma das duas principais questões de votação nos 20 países mais emissores até 2025.

RC 8.2 — Governos
A maioria dos funcionários do governo — eleitos ou nomeados — apoiará o esforço para o zero líquido.

RC 8.3 — Negócios
100% das empresas no Fortune Global 500 se comprometem a alcançar o zero líquido imediatamente até 2040.

RC 8.3.1 — Transparência
100% dessas empresas publicarão relatórios de transparência das emissões a partir de 2022.

RC 8.3.2 — Operações
100% dessas empresas alcançarão o zero líquido em suas operações (eletricidade, veículos e construções) até 2030.

RC 8.4 — Equidade Educacional
O mundo consegue a educação primária e secundária universal até 2040.

RC 8.5 — Equidade em Saúde
Eliminar as diferenças entre os grupos raciais e socioeconômicos nas taxas de mortalidade relacionadas aos gases do efeito estufa até 2040.

RC 8.6 — Equidade Econômica
A transição global de energia limpa cria 65 milhões de novos empregos, distribuídos de forma equitativa e superando a perda de empregos em combustíveis fósseis.

Eleitores Importam?

O **RC Eleitores (8.1)** mede a importância do sujeito para o eleitorado. Apesar dos avanços recentes, a crise climática ainda não foi colocada entre as duas principais questões nas eleições ou pesquisas de opinião na maioria dos países emissores. Fica regularmente em segundo plano em relação à imigração, impostos e assistência médica. Para construir o movimento climático que precisamos, devemos inspirar mais urgência.

Vejamos os dados de prioridade de emissão dos 5 principais. Na corrida presidencial de 2020 nos EUA, de acordo com uma pesquisa Gallup, apenas 3% dos eleitores classificaram a crise climática como um dos principais problemas da nação, atrás do Covid-19, da economia, liderança fraca e relações raciais. Mesmo antes do ano de crise em 2020, o clima e o meio ambiente raramente figuravam entre as 10 principais questões do eleitorado.

Na Europa, o sentimento público está mudando rapidamente. Na primavera de 2018, em uma pesquisa Eurobarometer pouco antes de Greta Thunberg lançar a greve climática juvenil. Os eleitores de 28 membros da União Europeia classificaram o clima e o meio ambiente como sétimo no geral, atrás da imigração, do terrorismo, das finanças públicas, do desemprego e da influência da União Europeia no mundo. No final de 2019, quando Thunberg se tornou conhecida internacionalmente, o assunto pulou para o número 2, atrás apenas da imigração.

Para os cidadãos da China, Índia e Rússia, a importância percebida das mudanças climáticas é, na melhor das hipóteses, obscura. Na China, a preocupação imediata é a poluição do ar. Desde 2000, um crescente movimento de cidadãos urbanos, trabalhando por meio da política local e do sistema legal chinês, pressionou demandas por ar mais limpo. Em 2013, o governo central declarou guerra à poluição com o Plano de Ação Nacional de Qualidade do Ar Limpo. Nos 5 anos seguintes, a China reduziu a poluição atmosférica nas grandes cidades em até 39%. Na pesquisa nacional de 2017, "Mudanças Climáticas na Mente dos Chineses", 90% apoiaram a implementação do Acordo de Paris.

O governo da Índia ainda não fez uma promessa de zero líquido em toda a economia, concentrando-se em compromissos para setores individuais. Entre os eleitores, as principais preocupações em 2019 foram o apoio inadequado do governo aos agricultores, a pobreza rural, o desemprego e a crise hídrica. Independente das pessoas estarem fazendo a conexão, todas foram agravadas pelos choques climáticos. Apesar dos protestos liderados por jovens tenham ocorrido em toda a Índia, as mudanças climáticas ainda não entraram nas fileiras das questões mais relevantes.

Na Rússia, o interesse público na crise climática cresce lentamente a partir de uma linha de base baixa. Dos entrevistados em 2019, 10% citaram como uma grande preocupação. Mesmo depois que dezenas foram mortos nos incêndios na Sibéria naquele ano, a questão ficou em décimo quinto lugar entre os eleitores, bem atrás da corrupção, da alta dos preços e da pobreza.

Ativistas russos são criticados com frequência por Putin. E correm o risco de serem presos ou pior. Em 2019, uma greve climática de um dia em Moscou e dezenas de outras cidades atraiu 700 manifestantes pacíficos. Na maioria das vezes, no entanto, o movimento climático de base é limitado em amplitude e impacto.

Elegendo Servidores Pró-clima

Os movimentos devem visar resultados tangíveis. Enquanto o poder popular é uma questão de ativistas galvanizando o público, o poder político concentra no papel dos funcionários eleitos e nomeados. O **RC Governo (8.2)** acompanha a postura dos líderes políticos do mundo, em todos os níveis. Para aprovar medidas políticas agressivas, precisamos de uma maioria funcional favorecendo a ação climática.

Muitos são céticos sobre o impacto de movimentos. Eu também já pensei por que muitos fracassaram — e como chegamos a esse ponto de desespero, apesar de décadas de ativistas soando o alarme. A verdade é: quando bem organizados, os movimentos podem ser notavelmente eficazes na formulação de políticas. A questão, então, torna-se: *O que é preciso para um movimento ter sucesso?*

Catalisando Debate e Ação: O Impacto do Sunrise

Varshini Prakash traça a paixão pelo ativismo climático desde 2004, quando estava no sétimo ano. Foi quando a tsunami do Oceano Índico atingiu Chennai, Índia, lar de sua avó. Os telefones desligados, Prakash assistiu ansiosa às notícias de casa, na tranquila cidade de Acton, Massachusetts. E recolheu latas de comida para a Cruz Vermelha. Apesar do alívio de descobrir que a avó estava a salvo, a crise deixou um impacto duradouro. Ansiosa para aprender mais sobre desastres naturais e as origens, Prakash leu sobre a crescente onda de eventos relacionados ao aquecimento em todo o mundo. Ela se sentiu sobrecarregada. Então se concentrou em pequenas coisas, como reciclagem.

Quando Prakash chegou como estudante de graduação na Universidade de Massachusetts Amherst, se sentiu com raiva e frustrada. Após participar de uma campanha para pressionar a universidade a desinvestir em combustíveis fósseis, falou em um comício de ação climática. Como disse à revista *Sierra*: "Simplesmente me apaixonei por organizar de uma maneira que nunca imaginei."

Em dezembro de 2015, outra grande enchente atingiu a Índia, dessa vez, no estado onde o pai de Prakash nascera. Percorrendo as imagens na tela do computador, Prakash reconheceu ruas onde andou ou passeou com os avós — exceto que agora estavam cheias de mulheres com crianças lutando com água na altura do peito para encontrarem um santuário. Apesar dos avós estarem fora da cidade na época, centenas de outros morreram. Milhares ficaram sem casa. "Isso foi um grande alerta para mim de que a crise climática era agora", contou Prakash à *Sierra*. "Não tínhamos tempo a perder."

Em semanas, Prakash e uma amiga cofundaram o que depois tornou o Sunrise Movement, com uma dúzia de outros jovens ativistas. Criaram um plano para um esforço de base descentralizado e liderado por jovens para impedir as mudanças climáticas e promover justiça econômica. Um momento de virada veio logo após as eleições de meio de mandato dos EUA, em 2018. O grupo procurou transformar o controle recém-conquistado dos democratas na Câmara dos Deputados em um mandato para a ação climática. Montaram acampamento do lado de fora dos escritórios do Congresso e organizaram uma série de protestos.

O Sunrise havia aprendido a chamar a atenção. O incipiente movimento estava armado com fatos e narrativas convincentes. A mulher mais jovem a conseguir um assento no Congresso, Alexandria Ocasio-Cortez, trouxe alguns dos colegas calouros, mais tarde conhecidos como "The Squad". E eles ouviram.

"Nós não apenas entregamos uma petição com um monte de números sobre partes por milhão ou 2 °C", como lembrou Prakash ao *Sierra*. "Compartilhamos histórias sobre o que havíamos perdido por causa da crise climática ou o que tínhamos medo de perder. Contamos histórias sobre o que esperávamos para o futuro."

Em 2018, o Sunrise montou acampamento nos corredores do Congresso para pressionar pela ação climática.

Após o momento eletrizante, Prakash e outros ativistas do Sunrise realizaram protestos de alto nível no país todo para colocar as políticas climáticas no topo da agenda do Partido Democrata. Ajudaram a criar o entusiasmo pelo Green New Deal, uma proposta legislativa apresentada em 2019 por Ocasio-Cortez. Eles mergulharam nas primárias democratas e pressionaram os candidatos a renunciar às doações de empresas de combustíveis fósseis. A maior vitória foi ajudar Ed Markey, defensor do clima, a se defender de um desafio por sua vaga no Senado em Massachusetts. Alguns democratas podem ter discordado da abordagem espalhafatosa, mas todos estavam prestando atenção.

Nas primárias presidenciais de 2020, o Sunrise ganhou o apoio do senador Bernie Sanders. À medida que o movimento ganhava força entre os mais jovens, agravava o confronto entre a fervorosa minoria de Democratas que apoiava o New Green Deal e a maioria que tinha reservas quanto a ele. Uma brecha ideal para o Fox News, a questão ameaçou romper o partido.

Para Prakash e outros líderes do Sunrise, a última coisa que queriam no palco de debate era que os democratas de centro atacassem Sanders por apoiar uma legislação pró-clima. Não havia nada mais vital do que impedir os principais democratas de expor seu desacordo e minar a ação climática no processo.

Evan Weber, cofundador do movimento e diretor político, trabalhou no telefone. Ele falou com vários candidatos à presidência: Kamala Harris, Pete Buttigieg, Joe Biden. "Nós falamos: 'Ei, sabemos que você tem os próprios planos, mas não é realmente útil para não ligar para o Green New Deal'", lembra Weber.

Os apelos funcionaram. Apesar de outros democratas não endossarem o Green New Deal, eles mantiveram o ponto de unidade: energia elétrica 100% limpa.

Em março de 2020, após Biden conseguir a indicação, Weber incitou a campanha do candidato a se referir ao Green New Deal como uma "estrutura útil" para impulsionar a economia, lutar pela justiça ambiental e enfrentar a crise climática. Em agosto, quando chegou a hora de elaborar a plataforma do partido na Convenção Democrática, as principais plataformas do Green New Deal foram rejeitadas. Por causa da necessidade de Biden de levar a Pensilvânia nas eleições gerais, não haveria proposta de proibição do fracking, uma fonte significativa de emissões de metano. Nem o candidato reprimiria as emissões de laticínios — também precisava do Wisconsin. Mesmo assim, Biden incluiu várias propostas do Sunrise Movement no plano Build Back Better [Reconstrua Melhor], incluindo uma alocação de 40% do financiamento de infraestrutura para comunidades desfavorecidas.

Durante todo o outono, a campanha de Biden e do Sunrise manteve as linhas de comunicação abertas. **No final, as acomodações mú-**

==tuas equivaliam a uma política inteligente. Quando os votos foram computados, em novembro, Biden ganhou a Pensilvânia por 1,2% e o Wisconsin por 0,7%==. O resultado: uma vitória em 2020, com a Casa Branca em 2021 pronta e disposta a liderar uma forte ação climática.

Para o Sunrise, a política é um ato de equilíbrio perpétuo. Como notou a CNN, a organização estava se esforçando para "manter um pé dentro dos corredores do poder e outro com as fileiras de ativistas nas ruas". Para o Sunrise, este é um ponto de orgulho. Os jovens líderes do movimento aprenderam a importância de cultivar os "topos de grama", seus laços diretos com os tomadores de decisão, bem como as bases. Na política, não há nada novo. O modelo é bem entendido pelo Sierra Club, a organização ambiental seminal no negócio de construção de movimento por mais de um século.

Lições do Beyond Coal

Em 2005, alguns dias após o furacão Katrina atravessar a Costa do Golfo e inundar Nova Orleans, o Sierra Club se preparava para a sua primeira conferência de ação climática. Fundada pelo naturalista John Muir em 1892, a organização foi formada para proteger as florestas e outras áreas selvagens, uma estratégia inerentemente defensiva. Agora estava indo além da conservação para atacar as emissões de carbono. 5 mil ativistas climáticos em todo o país ajudaram a moldar uma agenda para a convenção em São Francisco, lar da organização. Al Gore apareceu com uma apresentação de slides que evoluiria para *Uma Verdade Inconveniente*.

"Estávamos prestes a nos descobrir em um negócio diferente", lembra Carl Pope, diretor-executivo do grupo à época. Daquela conferência, surgiu um novo e surpreendente objetivo número 1: parar o plano de construção de 150 usinas movidas a carvão. Se não fosse impedido, pelas estimativas de Pope, as usinas iriam despejar na atmosfera mais 750 milhões de toneladas de carbono por ano, tornando matematicamente impossível domar o monstro do aquecimento global. Para prevalecer, o Sierra Club usaria todos os meios legais necessários e toda a pressão pública que conseguisse reunir.

Liderada por Bruce Nilles e Mary Anne Hitt, a campanha Beyond Coal não pretendia mudar a política nacional. Estava tentando algo ainda mais difícil: colocar os pés no chão para reunir centenas de comunidades, organizar protestos locais e obter liminares judiciais.

Bruce Nilles

Em 1990, como geógrafo e estudante de ciências ambientais na Universidade do Wisconsin, lembro de minha primeira aula de mudanças climáticas. Cada vez que entrava no prédio de geofísica, ficava mais e mais preocupado com os níveis de CO_2, onde eu passava pelas pilhas de carvão nas caldeiras muito antigas que alimentavam o campus. Fiquei impressionado com a desconexão. Escrevi o meu TCC pedindo ao campus que descontinuasse gradualmente a usina de carvão — e descobri que realizar tal mudança exigiria mais, muito mais.

Após um ano de trabalho temporário em São Francisco, durante o marasmo da crise das pontocom, voltei a Madison para cursar direito. Aprendi sobre as grandes lutas sociais da história dos EUA e o papel dos advogados em promover mudanças sociais nos movimentos coletivos mais amplos. Aprendi sobre direitos e como fazer cumprir contratos. E comecei a praticar com meu zeloso senhorio.

Recém-formado, tive um período notável de 4 anos na Divisão de Meio Ambiente e Recursos Naturais do Departamento de Justiça dos EUA no governo Clinton. Em pouco tempo, me ofereci para ajudar a implementar as obrigações do Departamento sob as ordens executivas de Clinton sobre justiça ambiental e saúde infantil. Eu tinha que investigar e processar os primeiros casos para aplicar um novo estudo federal que protegia as crianças dos perigos da tinta com chumbo. Fiquei impressionado quando a Procuradora-Geral Janet Reno, o Secretário de Habitação e Desenvolvimento Urbano Andrew Cuomo e a Administradora da Agência de Proteção Ambiental Carol Browner apareceram em uma coletiva de imprensa para anunciar 3 acordos que havia negociado. Foi uma visão de como o governo funciona que me serviu bem desde então.

Ativistas do Beyond Coal fincam o pé para reverter os planos de construir novas usinas de carvão nos EUA.

Armado com esta experiência, me juntei ao Sierra Club para lançar uma campanha de limpeza do ar na grande Chicago, uma área que era o lar de 9 milhões de residentes e onde o ar era regularmente impróprio para respirar. Foi aqui que aprendi sobre o poder da organização de base e como se organizar contra interesses poderosos.

Inicialmente, mergulhei nos dados e problemas regulatórios para entender o que estava acontecendo. Vi onde os reguladores falhavam, apesar da promessa do Clean Air Act, de 1970, de ar saudável para todos os norte-americanos. Descobri incineradores de lixo hospitalar atrás de hospitais que violavam regularmente as licenças no meio de bairros residenciais. Conheci moradores cujas reclamações sobre a poluição caíram por anos em ouvidos moucos de executivos de hospitais cegos para o lucro e reguladores medrosos.

Com um pequeno grupo de voluntários implacáveis, escolhemos como alvo um incinerador notório em Evanston, Illinois. Com multidões atrás de nós, suspendemos os negócios na Câmara Municipal até que abordassem a questão e ordenassem que o hospital fechasse seu incinerador de dioxina. O hospital tentou todos os truques sujos, incluindo uma ameaça de fechamento. Então, uma noite, muito depois da meia-noite, testemunhei mais de 200 moradores aplaudindo quando o conselho ordenou o fechamento do incinerador. A cereja do bolo foi como o nosso movimento local chamou a atenção de Rod Blagojevich, à época governador. Ele apareceu em um dos comícios para anunciar que apoiaria a legislação fechar todos os 10 incineradores de resíduos médicos em Illinois. Poder do povo!

Uma luta semelhante liderada por cidadãos estava acontecendo em um lugar muito mais difícil, no coração do país do carvão. Após o presidente Bush voltar atrás no compromisso de regular o dióxido de carbono, Peabody Energy, o maior produtor de carvão do país, decidiu entrar no negócio de construção de usinas de carvão para expandir o mercado para seu produto imundo. Uma das usinas ficaria no Condado de Muhlenberg, Kentucky, onde a Peabody pensou que teria um caminho tranquilo para construir a enorme usina de carvão puro-sangue de 1.600 megawatts. Como eles estavam errados.

Liderados pela seção local do Sierra Club e financiados por vendas de bolos, ativistas locais lutaram contra o projeto a cada passo. O mais incrível, encontraram especialistas e advogados que forneceram testemunhos e evidências de por que o Estado não deveria conceder a Peabody uma licença de construção. Após um recorde de 63 dias de audiências administrativas, venceram.

Descobriu-se que as 3 usinas de carvão propostas por Peabody eram uma pequena ponta do iceberg — 3 das mais de 200 na prancheta. Com um petroleiro na Casa Branca, a empresa viu uma oportunidade de obter aprovação rápida e prender os EUA em mais 50 anos de queima de carvão. Mas, inspirado por ativistas do Kentucky, comecei um pequeno grupo a se opor à primeira das 17 usinas propostas em Illinois. Ativistas em estados vizinhos logo entraram em contato para comparar estratégias e construir uma rede de voluntários, com alguns funcionários do Meio-Oeste para "não deixar nenhuma usina de carvão sem oposição". Começamos vencendo e, então, vencemos mais. A campanha se expandiu para o sul até o Texas e em 3 anos lançamos a Beyond Coal — uma campanha coordenada nacionalmente e liderada localmente por dezenas de organizações colaborando para fazer o que a maioria dos especialistas dizia ser impossível.

Vi em primeira mão como pessoas que nunca se viram compartilhavam um vínculo e um propósito em comum. Estavam se conectando através da web e por teleconferências. Todos unidos em sua luta para proteger as comunidades do carvão. Quando ativistas derrotaram uma usina de carvão na Flórida, houve celebração em todo o país, entre pessoas que trabalhavam para impedir as usinas de carvão locais.

////////////////

A Beyond Coal é líder em parar a corrida para construir quase 200 usinas a carvão propostas, uma conquista impressionante.

Para ser justo, a campanha teve algumas situações favoráveis: novas políticas de energia limpa que levam a investimentos robustos em energia eólica, junto do boom do gás de xisto proveniente do fraturamento hidráulico ou fracking. À medida que mais e mais usinas de carvão foram derrotadas, a energia eólica e o gás natural tornaram-se os principais substitutos — uma variedade para o clima.

Em 2008, com a eleição de Barack Obama, o Sierra Club teve, de repente, a Agência de Proteção Ambiental ao lado. Com base no sucesso inicial da Beyond Coal, Bruce Nilles imaginou uma segunda fase para a campanha: fechar todas as usinas de carvão dos EUA, mais de 500 poluidores que expeliam 2 gigatoneladas de dióxido de carbono por ano. O objetivo era substituí-las por energia eólica e solar. Era um esforço que exigiria muita influência política e muito dinheiro.

Um aliado influente subiu a bordo: Michael Bloomberg, prefeito de Nova York. Eleito após os ataques terroristas do 11 de Setembro, Bloomberg ganhou reputação de defensor climático. Seu plano estratégico para a cidade incluía mais de mil iniciativas para limpar o ar e a qualidade de vida, notadamente os pedágios de "preço de congestionamento" para reduzir o tráfego, a poluição e as emissões. Em 2007, as forças conjuntas do governador da Califórnia, Schwarzenegger, e de Bloomberg, formaram o Grupo de Liderança Climática C40. Ele reuniu os prefeitos de dezenas de cidades globais, de Londres ao Rio de Janeiro.

Em 2007, o governador da Califórnia, Arnold Schwarzenegger, e o prefeito da Cidade de Nova York, Michael Bloomberg, reuniram uma coalizão internacional de prefeitos de grandes cidades para assumirem a liderança climática.

Agora, o bilionário prefeito queria ver se um investimento direcionado faria diferença para a Beyond Coal. Após conversas com Carl Pope e Bruce Nilles, Bloomberg estava pronto para comprometer US$50 milhões. A meta era fechar uma em cada três usinas de carvão existentes até 2020. Um objetivo limitado, mas realista, o que o tornava atraente para Bloomberg. "Gosto de lutar batalhas que posso vencer", diz.

Bruce Nilles

Tornou-se questão de mostrar como o investimento se traduziria em resultados. Mike Bloomberg disse: "Ótimo, te dou US$50 milhões, levantarei mais US$50 milhões de outros e você levanta US$47 milhões por conta própria." Atingimos 95% da meta, levantando US$143 milhões. Conseguimos expandir de 15 para 45 estados e financiar o desenvolvimento de dados e análises muito melhores.

Lançamos dezenas de ações judiciais, forçando a aposentadoria das usinas mais antigas. Vencemos tanto com uma liderança de cima para baixo quanto com uma campanha de base de baixo para cima. Matamos uma usina em uma reserva Navajo e a substituímos por energias renováveis.

Foi emocionante para mim quando processamos minha antiga escola, a Universidade do Wisconsin em Madison, para finalmente fechar a usina de carvão pela qual passava todos os dias como estudante — e vencemos.

Acabamos fechando mais usinas de carvão com Trump do que com Obama. Das 530 usinas existentes, fechamos 313. Precisamos fechar todas, é claro. Porém o carvão já caiu de 52% da eletricidade dos EUA em 2005 para 17% em 2020.

A eletricidade limpa torna tudo possível. O atual foco é no que está acontecendo com os códigos de construção para residências, escritórios e lojas. Precisamos tirar o petróleo e o gás das construções. Precisamos detê-los através de regras para novas construções: Chega de aparelhos a gás. Isso não é difícil de fazer. Você pode ir à Home Depot e obter 4 tipos de aparelhos elétricos: um aquecedor de água, um forno de aquecimento, uma lavadora/secadora e um fogão. Tudo elétrico.

Se atingirmos a meta de 2030 — tornar 75% da eletricidade mundial zero emissões —, teremos a chance de eliminar as emissões de carbono de todo o setor de energia.

O Movimento da Transformação Corporativa

Os movimentos consistem em mais do que cidadãos e consumidores. Para impacto máximo, também devem recrutar corporações e acionistas. Ultimamente, a pressão aumentou para compromissos corporativos mais fortes de descarbonização. As maiores empresas do mundo têm a grande responsabilidade de reduzir as emissões e dimensionar as soluções de zero líquido. De acordo com um relatório do *Guardian*, muito citado, somente 100 empresas respondem por 71% dos gases do efeito estufa globais. Embora saibamos que os mercados são mais impulsionados pelo consumo do que pela produção, as decisões das empresas líderes podem fazer a diferença.

Um movimento de sustentabilidade corporativa tem se infiltrado há algum tempo. O Walmart estabeleceu novos padrões de eficiência energética no varejo, instalando energia solar para lojas em 12 estados. Em 2016, o último ano de Obama na Casa Branca, o Walmart se tornou uma das 154 empresas a assinarem o American Business Act on Climate [Ato Empresarial Americano sobre o Clima], uma promessa de manter o Acordo de Paris.

O setor de tecnologia assumiu a liderança no dimensionamento da energia renovável para operações e armazenamento de dados. Por 4 anos seguidos, o Google combinou 100% do uso global de eletricidade com compras de energia renovável. Desde 2020, a Apple é neutra em carbono em todas as operações corporativas. O objetivo da empresa é zerar a pegada de carbono dos produtos até 2030.

A beleza desse fenômeno está em efeito cascata. **Quando as corporações assumem compromissos pró-clima, os fornecedores tendem a se alinhar.** O ritmo da mudança acelera. Para criar produtos com impacto zero líquido, a Apple está se mobilizando para recrutar os fornecedores para se comprometerem com os próprios planos. O que estamos vendo é uma mudança ativa de "neutralidade de carbono" para promessas de "emissões zero líquidas". O comprometimento de uma empresa equilibrar quaisquer emissões residuais de *todos* os gases do efeito estufa (não apenas o dióxido de carbono) com remoções correspondentes naquele ano civil.

> Em 2021, depois de anunciar que os negócios da Apple seriam neutros em carbono até 2030, o CEO, Tim Cook, disse: "O planeta que compartilhamos não pode esperar. E queremos ser uma onda na lagoa que cria uma mudança muito maior."

O **RC Corporações (8.3)** rastreia os compromissos declarados da comunidade empresarial global para o zero líquido até 2040. Nosso principal resultado é ter 100% da Fortune Global 500 conosco. Como chegaremos lá? No mundo dos negócios, a pressão é mais efetiva quando vem dos líderes da indústria. Um novo padrão foi definido pelo fundador da Amazon, Jeff Bezos, a quem conheci em 1996. Cinco anos depois, Jeff me mandou um presente memorável — um remo de madeira — com a inscrição: "O homem que sempre tem um remo sobressalente quando você se encontra em um riacho." Recentemente, falávamos sobre a emergência climática quando peguei o presente que me deu. Com a característica risada de buzina, Jeff exclamou: "John, parece que vamos precisar de muitos remos extras!"

O que sempre admirei em Jeff é a capacidade de identificar oportunidades enormes, traçar um curso de ação e executar com precisão implacável. (Um dos nomes originais para a Amazon.com era Relentless.com.) Quando Jeff decide fazer algo novo, ele se mexe com velocidade e em escala.

Para Jeff, a crise climática se tornou uma dessas oportunidades. Historicamente, a Amazon tinha treinado exclusivamente com clientes. Agora, a missão se expandiria para incluir a ação climática, uma decisão com senso de urgência.

A Amazon montou uma equipe de especialistas em sustentabilidade de empresas rivais, academia e em toda a empresa. A semente para o alvo do zero líquido foi plantada durante uma reunião de operações em 2016. Conforme a equipe de sustentabilidade crescia de 50 para 200, ganhou a capacidade de quantificar as emissões de carbono em toda a companhia, dos caminhões de entrega aos armazéns. Com a pesquisa em mãos, a Amazon tinha uma meta audaciosa para compartilhar. Em setembro de 2019, Jeff apresentou um plano para alcançar o zero líquido até 2040. O anúncio teve um efeito cascata nas vastas redes e conexões da empresa para o bem do planeta. A Amazon não ficaria satisfeita apenas em descarbonizar; ela recrutaria ativamente outros para fazer o mesmo.

Jeff Bezos

A Amazon é um modelo ideal para a ação climática porque as pessoas sabem o quão difícil o desafio é para nós. Não movemos apenas bits e bytes. Embora os data centers sejam grandes usuários de eletricidade, é relativamente fácil pegar o que já é elétrico para transformá-lo em energia sustentável. Em 2019, dissemos que alimentaríamos as operações com 100% de energia renovável até 2030.

Agora, faremos até 2025. Estamos 5 anos adiantados, então estamos indo muito bem.

Mas o zero líquido é difícil para a Amazon em particular porque transportamos pacotes físicos. Entregamos 10 bilhões de itens por ano. O transporte aéreo e os veículos de entrega são uma parte enorme disso. Isso é uma infraestrutura física profunda e grande, em escala real.

É difícil eletrificar toda a frota de entrega, porém já demos um bom passo nisso também. Investimos em uma empresa chamada Rivian e compramos 100 mil vans elétricas de entrega deles, com os primeiros 10 mil entrando em operação no final de 2022. Temos essa parte do plano em ação.

Contudo Jeff não estava de forma alguma terminado. Para expandir o compromisso da Amazon até 2040, cofundou o movimento corporativo Climate Pledge [Compromisso Climático]. Ele chama todas as empresas signatárias a seguiram a Amazon e alcançarem o zero líquido até 2040, cumprindo a meta de Paris 10 anos antes. As ramificações são difíceis de exagerar.

Quando a Colgate-Palmolive assinou, fez uma garantia adicional na mudança para tubos de pasta de dente totalmente recicláveis até 2025 e aderir a metas de redução de plástico e água íngremes. Quando a PepsiCo assinou, anunciou um menu abrangente de soluções de energia limpa, desde fábricas de suco de laranja tropicana movidas a energia eólica até caminhões de entrega elétricos de Doritos. A empresa exigiu práticas agrícolas regenerativas para fornecedores de alimentos em 7 milhões de acres de terras agrícolas em 60 países — tudo até 2030.

A visão de Jeff é que cadeias de suprimentos e cadeias de valor inteiras se tornem movimentos de ação climática por si mesmas. Agora que a Amazon e seus fornecedores estão prestes a enfrentar esse desafio colossal, Jeff enfatiza a dificuldade — e urgência do trabalho.

Jeff Bezos

É assustador. É muito difícil. E deve ser, pois, se não começar esperando que seja, ficará desapontado e desistirá. Mas podemos argumentar — e planejamos fazê-lo apaixonadamente — que, se a Amazon pode fazer isso, qualquer um pode. Vai ser um desafio, sem dúvida. Porém sabemos que podemos fazê-lo. Ainda mais importante, sabemos que temos que o fazer.

Temos que agir neste instante. Acredito que há uma energia coletiva para agir agora. Estamos em um ponto de inflexão em que as empresas da Fortune 500 estão levando muito a sério a crise climática. Os governos também estão levando a sério. Pela primeira vez, os responsáveis estão dispostos a fazer disso uma prioridade.

Com o Climate Pledge, estamos vendo organizações comprometerem o alcance do zero líquido nas operações até 2040. É uma ideia muito unificadora que grandes empresas podem apoiar.

Atualmente temos mil empresas signatárias, com receita anual de US$1,4 e mais de 5 milhões de empregados no mundo todo. Você não pode chegar ao zero líquido sozinho. Isso só pode ser feito em colaboração com outras grandes empresas, porque todos fazemos parta da cadeia de suprimentos uns dos outros. Para fazer o tipo de mudança de que estamos falando, precisa fazer com que essas cadeias de suprimentos se movam juntas. Todos nós dependemos uns dos outros.

Para tornar a liderança corporativa real, observa Kara Hurst, chefe mundial de sustentabilidade da Amazon, o Climate Pledge exige um autorrelato regular sobre as emissões de gases do efeito estufa. "Não dizemos o que as empresas devem fazer, apenas que devem fazer", diz Kara. "Não é reportar por reportar. É um mecanismo para compartilhar aprendizados: o que poderíamos fazer de diferente daqui para a frente?" Ao medir, rastrear e compartilhar o progresso em direção ao zero líquido, os signatários do Climate Pledge pavimentam o caminho para outros fazerem o mesmo.

Para ativistas climáticos corporativos, o impulso está sendo construído. Em agosto de 2019, o Business Roundtable, comitê diretivo de fato para o mundo corporativo, fez um giro histórico com a "Declaração sobre o Propósito de uma Corporação". Desde a fundação, em 1972, pelos chefes das principais empresas sediadas nos EUA, o Roundtable afirma que o objetivo principal de uma corporação é buscar as mais altas taxas de retorno para o capital investido — primeiro, por último, sempre. "As corporações existem principalmente para servir aos acionistas", declarava o estatuto do grupo. Embora a sustentabilidade fosse boa, nunca foi vista como um princípio corporativo norteador.

Mas os tempos estavam mudando. Quanto mais e mais CEOs ampliavam a missão, o Business Roundtable respondia da mesma forma. A nova declaração enfatizou a importância de atender os clientes; de construir uma força de trabalho em diversidade, inclusão e respeito; de proteger o ambiente com práticas sustentáveis. Com o planeta em perigo, o novo rumo do Roundtable não poderia ter vindo na melhor hora.

Como o Walmart Lidera

À medida que o Business Roundtable traçava um novo caminho, foi presidido por Doug McMillon, executivo-chefe do Walmart e defensor de longa data de clientes e funcionários. Doug aprendeu o negócio desde o início, descarregando caminhões do Walmart quando adolescente, ganhando por hora. Ele subiu na hierarquia para se tornar CEO do Sam's Club, a divisão de armazéns de membros da empresa. Em seguida, executivo-chefe do Walmart International, antes de ser nomeado CEO da empresa, em 2014. Em conversa com Doug, fiquei impressionado com o quanto a liderança importa na criação de um movimento — e essa ação real começa quando os líderes fazem uma escolha consciente de romper com o *status quo*. Doug discutiu abertamente como e por que o Walmart abraçou a sustentabilidade e estabeleceu a meta de zero líquido em carbono até 2040.

Doug McMillon

Sam Walton fundou o Walmart em 1962. Tal qual qualquer bom empresário, estava focado nos clientes e associados desde o início. Ele diria que se servirmos bem as duas partes interessadas, os investimentos financeiros se sairão bem.

Avanço rápido para a empresa crescer, alcançar escala e entrar em mantimentos nos anos 1990 e início dos anos 2000. Enfrentávamos muitas críticas da sociedade e pressão sobre uma variedade de questões. E não respondemos tão bem quanto poderíamos ter feito no começo. Nós realmente não entendemos isso.

Lee Scott, CEO na época, fez uma escolha importante. Em vez de nos defender e responder com a nossa versão dos fatos, ele nos levou a ouvir e aprender com as críticas. Enquanto ouvíamos líderes de pensamento como Peter Seligmann, Paul Hawken, Sr. Barbara Aires, Amory Lovins e Jib Ellison, nossa mentalidade mudou. Vimos que poderíamos fazer mais e seria bom para o negócio.

Então, o Furacão Katrina chegou, em 2005. Os diques quebraram. Nova Orleans foi inundada. As pessoas morriam. As famílias estavam nos telhados, aguardando salvamento. O governo federal foi lento na resposta. Nossa equipe de liderança em Bentonville estava em uma teleconferência no fim de semana prolongado, trabalhando para ajudar associados e clientes no mercado, assistindo a tudo acontecer, dolorosamente, na TV.

As pessoas precisavam de ajuda, mas não tinham a resposta adequada. Lee disse à equipe para liberar tudo o que tínhamos para ajudar. E que somaríamos os custos mais tarde e, se isso fosse nos fazer perder o trimestre, que assim fosse.

Enviamos 1.500 caminhões de alimentos e suprimentos. Levamos nosso pessoal de todo o país, gerentes de loja, gerentes de mercado. Muitos trabalharam lá por semanas. Eles dormiam nas lojas e armazéns, porque não havia lugar seguro para ficar. Tínhamos associados para ajudar a guiar os helicópteros de resgate enquanto usávamos o estacionamento. Um dos diretores fez massagem cardíaca em um cliente em uma das lojas. Houve história após história de nossos bravos associados fazendo a diferença.

A maior parte do país viu o que estávamos fazendo. E ficamos orgulhosos com isso. A jornada de aprendizado que fizemos antes do Katrina nos preparou para aquele momento. Lee aproveitou e então disse, "o que seria necessário para sermos essa empresa e nos sentirmos assim todos os dias?". Sob a liderança dele, agimos rapidamente para estabelecer algumas grandes metas de sustentabilidade social e ambiental. Estabelecemos metas para criar desperdício zero, mudar para energia renovável, vender produtos sustentáveis.

Estávamos no caminho de nos tornarmos pensadores de sistemas, trabalhando para projetar todo o negócio para beneficiar todas as partes interessadas e fortalecer as comunidades e o planeta.

////////////////////

As novas metas de sustentabilidade do Walmart se espalharam da sede para as mais de 6 mil filiais, lojas, clubes ao redor do mundo e mais de 1,6 milhão de funcionários à época. O que tornou as novas metas ainda mais significativas foi o impacto nos fornecedores, grandes personagens em vestuário, alimentos e agricultura e materiais industriais.

Doug McMillon

A matemática inicial mostrou que algo entre 8% e 10% da pegada de carbono foi impulsionada por nossos próprios ativos — caminhões, lojas, as coisas que possuíamos. Os outros 90% a 92% vinham da cadeia de suprimentos. Portanto, não poderíamos atingir os objetivos sem abraçar a questão e engajar a cadeia de fornecimentos de forma bastante agressiva.

E foi o que fizemos — não apenas com grandes fornecedores e marcas, mas com fábricas ao redor do mundo. Nos EUA, cerca de dois terços do que vendemos é fabricado, cultivado ou montado aqui, enquanto o outro terço vem de China, Índia, México e Canadá, juntamente com componentes de todo o mundo. Desenvolvemos um plano que convidava todos os fornecedores a aderirem aos objetivos. Formamos o que chamamos de Sustainable Value Networks [Redes de Valor Sustentável].

Fornecedores engajados em temas que eram relevantes para eles, por exemplo: Como reduzimos a pegada de carbono da frota de transportes? Como removemos produtos químicos indesejados dos produtos? Como podemos melhorar as embalagens? Convidamos os fornecedores a vir e nos ajudar a pensar sobre esses problemas e criar uma política. Também convidamos universidades, ONGs e outros líderes de opinião. Basicamente, criamos um coletivo que era mais amplo que os negócios para ajudar a usar a ciência para fazer escolhas políticas inteligentes. E então agimos.

Descobrimos que os fornecedores têm a mesma opinião; esta não era uma situação onde tínhamos que forçar alguém a fazer qualquer coisa. Pelo contrário, foi uma porta aberta e uma experiência educacional. E vieram de bom grado.

Próximo do fim de 2020, definimos o próximo conjunto de metas como resultado de dois desenvolvimentos. Um é o próprio processo de maturação. Fizemos progressos em energia renovável, eliminação de resíduos, venda de produtos sustentáveis. E ainda fazendo tudo o que pudermos relacionado à sustentabilidade ambiental e social. Portanto, estamos prontos para a próxima fase de metas.

A outra coisa que está acontecendo é que o mundo não está indo bem. O senso de urgência tem que ser maior e as metas devem mirar mais alto. Definimos uma meta em 2019 para alcançar as emissões zero e as operações, sem compensações, até 2040.

Ao mesmo tempo, precisamos não apenas diminuir os danos para chegar ao carbono neutro, mas encontrar maneiras de adicionar novamente. Alguns especialistas estimam que a própria natureza pode fornecer até um terço da solução para as mudanças climáticas. Logo, enquanto estamos tentando obter energia renovável e eliminar o desperdício etc., também protegeremos pelo menos 50 milhões de acres de terra e mais de 1,5 milhão de quilômetros quadrados de oceano. Queremos nos tornar uma empresa regenerativa.

METAS SUSTENTÁVEIS

CLIMA
- Meta de emissão zero nas próprias operações até 2040.
- Alcançar **100% de energia renovável até 2035**.
- Trabalhar com fornecedores para evitar 1 gigatonelada de emissões de gases do efeito estufa da cadeia de valor global até 2030.

NATUREZA
- Junto com a Walmart Foundation, ajudar a proteger, administrar ou restaurar ao menos 50 milhões de acres de terra e mais de 1 milhão de quilômetros quadrados de oceano até 2030.
- Adquirir pelo menos 20 commodities de forma mais sustentável até 2025.

DESPERDÍCIO
- Alcançar o desperdício zero nas operações nos EUA e Canadá até 2025.
- Alcançar embalagens de marca própria 100% recicláveis, reutilizáveis ou compostáveis industrialmente até 2025.

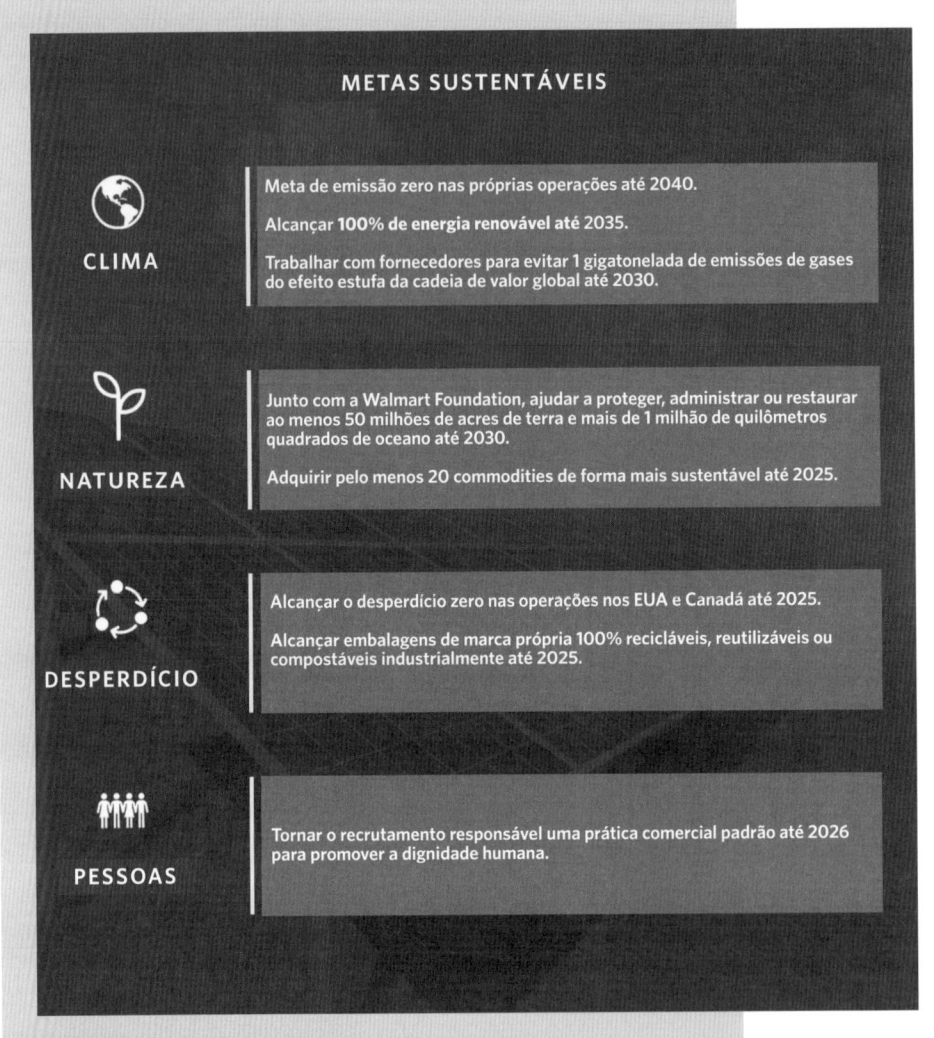

PESSOAS
- Tornar o recrutamento responsável uma prática comercial padrão até 2026 para promover a dignidade humana.

O esforço do Walmart para o zero líquido é multifacetado: reúne um amplo conjunto de partes interessadas.

Os investimentos que apoiam os **funcionários, comunidades e o planeta** são do interesse absoluto de clientes e acionistas.

Hoje, o Walmart é um líder indiscutível no movimento de ação climática. A empresa está buscando constantemente formas de se tornar mais eficiente e sustentável em energia e trazer ainda mais urgência ao problema amplo em questão. A liderança climática do Walmart serve à missão original de Sam Walton: ajudar as pessoas a economizar dinheiro e viver melhor. Ao tornar a frota de transportes mais eficiente, por exemplo, evitou mais de 80 mil toneladas de emissões de carbono. Como benefício associado, a economia de custos é repassada aos clientes.

É apenas um caso da convicção central da empresa: investimentos que apoiem os funcionários, as comunidades que servem e ao planeta estão no melhor interesse absoluto de clientes e acionistas. Como o Walmart descobriu, uma abordagem multissetorial, ao longo do tempo, é a melhor maneira — talvez a única — de maximizar o valor para aqueles que detêm o negócio.

O Risco de Não Aderir ao Movimento Empresarial

Ao passo que a Amazon e o Walmart emergem modelos exemplares de ação climática, e os outros? Para muitas empresas, tomar a iniciativa em relação ao clima se resume a riscos. O não cumprimento das metas de emissão pode trazer consequências desagradáveis, desde ações judiciais de acionistas até a desvalorização de mercado. Entre aqueles que soam o alarme está o maior gestor de investimentos do mundo, com US$8,7 trilhões sob gestão. **De acordo com a BlackRock, um "portfólio consciente do cliente" não é mais uma escolha — é um imperativo**.

Em sua carta aberta, de 2021, aos chefes de empresas nas quais a BlackRock investe, o executivo-chefe Larry Fink declarou seu setor "à beira da transformação". À medida que mais investidores inclinavam portfólios em direção à sustentabilidade, observou Fink: "A mudança tectônica que estamos vendo vai acelerar ainda mais." As empresas que fracassarem em se preparar para uma transição em direção a uma economia zero líquido, adverte Fink, verão os negócios e avaliações sofrerem. Ele lançou um desafio amplo e persuasivo para que os investidores e líderes corporativos aproveitassem a dupla oportunidade — entregar retornos de longo prazo enquanto construíam um futuro mais brilhante e próspero para o mundo.

Larry Fink

Há 5 anos, comecei a escrever cartas de apoio a um movimento corporativo sustentável. A maioria das respostas que recebi foram positivas. Cerca de 40% altamente negativas. E metade vinham de ambientalistas dizendo que não estávamos fazendo o suficiente. Reconheço que a comunidade de investimentos não é perfeita. Não conseguimos abordar algumas das partes carentes da sociedade que muitas vezes são deixadas para trás.

A outra metade das críticas veio da extrema direita. Alguns jornais conservadores veicularam uma caricatura minha abraçando uma árvore. Mas não se engane. Embora me considere um ambientalista, escrevi aquela carta como capitalista, como um fiduciário para os clientes.

Acredito que a BlackRock deve ter voz em temas importantes que afetam os ativos dos clientes. Com o passar dos anos, minha carta aos CEOs tem se concentrado cada vez mais na responsabilidade que as empresas precisam assumir para resolver a crise climática. E teve impacto. Quando o Business Roundtable decidiu ampliar a visão sobre o papel das corporações para serem mais inclusivas com todas as partes interessadas, acredito que foi uma reação à minha carta de 2018, pois focava as empresas com um propósito.

Em 2019, testemunhei o embranqueamento da Grande Barreira de Corais. Testemunhei incêndios florestais na América do Sul e uma seca no Botsuana. Foi devastador tanto para o clima quanto para os negócios. A sustentabilidade tornou-se um tema de todas as conversas em todos os lugares que visitei. Passei a ver que o risco climático é um investimento de risco.

A conscientização está aumentando rapidamente. Acredito que estamos à beira de uma reformulação fundamental das finanças. A evidência sobre o risco climático está obrigando os investidores a reavaliarem as premissas centrais. Eles estão pensando duas vezes sobre investimentos em empresas prejudicadas que se recusam a mudar.

É nossa responsabilidade fiduciária garantir que as empresas nas quais investimos em nome dos clientes estejam abordando essas questões materiais, tanto na gestão dos riscos climáticos quanto na captura de oportunidade para o crescimento dos negócios. Só assim podem gerar os retornos financeiros de longo prazo dos quais os clientes dependem para atingir as metas de investimento de longo prazo.

Em 2020, vimos uma aceleração no investimento consciente do clima. E o movimento de capital continuou a acelerar em 2021. Fiquei mais esperançoso em minha carta de 2021. O capitalismo pode moldar a curva das mudanças climáticas? A resposta é sim. Acredito que pode.

Entretanto temos muito mais trabalho a fazer.

Quanto mais entendemos tanto os riscos quanto as oportunidades, mais rápido podemos fazer a mudança tectônica em todos os setores. A Johnson & Johnson tem uma relação preço-lucro mais alta do que a maioria de seus pares. Em parte porque o CEO Alex Gorsky se concentra em reduzir a pegada de carbono.

Podemos mostrar o Sistema Público de Aposentadoria dos Funcionários Públicos da Califórnia que um fundo de investimentos com pontuações de sustentabilidade mais altas que o Índice S&P 500 também pode ter um desempenho melhor que o índice. Gostaríamos de dar a cada fundo de pensão a opção de não possuir o Índice S&P 500 se contiver empresas arrastando os pés.

Graças ao crescimento da Tesla e outros, você já pode ver o que está acontecendo no mercado de ações. A relação preço-lucro para empresas de tecnologia limpa varia de 26 a 36, contra 6 a 10 para empresas de hidrocarbonetos.

O maior perigo é as empresas de combustíveis fósseis de capital aberto que alienam ativos de hidrocarboneto para uma empresa privada. A alienação de hidrocarbonetos pode ser uma lavagem verde. Se as empresas de energia vendem ativos de hidrocarbonetos para uma empresa de investimentos privados, por exemplo, nada mudou. Na verdade, pioram ainda mais o problema, porque o ativo foi movido para mercados menos públicos e menos transparentes.

O risco climático é um investimento de risco.

BlackRock e outros grandes investidores institucionais estão ampliando a dedicação pró-clima por meio das ofertas de recompensas e punições. À medida que mais investidores insistem na sustentabilidade, as corporações que demoram a responder enfrentarão os custos altos de capital. Aqueles que embarcarem estão melhor posicionados para oferecer maiores retornos aos acionistas, uma ferramenta de medição primordial para os executivos-chefes.

ExxonMobil, a maior empresa de petróleo dos EUA é um exemplo dramático de como a maior conscientização sobre riscos já está forçando mudanças. Quando os preços mundiais de petróleo atingiram o pico em 2007, o valor de mercado da empresa superou US$500 bilhões, a tornando a mais valiosa — e lucrativa — no mundo. Quando os preços do petróleo despencaram e a demanda estagnou, a sorte da Exxon caiu na mesma moeda. Ao final de 2020, o valor de mercado da empresa despencou para US$175 bilhões. Durante a década passada, o retorno total caiu para 20%, ao contrário do ganho de 27% para o Índice S&P 500. Não surpreende a insatisfação dos donos das ações da Exxon. Alguns se tornaram ativistas, buscando assento no conselho. E visam obrigar a empresa a alinhar a estratégia de longo prazo com a transição para fontes de energia renováveis. Como dizia uma manchete, "os tubarões verdes estão rodeando a ExxonMobil".

Em 7 de dezembro de 2020, como parte da campanha "Reenergize a Exxon", os ativistas lançaram uma bomba em forma de carta. "Nenhuma empresa na história de petróleo e gás foi mais influente do que a Exxon Mobil", dizia. "Está claro, no entanto, que a indústria e o mundo no qual opera estão mudando e a ExxonMobil também deve mudar." Como observado pelos ativistas, o conselho atual não incluiu ninguém com experiência em energia renovável. Em resposta, a Exxon publicou o primeiro perfil de emissões, juntamente com detalhes dos esforços para reduzir o impacto climático prejudicial da empresa.

Não impressionados, os ativistas dos acionistas pressionaram por uma metamorfose radical — para a Exxon se afastar dos combustíveis fósseis. Apontaram empresas europeias de petróleo e gás que se diversificaram em biocombustíveis, hidrogênio e parques eólicos offshore. Em maio de 2021, o pequeno fundo de hedge Engine Nº 1 liderou a revolta de acionistas que conquistou 3 assentos independentes no conselho — "um momento marcante para a Exxon e a indústria", disse Andrew Logan, da Ceres, uma rede de investidores sem fins lucrativos. No mesmo dia, investidores ativistas rejeitaram o conselho da Chevron votando para reduzir as emissões de gases do efeito estufa dos produtos da gigante do petróleo. No ato, um tribunal na Holanda decidiu que a Royal Dutch Shell, a maior empresa privada de petróleo do globo, deveria reduzir as emissões em 45% em relação aos níveis de 2019 até 2030. A economista de Oxford Kate Raworth chamou de "um ponto de inflexão social para um futuro livre de combustíveis fósseis".

Quando até as mais poderosas empresas petroleiras estão sendo forçadas a se adaptar, fica claro que ninguém no setor está isento. Líderes climáticos como Al Gore previram esse dia há muito tempo. Citando números do Painel Intergovernamental sobre Mudanças Climáticas, Gore observou que US$28 trilhões em ativos de carbono das empresas de combustíveis fósseis ainda precisam ser explorados — e que US$22 trilhões desses ativos, mais de 75%, podem ficar presos para sempre no solo. "As empresas estão reduzindo o valor de suas reservas", diz Gore. **"Essas reservas são ativos tóxicos e subprime, que nunca verão a luz do dia. São uma catástrofe total."**

Os líderes das empresas de combustíveis fósseis devem aceitar a nova realidade e dedicarem a acelerar a transição para energias limpas. Não é o suficiente para acelerar a economia zero líquido; precisamos desligar os restos do antigo.

O Movimento em Direção à Justiça Ambiental

À medida que esforçamos para manter um mundo habitável, também devemos criar um planeta mais justo. A raiz grega para *crise* é "krisis" — escolher. Resolver a crise climática confronta com uma miríade de escolhas para corrigir a injustiça social e econômica, as disparidades de saúde e a desigualdade de gênero. Se falharmos na ambição de zero líquido, os problemas certamente piorarão. Entretanto aqui está uma perspectiva mais positiva: a atual emergência das emissões é a oportunidade extraordinária para abordar profundas desigualdades que persistem por gerações. Mais especificamente, acelerar o caminho para o zero líquido *depende* do compromisso com a equidade e a justiça. Não podemos fazer o primeiro sem o segundo.

Uma líder é a dra. Margot Brown, chefe das iniciativas de justiça e equidade ambiental do Fundo de Defesa Ambiental. Em agosto de 2005, enquanto estava imersa em pesquisas para sua tese de doutorado, na Universidade Tulane, o aviso chegou. Dois dias antes do Furacão Katrina, Margot guardou os dados na maleta e deixou a cidade. E assistiu de longe como Nova Orleans foi inundada.

Margot Brown

Durante décadas, houve uma desconexão entre o movimento ambientalista predominante e o movimento de justiça ambiental. O primeiro estava concentrado na proteção dos sistemas naturais e a vida selvagem. O último, em proteger comunidades desfavorecidas de riscos ambientais. Aprendemos que devemos fazer os dois juntos. Ambos são componentes integrais de um sistema maior.

Frequentemente me perguntam como abordo a tensão, promovendo soluções equitativas e justas que muitas vezes foram negligenciadas. Eu uso uma abordagem sistêmica. Isso significa conciliar soluções focadas na natureza e justiça ambiental, tornando a saúde e o bem-estar dos seres humanos uma parte crítica da avaliação.

Ao expandir os programas ambientais para proteger as pessoas de cor e baixa renda, devemos garantir que esses indivíduos não serão mais os primeiros a serem afetados pelas mudanças climáticas e os últimos a serem atendidos.

Em 2005, alguns dias antes do Katrina tocar o solo, saí de Nova Orleans. Vi de longe como a crise climática pune comunidades desfavorecidas. A devastação para as comunidades de cor foi tão severa que colocou as desvantagens em foco para o mundo ver.

Sete meses depois, voltei a Nova Orleans para defender a minha dissertação. Vastas áreas da cidade ainda estavam fechadas, com bairros inteiros devastados e em ruínas.

O Uptown Whole Foods, no entanto, parecia exatamente o mesmo de dias antes da tempestade. Por quê? A loja se situava em um terreno mais alto, em um bairro onde as pessoas tinham recursos econômicos para reconstruir imediatamente.

Alguns quilômetros adiante, no Lower Ninth Ward, mesmo 16 anos depois do Katrina, muitas casas vazias ainda tinham avisos amarelos desbotados pregados nas portas da frente. Aqueles que já possuíram as casas não puderam ou não voltaram porque não tinham os recursos necessários para reconstruir.

A comunidade negra de baixa renda foi inundada por um canal industrial, que foi construído na década de 1950 para encurtar a distância para o transporte comercial. A construção do canal eliminou as barreiras naturais protetoras e expôs os moradores a gases perigosos da indústria. O bairro acabou sendo destruído pela falta de proteção natural.

Nos EUA e em todo o globo, comunidades desfavorecidas estão sofrendo devido a fatores ambientais e socioeconômicos. Precisamos nos preocupar com o bem-estar dessas comunidades, ao mesmo tempo que reconhecemos que os problemas que enfrentam são prejudiciais à saúde e à segurança de todos.

Precisamos aprender com os fatores que levaram aos resultados devastadores do Katrina.

Trabalhadores — empregadas de hotéis, zeladores, seguranças do meu prédio, membros de minha igreja — perderam casas que tinham orgulho de possuir, as comunidades das quais faziam parte, a vida que levavam e muitos amigos e familiares.

É o que significa ser o último a ser atendido.

Mais do que qualquer outro fator, onde você mora determina a quantidade e a qualidade da educação que receberá, a renda que ganhará, a saúde de que desfrutará e o número de anos que poderá viver.

Quando as pessoas me perguntam sobre o impacto da injustiça ambiental, respondo simplesmente que é a morte. Não é só a perda de casas, mas a destruição de comunidades e filosofias de vida — culturas inteiras. Vimos após o Katrina, em 2005, e estamos vendo novamente, da forma como o Covid atingiu desproporcionalmente as comunidades minoritárias.

Uma transição justa exigirá uma abordagem holística. Precisamos de uma mudança econômica, no salário mínimo, no nível de escolaridade e nas oportunidades econômicas. Devemos abordar cada peça do quebra-cabeça.

O impacto é mortal.

Com a orientação de Margot e outros especialistas, agrupamos os principais elementos da justiça ambiental em categorias que podemos medir e rastrear: as lacunas na educação, saúde e economia.

Fechando a Lacuna na Educação

A mudança climática não é neutra em gênero. Em consequência das profundas desigualdades subjacentes, mulheres e meninas são mais vulneráveis aos piores efeitos. Também são aliadas inestimáveis nessa mitigação. Uma luta de frente e centro é a equidade na educação de meninas, especialmente nos países em desenvolvimento na África, sul da Ásia e América Latina. Nas palavras do Projeto Drawdown, a educação é "a alavanca mais poderosa disponível para quebrar o ciclo de pobreza intergeracional, enquanto mitiga as emissões ao conter o crescimento populacional". Cada ano adicional da escola secundária aumenta os ganhos futuros em 15% a 25%. Mulheres mais instruídas se casam mais tarde na vida e têm menos filhos, sendo mais saudáveis. Elas têm áreas agrícolas mais produtivas e famílias bem nutridas. E não menos importante, estão melhores equipadas para resistir aos efeitos das mudanças climáticas. A ligação entre o impacto climático e a educação de garotas foi estudada pelo Fundo Malala, fundado pela mais jovem ganhadora do Prêmio Nobel da Paz, Malala Yousafzai. Em 2021, ao menos 4 milhões de meninas em países de baixa e média renda não poderão completar a educação devido a eventos relacionados ao clima: seca, escassez de alimentos e água, deslocamentos. Até 2025, esse número deverá crescer para 12,5 milhões.

No total, 130 milhões de meninas têm o direito fundamental à escola negado. As razões são várias: famílias com recursos limitados; preconceitos culturais arraigados; violência a caminho e dentro das escolas. Um livro oficial do assunto — *What Works in Girls' Education: Evidence for the World's Best Investment* ["O que Funciona na Educação de Meninas: Evidências para o Melhor Investimento do Mundo", em tradução livre] — destaca algumas soluções promissoras. As escolas devem ser acessíveis, com bolsas familiares para permitir que os pais mantenham as filhas nas aulas, mesmo diante de emergências familiares ou crises econômicas. Elas precisam de acesso a escolas de alta qualidade sem viagens onerosas. E apoio para superar as barreiras de saúde — com tratamentos de desparasitação, por exemplo.

Não faltam esforços bem-sucedidos para matriculá-las e mantê-las matriculadas. O Educate Girls mostrou que uma liderança forte e um financiamento adequado atraem milhares de voluntários, que, por sua vez, levam mais milhões para dentro das escolas. A fundadora do grupo, Safeena Husain, fala por experiência própria.

Safeena Husain

Cresci em Delhi, entrando e saindo da educação, mas acabei me tornando o primeiro membro da família a estudar no exterior. Me formei na London School of Economics.

Quando voltei à Índia, muitos anos depois, estava profundamente ciente de que todas as oportunidades que recebi foram apenas por causa da minha educação. Entretanto também sabia que milhões de outras meninas na Índia viam negado o mesmo direito e oportunidades. Apesar do grande progresso na expansão da educação elementar, a Índia ainda é a casa de mais de 4 milhões de meninas sem escolas.

Fundei o Educate Girls em 2007. Trabalhamos para trazer uma mudança positiva na mentalidade das comunidades remotas e marginalizadas da Índia. Recebemos ajuda de voluntários das aldeias — a quem chamamos Equipe Balika, por causa da palavra Hindi para menina. São indivíduos altamente motivados, na maioria das vezes, o jovem mais bem-educado de seus vilarejos. Eles vão de porta em porta identificando todas as meninas que não estão indo à escola. É como uma pesquisa do Censo, com dados registrados no próprio aplicativo Educate Girls para celular.

Usando os dados, identificamos geograficamente cada vila para reconhecer rapidamente os grupos de meninas fora da escola e priorizar as áreas de maior necessidade. Quando descobrimos onde elas estão, começamos a levá-las de volta à escola. A jornada começa com o processo de mobilização da comunidade: reuniões de aldeias e bairros e aconselhamento individual de pais e famílias. Pode levar de algumas semanas a alguns meses.

Quando levamos as meninas ao sistema escolar, trabalhamos com as escolas para garantir que tenham capacidade de mantê-las e garantir uma forte frequência. Abordamos algumas barreiras de segurança e higiene que muitas vezes forçam elas a desistir, como a falta de água potável ou um banheiro separado.

Porém tudo isso não teria sentido se nossos filhos não estivessem aprendendo. E, por isso, executamos um programa de aprendizagem corretiva. A maioria dos filhos são alunos de primeira geração, sem apoio de casa para ajudá-los com as lições. Na maioria das vezes, os pais são analfabetos. O programa ajuda a preencher essa lacuna de aprendizado.

O audacioso plano do Educate Girls é matricular até 1,5 milhão de meninas fora da escola no período de 5 anos que termina em 2024. Isso deve reduzir de forma significativa a lacuna de gênero na educação. Começamos com 50 escolas, subimos para 500 e, então, cobrimos um distrito inteiro, dobrando de tamanho a cada 18 meses!

No sul da Ásia, os maiores obstáculos para levar as meninas à escola são a mentalidade das pessoas e as práticas sociais tradicionais e discriminatórias. Renegociar as posições é a parte mais difícil. Usamos voluntários para tentar superar isso, mas a chave é estar no distrito a longo prazo, por 6 a 8 anos. Quando faz isso, cria um novo normal.

Você não apenas faz uma campanha, todo mundo vai para a escola e pronto. O desafio é sustentá-lo ao longo do tempo. No período que o Educate Girls fica em uma região, 6 a 8 anos, terá coberto 10 grupos de estudantes, uma geração. Se formos capazes de manter uma geração de meninas na escola, os próprios filhos começarão de uma linha de base diferente.

É sobre quebrar o ciclo de meninas que têm o acesso negado. Os dados dizem que, uma vez que o quebra, permanece quebrado, porque uma mãe educada tem mais do dobro de probabilidade de educar os filhos. É isso que almejamos.

É importante vincular as meninas com a questão das mudanças climáticas. Não é apenas porque as meninas são a chave para reduzir as emissões futuras, por terem famílias menores e mais saudáveis. É também porque mulheres e garotas pobres e vulneráveis são aquelas que pagarão o preço mais alto pelas mudanças climáticas.

Para mim, a educação é o coração disso tudo.

O **RC Educação (8.4)** pede pela educação primária e secundária universal para garantir que todas as meninas — e meninos — ao redor do planeta permaneçam na escola até os 18 anos de idade, o que devia ser um direito humano básico. Os meios para alcançar este RC variam entre ambientes urbanos e rurais e entre países desenvolvidos e em desenvolvimento. Precisaremos enfrentar os obstáculos entre as meninas e a escolaridade e oferecer soluções localmente relevantes para superá-los.

É um grande desafio. Contudo, como nos lembra Malala Yousafzai: "Ter milhões de meninas na escola nos próximos 15 anos pode parecer impossível, mas não é. O mundo não carece de fundos, nem de know-how, para conseguir educação secundária gratuita, segura e de qualidade para todas as meninas — e meninos." Há um poderoso incentivo climático para conseguir isso. De acordo com o Projeto Drawdown, uma combinação de **"recursos voluntários de saúde reprodutiva, com acesso universal e igual de qualidade na educação para meninos e meninas" reduziria as emissões globais de CO2e para perto de 3 gigatoneladas por ano**. O cálculo é claro: a educação de meninas precisa ser garantida universalmente.

Fechando a Lacuna na Saúde

Há mais de uma forma para desbloquear uma economia limpa e um mundo de zero líquido em emissões. Mas nem todos farão a transição justa e equitativa. O Plano Velocidade & Escala busca aproveitar este momento para fechar as lacunas entre grupos raciais e socioeconômicos em dois eixos cruciais: saúde e riqueza.

É bem documentado que comunidades de cor sofreram mais do que a parcela de danos da crise climática. Vamos mergulhar nos problemas de saúde ligados às emissões de gases do efeito estufa. A classe mais perigosa de poluentes é conhecida como "matéria particulada fina" ou "PM 2.5" — as partículas sólidas ou líquidas com não mais que 2,5 mícrons de diâmetro, que se enterram profundamente nos pulmões das pessoas. Principalmente gerados por veículos movidos a gasolina ou diesel ou por usinas de energia a combustível fóssil, causam uma a cada cinco mortes prematuras em todo o mundo. Em 2019, somente na Índia, o ar tóxico matou mais de 1,6 milhão de pessoas. Nos EUA, levou a 350 mil mortes prematuras por ano. Comunidades negras e hispânicas são desproporcionalmente afetadas. A comunidade negra, em particular, teve mais de 50% a mais de exposição ao PM 2.5 do que a média da população.

O **RC Saúde (8.5)** visa fechar o abismo nas taxas de mortalidade em relação à poluição climática entre grupos raciais e econômicos. Para avaliar o sucesso da transição equitativa para o zero líquido, é fundamental medir os resultados de saúde. O setor de RCs — fechamento de usinas de carvão, trocar carros e caminhões para elétricos e fogões eletrificados e aquecimento dentro das residências — enfrenta tal desafio.

O alcance do resultado-chave é agressivo. As taxas de mortalidade são teimosas. No entanto, temos que ser resolutos na ambição. Precisamos buscar amplitude: equidade nos resultados de saúde em todos os cantos do mundo. E, mais profundo: qualquer coisa maior do que uma diferença de 0% nas taxas de mortalidade será um fracasso. Nos meus dias mais céticos, me pergunto se isso é possível. Nos momentos mais brilhantes, percebo que é menos útil debater o que podemos fazer ou não. E, mais emocionante, que vale a pena lutar por um futuro melhor. Esse é o trabalho — e a promessa — dos movimentos.

Ampliando a Oportunidade

De todos os potenciais benefícios em perseguir um planeta zero líquido, a criação de empregos deve ser a que chama mais atenção na política, e por uma boa razão. A oportunidade econômica com uma transição para uma economia de energia limpa foi estimada em US$26 trilhões. Até 2030, se reformar centros urbanos, aumentar a energia renovável, desenvolver armazenamento em escala de rede e reformar os setores econômicos inteiros, criaremos **65 milhões de novos empregos — e uma riqueza incalculável**.

O **RC Equidade Econômica (8.6)** chama para a transição economicamente equitativa, medida pela distribuição de empregos de economia limpa bem remunerados. É essencial que o ganho inesperado de energia limpa inclua populações carentes. Comunidades desfavorecidas devem ser priorizadas para programas de treinamento e empregos de economia limpa. Não podemos deixar ninguém para trás, incluindo ex-mineradores de carvão, trabalhadores de petróleo e gás natural. Os empregos com salários mais altos, em particular, devem ser distribuídos de forma ampla e inclusiva.

Como escreveu a Climate Justice Alliance: "A transição é inevitável. A justiça, não." Ao apresentar esse resultado-chave, tornamos explícitos o objetivo para uma transição justa, com um acesso amplo e equitativo a oportunidades. Para ser claro, este é só o começo. A verdadeira justiça econômica exigirá abordar as desigualdades de riqueza de longa data, arraigadas, que atormentam comunidades historicamente desfavorecidas, dividindo o mundo desenvolvido do em desenvolvimento.

Considerando a magnitude e a ambição dos resultados-chave neste capítulo, alguns leitores podem ficar incrédulos — ou desdenhosos. Mas talvez mais do que qualquer outro acelerador, os movimentos exigem um pensamento ousado, imaginativo e desimpedido. Por definição, eles perturbam o *status quo*. Mais importante, são nossa melhor esperança para uma mudança política rápida e duradoura. E inauguram futuros novos e inimagináveis.

Um Megafone para Movimentos

Quando atingi a maioridade, na década de 1960, os movimentos se cristalizaram em momentos e lugares memoráveis — a Marcha sobre Washington ou o Domingo Sangrento na Edmund Pettus Bridge em Selma, Alabama. Como diretor de notícias para a KTRU na Rice University em Houston, testemunhei em primeira mão a intensidade do ativismo no campus e do movimento contra a Guerra do Vietnã. Os protestos da época viveram ou morreram pela participação pessoal em eventos ao vivo e a atenção da mídia que atraíram.

O mundo mudou. Com plataformas como o Twitter e o YouTube, os movimentos não mais exigem encontros ao vivo. Pedidos de mudanças podem se espalhar em velocidade cibernética. Defensores e apoiadores podem participar de maneiras e números sem precedentes.

Antes das mídias sociais, nasceu um megafone para movimentos em 1984, em um evento único para líderes compartilharem ideias na junção de tecnologia, entretenimento e design — daí a sigla TED. Em 1990, após alguns trancos e barrancos, a TED se tornou conferência anual e expandiu o escopo para todos os campos da inovação e conhecimento. Em 2006, as 6 primeiras conversas ficaram online. O resto, como se diz, é história.

A sustentabilidade tem sido tema central para a organização voltada ao horizonte. Em 2006, depois de Al Gore apresentar a prévia do futuro *Uma Verdade Inconveniente*, Chris Anderson, da TED, ficou surpreso com a quantidade de pessoas na plateia que "mudaram os objetivos das vidas a partir daquele momento".

Incentivada por membros-chave da comunidade, a liderança da TED embarcou em uma nova abordagem ousada para enfrentar o maior desafio global da história da humanidade. Countdown é uma plataforma criada pela TED para defender e acelerar soluções à crise climática. Reúne vários grupos, amplifica as melhores ideias e tenta transformá-las em ação. Lançado por Chris Anderson em parceria com o Future Stewards, um grupo liderado por Lindsay Levin, Countdown traz uma diversidade de vozes para debate crítico.

Em outubro de 2020, o evento inaugural do Countdown foi transmitido ao vivo no mundo todo pelo YouTube. Dezessete milhões de pessoas se conectaram para escutar uma série de líderes e influenciadores, de Christiana Figueres, ex-alta funcionária climática da ONU, ao Papa Francisco. **Nos meses que seguiram, à medida que uma safra de palestras gravadas percorreu o globo, o público aumentou para 67 milhões**. (Você pode assistir o evento inteiro em https://countdown.ted.com, em inglês.)

Nas semanas seguintes, mais de 600 grupos locais, desde o Sudão a El Salvador e Indonésia, realizaram os próprios eventos TEDx Countdown, intercalando as conversas "principais" com os debates de líderes e comunidades locais. A TED nunca foi tão relevantemente pessoal e acessível como antes. E começou a trazer resultados.

O filósofo e jornalista Roman Krznaric falou em "How to Be a Good Ancestor", sobre como as decisões que tomamos no presente reverberam em gerações. Seis meses depois, citando um impacto ambiental hostil, a Suprema Corte do Paquistão decidiu contra a expansão de uma fábrica de cimento. A decisão citou a TED de Roman e vinculou o vídeo correspondente. Além de citar outras duas conversas do Countdown sobre cimento verde.

Como pode ver, o impacto do Countdown é amplo e profundo. Líderes locais e especialistas ganharam acesso a audiências próximas e distantes. Lições e soluções podem ser coletadas e transmitidas para todos os cantos do mundo. Com ideias ousadas apoiadas por uma narrativa rica e bem desenvolvida, movimentos como o Countdown estão impulsionando mudanças mais rapidamente, envolvendo mais pessoas, em mais lugares e níveis. Com o poder de espalhar ideias, "as pessoas se sentem donas", diz Lindsay. "Elas se sentem como administradoras do futuro."

Ao fazer uma pausa para considerar tanto movimento de tantos movimentos, sinto um otimismo renovado sobre o futuro da causa. E determinado a redobrar os meus esforços para agir. A premiada do America's Youth Poet, Amanda Gorman, captou melhor o sentimento em "Earthrise":

Não há repetição. O momento é
Agora
Agora
Agora,
Porque a reversão do dano,
E a proteção de um futuro tão universal deve ser qualquer coisa,
menos controversa. Então, Terra, pequeno ponto azul
Nós vamos falhar; você, não.

Part II - Acelerar a Transição

Inovar!

Capítulo 9

Inovar!

Em 4 de outubro de 1957, a União Soviética lançou o Sputnik, primeiro satélite fabricado — e os norte-americanos ficaram alarmados com o que significaria perder a corrida espacial. Como resposta, o presidente Eisenhower criou a Agência de Projetos de Pesquisa Avançada, ARPA (em inglês), cujo trabalho era inventar o futuro da defesa nacional. O Congresso financiou em incríveis US$520 milhões; US$5 bilhões hoje. Após o trabalho espacial da ARPA ser transferido para a NASA, seus cientistas e engenheiros voltaram para a miniaturização da eletrônica e para encontrar novas maneiras de comunicação se as linhas telefônicas caíssem (poderia acontecer em uma guerra nuclear). Assim, eles criaram com a ARPANET, o precursor da internet em 1960. A ARPA, talvez, seja o exemplo mais famoso — não o único — de como pesquisa apoiada pelo governo estimula a inovação, leva a recompensas enormes e, às vezes, inesperadas.

Após a ARPA ser transferida para o Departamento de Defesa (que ajustou o nome para DARPA), o trabalho ainda era ajudar o programa espacial. As missões Apollo não teriam acontecido sem os avanços da DARPA em eletrônica baseada em transistores. E ela lançou as bases para o GPS. Desenvolvido para fins militares, tornou-se a fundação da navegação por satélite em smartphones e carros.

Ao longo das décadas, a pesquisa e o desenvolvimento financiados pelo governo federal continuaram a impulsionar novas indústrias. Hoje, líderes tecnológicos conhecem a lenda do pesquisador financiado pela ARPA, Douglas Engelbart, que criou a primeira interface gráfica para computadores, com um pequeno dispositivo para ajudar na navegação: o mouse. Sem o apoio do contribuinte para a inovação, talvez nunca tivéssemos o Macintosh ou o Microsoft Windows. Essas tecnologias pioneiras deram início a um setor global que responde cerca de 15% do PIB mundial.

Em 2007, o desejo de independência energética dos EUA levou à ARPA-E, um programa do Departamento de Energia para estimular o desenvolvimento de soluções de energia mais limpa. Porém o governo de George W. Bush recusou a financiá-lo. Em 2008, em dólares corrigidos pela inflação, o gasto total dos EUA em pesquisa e desenvolvimento de energia foi menor do que na década de 1980, quando Ronald Reagan retirou os painéis solares de aquecimento de água de Jimmy Carter do telhado da Casa Branca.

Então veio a implosão de Wall Street, a Grande Recessão e a eleição de Barack Obama. Em fevereiro de 2009, quando Obama assinou a Lei Norte-americana de Recuperação e Reinvestimento, garantiu que US$25 bilhões eram apropriados para pesquisa e desenvolvimento de energia, programas de eficiência e garantias de empréstimo. Uma parte pequena, US$400 milhões, foi para a ARPA-E.

Quase da noite para o dia, o Departamento de Energia foi inundado com propostas não solicitadas de projetos ARPA-E. Contudo não havia ninguém lá para abrir a caixa de correio, muito menos as colocar em operação e funcionamento. Foi quando Eric Toone, o professor de Duke, recebeu uma ligação. Ele não tinha como saber o papel que estava prestes a desempenhar na formação da agenda de P&D de energia do país.

Eric Toone

Muitos não sabem, mas sou do Canadá. Fiz doutorado em química orgânica na Universidade de Toronto. Em 1990, entrei na faculdade em Duke. Agora, parece que cresci na Carolina do Norte.

Quando estava em Duke, Kristina Johnson era reitora da faculdade de engenharia. Ela foi escolhida pelo presidente Obama para ser subsecretária de energia. Kristina me ligou e disse: "Você pode vir a Washington e nos ajudar por alguns meses?"

Concordei já entrando no mundo maravilhoso de Steven Chu, o brilhante ganhador do Nobel que servia como 12º secretário de energia dos EUA. Ele escalou Arun Majumdar, do Berkeley National Labs, para ser diretor da ARPA-E.

Começamos a trabalhar abrindo as correspondências. Adorava ouvir das pessoas que tinham ideias e planos extravagantes para fazer as coisas mais inesperadas. Era um pouco como aquela música do Talking Heads: How did I get there? [Como cheguei aqui?].

Buscamos nos manter firmes. Recebemos 3.700 pedidos de financiamento. E lemos todos. O objetivo era escolher o melhor em cada 100. Assim, acabamos apoiando 37 projetos, de energia renovável a eficiência predial e bioengenharia.

Coisas como baterias de escala de rede de metal líquido. Cristais para luz de LED de baixo custo. Bactérias que absorvem a luz do Sol e despejam biocombustíveis de hidrocarboneto. E, claro, captura de CO_2 em todas as formas, usando máquinas gigantes ou até microscópicas enzimas artificiais.

Uma ideia promissora para baratear as baterias de EVs veio de dois pesquisadores da Universidade de Stanford, um projeto chamado QuantumScape. Nós concedemos US$1 milhão para financiar o desenvolvimento.

De início, o interesse era ajudar a trazer inovações para o mercado o mais rápido possível. Medimos os resultados rastreando acordos de licenciamento para as tecnologias. Logo, no entanto, percebemos que o que mais importava era se as inovações poderiam ser ampliadas para fazer a diferença no grande cenário energético.

Escala é a coisa mais difícil de entender. Pense na ExxonMobil. Quando abrem um campo de petróleo, contratam funcionários que podem passar 30 anos lá. Tais pessoas podem passar suas carreiras paradas no mesmo grupo de buracos. Todavia, durante esse tempo, aquele campo de petróleo produzirá apenas cerca de uma semana de suprimento global de petróleo. Imagine toda a sua carreira no valor de uma semana de gasolina.

A tecnologia de energia tem massa, o que significa que não escala como o Google ou o Facebook. A construção de capacidade pode levar décadas. É um esforço muito maior do que poderíamos enfrentar com pequenos orçamentos. Após 4 anos na ARPA-E, voltei a Duke para chefiar a nova iniciativa de inovação e empreendedorismo.

Escala é a coisa mais difícil de entender.

Eric não foi o único a defender o maior apoio do Congresso. Em 2010, Bill Gates surpreendeu a todos ao fazer uma TED talk sobre clima e energia, um tópico que nunca tinha abordado antes. Depois de deixar o cargo ativo na Microsoft, Bill mudou o foco para empreendimentos filantrópicos em saúde pública para 2 bilhões de pessoas mais pobres do mundo. Percebeu que a redução do preço da energia era um dos fatores mais poderosos para tirar as pessoas da pobreza. Mas como podemos tornar a energia mais acessível e, ao mesmo tempo, reduzir as emissões de CO_2? Bill concluiu uma única forma de fazê-lo: um aumento maciço nos gastos em pesquisa e desenvolvimento.

Em 2015, após um intensivo estudo sobre a crise climática, propôs um "esforço energético inovador", essencialmente uma versão do setor privado do ARPA-E para investimentos em tecnologia limpa em estágio inicial. A meta era investir nas tecnologias mais críticas e complexas que ainda precisam ser dimensionadas. Era arriscado, porém quando Bill pediu para me juntar ao conselho, concordei rapidamente. Consentimos com a necessidade de mais inovações para chegar ao zero líquido.

E assim nasceu o Breakthrough Energy Ventures. Bill reuniu um grupo global de líderes com interesse permanente em resolver a crise climática. Atualmente, o grupo inclui Jeff Bezos, Abigail Johnson, Michael Bloomberg, Richard Branson, John Arnold, Vinod Khosla, Jack Ma do grupo chinês Alibaba, Mukesh Ambani do indiano Reliance Industries e Masayoshi Son, presidente-executivo do Softbank japonês. Até o momento, comprometemos US$2 bilhões, mais de 4 vezes o orçamento anual máximo da ARPA-E. Talvez mais do que qualquer outra pessoa, Bill ajudou a moldar a agenda de inovação em tecnologia climática.

Rodi Guidero, diretor-executivo do Breakthrough, trabalhou com o nosso conselho para recrutar os líderes tecnológicos e de negócios, Eric Toone e Carmichael Roberts. Eric construiu a equipe técnica para que o Breakthrough fosse fundamentalmente liderado pela ciência. Carmichael ajudou a construir a equipe de investimentos enquanto conectava o Breakthrough a instituições acadêmicas, corporações e parceiros de empreendimentos. Desde o início, o objetivo era trazer uma infinidade de investidores na jornada e aumentar significativamente o financiamento geral de tecnologias climáticas inovadoras. Em nosso primeiro fundo, o Breakthrough coinvestiria com mais de 200 parceiros.

Como o Breakthrough escolhe onde investir? De olho nas indústrias de maior emissão, a equipe examina a ciência e tecnologia que sustentam as inovações de uma empresa. O sarrafo é alto. Para entrar na lista de investimentos, um empreendedor deve mostrar o potencial na redução dos gases do efeito estufa em pelo menos meia gigatonelada por ano ou cerca de 1% das emissões globais anuais.

Tanto no Breakthrough quanto no Kleiner Perkins, as estratégias de investimento em cleantech são guiadas por um conjunto de metas públicas e agressivas. Não esperamos propostas, apesar delas serem bem-vindas. **A ciência do que deveria ser possível guia nossa busca pelo que queremos**. Onde quer que encontremos uma oportunidade de grande impacto, especialmente em áreas difíceis que ainda não viram uma tecnologia inovadora, arregaçamos as mangas. Rastejamos por laboratórios e universidades, patrocinamos desafios e fazemos contatos como loucos. No final, procuramos empreendedores extraordinários que possam pastorear ideias da ciência básica ao sucesso comercial. E até mesmo em escala planetária.

O custo é crítico nesses esforços. Por isso que o OKR Inovar! define metas de preço para novas tecnologias que precisamos para acelerar a transição para o zero líquido. Pense como 5 indicadores principais para sinalizar se estamos no caminho certo.

////////////////

O **RC Baterias (9.1)** exige escalar a produção de baterias enquanto reduz o custo de US$139 por kilowatt/hora para US$80. A transição de todas as vendas de automóveis novos para elétricos — 60 milhões de carros por ano — exigirá 10 mil gigawatts/hora (GWh) de baterias. Produzimos uma pequena fração hoje — e precisaremos de outros 10 mil GWh e mais para o armazenamento da eletricidade. O mundo está prestes a ficar faminto por baterias e a escala é difícil de alcançar. Para aumentar a produção em várias ordens de magnitude, precisaremos de inovação em materiais e fabricação.

O **RC Eletricidade (9.2)** concentra-se no custo de fornecimento de energia para a rede. Para superar o carvão e o gás natural, as fontes de emissões zero precisam ser estáveis e confiáveis. A energia limpa pode vir do Sol, vento ou da água, da Terra ou do átomo. O desafio é fornecer energia estável durante tempos normais, enquanto aumenta a produção para atender os picos de demanda durante as tempestades de inverno ou ondas de calor no verão. Para qualquer nova tecnologia competir, deve superar o custo do combustível fóssil.

O **RC Hidrogênio (9.3)** nos acelera em direção à ampla adoção de hidrogênio verde livre de emissões. O alcance da meta irá requerer grandes quantidades de energia limpa e alta eficiência em converter a água em hidrogênio combustível. O hidrogênio verde de baixo custo pode descarbonizar indústrias de uso intensivo de energia que exigem calor extremo: aço, cimento, química.

Objetivo 9
Inovar!

RC 9.1 — Baterias

Produzir 10 mil GWh de baterias por ano a um mínimo de US$80 por kWh até 2035.

RC 9.2 — Eletricidade

O custo da energia de carga básica de emissão zero atinge U$0,02 por kWh, com a potência do pico de demanda atingindo US$0,08 por kWh até 2030.

RC 9.3 — Hidrogênio Verde

O custo de produção do hidrogênio de fontes de emissões zero diminui para US$2 por kg até 2030. E US$1 por kg até 2040.

RC 9.4 — Remoção de Carbono

O custo da remoção projetada de dióxido de carbono cai para US$100 por tonelada até 2030. E US$50 por tonelada até 2040.

RC 9.5 — Combustíveis Neutros em Carbono

O custo do combustível sintético cai para US$9,25 por litro para combustível de aviação. E US$3,50 para a gasolina até 2035.

O **RC Remoção de Carbono (9.4)** busca melhorar a economia de capturação do CO_2 do ar para depois sequestrá-lo. É uma tecnologia que não foi alcançada em escala ainda. Também temos que achar um lugar para armazenar todo o CO_2, o que é *realmente* difícil. Dimensionar a remoção de carbono é a pedra angular da campanha para chegar ao zero líquido até 2050. Como observou Bill Gates, temos que colocar o custo da captura direta de ar abaixo de US$100 a tonelada. "Se aparecer alguém que possa fazer isso por US$50 a tonelada", diz Bill. "Isso seria fenomenal. Se baixasse para US$25, seria uma das maiores contribuições individuais para resolver as mudanças climáticas que já vimos."

O **RC Combustíveis Neutros em Carbono (9.5)** fornece um caminho para descarbonizar as indústrias que pode nunca se eletrificar totalmente, como a aviação e o transporte de carga. As frotas que não podem funcionar com bateria ou hidrogênio podem ser alimentadas por combustíveis neutros em carbono. O desafio é encontrar substitutos que possam competir em custo com o atual equivalente fóssil.

Temos muito a caminhar para bater esses 5 resultados-chave.

Mapeando um Novo Domínio em Inovação

Ao tentar resolver um novo problema, faz sentido ser guiado por padrões do passado. Como Bill Gates me disse outro dia: "As tecnologias em que crescemos eram mágicas." Aqueles de nós que começaram em microchips e software tendem a ficar nostálgicos sobre a Lei de Moore e as melhorias exponenciais que testemunhamos ao longo de meio século — não apenas em microchips, mas também em fibra ótica e armazenamento em disco rígido. Parecia que nada poderia impedir o rápido progresso da tecnologia. Porém como dois ex-alunos da indústria de computadores pessoais que agora estão enfrentando um desafio muito diferente, Bill e eu descobrimos que não podemos mais definir o progresso da mesma maneira.

As taxas de melhoria tecnológica ainda estão no centro da inovação. Entretanto, como Bill aponta, são muito mais difíceis de alcançar em cleantech. Após ler sobre tudo o que podia sobre o clima (incluindo 14 livros de Vaclav Smil, o cientista e analista político tcheco canadense de quem falamos no Capítulo 3), Bill desenvolveu uma abordagem sofisticada e multifacetada para alcançar avanços críticos e enfrentar esse profundo desafio.

Bill Gates

Você não pode olhar para a energia sem fazê-lo também para a civilização. Se não enfrentarmos o problema no presente, o dano só piorará com o tempo. Na virada do próximo século, grandes áreas da Terra serão inabitáveis. Poderíamos estar olhando para a extinção como espécie.

Na economia física, como Smil gosta de nos contar, as coisas são muito difíceis de mudar. Leva várias décadas para substituir cada usina de cimento e aço do mundo. Embora as pessoas estejam superentusiasmadas com os veículos elétricos, a indústria automobilística é tão grande que os carros elétricos de passageiros representam apenas 4% dos compradores. Os outros 96% ainda precisam adotar.

Porém você tem que olhar do ponto de vista do mundo em desenvolvimento. As pessoas que vivem nas regiões tropicais não fizeram quase nada para criar o problema histórico com o carbono. Eles também têm o menor poder científico para inovar por novas abordagens. No entanto, o sofrimento, a desnutrição e a migração em massa forçada recairão principalmente sobre eles se não agirmos agora de maneira bastante urgente. E então devemos a eles fazer exatamente isso.

Sem uma inovação dramática, os países em desenvolvimento não farão as mudanças que o mundo precisa em sua infraestrutura física, eletricidade, transportes e agricultura. Dadas as dificuldades econômicas e o imperativo de fornecer o básico, como abrigo e nutrição, ficou claro para mim que precisávamos agir. Fiquei impaciente com o ritmo da mudança. Eu queria taxas de melhorias muito mais altas.

Como quaisquer emissões líquidas causam um aumento líquido de temperatura e o objetivo é o zero líquido, temos que nos livrar das emissões de todos os setores. É por isso que é tão importante um premium verde. Mostra o custo extra de ser verde em qualquer setor. Então, se chamar a Índia e falar: "Ei, faça o seu cimento verde", a Índia pode responder: "Quê? Isso custa o dobro." Deixar o aço verde? Calma — custa 50% a mais.

Portanto, se deseja que os países de renda média [como Índia e Nigéria] se tornem verdes, a soma dos premium verde em todos os setores deve ser reduzida em 90%. A redução do premium verde também serve como uma medida de quão longe estamos — e qual a taxa de melhoria que podemos alcançar.

Precisamos nos concentrar onde o premium verde precisa cair mais acentuadamente — áreas como combustível de avião sustentável, hidrogênio limpo, captura direta de ar, armazenamento de energia e energia nuclear de próxima geração.

A chave para a vitória está nos países em desenvolvimento. Para alcançar a meta do zero líquido em 2050, a Índia precisará que o premium verde em todas essas áreas seja muito baixo. Assim prioriza os avanços que podem ajudar a derrubá-los.

Os EUA têm cerca de metade do poder de inovação do mundo inteiro. Devemos ao planeta usar tal poder, reduzir o premium verde e permitir que países como a Índia digam "sim" para as soluções.

O jogo será ganho ou perdido nos países em desenvolvimento.

No lançamento público, em 2016, o Breakthrough Energy Ventures mapeou um rascunho inicial de "missões técnicas": as inovações que precisamos para chegar ao zero líquido. Cada missão tem como alvo um caminho científico onde tecnologias inovadoras podem reduzir as emissões e gases do efeito estufa.

O Breakthrough Energy mapeou o panorama de desafios climáticos na identificação dos projetos mais promissores para pesquisa e desenvolvimento.

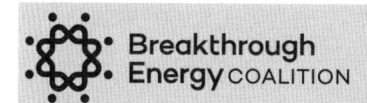

Breakthrough Energy COALITION

Questões Técnicas

ELETRICIDADE
- Fissão Nuclear de Próxima Geração.
- Sistemas Geotérmicos Aprimorados (EGS, em inglês).
- Energia Eólica de Custo Ultrabaixo.
- Energia Solar de Custo Ultrabaixo.
- Fusão Nuclear.
- Armazenamento de Eletricidade Ultrabaixo.
- Armazenamento Térmico de Custo Ultrabaixo.
- Transmissão de Custo Ultrabaixo.
- Energia Oceânica de Baixo Custo.
- Administração de Rede Ultraflexível de Próxima Geração.
- Usinas de Energia de Rápida, Aceleração e GEE Baixos.
- Soluções Confiáveis de Energia Distribuída de GEE Baixos.
- Captura de CO_2.
- Isolamento e Uso de CO_2.

TRANSPORTES
- Baterias para Equivalentes em Gasolina para EVs.
- Materiais e Estruturas Leves.
- Produção de Combustíveis Líquidos com GEE Baixos — Sem Biomassa.
- Produção de Combustíveis Gasoso com GEE Baixos — H_2, CH_4.
- Armazenamento de Combustível Gasoso de Alta Densidade Energética.
- Motores Termais de Alta Eficiência.
- Motores Eletroquímicos de Alta Eficiência e Baixo Custos.
- Produção de Combustível Líquido de GEE Baixo — Biomassa.
- Soluções Eficientes em Sistemas de Transportes.
- Soluções Tecnológicas que Eliminam a Necessidade de Viagens.
- Planejamento e Design Urbano Habilitados para Tecnologia.
- Transporte Aéreo de GEE Baixos.
- Transporte de Mercadorias Transmitidas pela Água com GEE Baixos.

AGRICULTURA
- Redução de Emissões de CH_4 e N_2O da Agricultura.
- Produção de Amônia com Zero GEE.
- Redução das Emissões de Metano em Animais Ruminantes.
- Desenvolvimento de Novas Fontes de Proteína de baixo custo e GEE Baixos.
- Eliminação da Deterioração/Perda na Cadeia de Entrega de Alimentos.
- Soluções de Gestão de Solo para Reduzir GEE e Armazenamento de CO_2.
- Adubo.
- Desmatamento Relacionado à Agricultura.

INDÚSTRIA
- Química de GEE Baixos.
- Aço de GEE Baixos.
- Cimento de GEE Baixos/Negativos.
- Captura/Conversão de Calor Residual.
- Processamento Térmico Industrial GEE Baixos.
- Produção de Papel de GEE Baixos.
- Eficiência Extrema em TI/Data Centers.
- Emissões Fugitivas de Metano da Indústria.
- Durabilidade Extrema para Produtos e Materiais com Uso Intensivo de Energia.
- Soluções Transformadoras de Reciclagem para Produtos e Materiais com Uso Intensivo de Energia.
- Aumento da Taxa de Biomassa de CO_2.
- Extração de CO_2 do Ambiente.

CONSTRUÇÕES
- Resfriamento e Refrigeração de Alta Eficiência, sem HFC.
- Aquecimento de Água/Área de Alta Eficiência.
- Eletricidade e Armazenamento Térmico no Nível da Construção.
- Cobertura de Alta Eficiência: Janelas e Isolamento.
- Iluminação de Alta Eficiência.
- Tomadas e Aparelhos de Alta Eficiência.
- Administração de Construções de Próxima Geração.
- Projeto Habilitado pela Tecnologia de Edifícios e Comunidades Eficientes.

Os avanços não podem ser agendados ou ditados; novas ideias são imprevisíveis por natureza. **Contudo, sem prever qual será a próxima inovação a florescer, devemos semear o solo financiando a ciência básica e aplicada.** Cada questão técnica envolve química, física, biologia, ciência material ou engenharia. Conforme as novas lições são aprendidas, podemos tirá-las do laboratório e tentar empurrá-las para uma escala global.

Como diz Bill, estamos apenas no ponto de partida para levar as tecnologias vitais, mas caras, ao mercado. É um problema circular. Para baixar os preços, precisa escalar. Para alcançar a escala, precisa baixar os custos e preços.

O Plano Velocidade & Escala apresenta uma dessas missões de alta prioridade. Nosso objetivo é destacar os obstáculos e oportunidades à frente, de melhores baterias e combustíveis neutros em carbono. Logo, apelamos, também, a uma inovação que dependa menos de novas escolhas da sociedade.

Em Busca de Avanços na Bateria

Durante décadas, determinados cientistas e engenheiros trabalharam para avançar no armazenamento de energia. Desde 1800, quando Lord Alessandro Volta revelou a primeira bateria, a corrida foi para melhorar. A primeira bateria de Volta foi um conjunto de copos de papel cheios de fluidos eletricamente carregados conectados por fios — não havia muita capacidade de armazenamento lá. Porém foi o suficiente para chamar a atenção de Napoleão, que se ofereceu para ajudar nos experimentos. Em tempos mais recentes, vimos a transição de baterias de chumbo-ácido volumosas e caras para variedades de hidreto de níquel mais eficientes, para os modelos de íon de lítio que alimentam computadores, telefones e carros elétricos. Durante os últimos 20 anos, a densidade energética — a energia que as baterias contêm com relação ao seu peso — triplicou. Mas ainda não é o suficiente.

Em 2008, um engenheiro chamado Jagdeep Singh começou a fazer uma bateria radicalmente melhor para veículos elétricos. Nascido em Nova Delhi, Jagdeep se mudou para os EUA na adolescência. Após se formar em Stanford e Berkeley, ele chegou à Hewlett-Packard antes de cofundar a própria empresa. Então, a vendeu para fundar outras três, comercializando duas e lançando ações da outra. Só depois comprou o carro elétrico dos sonhos, um Tesla Roadster.

Jagdeep Singh

Eu ia para o trabalho no meu Tesla todos os dias. E pensava que devia haver algo melhor do que aquela bateria. A versão 2008 continha tanta energia quanto 8 galões de gasolina, sendo responsável por grande parte do custo de um carro de US$100 mil. Isso é muito ruim.

Estava óbvio que a única forma de mais pessoas experimentarem os EVs seria uma queda drástica no custo das baterias e um aumento igualmente dramático na densidade energética, ou alcance, da bateria.

Fui apresentado por um colega de classe ao professor Fritz Prinz, de Stanford, e seu pós-doutorando Tim Holme. Apesar de chefiar o departamento de engenharia mecânica, Prinz era mais um cientista de materiais. A ideia original era construir uma bateria melhor com pontos quânticos. São nanopartículas que pensávamos que poderiam criar maior permissividade elétrica, aumentando a capacidade de armazenar energia potencial em um supercapacitor.

Acontece que os pontos quânticos são muito difíceis de lidar. Mas foi assim que obtivemos o nome QuantumScape. Após cerca de 6 meses, concluímos que levaria mais tempo para comercializar do que desejávamos.

Em vez disso, decidimos que a melhor forma de alcançar os objetivos de uma bateria disruptivamente melhor era fazer uma com um ânodo de metal de lítio, que exigia um eletrólito de estado sólido entre o ânodo e o cátodo, em vez do líquido em uma bateria de íons de lítio. Esse foi o pivô de aposta de alto risco da empresa. E foi a melhor decisão que tomamos.

Singh e Prinz estavam amarrados desenvolvendo a primeira bateria em Stanford quando a ARPA-E os premiou com US$1,5 milhão. Apesar da decisão de deixar o dinheiro em Stanford, o selo de aprovação da ARPA-E atribuiu a outros investidores uma maior confiança no QuantumScape. Kleiner Perkins se juntou a meu amigo Vinod Khosla entre os primeiros apoiadores da startup.

Os fundadores nos impressionaram com um plano para dobrar a densidade energética com uma bateria de metal de lítio de estado sólido. A equipe de engenharia substituiu o eletrólito líquido convencional por um separador de cerâmica personalizado — o ingrediente secreto do QuantumScape. A bateria embalou mais energia em um pacote menor, a um custo menor. E, como a cerâmica é à prova de fogo, também é mais segura. Conseguir isso no laboratório seria uma coisa. Comercializá-lo e dimensioná-lo, outra.

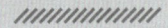

////////////////

Jagdeep Singh

O QuantumScape não seria viável como minha primeira startup. É muito grande, muito difícil. Eu precisava de experiência das minhas 4 primeiras empresas para me preparar para aquele empreendimento.

Ao explorar o que fazer depois da minha última empresa, não consegui pensar em nada maior e mais importante do que lançar uma bateria melhor. Isso nos permitiu construir uma equipe orientada para a missão. Engenheiros no Vale do Silício tendem a se movimentar muito. Contudo se tem uma missão além de apenas ganhar dinheiro, algo para se preocupar, você pode manter o seu pessoal.

O trabalho chamou a atenção das principais empresas automobilísticas. A Volkswagen assinou conosco e arriscou a pele. Desde o Dieselgate, em 2015, a VW dobrou a eletrificação. Investiram mais de US$300 milhões na gente nos 6 anos seguintes, tornando-se o maior acionista e um parceiro fantástico.

A demanda por esse tipo de inovação é quase infinita. O número de veículos vendidos a cada ano se aproxima de 100 milhões. Mesmo se pudermos baixar o custo de um pacote de bateria melhor para US$5 mil — bem mais barato do que os pacotes atuais —, é um mercado de US$500 bilhões por ano. O objetivo é fornecer 20% ou mais dessa demanda na plenitude do tempo.

Em 2018, a QuantumScape e a VW criaram uma joint venture para produção em massa. As aspirações da pequena startup foram ligadas à ambição e força da maior montadora mundial. Em 2020, VW comprometeu outros US$200 milhões, 5 meses antes da QuantumScape abrir capital com uma empresa de aquisição de propósito específico (SPAC, em inglês). O que começou como um projeto de pesquisa, agora valia mais de US$11 bilhões.

Eletrificar veículos no mundo em desenvolvimento exigirá baterias mais baratas, com maior densidade. A QuantumScape está trabalhando em uma linha de fabricação para produzir células de bateria de estado sólido suficientes para testar em carros reais. Se a empresa atingir as metas de custo e densidade (e vencer a concorrência no setor), eliminará o premium verde para EVs em lugares como Índia ou África, onde carros novos a gasolina custam menos da metade que nos EUA.

Além de melhorar a densidade da energia, precisamos dimensionar a força de trabalho, fábricas e materiais de baterias muito além de onde estão atualmente. O **RC Baterias (9.1)** acompanha preço e volume. Para eletrificar cada carro novo, precisaremos produzir 10 mil gigawatts/hora de baterias anualmente, cerca de 20 vezes a capacidade atual da indústria.

Há uma escala incrível para este empreendimento: Quando estiver pronta, a gigafábrica da Tesla, em Nevada, terá a maior área de construção do globo, abrangendo mais de uma centena de campos de futebol. Empregará quase 10 mil pessoas — e produzirá apenas 35 GWh de células por ano. Para fornecer uma frota global de EVs, como reconhece Elon Musk, precisaremos de pelo menos 100 fábricas do mesmo tamanho. Elon acredita que podemos alcançar a meta se empresas líderes na China, EUA e Europa "acelerarem a transição para a energia sustentável".

Mesmo com o envolvimento de todos, a indústria de baterias enfrentará problemas persistentes em relação à escassez de materiais e práticas de mineração. O lítio é seguro de extrair. E a oferta é capaz de acompanhar a demanda. Contudo, o cobalto, que responde por até 20% do material em um cátodo de íons de lítio, é mais problemático. E também 60% do suprimento mundial vem da volátil República Democrática do Congo, onde as minas são perigosas, e as crianças, forçadas a trabalhar.

À medida que aumenta a fome mundial por energia de baterias, precisamos de um maior apuramento nas cadeias de suprimentos para garantir que os materiais sejam extraídos com responsabilidade. Essas novas versões de produtos químicos catódicos reduzirão o conteúdo de cobalto pela metade. Novas tecnologias de bateria o eliminarão, o que resolverá um dilema. Mas, dada a vida útil limitada das baterias de íons de lítio (de 10 a 15 anos), corremos o risco de acumular um enorme problema de resíduos. Felizmente, faz mais sentido econômico reciclar as baterias do que jogá-las fora.

Em 2017, o cofundador da Tesla, J. B. Straubel, começou a reciclar baterias usadas através da nova startup, Redwood Materials. Seu objetivo é reduzir a mineração de níquel, cobre e cobalto com uma cadeia de suprimentos de circuito fechado. A longo prazo, ao reciclar baterias usadas de carros elétricos e da rede, uma indústria de baterias em larga escala poderia operar com pouca ou nenhuma nova mineração.

Precisaremos de muitos outros avanços de fabricantes (e recicladores!) de baterias para atender à demanda mundial por armazenamento de energia mais barato e ecologicamente correto. Há espaço para muitos vencedores nesta corrida.

Armazenando para os Maus Tempos

No Dia dos Namorados de 2021, enquanto a neve cobria o Texas e as temperaturas caíam para um dígito, as pessoas em todo o estado acionaram desesperadamente seus termostatos. Assim, 60% das residências texanas são aquecidas por eletricidade, quase o dobro da média nacional. Como a maioria é anterior ao código de energia do estado, de 1989, são frias e mal isoladas. Durante a tempestade de neve, a demanda por energia surgiu. O frio anormal congelou a infraestrutura de gás natural e das turbinas eólicas, forçando as fontes de energia a ficarem offline. Milhões foram deixados na escuridão em meio a temperaturas baixas, muitos sem água. Mais de 150 pessoas morreram.

O fracasso do Texas expôs a vulnerabilidade da rede a condições climáticas extremas, o que se tornou cada vez mais comum. Também destacou a necessidade de armazenamento de energia robusto, com sistemas mais confiáveis — especialmente durante tempestades intensas, quando a demanda aumenta. Como vimos com o Texas, pode ser questão de vida ou morte.

Como podemos tornar mais confiáveis as fontes de energia variáveis, como a solar e eólica? E como podemos confiar nas soluções de emissões zero em um piscar de olhos? **As respostas estão na invenção de novas formas de armazenar energia, de maneira mais *longa*.**

Só recentemente aumentamos de meros megawatts de armazenamento de rede, atingindo 1 gigawatt em 2015. Em 2021, quase 10 gigawatts foram instalados, com outros 10 anunciados ou em construção. Nada disso teria acontecido sem a ascensão dos carros elétricos para reduzir o custo das baterias.

Tecnologias de armazenamento são definidas pelo ciclo de carga e descarga. Armazenamento de curta duração — para telefones, laptops, carros e casas — é uma proposta de dia a dia. Após capturar a energia durante os períodos de excesso de produção, a rede armazena e depois distribui em períodos de pico de demanda. Para ciclos curtos, a escolha popular e econômica é a bateria de íons de lítio.

> **O concreto derramado para construir a estação de armazenamento foi suficiente para lançar 200km de rodovia interestadual.**

A energia de longa duração para redes deve ser armazenada economicamente por semanas ou meses, o que torna as baterias muito caras. Para armazenamento de longa duração, precisamos de alternativas mais eficientes — como a hidroeletricidade reversível, que depende da força gravitacional da água. Escondido na cidade apalache de Warm Springs, Virgínia, a Estação de Armazenamento Bombeado do Condado de Bath tem, agora, 30 anos. Conhecida como "a maior bateria do mundo", ela fornece eletricidade confiável para 750 mil lares em 13 estados. À noite, quando a demanda é baixa, a estação extrai energia barata de uma usina nuclear, que usa para bombear água de um reservatório mais baixo para um mais alto. Quando a eletricidade é requisitada, a água desce do reservatório mais baixo para girar uma turbina hidráulica. A tecnologia pode ser ativada muito mais rapidamente do que as usinas de "pico" de gás natural, o antigo padrão para aumentos de demanda.

Embora a hidrelétrica bombeada seja adequada para o armazenamento de longa duração, é cara de construir. E não funciona em terrenos planos. Um uso alternativo da gravidade, por uma startup chamada Energy Vault, levanta, derruba e empilha blocos compostos de 35 toneladas para armazenar e liberar energia. A empresa Malta armazena a energia como calor dentro de grandes tanques de sal fundido superquente. A Highview Power e a Hydrostor usam o excesso de energia para armazenar ar pressurizado, que depois é liberado para gerar eletricidade. A Bloom Energy usa hidrogênio verde produzido e armazenado no local para alimentar suas células de combustível. Por fim, a Form Energy e outras contam com novas reações químicas.

Fissão Nuclear de Próxima Geração

A energia nuclear é parte integral do mix de energia atual. E muito provavelmente permanecerá assim no futuro. As desvantagens são bem conhecidas; se uma usina falhar, as consequências podem ser devastadoras. Em 18.500 anos acumulados de reatores de operações de usinas nucleares em 36 países, tivemos 3 acidentes significativos com reatores: Three Mile Island em 1979, Chernobyl em 1986 e Fukushima em 2011. Nos lembram dos riscos da energia nuclear e a necessidade de projetos de reatores mais seguros.

Podemos criar energia nuclear mais barata e segura por meio de avanços tecnológicos? A resposta é sim, mas só se os governos aumentarem o financiamento para melhorar a tecnologia de fissão existentes.

A maioria dos reatores é resfriada com água comum. Para evitar o vazamento de materiais radioativos, possuem sistemas de segurança ativa para desligamento automático. Mas, como revelou Fukushima, os sistemas não são imunes a acidentes. Após um terremoto de magnitude 9.0 na costa do Pacífico do Japão, os 6 reatores da usina desligaram automaticamente, como projetados. Todavia não para o tsunami de quase 15 metros de altura que rompeu os paredões de 6 metros, inundou os níveis mais baixos e cortou os geradores a diesel de backup dos reatores. Quando a energia para as bombas de circulação caiu, desencadeou 3 colapsos do reator nuclear e explosões de hidrogênio. Depois de uma década, a água usada para resfriar a usina ainda está radioativa. O governo japonês planeja jogá-la no mar, o que faz alguns grupos ambientalistas temerem que prejudique as populações próximas e a indústria pesqueira da região.

Embora certos complementos de segurança para reatores no estilo de Fukushima possam impedir colapsos, poucos reatores os possuem. O caminho a seguir está em uma nova geração de reatores avançados, conhecidos na indústria como Generation IV [Geração IV, em tradução livre]. Mais de 50 laboratórios ou startups estão indo nessa direção, para aspectos avançados da energia nuclear: segurança, sustentabilidade, eficiência e custo.

A energia nuclear vem com uma bagagem significativa. A segurança e a proteção são preocupações legítimas. Pessoas pobres são atropeladas quando os locais das fábricas são escolhidos. Quando os problemas aparecem, os governos, com razão, impõem mais regulamentação a serviço da segurança, fazendo uma operação ainda mais cara. Mas, a despeito de todos esses impedimentos, o caso da energia nuclear não é tão difícil — além do fato de que chegar ao zero líquido será extremamente difícil. Como observou Bill Gates: **"É a única fonte de energia livre de carbono que pode fornecer energia confiável dia e noite, em todas as estações, em quase qualquer lugar do planeta, que comprovadamente funciona em grande escala."**

Acreditando que a energia nuclear é essencialmente para enormes redes que precisamos desenvolver, Bill se tornou um dos primeiros patrocinadores de uma startup de reator nuclear refrigerado a sódio, chamada TerraPower. A meta de longa data da empresa é construir uma usina que possa fornecer energia 24/7 e sem emissões para um milhão de residências. Infelizmente, a TerraPower foi frustrada pelos custos de construção nuclear descontrolados nos EUA. E ainda não começou. Após a empresa entrar em contato com a estatal chinesa National Nuclear Corporation, na esperança de construir um reator experimental no sul de Pequim, o acordo foi prejudicado pelas tensões entre EU e China. Em fevereiro de 2021, Bill contou ao *60 Minutes* que convencer as pessoas de que o reator deveria ser construído era tão difícil quanto construí-lo. Para que a energia nuclear continue desempenhando seu papel na descarbonização de rede, precisará de apoio e investimento ativo dos setores privado e público.

Em junho de 2021, foram anunciados planos para a primeira usina de demonstração da TerraPower, a ser construída em Wyoming, no local de uma usina de carvão programada para ser desativada. Pedi a Bill para avaliar o futuro da empresa.

Bill Gates

A TerraPower tem o potencial para fazer uma contribuição significante a essas gigantescas redes elétricas do futuro. É um sarrafo muito alto, com 4 grandes desafios a serem superados: usinas nucleares seguras, não proliferação de materiais que poderiam ser usados para armas nucleares, descarte de resíduos nucleares e custo.

A TerraPower quase morreu em 2018. Se não tivesse ganhando financiamento para a demonstração do reator avançado, eu poderia ter desistido. O Governo dos EUA está financiando metade da usina de demonstração. Estou orquestrando o lado privado da outra metade do financiamento.

Em 5 anos, podemos dizer para o mundo: "Veja, em termos de segurança e economia, a energia nuclear de quarta geração deveria ser parte da solução." Do jeito que está, estou superempolgado por termos a chance de construir uma usina de demonstração para provar que a tecnologia funciona.

A energia nuclear de quarta geração deveria ser parte da solução.

A Fusão Desafiadora

Há muito tempo os cientistas sonham com um reator de fusão controlado que funcione. Diferente dos reatores de fissão nuclear tradicionais, que geram energia dividindo os átomos, a fusão libera energia combinando-os — a mesma reação que alimenta o Sol e as estrelas. Assim, são necessárias temperaturas e pressões absurdamente altas para o comprimir os núcleos de átomos separados. Para ser prático, os reatores devem gerar mais energia do que é necessário para operá-los. O primeiro cientista a demonstrar um ganho líquido sustentado de energia com fusão em escala correria por dentro para ganhar o Prêmio Nobel.

Esta missão possui pesquisadores de todo o mundo lutando para construir um reator que possa produzir calor suficiente para a reação de fusão. Em uma competição saudável com um consórcio internacional, a Commonwealth Fusion Systems, um spin-off do laboratório de ciências de fusão do MIT, está desenvolvendo eletroímãs supercondutores para criar um plasma, um gás ionizado superaquecido. **Se conseguirem, terão o Santo Graal, um sistema que produz mais energia do que consome.**

Reatores de fusão devem ser alimentados com hidrogênio, um elemento que existe em abundância. Em teoria, poderia filtrar o hidrogênio de um galão de água do mar para produzir tanta energia quanto 300 galões de gasolina. Porém a tecnologia ainda precisa ser demonstrada. Embora os componentes e peças tenham sido pesquisados e testados, ainda esperamos por um protótipo funcional.

Alguns dirão que estamos gastando muito dinheiro para pesquisa em novas tecnologias especulativas, como a fusão, quando a solar e a eólica são muito baratas. Mas acredito que **é fundamental financiá-las, mesmo que apenas para determinar se a ciência pode funcionar em escala**. Quando o Bell Labs mostrou a primeira célula solar, nos anos 1950, foi considerado tecnicamente brilhante, contudo financeiramente impraticável — na época, custaria US$1,5 milhão para abastecer uma casa. Por natureza, as inovações podem parecer impossíveis no início — mesmo aquelas que acabam mudando o mundo.

Combustíveis Neutros em Carbono

Até 2040, provavelmente teremos meio bilhão de veículos elétricos nas ruas, rodando mais de 15 trilhões de quilômetros por ano. Supondo que a rede seja neutra em carbono até esse ponto, estarão 100% livres de emissões. No entanto, até que a gasolina e o diesel tenham sido banidos mundialmente, o legado dos veículos de combustão pode continuar registrando os próprios 15 trilhões de quilômetros. As emissões continuarão bombeando dióxido de carbono na atmosfera. Deixando de lado carros e caminhões, é quase certo que navios e aviões de longo curso continuarão a queimar combustíveis líquidos por algum tempo.

Poderíamos reduzir as emissões de transporte usando biocombustíveis criados a partir de plantas, culturas, algas, óleos vegetais, graxas e gorduras. Processos industriais convertem as fontes de biomassa em etanol, diesel e combustível de avião. Quando os combustíveis são queimados, as emissões são compensadas pelo CO_2 atmosférico absorvido pela biomassa. Entretanto, o deslocamento é menos do que completo. Dependendo do processo e da energia de combustível fóssil que requer, o corte de emissões varia de 30% a 80%.

Como investidor em várias empresas de biocombustíveis, posso dizer que escalar é difícil e os custos são decisivos para determinar se um combustível será adotado. Quando os preços do petróleo bruto estão baixos, a economia de qualquer combustível alternativo é mais desafiadora.

Todavia, a necessidade de biomassa é uma complicação que não pode ser ignorada. Em um mundo perfeito, todos os biocombustíveis seriam provenientes de fluxos de resíduos, como sobras da cana-de-açúcar, de espigas de milho ou óleo de cozinha usado. Mas à medida que a demanda aumenta, também aumenta o risco de que os biocombustíveis concorram com as culturas alimentares ou a preservação de florestas. À medida que escalamos a indústria, devemos ter em mente as questões de uso da terra.

Como observou Timothy Searchinger, do Instituto Mundial de Pesquisas: "Em um mundo que precisa de muito mais comida e florestas e está desmatando florestas para produzir alimentos, por que alguém instintivamente pensaria que o melhor uso das terras agrícolas é produzir energia?"

O cerne deste dilema é aparente no Brasil. O Sol está cheio de energia, mas a cana-de-açúcar brasileira luta para convertê-la em algo que possamos usar. Um hectare de painéis solares produz tanta energia quanto cem acres de cana-de-açúcar.

==O caminho para o zero líquido precisa de um combustível sintético de fontes de energia 100% livres de emissões, que não concorra com terra ou alimentos.== Uma abordagem promissora seria usar a energia solar ou eólica para combinar o hidrogênio da água com o CO_2 extraído do ar. Uma vez que as emissões desses combustíveis não conteriam mais CO_2 do que o que foi capturado para produzi-los, eles seriam neutros em carbono.

Se parece bom demais para ser verdade, eis a razão: os combustíveis neutros em carbono ainda não são viáveis economicamente. Para que a matemática funcione, a fonte de emissão zero usada para fazer o combustível precisaria ser extremamente barata. Ou, alternativamente, o custo dos combustíveis fósseis — com um preço de carbono — teria que ser significativamente mais alto. A boa notícia? Ambos os desenvolvimentos são possíveis. As condições podem em breve estar maduras para que os empreendedores de combustíveis sintéticos tenham sucesso, supondo que tenham dólares por trás.

Avanços em Eficiência Energética

Apesar dos enormes ganhos em eficiência energética nos últimos 50 anos, há potencial para muito mais. ==Nos EUA, mais de dois terços de toda energia produzida de combustíveis fósseis é descartado — em parte é como é gerado, em parte como é usado.==

Todas as formas de energia consomem recursos, até mesmo a solar e eólica. Para obter maiores ganhos de eficiência, precisamos de materiais mais leves para objetos móveis e motores eficientes para máquinas, bombas de aquecimento e água e ventiladores. Precisamos de construções mais inteligentes que usem menos energia — ou nenhuma — para iluminação, aquecimento e refrigeração. Cadeias de suprimentos devem ser reorientadas para minimizar as embalagens, o uso de materiais e mudar para materiais sustentáveis e recicláveis. Juntos, esses avanços reduzirão radicalmente a pegada de carbono do mundo construído.

O BMW i3 EV hatchback, por exemplo, é fabricado a partir de fibra de carbono que se traduz em uma bateria muito menor e muito mais quilômetros de alcance. Embora o material ultraleve e ultrarresistente custe mais por quilo do que o aço, a diferença de preço é compensada por menos baterias e fabricação mais simples. Uma vez que carros mais leves usam menos energia para mover, mesmo uma simples mudança do aço para o alumínio gera um salto de eficiência. Quando a popular picape F-150 da Ford mudou para alumínio e perdeu 300 quilos, sua eficiência de combustível aumentou 30%. Uma picape robusta, com tamanho normal, de repente, fazia 13km por litro na estrada.

Mais da metade da eletricidade mundial passa por motores — em veículos e eletrodomésticos, sistemas de aquecimento e resfriamento, maquinaria industrial. Mesmo quando os próprios motores são eficientes, controles ruins podem desperdiçar até metade da energia que consomem. Uma nova melhoria é um tipo mais leve — um "motor de relutância comutada" — que permite velocidades variáveis e pode funcionar para a frente ou para trás. Nos modelos 3 e Y da Tesla, motores de relutância comutada expandem o alcance de condução enquanto reduzem os custos. A startup Turntide os usa para melhorar a eficiência nos sistemas de aquecimento, ventilação e refrigeração.

Bulbos baseados em diodos emissores de luz, ou LEDs, mostram como mudar os hábitos dos consumidores em escala pode cortar as emissões e economizar dinheiro ao mesmo tempo. Em 2018, os LEDs representaram 30% de todas as aplicações de iluminação nos EUA. E estima-se que tenham economizado US$15 bilhões em contas de luz e 5% da eletricidade em edifícios. Quando as inovações podem simplesmente se conectar, aparafusar ou cair, as taxas de adoção disparam.

No domínio da eficiência energética, é visível que pequenas coisas podem ter um grande impacto. A Apple continua melhorando seus produtos para minimizarem o uso de energia, maximizar a reciclabilidade e baixar seus custos em cada estágio, da produção ao envio. O último iPhone é vendido sem fonte — economizando plástico, zinco e materiais. A embalagem, menor e mais leve, permitiu que a empresa carregasse 70% mais caixas em um único palete. A Apple continua melhorando a eficiência energética dos produtos através de novos microprocessadores e software. Isto é uma vitória em duas frentes: maior vida útil de bateria e menor pegada de carbono.

Engenharia do Nosso Clima

Para fins de discussão, digamos que falhamos em reduzir as emissões com rapidez suficiente e ficamos muito aquém da meta de zero líquido. Poderíamos então ser forçados a uma escolha de alto risco. O padrão seria viver em um mundo com aquecimento global descontrolado e todo o sofrimento humano associado a isso — um cenário de pesadelo.

Ou... podemos tentar alterar a própria natureza.

A humanidade projetou adaptações climáticas desde antes da história registrada. O primeiro paredão conhecido foi erguido há 7 mil anos por uma vila da Idade da Pedra no que hoje é a costa norte de Israel. Mas a geoengenharia é outra coisa. Não trata de adaptação às mudanças climáticas; é a manipulação em escala da própria natureza.

Uma noção muito debatida é desviar os raios de Sol, lançando as partículas de dióxido de enxofre na atmosfera. Caso funcionasse, poderia reduzir o aquecimento e retardar ou até impedir o derretimento das calotas polares. O caso empírico do dióxido de enxofre? Em 1815, onde hoje é a Indonésia, o Monte Tambora deu origem à erupção mais poderosa já registrada na história. A explosão foi ouvida a mais de 2.500km. Uma coluna de cinzas vulcânicas superaquecidas, saturadas com dióxido de enxofre, explodiu por mais de 110km na atmosfera superior e se espalhou por mais de 1.300km do local da erupção. Partículas mais finas permaneceram no céu por anos, bloqueando significativa radiação solar.

Os efeitos foram impressionantes. Além do pôr do sol anormalmente brilhante, 1816 ficou conhecido como "o ano sem verão". Foi o segundo ano mais frio no Hemisfério Norte em, pelo menos, 4 séculos. Em Albany, Nova York, nevou em junho. O dióxido de enxofre do Tambora deu origem à chuva ácida e arruinou os suprimentos de alimentos, com dezenas de milhares de pessoas mortas de fome e doenças, talvez tantas quanto da própria erupção.

Dois séculos depois, David Keith fundou o Programa de Pesquisa e Geoengenharia Solar da Universidade de Harvard. Não é trabalho para os fracos de coração; Keith recebeu algumas ameaças de morte. Implacável, acredita que a pesquisa em geoengenharia é essencial, mesmo que seja apenas para evitar consequências não intencionais — para reduzir ao máximo os riscos potenciais dessa opção extrema.

Poderia haver ferramentas mais seguras do que o dióxido de enxofre — partículas de calcário, talvez? Ninguém pode assegurar. Em *Sob Um Céu Branco*, a autora ganhadora do Pulitzer, Elizabeth Kolbert, descreve um impacto enervante, antecipado por Keith e outros cientistas. Se lançássemos poeira de calcário na atmosfera, o céu poderia ficar branco. Teríamos um novo tipo de nebulosidade — o dia todo, todos os dias.

Al Gore argumenta que, uma vez que a geoengenharia vai além da remoção de carbono, é a escolha moral errada — porque o impacto é irreconhecível e porque opções mais seguras e confiáveis ainda precisam ser tentadas. Al diria que a geoengenharia é menos uma solução desafiadora do que uma barganha faustiana com a natureza.

Ainda assim, alguns dos principais especialistas globais acreditam que podemos precisar desse tipo de jogada Hail Mary — não para substituir os cortes de emissões, mas como um backup de emergência no caso de tudo mais falhar. Em *Sob Um Céu Branco*, há uma troca reveladora entre dois cientistas da terra, Daniel Schrag e Allison Macfarlane. Schrag sugere que a geoengenharia pode ser necessária **"porque o mundo real nos deu uma desvantagem"**.

Macfarlane replica: "Nós mesmos lidamos com isso."

Construindo e Reconstruindo as Cidades

O clima está sofrendo o impacto da tendência social mais poderosa do planeta: a urbanização. Em 2000, 371 cidades do mundo todo contavam com mais de um milhão de habitantes. Hoje, são 540.

Até 2030, serão 700. No momento, a China derramou mais cimento em 2 anos do que os EUA usaram em todo o século XX. (Ao mesmo tempo, a China anunciou planos ambiciosos para 50 zonas urbanas de carbono "quase zero" até 2050.)

À medida que as cidades ao redor do globo traçam o curso futuro, 3 escolhas definem a trajetória das emissões em qualquer desenvolvimento urbano:

1. Como iremos projetar e construir os prédios?
2. Como as pessoas se deslocarão?
3. Quanta cobertura verde pode ser retida?

Há algum tempo, as respostas predominantes foram: com concreto e aço; de automóvel; não o suficiente. **Para alcançar e sustentar um mundo zero líquido, precisamos de novas respostas.**

Como Iremos Projetar e Construir Nossos Prédios?

Ao construir uma nova cidade, os planejadores urbanos podem fazer escolhas de emissão zero antecipadamente. O primeiro passo crítico é buscar a máxima eficiência em todos os aspectos do planejamento. Um plano confiável para uma cidade do futuro está crescendo na Índia, onde a população urbana deverá dobrar entre 2010 e 2030, para 600 milhões. Atualmente em construção na periferia do litoral de Mumbai, a Cidade de Palava é projetada para ser o lar de 2 milhões de pessoas.

O Lodha Group, a maior incorporadora imobiliária da Índia, está em colaboração com o Rocky Mountain Institute para alcançar a meta do zero líquido na Cidade de Palava. O espaço do telhado será coberto por painéis solares para alimentar edifícios e carregar veículos. Janelas e plantas baixas maximizam o fluxo de ar natural pelos apartamentos, reduzindo as necessidades de energia para aquecimento e resfriamento. Sob a rubrica de "eficiência profunda", as construções de Palava usarão 60% menos energia do que a norma do país.

Lojas, empregos e apartamentos serão próximos, para as pessoas caminhar entre eles. Parques e árvores ajudarão a absorver o CO_2. A água da chuva será capturada para uso e águas residuais recicladas. O projeto de Palava será dois terços mais eficiente do que a infraestrutura existente.

Nenhuma das eficiências requer tecnologias distantes e não comprovadas. Temos todas as soluções há décadas; a inovação reside na sua integração em um único plano coerente. Contudo, para diminuir ainda mais a pegada de carbono das cidades, precisaremos de mais avanços em eficiência e em métodos e materiais de construção, como cimento e aço com baixo teor de carbono.

Como as Pessoas Se Deslocarão?

Precisaremos construir cidades e bairros que tornem a bicicleta segura, forneçam transporte público amplo e reduzam o papel dos carros. Copenhague reduziu as emissões ao se tornar a principal cidade de transporte ciclístico do mundo. A capital da Dinamarca contém mais de 380km de ciclovias largas e dedicadas. Para manter a segurança dos ciclistas, a maioria é elevada e protegida do tráfego de carros por meio-fio. Em 2019, mais de 60% dos passageiros e estudantes faziam suas viagens diárias de bicicleta, acima dos 36% de 2012.

Onde o ciclismo urbano é menor popular, dizem as pesquisas, é por falta de proteção nas ciclovias. **Não basta pintar as ciclovias em estradas compartilhadas com os carros.** Durante a pandemia de coronavírus, muitas cidades nos EUA adicionaram faixas protegidas. Sentindo-se mais seguros, os ciclistas saíram nas ruas em massa.

Na Espanha, Barcelona é famosa pelas zonas sem carros. O imaginativo projeto urbano da cidade aumentou o turismo e a economia local. O seu modelo "Superblock" foi copiado no mundo todo. Em 2020, a prefeita Ada Colau anunciou uma expansão nos Superblocks de US$45 milhões para criar 21 praças de pedestres e 16 acres de novos parques sombreados. Como Colau declarou: "Pense em uma nova cidade para o presente e o futuro — com menos poluição, nova mobilidade e espaço público."

Em outra vitória para o movimento do zero líquido, Barcelona proibiu veículos a gasolina de antes de 2000 e todos os veículos a diesel de antes de 2006. Monitorados por câmeras de vídeo, os violadores podem ser multados em até 500 euros. Ao dobrar o financiamento do excelente sistema de transporte público, a cidade planeja tirar 125 mil carros das ruas até 2024.

Copenhague e Barcelona, junto com Medellín, Paris e Oslo, são modelos convincentes para enfrentar o desafio das emissões urbanas. Nenhuma das iniciativas se baseia em mandatos nacionais ou tecnologias radicais. Eles mostram como o design inteligente e criativo pode percorrer o longo caminho.

Quanta Cobertura Verde Pode Ser Retida?

A Singapura exige muitas árvores, arbustos e gramas ao redor de seus prédios, para ajudar a resfriar uma cidade quente. O país originou a razão de parcelas verdes uma métrica para rastrear a proporção de vegetação em uma área de superfície urbana. Os empreendimentos de apartamentos em arranha-céus podem atender aos requisitos com terraços no céu, caixas de plantação comunitárias e jardins comuns no solo. A vegetação no nível do solo reduz as temperaturas máximas da superfície entre 2 °C e 9 °C. Coberturas e muros verdes fazem ainda mais, baixando a temperatura da superfície em 17 °C. Também atuam como isolamento térmico para os próprios edifícios.

Durante as duas décadas passadas, a cidade de Nova York aplicou todos os 3 princípios urbanos centrais: design, mobilidade e cobertura verde. Em 2006, a cidade abriu a primeira seção de uma via verde elevada para pedestres e um parque público na ferrovia industrial abandonada High Line. O desenvolvimento foi rico em simbolismo. Um local abandonado agora estava absorvendo CO_2, fazendo a sua parte por um futuro zero líquido.

Cinco anos depois, por uma outra iniciativa liderada pelo prefeito Michael Bloomberg, Nova York embarcou em um projeto de 6 anos para transformar a famosa Times Square em uma zona de pedestres, livre de carros. Em toda a cidade, o governo Bloomberg construiu mais de 600km de ciclovias protegidas. Posteriormente, sob o governo de Bill de Blasio, os carros foram proibidos na Fourteenth Street, uma importante via leste-oeste. Em um ano, com o aumento da velocidade dos ônibus, o número de passageiros aumentou 17%. Entre 2005 e 2016, mesmo com o crescimento da população, Nova York alcançou uma redução de emissões de CO_2 em 15%. A redução totalizou 10 milhões de toneladas por ano, um adiantamento em um plano para reduzir as emissões da cidade em 80% até 2050. Nova York é um modelo para o movimento urbano verde. E, como diria Frank Sinatra: "Se você pode fazer isso em algum lugar, pode fazer em qualquer lugar."

A cidade de Nova York transformou uma ferrovia abandonada na via verde High Line para pedestres, um símbolo da transição para a energia limpa.

Ampliação de P&D em Si

Para acelerar a transição ao zero líquido, devemos dimensionar essas tecnologias enquanto desenvolvemos a próxima geração de avanços. No mesmo tempo, devemos evitar medidas incrementais que complicarão ou atrasarão. Por exemplo, não podemos contentar com instalações de gás natural só porque o carvão é duas vezes mais sujo. Não existe nível aceitável de emissões de gases do efeito estufa.

Quando penso em inovação, lembro a máxima de Alan Kay, primeiro cientista-chefe da Apple: **"A melhor forma de prever o futuro é inventando-o." À qual adiciono: A segunda melhor é financiando-o**. E isso me traz um ciclo, de volta ao ponto onde minha jornada climática começou, quando comecei a investir em um futuro de energia limpa.

Parte II - Acelerar a Transição

Investir!

Capítulo 10

Investir!

Em 2006, a nossa equipe verde da Kleiner Perkins embarcou em uma jornada para investir em cleantech. Para iniciar, nós colocamos US$350 milhões na mesa. Após 6 anos, as situações não pareciam muito cor-de-rosa — e foi aí que o tiroteio começou. Um artigo na *Wired* do por que o boom da tecnologia limpa fracassou criticou minha TED talk sobre a crise climática. Listou os investimentos da Kleiner que não deram certo em energia solar, EVs e biodiesel. Para garantir a atenção de todos, a *Wired* usou uma imagem de um jarro de biodiesel pegando fogo. E foi assim que a história terminou: "Em outras palavras, John Doerr pode mais uma vez ter uma boa razão para derramar uma lágrima."

Porém isso foi gentil em comparação com o que a *Fortune* tinha a dizer alguns anos depois. Sob uma manchete declarando a "queda" da Kleiner, o artigo lamentava que a empresa, "uma vez que era a própria personificação do capital de risco do Vale do Silício", tinha feito um "desvio desastroso para a energia renovável".

Esse tipo de coisa atinge, não vou negar. Mas, **quando você está no negócio de financiar inovações, os zigue-zagues são parte do território**. Os capitalistas de risco são propensos a ondas de falsa certeza e cercos de dúvida. O caminho a seguir muitas vezes fica confuso, até traiçoeiro. Muitas startups fracassam. Fundadores como Elon Musk, Lynn Jurich e Ethan Brown compartilharam a coragem necessária para sobreviver aos altos e baixos.

No decorrer dos anos, descobri que grandes empreendimentos são diferenciados por um punhado de fatores: excelência técnica, equipe excepcional, financiamento razoável e 100% foco — em um grande mercado existente ou em um novo, em rápido crescimento. Finalmente, um empreendimento de destaque precisa dessa combinação paradoxal de persistência, paciência e urgência. Poucas empresas jovens possuem todas essas qualidades, especialmente no início. Vencedores se desenvolvem ao longo do tempo.

Eu olho para a dinâmica de risco/recompensa ao investir desta maneira: Você pode perder somente 1*x* do dinheiro. Mas o lucro pode ser muitas vezes mais a soma do que foi investido — às vezes, 1000*x* ou mais.

Os capitalistas de risco apostam nos empreendedores, aquelas pessoas excepcionais que fazem mais com menos do que qualquer um pensa ser possível — e mais rápido do que qualquer um pensa ser possível. Tipicamente, pensamos em empreendedores de internet, biotecnologia ou cleantech em startups de ponta, porém isso não é tudo. Nem todos os empreendedores criam empresas. Suas fileiras incluem líderes corporativos que incubam novos negócios, os *intraempreendedores*. Existem empreendedores de ação social, empreendedores de políticas e empreendedores climáticos sem fins lucrativos cuja paixão e propósito são deter o aquecimento global.

Steve Jobs fez um brinde a todos eles — aos "desajustados, rebeldes, encrenqueiros [...] aqueles que veem as coisas de forma diferente [...] Eles empurram a raça humana para a frente e enquanto alguns podem vê-los como loucos, nós vemos gênios, porque aqueles que são loucos o suficiente para pensar que podem mudar o mundo são os que fazem".

Interromper um enorme mercado legado — digamos, o mercado de energia — é uma tarefa formidável. No investimento em cleantech, as paredes externas são altas, distantes e difíceis de limpar. O vento está contra você. Um home run deve fazer mais do que gerar retorno aos acionistas, embora seja isso que faz o nosso mundo girar. Em cleantech, home runs nos deixam mais perto das metas climáticas. São

Os estágios da inovação: Da ideia à escala

Escala
Comercialização
Desenvolvimento do Produto
Ideia

Semente   Série A   Série B   Séries C, D, E...   Financiamento do Projeto

vitórias para o planeta, quer a Kleiner Perkins ou a Breakthrough Ventures as tenham apoiado ou não.

Com respeito à *Fortune*, os relatórios da morte da Kleiner no investimento em cleantech foram prematuros. Uma semana após a *Fortune* publicar o nosso obituário, a oferta pública inicial da Beyond Meat foi às alturas em valor, de US$1,5 bilhão para US$3,8 bilhões, validando uma nova categoria de mercado. Nos meses seguintes, o preço das ações da empresa quadruplicou. Enphase Energy, uma aposta da Kleiner que vendia equipamentos solares para proprietários de casas, tornou solidamente lucrativa e disparou para US$20 bilhões em valor de mercado. Também entramos cedo com a Proterra, a líder em ônibus elétricos dos EUA. E na QuantumScape, o spin-off de Stanford que estava incubando o que poderia ser um marco em baterias

> Em 30 de junho de 2021, a Beyond Meat estava avaliada em US$9,8 bilhões.

Quando se trata de financiar o desafio climático, a verdade nua e crua é essa: precisamos de um salto quântico em velocidade e escala, somas sem precedentes em um prazo muito apertado. A máquina de financiamento em inovação é uma glória do capitalismo norte-americano, porém não estamos investindo capital suficiente para alcançar os objetivos. Precisamos de mais sucessos e mais empreendedores para liderança. Ou, como disse Vinod Khosla: "Mais chutes a gol." Cinco diferentes classes de financiamento devem preencher o espaço: incentivos financeiros e de P&D de governo, além de financiamento de empreendimentos, filantrópicos e de projetos. Embora o capital de risco seja onde o financiamento empresarial geralmente começa, não é de forma alguma onde as necessidades de uma startup terminam. Infusões muito maiores vêm de capital de crescimento e financiamento de projetos (de bancos, empresas ou setor público) em escala.

Pelos nossos cálculos, **alcançar o zero líquido global irá requerer em torno de US$1,7 trilhão todos os anos — e precisaremos ir a todo vapor por 20 anos ou mais**. É a referência que propomos para esse esforço extraordinário. O plano envolve 5 resultados-chave, cada um correspondendo a uma das 5 classes de financiamento.

Objetivo 10
Investir!

RC 10.1 — **Incentivos Financeiros**
Aumentar os subsídios governamentais e
o apoio à energia limpa de
US$128 bilhões para US$600 bilhões.

RC 10.2 — **P&D Governamental**
Aumentar o financiamento do setor público para
P&D em energia de US$7,8 bilhões para US$40 bilhões ao ano
nos EUA. Outros países devem tentar
triplicar o financiamento atual.

RC 10.3 — **Capital de Risco**
Expandir o investimento de capital em empresas
privadas de US$13,6 bilhões para US$50 bilhões
por ano.

RC 10.4 — **Financiamento de Projetos**
Aumentar o financiamento de projetos de emissões zero
de US$300 bilhões para US$1 trilhão por ano.

RC 10.5 — **Investimento Filantrópico**
Aumentar o investimento filantrópico de US$10 bilhões
para US$30 bilhões por ano.

O **RC Incentivos Financeiros (10.1)** consiste em programas que os governos podem usar para acelerar o tempo de mudança: garantias de empréstimos, créditos fiscais e subsídios para tecnologias de emissão zero. Globalmente, esses incentivos precisam ser expandidos da atual ninharia de US$128 bilhões para US$600 bilhões anuais. O dinheiro para o resultado-chave está à vista, embora a transmissão seja politicamente pesada: elimine os subsídios financeiros para os combustíveis fósseis e o RC pode ser pago integralmente.

O **RC P&D de Governo (10.2)** rastreia o financiamento do setor público para investir em um futuro zero líquido. Nos EUA, o financiamento federal para pesquisa energética básica e aplicada precisa ser expandido por um fator de cinco. Em outras palavras, estamos propondo que o governo norte-americano corresponda ao que agora aloca aos Institutos Nacionais de Saúde, cerca de US$40 bilhões ao ano. Outros países devem tentar triplicar os gastos atuais.

O **RC Capital de Risco (10.3)** aumenta quase quatro vezes os dólares para construir novas empresas e encontrar soluções inovadoras que podem escalar rapidamente. O capital é frequentemente levantado de investidores institucionais (doações universitárias, fundos de pensão, governos) e indivíduos de alto patrimônio líquido. Os dólares são investidos em empresas privadas, com cheques tão pequenos quanto US$250 mil e tão grandes quanto US$250 milhões.

O **RC Financiamento de Projetos (10.4)**, o maior recipiente, é vinculado ao financiamento de tecnologias comprovadas. Bancos públicos e privados precisam emprestar mais dinheiro para fortalecer a implantação de projetos de energia renovável, armazenamento e redução de carbono.

O **RC Investimento Filantrópico (10.5)** triplica o financiamento para esforços que normalmente não geram retorno financeiro direto, como justiça climática ou a proteção das terras, florestas e oceanos. As organizações sem fins lucrativos que trabalham nas áreas precisam de muito mais apoio de fundações que controlam quase US$1,5 trilhão globalmente — US$890 bilhões só nos EUA.

Mudando os Incentivos Governamentais

Os governos do mundo todo usam alíquotas de impostos favoráveis, isenções fiscais e gastos militares para subsidiar e proteger a indústria de combustíveis fósseis. Enquanto isso, as empresas de petróleo, carvão e gás podem ignorar os efeitos destrutivos de sua poluição. Ao todo, subsidiamos diretamente o setor no valor de US$447 bilhões.

O nosso plano pede a eliminação de um tratamento tributário preferencial para os combustíveis fósseis e o redirecionamento das grandes somas para acelerar alternativas livres de emissões.

O código tributário confere vantagens claras às indústrias favorecidas. **A indústria de combustíveis fósseis se beneficia de preços baixos artificialmente porque é livre para devastar o ambiente e saúde coletiva a cada passo**, da extração ao consumo — e sem penalidade. Vaclav Smil fala sem rodeios: "Nenhum combustível fóssil suportou o eventual custo do aquecimento global causado pelo CO_2." Caso todos os custos fossem levados em conta, das mudanças climáticas à mortalidade e às doenças por poluição do ar, o setor deveria mais de US$3 trilhões ao ano.

Os governos detêm várias ferramentas para acelerar a adoção das tecnologias limpas: bolsas para projetos específicos; empréstimos diretos, a serem pagos com juros; garantias de empréstimos privados, onde assumem todos os riscos de inadimplência do mutuário; subsídios como incentivos para baixar o preço de compra; e créditos fiscais.

Por anos, o saco de pancadas escolhido pelos oponentes da ação climática tem sido o Gabinete de Programas de Empréstimo do Departamento de Energia do EUA. O alvo primário foi a Solyndra, uma startup focada em energia solar que recebeu uma garantia de empréstimo do DOE no valor de US$535 milhões no início do governo Obama. Dois anos depois, superado por painéis solares chineses mais baratos, a Solyndra faliu. (Para constar, a Kleiner não apoiou a Solyndra, mas arriscamos com outras 7 startups de painéis solares fotovoltaicos. Quatro delas afundaram mais ou menos ao mesmo tempo.)

Solyndra é um exemplo clássico de fatos que superam a virada. Sim, a companhia faliu e o governo perdeu US$500 milhões. Porém o que as manchetes perderam foi que a garantia de empréstimo da Solyndra era apenas uma pequena parte de uma estratégia mais ampla para manter os EUA competitivos em cleantech com a China e o resto do mundo. O objetivo global era acelerar a tecnologia solar e eólica e criar empregos de energia limpa no processo. O sucesso dessa estratégia é indiscutível. Entre 2010 e 2019, o emprego na indústria solar dos EUA cresceu 167%, de cerca de 93 mil empregos para quase 250 mil.

Na verdade, o Gabinete de Programas de Empréstimo devolveu um tremendo retorno para o dinheiro dos contribuintes. Sempre que você apoia um portfólio de startups, seja empréstimos ou doações, espera que alguns fracassem. Desde a criação, o Gabinete de Programas de Empréstimo emprestou ou garantiu mais de US$35 bilhões. Menos de 3% estão inadimplentes, com pagamentos de juros atuais e futuros mais do que compensando as perdas.

Como Jonathan Silver, diretor-executivo do escritório de Obama, explica: "O papel de um programa federal de empréstimos é apoiar as soluções que têm muitas possibilidades de serem importantes e viáveis comercialmente, mas ainda não estão amplamente disponíveis devido ao risco financeiro inerente à inovação." A garantia governamental age como reforço para tornar os investidores e credores privados mais confortáveis no financiamento dos projetos. Idealmente, acrescenta, o apoio federal ajuda uma empresa a desenvolver algo novo e útil, alcançando escala no mercado para começar a se sustentar.

Como observa Silver, os empréstimos federais para cleantech não foram projetados para maximizar retornos. Para atrair candidatos, a taxa de juros foi atrelada para o governo igualar. Uma taxa de inadimplência de 3% para um portfólio de projetos renováveis inovadores em escala de utilidade teria gerado "lucros monstruosos", aponta Silver, caso os empréstimos tivessem sido emitidos por bancos comerciais a taxas normais.

Para ilustrar: Em 2010, um empréstimo de US$465 milhões do DOE foi para uma empresa em estágio inicial em suporte de vida. A Tesla Motors estava em crise. Havia se comprometido a fabricar o Roadster de capital intensivo em meio à pior queda econômica desde a Grande Depressão. O Gabinete de Programas de Empréstimo manteve a empresa solvente. **Em 2013, Elon Musk anunciou que a Tesla estava pagando o empréstimo com 10 anos de antecedência, com juros — um final feliz para todas as partes**. Mas não nos esqueçamos: sem empréstimo, sem Tesla.

No ano fiscal federal de 2010, o governo Obama gastou US$400 milhões em P&D para cleantech e emitiu US$70 bilhões em garantias de empréstimos. É uma soma impressionante, porém a China está nos vencendo. Entre 2012 e 2020, o governo chinês alocou uma média de US$77 bilhões *por ano* em apoio governamental a empresas estatais ou patrocinadas pelo Estado que fabricam painéis solares, veículos elétricos e outras soluções de cleantech. Um programa de empregos espetacular. De repente, todas as províncias tinham a própria empresa de fabricação de painéis solares. Se uma começasse a falir, o governo normalmente a resgataria.

Em poucas palavras, por isso os painéis solares ficaram tão baratos e se espalharam tão rápido — um presente da China. Também explica por que 5 empresas de energia solar apoiadas pela Kleiner Perkins foram esmagadas na guerra de preços que se seguiu. Não foi porque os EUA gastaram de forma imprudente ou excessiva. Ao contrário, foi porque havíamos investido tão pouco por tanto tempo. Como resultado, a China agora possui 70% do mercado internacional de fabricação de energia solar.

O Poder do Capital de Risco

Ter uma boa ideia está longe de ser executada em escala. Não basta descobrir algo que o planeta precisa. Para uma nova empresa ter sucesso, ela deve ter algo que o mundo esteja pronto para adotar. Os próximos passos críticos — formar uma equipe, vender, fabricar e dar suporte ao produto — exigem dinheiro. Entre no capital de risco. Ao negociar uma porção das ações para levantar o financiamento essencial, os financiadores podem levar as ideias do laboratório para o mercado. Esse é o papel desempenhado por empresas como a Kleiner Perkins: encontrar, financiar e acelerar o sucesso de empreendedores.

Nos últimos 5 anos, mais de US$52 bilhões em capital de risco no globo foram canalizados para cleantech. A primeira rodada de financiamento — a rodada de "semear" — carrega o maior risco, uma vez que empresas incipientes são mais propensas a falir e perder o dinheiro dos investidores. Para mitigar o risco, a abordagem da Kleiner foi fundamentada na ciência. Como observei, identificamos um pequeno número de "grandes desafios" climáticos que clamavam por soluções.

A primeira década de investimento em cleantech em estágio inicial: Do boom ao fracasso

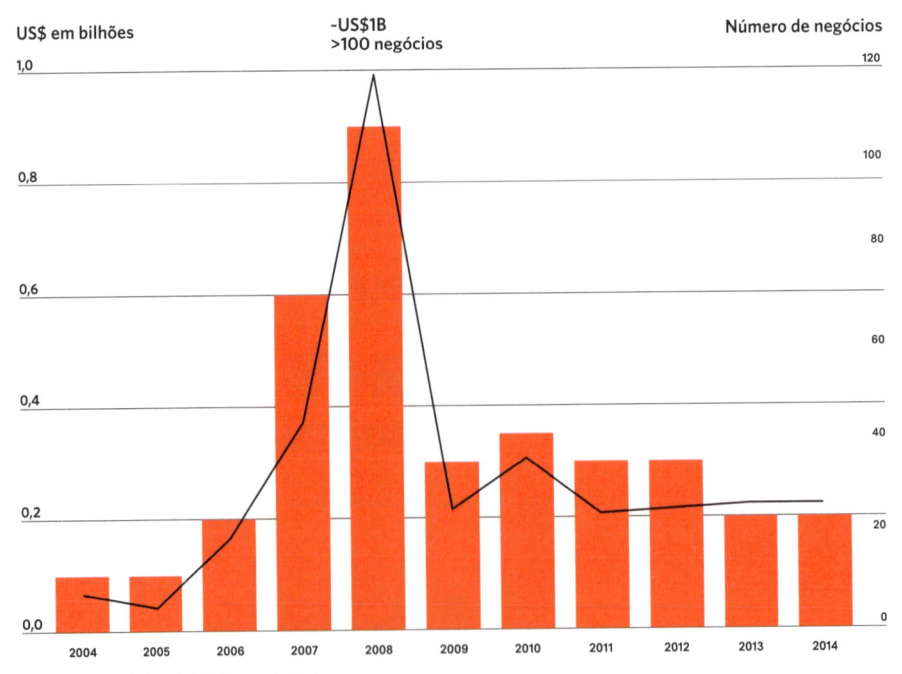

Adaptado dos dados do MIT Energy Initiative.

Em 2006, não muito tempo depois do despertar de *Uma Verdade Inconveniente*, a equipe mergulhou para pesquisar as oportunidades e conhecer os empreendedores. Ao analisarmos mais de 3 mil propostas para empresas de energia solar, biocombustíveis, siderurgia e cimento, lideramos uma onda de capital de risco na busca de soluções climáticas. Em 2001, a indústria de capital de risco havia financiado menos de US$400 milhões em 80 acordos climáticos. Apenas após 7 anos, quase US$7 bilhões foram investidos em 400 negócios.

O momento para o aumento de capital acabou sendo menos do que o ideal. Com a crise financeira de 2008, muito do embrionário setor de cleantech desmoronou. A implosão foi acionada pela queda nos preços de petróleo e gás, uma crise de crédito resultante e a incapacidade das empresas americanas de acompanhar a concorrência subsidiada da China. Algumas tecnologias ficaram aquém do salto de laboratório para o mercado comercial. Outros simplesmente não funcionaram.

Em 2009, o investimento em energia limpa se deteriorou, com o financiamento em estágio inicial sendo particularmente afetado. Enquanto isso, bilhões fluíram para software e biotecnologia, entre outras indústrias. Em 2012, ano do obituário da Kleiner na *Wired*, muito dos investimentos em cleantech faliram. Parecia que poderíamos perder cada centavo.

Mas então — gradual, inesperada e quase miraculosamente — algumas de nossas empresas saíram de baixo dos destroços. A Proterra e os ônibus elétricos sobreviveram. Assim como a ChargePoint, que opera a maior rede de estações de recarga pública de EVs dos EUA (112 mil locais e contando). Hoje é negociada publicamente na Bolsa de Nova York. Outras empresas apoiadas pela Kleiner foram adquiridas por companhias maiores. Nest, startup de termostato digital, foi arrebatada pelo Google por US$3,2 bilhões em 2014. Opower, que fornece software para utilitários, foi adquirida pela Oracle 2 anos depois daquilo. Um crescente senso de oportunidade levou à separação de nossa equipe de investimento em cleantech em um novo fundo, o G2 Venture Partners.

O maior fator individual para reviver o portfólio de cleantech foi a oferta pública inicial da Beyond Meat em maio de 2019. A Kleiner colocou US$10 milhões em várias rodadas de investimento. Agora, as ações estão cotadas na NASDAQ. Em janeiro de 2021, como Ethan Brown e a empresa levantaram US$240 milhões para expandir o mercado para os substitutos de carne à base de vegetais, o valor das ações da Kleiner cresceu para US$1,4 bilhão. Um notável retorno de 140 vezes o investimento original. No capital de risco, dois ou três acertos, ou às vezes apenas um, podem pagar por muitos erros.

Desde 2006, a Kleiner investiu um total de US$1 bilhão em 66 startups de cleantech. Em 2021, o valor de participação triplicou para US$3,2 bilhões. E os investimentos de risco no setor estão em alta histórica. Saímos dessa montanha-russa com algumas lições duramente aprendidas sobre como construir um negócio de sucesso para o clima:

Seja implacável ao identificar o risco principal antecipadamente — e removê-lo. Financiadores e investidores devem enfrentar o risco da tecnologia (não funcionará), de mercado (não destacará), do consumidor (não venderá bem) e regulatório (não será aprovado). A questão passa a ser: Quais são os principais riscos? O capital inicial pode ser usado para removê-los? Caso contrário, será quase impossível levantar capital em estágio posterior.

Você está sempre levantando dinheiro. A mensagem para os financiadores é simples: Seja ótimo em angariar fundos — seja melhor do que ótimo. Recrute uma variedade de investidores em suas rodas de financiamento, especialmente aqueles que podem emitir grandes cheques. E procure parceiros corporativos, que podem ser inestimáveis.

Os custos são reis; o desempenho importa. Quando está competindo em um mercado de commodities como eletricidade, aço ou combustíveis, o custo unitário manda. Os consumidores não pagarão mais por um produto menor com um selo ecologicamente correto; esperam algo superior ou, no mínimo, equivalente. Tesla, Beyond Meat e Nest são 3 exemplos espetaculares.

Domine o relacionamento com o cliente. As empresas que se saíram melhor na Grande Recessão mantiveram relacionamentos diretos com os compradores finais de seus produtos.

Os titulares lutarão. Alguns irão se adaptar; outros, morrerão. Mas quase todos lutarão com unhas e dentes. Afinal, os negócios são construídos com a premissa de poluição gratuita de carbono.

Com base nas lições, vemos que Matt Rogers é um bom exemplo de alguém que enfrentou o desafio. Antes dos 40 anos, teve três carreiras de sucesso: engenheiro de software no iPhone original, empreendedor climático que cofundou a Nest, a empresa de termostato inteligente de economia de energia, e agora capitalista de risco. Em 2017, Matt criou o fundo de investimentos Incite para apoiar financiadores de cleantech orientados por missões que não têm medo de enfrentar os incumbentes.

Matt Rogers

Eu tinha 26 anos quando deixei a Apple, em 2009. Estava pensando nos grandes desafios da humanidade, com o clima figurando entre os principais. Na época, tínhamos tanto poder cerebral, potência, recursos financeiros e talento entrando em aplicativos como Angry Birds. Porém o que estávamos colocando no clima?

Com meu cofundador, Tony Fadell, fizemos uma abordagem analítica de mercado. Conhecemos o espaço do cliente ao construir o iPod e o iPhone juntos. Examinamos os diagramas de fluxo do Departamento de Energia, procurando o que era importante e no que ninguém estava trabalhando. Anualmente, aquecimento e resfriamento estão no topo; responsáveis por metade da energia que uma casa usa.

Na época, vivia em um condomínio no Vale do Silício, de 1973. Colocamos novos pisos e bancadas, mas havia as coisas de plástico bege controlando o aquecimento e o ar-condicionado. Tínhamos acabado de fazer o iPhone 4, o produto mais elegante de sempre, todo em vidro brilhante e alumínio. Contudo, no condomínio, o design e a tecnologia eram de 1970. Aquela porcaria bege controlava pelo menos US$1.000 de gastos por ano para aquecer e resfriar o ambiente.

Nos anos 1980, surgiu uma tecnologia para programar um termostato que diminuiria o calor à noite e economizaria energia. Mas a interface do usuário era tão ruim, que ninguém quis usá-lo. Esse foi o princípio fundamental por trás da Nest. Poderíamos fazer um produto bonito. Entretanto também precisávamos fazer um fácil de usar e que economizasse energia automaticamente.

E foi o principal insight: era tanto uma questão de eficiência energética quanto de interface do usuário. A Nest era uma empresa pioneira na missão e no produto ao mesmo tempo.

Não tínhamos expertise na área. Então, fizemos muita pesquisa, conversamos com vários especialistas. Precisamos entender como os sistemas HVAC funcionavam e o que a Agência de Proteção Ambiental estava dizendo. Havia muita ação na época na pesquisa ambiental que não havia chegado ao mercado consumidor.

É muito difícil criar novos mercados. Gosto de ir atrás dos estabelecidos. As pessoas já tinham termostatos; nós não os inventamos. No entanto, quando invade um mercado estabelecido, tem que observar como os titulares respondem à mudança. Às vezes, vão comprar empresas, seja para esmagar as mudanças ou incorporá-las e expandir os negócios. Às vezes, processam para assustar as pessoas, só porque têm poder de mercado. E às vezes eles vão te ignorar.

No caso da Nest, o titular nos processou. A Honeywell disse que estávamos infringindo patentes — por ter um botão circular, por exemplo. Quatro anos depois, o processo foi arquivado.

Os novatos têm algo que os titulares não têm: agilidade. É realmente difícil tomar decisões quando você tem 7 camadas de gerenciamento. É difícil para novas ideias se infiltrarem quando há tantas pessoas e prioridades.

Esse foi o modus operandi na Nest: seja rápido. Tome decisões rápidas. Evolua mais rapidamente do que qualquer um pensa que pode. No início, anunciamos um produto inovador muito legal, mas não paramos por aí. Três meses depois, teríamos uma nova atualização de software. Todos os anos, tínhamos uma nova atualização de hardware. Continuamos rolando o mais rápido possível. Quando a concorrência copiou a primeira versão, já estávamos na terceira.

Começamos com uma ideia: Como podemos ajudar as pessoas a economizar energia em casa? Porém o objetivo sempre foi colocá-lo em escala, para onde existem dezenas de milhões de megawatts-hora de energia todos os anos.

A Nest triunfou porque éramos uma equipe no lugar certo, na hora certa, com o produto certo.

///////////////

Em janeiro de 2021, investimentos em tecnologias limpas superaram o total de todo o ano de 2015. Depois de uma década, a cleantech de capital de risco está voltando com tudo. Carmichael Roberts, líder de negócios da Breakthrough Energy Ventures, supervisionou investimentos em mais de 50 startups em todas as fases de seu desenvolvimento. Perguntei a Carmichael sobre o que é preciso para ser um empreendedor de sucesso na área.

Carmichael Roberts

Fundadores de sucesso sobem em suas pranchas e remam antes que haja uma única onda para ser vista. Algo no íntimo diz que a melhor onda está indo e ninguém mais pode ver. Trabalham duro para se prepararem, pois, quando a onda chegar, eles podem ficar de pé e surfar nela.

A Breakthrough Energy Ventures tem 30 cientistas, empreendedores e construtores de empresas em tempo integral. Ninguém dentro da empresa se denomina puramente um investidor. Buscamos tecnologias climáticas inovadoras que podemos ajudar a moldar para ter o maior sucesso possível. Às vezes, significa remar na água com os fundadores. Às vezes, jogar um bote salva-vidas.

Para ter sucesso, os empreendedores precisam ser confiantes, mas também vulneráveis e um pouco paranoicos. Recentemente, um fundador veio a mim e disse: "Carmichael, devo ficar nervoso sobre x, y e z?" Respondi: "Sim, deve." Então, completei: "Agora que botou para fora, vamos lidar com isso juntos."

As pessoas querem saber como as empresas em que investimos estão se saindo. A BEV tem apenas 4 anos, logo estamos no início da jornada. No entanto, aqui está o que ninguém sabe. Depois que cada decisão de investimento é tomada, eu suo. Meu parceiro sua. A equipe inteira sua. Nos perguntamos: tomamos uma decisão maluca sobre isso?

E sabe o que fazemos, então? Nos próximos meses, trabalhamos para garantir que a decisão não tenha sido maluca. Garimpamos as redes em profundezas. Vasculhamos cada paisagem em busca de parcerias e trazemos o maior número possível de pessoas conosco.

Fornecemos cada pedacinho de expertise técnica que temos. O trabalho é apoiar os empreendedores, aqueles que estão fazendo um serviço realmente duro. Se tiverem sucesso, o mundo será uma gigatonelada mais leve em relação a gases do efeito estufa. E cada gigatonelada conta.

Se tivermos sucesso como investidores, seremos responsáveis pelas 150 empresas mais críticas para o resultado no clima. Mais do que isso, a colaboração com outros capitalistas de risco e empresas será responsável pelas mil empresas que nos permitem chegar ao zero líquido até 2050.

Estamos atrasados na mudança climática, não há como negar. Entretanto acredito que o espírito humano puro — imaginação e compromisso — pode salvar o dia. Já vimos antes na história e estamos vendo novamente. Você tem que ser realista, sem dúvida. Mas também tem que ir em frente.

O trabalho é apoiar os **empresários**, aqueles que estão fazendo um serviço duro.

Isso Não É uma Bolha; É um Boom

Desde os primórdios do capitalismo em escala industrial, no início dos anos 1800, as chamadas bolhas de investimento financiaram as novas indústrias, desde ferrovias e automóveis, para até telecomunicações e internet. Com cada tecnologia disruptiva, montes de dinheiro entram. Muito é perdido. Mas a sociedade ganha.

Na tecnologia limpa, precisamos abrir as comportas do capital. Uma tendência a ser observada é o surgimento de empresas de aquisição de propósito específico ou SPACs. As empresas são criadas para adquirirem companhias em estágio inicial que ainda não estão prontas para uma oferta pública, geralmente porque ainda não apresentaram lucro. Embora SPACs sejam investimentos de alto risco, serão um importante meio de financiar as tecnologias de que tanto precisamos. Sem elas, a inovação desacelera.

ChargePoint, QuantumScape e Proterra foram adquiridas por SPACs para serem convertidas em empresas cotadas em bolsa de valores. O entusiasmo dos investidores está aumentando, de 46 acordos de SPAC em 2018 para 248 em 2020. E 20% são relacionados a energia e clima. Chegou ao ponto que alguns estão alertando para uma bolha de superfinanciamento especulativo.

Eu diria que não é uma bolha, mas um boom. Muitos empreendimentos apoiados por SPACs falharão, sem dúvida. Contudo as SPACs vieram para ficar. E **booms são bons. Levam a mais investimentos, pleno emprego e competição saudável**. Eles estimulam os titulares complacentes. Por meio da "destruição criativa", transformam os mercados.

Uma Reviravolta na Energia Solar

De todas as empresas de cleantech apoiadas pela Kleiner, a Enphase Energy pode ter sido a que mais nos ensinou. Meu sócio Ben Kortlang provavelmente é o mais experiente investidor em energia solar no planeta. Quando nos levou à Enphase, em 2010, a startup de energia solar lutava para dimensionar os inversores, as caixas de circuitos que ligam os painéis solares do telhado de uma casa ao sistema elétrico. Acreditávamos que o mercado de inversores estava prestes a explodir e a Enphase capturaria uma parte saudável. Contudo, a receita da empresa permaneceu estagnada, em torno de US$20 milhões. Dezenas de outras startups haviam entrado no mesmo espaço. Por um tempo, pareceu que a Enphase teria o mesmo destino sombrio que os outros investimentos fracassados em tecnologia solar.

Buscamos o conselho de T. J. Rodgers, o lendário executivo-chefe fundador da Cypress Semiconductors e melhor do conselho da Bloom Energy, nosso primeiro grande investimento em energia. T. J. viu um potencial inexplorado na Enphase, que havia acabado de entregar seu milionésimo inversor. A peça que faltava era uma liderança dinâmica que pudesse abordar os desafios da empresa com novos olhos. O T. J. recomendou uma estrela em ascensão na Cypress para tomar as rédeas como executivo-chefe.

Foi assim que conhecemos Badri Kothandaraman. Nascido e criado em Chennai, Índia, decolou em uma carreira de 21 anos na Cypress depois de obter o mestrado em ciências dos materiais na Universidade da Califórnia, Berkeley. A sua hábil pilotagem na Enphase reflete a importância da excelência operacional na criação de um novo nicho de cleantech.

Badri Kothandaraman

Todos os outros investidores deixaram o espaço. Temiam que os inversores se tornassem um negócio de commodities com lucro zero e guerras de preços sem fim. As preocupações não eram infundadas. A Enphase estava perdendo dinheiro e ficando sem capital.

Comecei na Enphase em 2017. Nos primeiros 2 anos, meu foco como CEO estava na excelência operacional. Começamos a medir tudo. Definimos uma sala de guerra para gerenciar caixa e contas a receber e a pagar diariamente. Estabelecemos uma equipe de preços para precificar os produtos com base no valor que geraram, em comparação com a próxima melhor alternativa. Dissemos adeus aos embates de preços e recusamos vendas que não eram lucrativas.

Passamos muito tempo trabalhando nos custos dos produtos. Criamos painéis de controle para medir o progresso e um sistema de metas trimestrais para todos os colaboradores. O programa de bônus é pago dependendo do desempenho relacionado às metas da empresa e do funcionário individual. Sem metas, sem bônus!

A estratégia com os investidores não era tão diferente. Em junho de 2017, no dia de analista, fizemos progresso. Dissemos aos investidores que levaria 6 trimestres para alcançar um modelo financeiro 30-20-10. Uma maneira fácil em lembrar de dizer que a empresa tinha como meta 30% de margens brutas, 20% de despesas operacionais e 10% de receita operacional.

A estratégia começou a dar frutos. Finalizamos 2018 tornando real o modelo financeiro 30-20-10. A partir daí, a receita acelerou.

Como crescemos? Uma vez que controlamos as operações, passamos mais tempo na linha superior. Focamos a inovação de produtos, controle de qualidade e atendimento ao cliente. Em vez de executar linhas de alta tensão CC no telhado e fazer com que os clientes instalassem grandes inversores em garagens, fizemos microinversores baseados em semicondutores pequenos o suficiente para caber abaixo de cada painel solar no telhado.

Se tivesse 20 painéis, precisaria de 20 microinversores, em vez de um só, mas você tinha uma vantagem significativa: tensão CA segura. A família de inversores em escala reduzida era de classe mundial; elegante, de alta potência e eficiência, fácil de instalar e conectar à nuvem.

Focamos incansavelmente a qualidade, medida por devoluções ou defeitos do cliente. Demos igual diligência ao atendimento e começamos a receber ligações de proprietários, além de instaladores. Equipamos os centros de serviço nos EUA, França, Austrália e Índia. Minhas reuniões semanais com a equipe sempre começavam com uma revisão do painel de serviço, incluindo a pontuação líquida do promotor, tempo médio de espera do cliente e taxa de resolução na primeira chamada.

A pontuação líquida do promotor melhorou de um dígito em 2017 para mais de 60% em 2020, mas não ainda terminamos de forma alguma. Em 2021, introduzimos o serviço 24/7 (24 horas por dia, 7 dias por semana) para os clientes e criamos uma equipe de serviço de campo para ajudar na eficiência dos instaladores. Também adicionamos armazenamento de bateria à linha de produtos e agora estamos a caminho de construir sistemas de gerenciamento de energia residencial de última geração nos quais os consumidores podem confiar. Como em tudo o que fazemos, também medimos a economia de energia dos clientes. É a única maneira de garantir uma ótima experiência.

Sem metas, sem bônus!

Como deve suspeitar, a forma de administrar de Badri é música para os meus ouvidos. A Enphase justificou a confiança dos apoiadores enquanto aborda efetivamente nossa crise de emissões. Em 2020, dez anos após o investimento inicial da Kleiner, ela se tornou a empresa de tecnologia em energia solar mais valiosa do mundo, com um valor de mercado superior a US$20 bilhões. Em janeiro de 2021, a Enphase foi considerada grande o suficiente para se juntar às fileiras do índice 500 da S&P.

Colocando o Projeto Financeiro para Funcionar

Nos últimos 17 anos, o financiamento de projetos de energia limpa para novas instalações e reformas aumentou de US$33 bilhões para US$524 bilhões. A maior parte é dedicada a usinas solares e eólicas, com quantidades crescentes destinadas à eletrificação de calor e transporte. Apesar da tendência ser promissora, esses dólares poderiam fazer uma diferença maior se fossem canalizados para tecnologias ainda mais novas e extremamente necessárias.

O RC Financiamento de Projetos (10.4) pede que os dólares para financiamento de projetos atinjam US$1 trilhão ao ano, sendo desembolsados mais rapidamente. Além de financiar tecnologias comprovadas, os bancos públicos e privados precisam emitir mais empréstimos para novas fontes de energia, novos tipos de armazenamento e novos projetos de remoção de carbono.

O programa Catalyst, da Breakthrough Energy, criado em 2021, é uma ideia radical para exigir mais do financiamento de projetos na redução do premium verde. O fundador do Catalyst, Jonah Goldman, coloca o caso sem rodeios: "Os mais de US$500 bilhões destinados às energias solar e eólica não são caridade. São economicamente rentáveis — e isso se deve a 50 anos de ação de inovadores, da comunidade climática e do governo." Jonah pede mais "capital heroico e corajoso" na criação de mercados para novas tecnologias mais arriscadas, como combustíveis de aviação isentos de emissões, cimento verde e remoção de carbono.

Os 4 financiadores indispensáveis são os governos, as empresas, os bancos e os filantropos. Se todos os 4 se comprometerem a pagar o verde premium e fornecer dinheiro suficiente para construir as empresas, isso colocará a Lei de Wright em prática. Com instalações maiores e maior demanda, novas tecnologias podem reduzir os custos mais rapidamente. Como Jonah nos lembra: "Demorou 50 anos para a curva do custo solar descer. Porém não temos 50 anos de sobra." Para acelerar, diz ele, precisaremos investir capital significante para construir as primeiras usinas de demonstração de uma nova tecnologia, para mostrar que funciona.

O financiamento de projetos de energia limpa está em ascensão

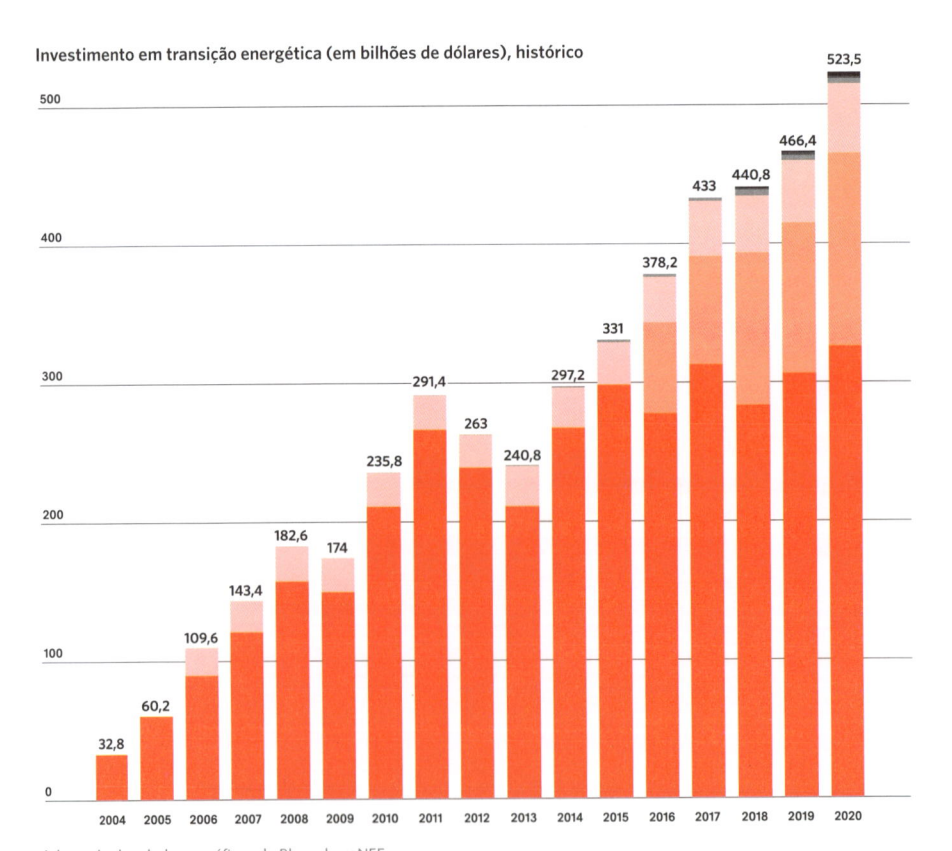

- Energia renovável
- Transporte eletrificado
- Aquecimento eletrificado
- Armazenamento de energia
- Hidrogênio
- CCS

Investimento em transição energética (em bilhões de dólares), histórico

Ano	Valor
2004	32,8
2005	60,2
2006	109,6
2007	143,4
2008	182,6
2009	174
2010	235,8
2011	291,4
2012	263
2013	240,8
2014	297,2
2015	331
2016	378,2
2017	433
2018	440,8
2019	466,4
2020	523,5

Adaptado dos dados e gráficos de BloombergNEF.

O financiamento de projetos gravita naturalmente em direção das tecnologias comprovadas, como as implantações solares e os retrofits de eficiência. Isso é uma coisa boa. E precisaremos de muito mais para continuar reduzindo os custos nestas áreas. Mas também precisamos de movimentos ousados para comprar tecnologias mais novas. Quando uma empresa como o Google promete comprar energia de uma empresa geotérmica de última geração como a Fervo, eles galvanizam o mercado inteiro. Assim como a Stripe criou um mercado para tecnologias de remoção de carbono ao pagar pelo premium verde, os dólares de financiamento de projetos podem reduzir os custos fornecendo demanda em escala.

Convocando um Novo Tipo de Capital

Em 1998, Kleiner Perkins apostou US$12 milhões por 12% das ações de uma startup da web fundada por uma dupla de desistentes da escola de pós-graduação de Stanford. Sergey Brin e Larry Page entraram no negócio de motores de busca no número 6 em participação de mercado. Um ano depois, esperando que o sistema de gerenciamento simples de Andy Grove pudesse ser útil, cheguei à sede original do Google para dar uma palestra sobre Objetivos e Resultados-chave. "Decidimos tentar", disse Larry. Desde então, milhares de funcionários do Google adotaram os OKRs para ajudar a inspirá-los a mirar alto e ir mais longe.

Na busca pelo zero líquido, poucas empresas grandes se moveram mais rápido. Em 2007, após compras antecipadas de energia renovável e compensações de carbono de alta qualidade para quaisquer emissões restantes, o Google se tornou neutro em carbono em todas as operações. Em 2012, a empresa definiu uma meta ainda mais ambiciosa: abastecer 100% de suas operações a partir de energias renováveis, como energias solar e eólica, até 2020. A empresa atingiu essa meta 3 anos antes, em 2017.

Hoje, a emissão do Google e da empresa-mãe Alphabet é investir em escala para resolver os desafios mais difíceis do mundo. Ambas as organizações são lideradas por Sundar Pichai, que ingressou no Google em 2004 como gerente de produto de 32 anos. Em 2015, Sundar foi nomeado o terceiro CEO na história da empresa.

Também foi o ano no qual o Google recrutou Kate Brandt como diretora de sustentabilidade, o mesmo cargo que ocupou no governo federal no mandato Obama. Desde então, Kate colocou os olhos da empresa muito além da própria pegada — usar a plataforma tecnológica do Google para acelerar a redução das emissões globais.

Sundar Pichai

Pensar no futuro com um prazo de várias décadas permite que você seja ousado, muito ambicioso. Quando apostamos nas energias eólica e solar, aquilo foi considerado muito caro. E a maioria das pessoas duvidava que pudesse funcionar em escala. Hoje, a Alphabet é uma das maiores compradoras de energia renovável. Tal investimento inicial valeu a pena ajudar a reduzir os custos.

Olhando para 2030, o objetivo é executar tudo sem carbono, 24/7. Isso significa que todas as consultas no Google, os Gmail enviados, as transações no Google Cloud serão feitas sem emissões.

Não sabemos totalmente como chegar lá. Precisamos de mais inovação. Também precisamos de mais financiamento de projetos. É por isso que emitimos o maior título de sustentabilidade da história corporativa, US$5,75 bilhões em financiamento de projetos verdes.

Um dos projetos centra-se na energia geotérmica de próxima geração. Por causa da intermitência, sabemos que as energias eólica e solar, sozinhas, não podem operar toda a rede elétrica em muitos lugares. Para tornar a energia limpa acessível e confiável, estamos aproveitando o calor do vapor geotérmico para acionar turbinas elétricas. O vapor é gerado por água quente bombeada de poços de até 3km de profundidade. No início do próximo ano, conectaremos novas fontes geotermais em Nevada à rede para alimentar os centros de dados que executam o Google Cloud. Usaremos IA para responder à demanda em tempo real e obter energia sempre ativa, 24 horas por dia, 7 dias por semana. Com as nossas plataformas e escala, podemos usar a nuvem para realizar reduções de emissões em nossas operações.

Kate Brandt

Pensamos em como ter um papel para ajudar a construir a classe de ativos e mostrar o valor dos títulos de sustentabilidade.

Lançamos a estrutura que articulava como alocaríamos o dinheiro. Ela se centrou em diferentes categorias do trabalho ambiental: a aquisição de energia renovável, centros de dados de eficiência energética e materiais circulares. Entendendo que as questões ambientais e sociais estão tão profundamente entrelaçadas, também trouxemos dimensões sociais como a igualdade racial.

A iniciativa é algo de que temos um orgulho real. O objetivo é mostrar que a classe de ativos trará mais capital para a sustentabilidade.

Foi ótimo ver outras empresas seguindo o exemplo, testemunhando o impulso no financiamento de projeto ambiental e socialmente responsável.

Somos apaixonados pelo papel de IA para gerar ganhos profundos de eficiência energética. Usamos com grande efeito nos próprios centros de dados. E estamos tentando levá-lo além dos muros para que outros operadores de centros de dados e de edifícios possam obter os próprios ganhos de eficiência energética.

Na Nest, temos um termostato de aprendizagem para o mercado residencial que ajuda a otimizar o uso de energia nas residências.

Com os dois juntos, vemos uma oportunidade crescente de usar IA em edifícios comerciais e residenciais. Além de realizar uma descarbonização sustentável.

Sundar Pichai

O que mais me empolga sobre conseguir um mundo com zero líquido é que precisaremos de mudanças de ponta a ponta — movimentos grandes e ousados e mudanças pequenas, mas significativas.

Para maximizar o impacto do Google de outras formas, incentivamos os usuários a diminuir a pegada de carbono. Por exemplo, o Google Maps atualmente adota como padrão a rota mais ecológica.

Olhando globalmente, definimos uma meta para ajudar as 500 principais cidades do mundo a reduzir 1 gigatonelada até 2030. As cidades contam com 50% da população mundial, sendo 70% das emissões. Estamos ajudando usando IA, dados e sensores. Muitas vezes, as cidades não percebem de onde vêm as emissões de carbono. Em lugares como Copenhague e Londres, estamos trabalhando com os líderes locais para instalar sensores de qualidade do ar para detectar as emissões instantaneamente. Ter acesso a essa informação permite aos formuladores de políticas que desenvolvam um plano durável para os programas de redução de emissões. Estamos ampliando sistemicamente o programa em todas as cidades para atingir a meta de uma gigatonelada.

Cresci em Chennai, Índia. Minha infância foi marcada por severas secas ano após ano. A escassez de água fez com que tivéssemos que contar com poucos baldes para as necessidades diárias.

Em 2015, Chennai foi atingida por uma enchente que só acontece uma vez a cada cem anos. A cidade nunca tinha vivido aquele tipo de chuva. E a justaposição trouxe para casa os impactos das mudanças climáticas.

Em 2020, fomos atingidos por incêndios florestais aqui na Califórnia. Meus filhos me acordaram em uma manhã apontando para o céu laranja, parecendo muito preocupados. Senti a responsabilidade para com a próxima geração de uma forma profunda e visceral.

Como líder de negócios comandando uma empresa que usa a tecnologia para inovar, tive um forte senso de responsabilidade em aplicar a abordagem para progredir na crise climática. É uma das maiores oportunidades de inovação que temos.

Larry e Sergey, os fundadores, estavam à frente do tempo. O Google se tornou neutro em carbono em 2007. Eles falavam sobre sustentabilidade antes da maioria das empresas sequer tê-la nos radares. É um valor duradouro para a companhia.

Porém todas as empresas podem fazer da sustentabilidade um de seus valores corporativos fundamentais. É importante que façam isso, porque as pessoas que usam os produtos exigirão. Assim, tudo funcionará da melhor forma.

Como líder, quanto mais cedo abraçar a mudança para a sustentabilidade, mais bem posicionado estará para triunfar. É isso o que clientes e funcionários pedirão, mas é algo ainda maior. É o que é certo para o povo, país e planeta.

A crise climática é uma das **maiores** oportunidades de inovação.

Como o Dinheiro Flui

Em 2003, David Blood se aposentou do Goldman Sachs e se propôs a defender que o investimento socialmente responsável um dia ultrapassaria todas as outras classes de ativos. Na época, "investimento verde" ocupava um pequeno nicho no setor financeiro. Os retornos abaixo do padrão eram vistos como aceitáveis, se não inevitáveis. No entanto, após David se juntar a Al Gore para cofundar a Generation Investment Management, em Londres, tudo mudou. Criaram nada menos que um novo modelo de dinheiro em cleantech.

Percebemos que **pobreza e mudanças climáticas** eram o mesmo problema, apenas lados diferentes da mesma moeda.

David Blood

Criado no Brasil após meu pai se transferir para lá, fiquei surpreso com a pobreza que presenciei. Após me aposentar como chefe de gestão de ativos no Goldman Sachs, queria usar o mercado de capitais para ajudar a enfrentar os desafios do desenvolvimento sustentável.

Em outubro de 2003, encontrei com Al Gore em Boston, para falar sobre investimentos sustentáveis. Meu interesse estava na pobreza e na justiça social. E o de Al, é claro, nas mudanças climáticas. Na primeira reunião, percebemos que pobreza e mudança climática eram a mesma questão, apenas lados diferentes da mesma moeda.

Fundamos Generation com a dupla missão de entregar fortes resultados de investimento ajustado ao risco para os clientes. E ajudar a manter o investimento sustentável. A esfera dos investimentos da época não levava a sustentabilidade e a ESG a sério, então nos concentramos em fazer o business case.

Vemos o investimento de longo prazo como a melhor prática e a sustentabilidade como a construção organizadora da economia global. Usamos os fatores ambiental, social e de governança (ESG) como ferramentas para avaliar a qualidade dos negócios e das equipes de gestão. Acreditamos que a abordagem revela insights importantes que outras estruturas de investimento podem deixar por descobrir — e eles levam a resultados de investimento ajustados ao risco superior. Para ser claro, não estamos negociando valores por valor.

E, mais importante, temos clientes satisfeitos. Do zero em 2004 aos dias de hoje, os clientes nos confiaram mais de US$33 bilhões sob gestão.

Estamos satisfeitos com o crescimento significativo de investimentos sustentáveis e o ESG. Também nos sentimos encorajados pelos importantes compromissos de zero líquido anunciados por proprietários de ativos, gestores de ativos, bancos e seguradoras. De fato, fizemos progressos extraordinários na última década. No entanto, não é o suficiente. Para alcançar o objetivo de limitar o aumento global da temperatura a 1,5 °C, será necessária uma mudança transformacional.

E não se engane, teremos sucesso em enfrentar os desafios do clima apenas quando abordarmos o impacto nas pessoas e comunidades. Seja no mundo em desenvolvimento quanto no desenvolvido.

Na Generation, acreditamos que a próxima década será a mais importante de nossas carreiras. O mundo precisa e merece uma liderança do setor financeiro. Precisamos aumentar a ambição. Precisamos mudar o que as pessoas acreditam ser possível. Entretanto, mais importante, precisamos de um compromisso implacável com a ação.

Nós vemos a sustentabilidade como construção organizadora da economia global.

A Mãe de Todos os Mercados

Enquanto escrevia o livro, lembrei de uma citação que inspirou o Green Growth Fund. Veio de um banqueiro de investimentos em *Hot, Flat, and Crowded*, Tom Friedman, o profético manifesto de 2008 que pedia ação contra o aquecimento global. "A economia verde está pronta para ser a mãe de todos os mercados", disse Lois Quam, da Piper Jaffray. É a "oportunidade de investimento econômico de uma vida".

Hoje, finalmente, Quam provou estar certo. Porém tenha em mente que cleantech não está, de forma alguma, isolado das forças contundentes atuadoras em qualquer mercado de nova tecnologia. "Em uma revolução real", como observa Friedman, "há vencedores e perdedores."

As nações que lideram o caminho em tecnologia limpa serão recompensadas com expansão industrial, crescimento de empregos e, no final, um padrão de vida mais alto. Diferente da internet, a transição para energia limpa desenvolverá em nível local. Trará novos ônibus silenciosos para as comunidades, painéis solares para os telhados e vastos parques eólicos nas costas. Desmascararemos a ideia de uma troca entre expandir a economia mundial e resolver a crise climática. Portanto está claro que podemos ter ambos: lucro e planeta.

A Crescente Necessidade de Doar

Muitas soluções climáticas dignas não terão retorno do investimento 10 vezes maior. São projetadas para mais do que enriquecer acionistas. Mesmo assim, a proteção do planeta — um compromisso com a justiça climática — exige capital sério. Para aqueles que se importam e podem pagar, estamos pedindo o seu dinheiro e algo ainda mais valioso: tempo e habilidade em doações estratégicas. Alguns indivíduos e corporações notáveis já estão respondendo ao chamado.

A ação climática é extremamente subfinanciada. Para colocar em perspectiva, as doações filantrópicas totalizaram US$730 bilhões em 2019. **A parcela destinada à crise climática foi inferior a 2%**. As fundações fazem a maior parte das doações para saúde e educação. Por quê? De acordo com Jennifer Kitt, presidente da Iniciativa de Liderança Climática, parece que as soluções climáticas são menos "orientadas para as pessoas". Na verdade, é o oposto. "Muitos doadores se afastaram do clima porque pensaram que governos ou mercados resolveriam", diz Jennifer. Mas há uma nova geração de doadores, com-

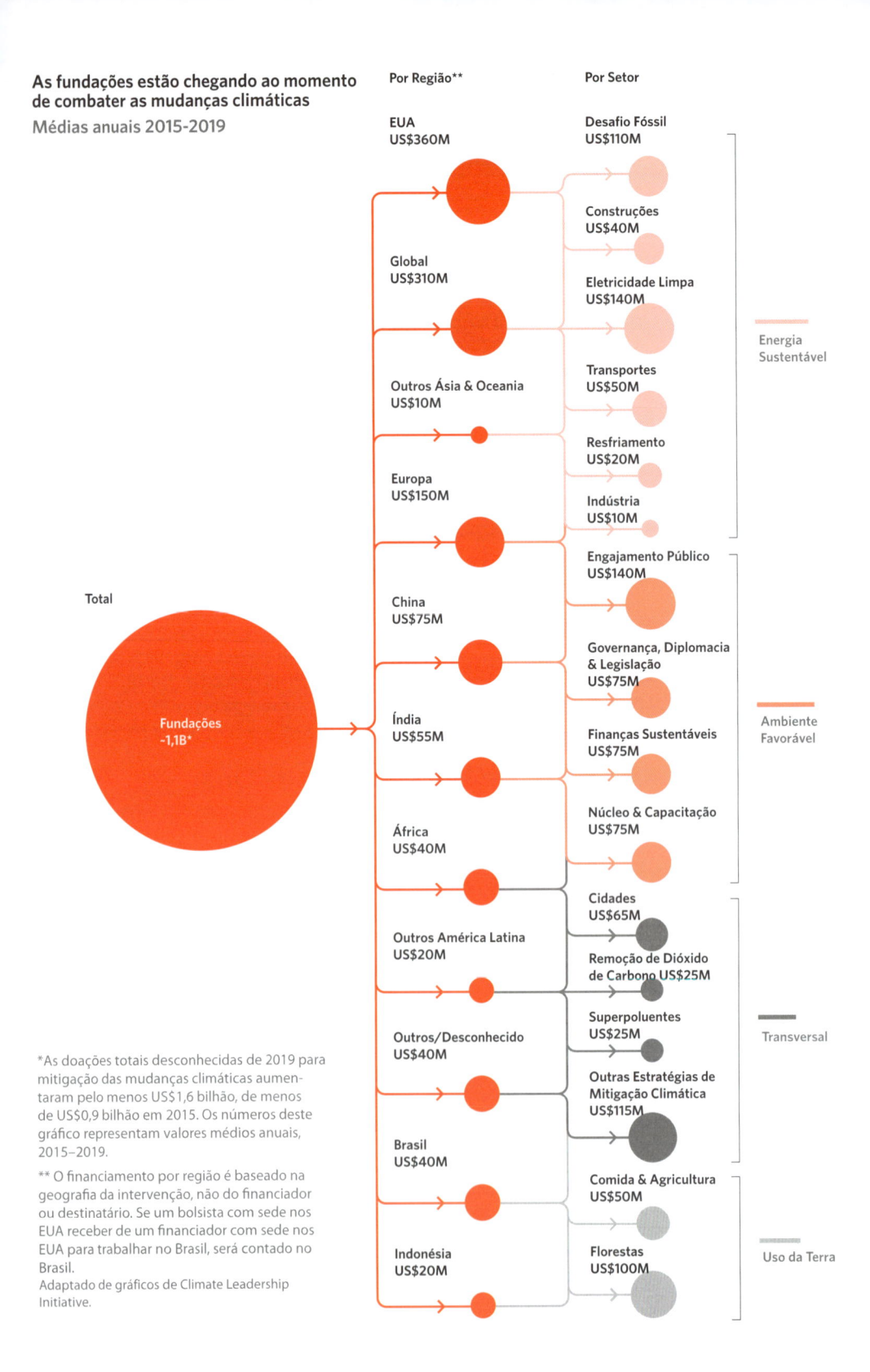

As fundações estão chegando ao momento de combater as mudanças climáticas
Médias anuais 2015-2019

Total

Fundações
~1,1B*

Por Região**

- EUA US$360M
- Global US$310M
- Outros Ásia & Oceania US$10M
- Europa US$150M
- China US$75M
- Índia US$55M
- África US$40M
- Outros América Latina US$20M
- Outros/Desconhecido US$40M
- Brasil US$40M
- Indonésia US$20M

Por Setor

- Desafio Fóssil US$110M
- Construções US$40M
- Eletricidade Limpa US$140M
- Transportes US$50M
- Resfriamento US$20M
- Indústria US$10M

— Energia Sustentável

- Engajamento Público US$140M
- Governança, Diplomacia & Legislação US$75M
- Finanças Sustentáveis US$75M
- Núcleo & Capacitação US$75M

— Ambiente Favorável

- Cidades US$65M
- Remoção de Dióxido de Carbono US$25M
- Superpoluentes US$25M
- Outras Estratégias de Mitigação Climática US$115M

— Transversal

- Comida & Agricultura US$50M
- Florestas US$100M

— Uso da Terra

*As doações totais desconhecidas de 2019 para mitigação das mudanças climáticas aumentaram pelo menos US$1,6 bilhão, de menos de US$0,9 bilhão em 2015. Os números deste gráfico representam valores médios anuais, 2015–2019.

** O financiamento por região é baseado na geografia da intervenção, não do financiador ou destinatário. Se um bolsista com sede nos EUA receber de um financiador com sede nos EUA para trabalhar no Brasil, será contado no Brasil.

Adaptado de gráficos de Climate Leadership Initiative.

plementa, que está "acordada e aterrorizada, pronta para realmente fazer algo".

Jennifer acredita no poder da filantropia como instrumento flexível para projetos ambiciosos que podem fazer verdadeira diferença. Em 2 anos, a iniciativa arrecadou mais de US$1,2 bilhão em novos dólares para a filantropia climática.

Um pioneiro em doação de clima institucional é a IKEA Foundation, o braço filantrópico da empresa guarda-chuva possuidora da cadeia de varejo nascida na Suécia do mesmo nome. Com US$2 bilhões disponíveis para implantação, o foco da fundação, diz o presidente-executivo Per Heggenes, é acelerar o deslocamento de energia suja no Sul Global por energia renovável. Enquanto isso, o negócio de varejo da IKEA se comprometeu a tornar *negativo* em carbono até 2030 — para reduzir mais emissões do que emite, incluindo a cadeia de suprimentos.

Em fevereiro de 2020, um novo porta-estandarte para a filantropia climática individual surgiu quando Jeff Bezos prometeu US$10 bilhões para estabelecer o Bezos Earth Fund. Muitos esperavam que imitasse o Breakthrough Energy Ventures, de Bill Gates, para se tornar uma outra empresa de capital de risco em estágio inicial. A Amazon já havia apoiado startups de cleantech, como a Rivian, que está ocupada construindo as 100 mil vans elétricas de entrega para o maior varejista online do mundo. É um elemento importante na meta da empresa de atingir zero emissões até 2040.

Contudo Bezos tinha uma ideia diferente para o Earth Fund. Ao anunciar os 16 beneficiários da primeira rodada de financiamento, ele revelou uma abordagem mais semelhante à filantropia altamente focada. A lista de bolsista inclui o World Wildlife Fund, o Conservatório da Natureza, o Instituto Rocky Mountain, o Union of Concerned Scientists, o Fundo de Defesa Ambiental e o Hive Fund for Climate and Gender Justice. Nenhum planeja obter lucro, emitir ações ou abrir o capital. Mas os esforços para proteger ecossistemas vitais e limpar a atmosfera de gigatoneladas de emissões, as organizações sem fins lucrativos podem ser tão disciplinadas e determinadas quanto qualquer empresa com fins lucrativos.

Há enormes benefícios, tanto ambientais quanto econômicos, a serem derivados da proteção dos oceanos e das vias navegáveis, da preservação das florestas tropicais e do fomento à agricultura regenerativa. Segundo Bezos: "Passei os últimos meses aprendendo com um grupo de pessoas incrivelmente inteligentes que o trabalho de suas vidas é combater as mudanças climáticas, com o impacto nas comunidades ao redor do mundo. Estou inspirado pelo que eles estão fazendo e animado para ajudá-los a crescer." Para administrar sua nova empresa sem fins lucrativos, Jeff contratou Andrew Steer, então chefe-executivo do Instituto de Recursos Mundiais. Em conversa com Jeff e Andrew, pude ver que estão levando a filantropia climática a um nível totalmente novo.

Jeff Bezos

Esta é a década decisiva. Caso não fizermos o tipo certo de progresso até 2030, será muito tarde. Acredito que é viável. E há motivos para ser otimista.

Dito isto, não há apenas uma coisa para fazer, mas um monte delas. E é um problema assustador por causa da dimensão. Durante 100 anos, tratamos a colocação de carbono na atmosfera como se fosse de graça. Em termos econômicos clássicos, isso a torna uma externalidade sem preço. Significa que construímos trilhões de dólares em infraestrutura de capital que faz uma falsa suposição todos os dias. E continuamos a construir uma infraestrutura hoje que faz a mesma suposição falsa. Precisamos parar de fazer isso e cuidar do nosso problema.

A escala da situação requer uma ação coletiva. E a filantropia pode desempenhar um papel muito importante para catalisar isso. Os filantropos podem assumir riscos que governos e empresas não podem ou acham difícil assumir. A filantropia pode dar início às coisas, provar soluções. E então governos e mercados podem escalar essas coisas.

O Bezos Earth Fund é puramente filantrópico. Não vai financiar nenhuma atividade com fins lucrativos. Acredito no financiamento de startups verdes com novas maneiras de fazer coisas com zero carbono e é importante — mas não é para isso que serve o Earth Fund.

Uma coisa que fiquei surpreso ao saber é que a filantropia no clima é realmente muito pequena. E estava crescendo apenas alguns por cento ao ano. É muito pouco para combater as mudanças climáticas.

Esta é a década decisiva.

Andrew Steer

O ponto inicial para o Bezos Earth Fund será diagnosticar as mudanças nos sistemas necessários nesta década. Bem como, onde o financiamento filantrópico pode desbloquear e impulsionar a mudança. Em cada transformação principal que precisa acontecer — energia, transportes, indústria, alimentos e agricultura, sistemas financeiros etc. —, há várias "mini" transformações, embora também sejam grandes. Nos transportes, por exemplo, precisamos despedir do motor a combustão interna, porém também necessitamos desenvolver tecnologias de hidrogênio para aviões e carga. Além de reformular radicalmente o transporte público e repensar o planejamento da cidade. Nos sistemas de alimentos, precisamos de novas tecnologias agrícolas inteligentes para o clima, mas também reformar as cadeias de suprimentos, mudar a dieta para alimentos à base de vegetais e reduzir a perda com o desperdício de alimentos pela metade nesta década.

Nós sabemos que as transformações são viáveis e benéficas econômica, financeira e socialmente. Contudo há todos os tipos de barreiras, lacunas de conhecimento, aversão ao risco e dependências de caminho que impedem que aconteçam no ritmo necessário. É aqui que entra o Bezos Earth Fund.

Transições são estágios diferentes, com algumas bem encaminhadas, se aproximando de pontos de inflexão, enquanto outras estão apenas começando. Nosso papel precisará ser adaptado de acordo. Em alguns casos, apoiaremos a pesquisa básica; outros, ajudaremos a criar mercados para novas tecnologias; ou reduzir o risco dos investimentos. Em algumas causas, a necessidade pode ser de mudança de políticas ou de sistemas de informação e transparência. Por isso apoiaremos grupos de defesa e sistemas de monitoramento ou convocaremos coalizões de líderes que possam trabalhar juntos para criar impulso. Em todos os casos, levaremos em consideração as preocupações sociais, reconhecendo que as questões de justiça ambiental devem ser abordadas com urgência.

Se observar a primeira rodada de doações do Bezos Earth Fund, encontrará exemplos de todos esses tipos de intervenções. Em tudo o que fizermos, procuraremos acelerar o impulso para a mudança — tornando-o irresistível e imparável.

Jeff Bezos

Precisamos injetar dinheiro de forma muito cuidadosa, para que, se juntar as peças do quebra-cabeça, estejamos todos trabalhando juntos sistematicamente.

Procuramos onde podemos nos envolver para obter o maior retorno possível.

Não é uma teoria de mudança de tamanho único. Uma estratégia não funcionará para todas as 50 ou mais subáreas do problema total. Então é assustador. É muito difícil. Mas deve ser assim. E se não começar esperando por isso, vai se decepcionar até desistir.

A tenda para a causa está cada vez maior. As pessoas que se juntam como aliados neste esforço sabem que os dólares filantrópicos ajudarão a atingir metas de tamanho substancial.

Deixe-me colocar desta maneira: Vivemos melhor do que os nossos avós viveram e eles viveram melhor do que seus avós. Não podemos ser a geração que quebrará o ciclo. Dito isto, não é sobre o legado futuro; é sobre fazer isso hoje.

A Missão Filantrópica

A crescente necessidade por financiamento levou ao nascimento do "capital filantrópico". É uma categoria híbrida de investimento que está sendo aperfeiçoada por uma das doadoras mais atenciosas e dinâmicas do mundo. Em 1989, uma empresária chamada Laurene Powell estava obtendo seu mestrado na Stanford Business School quando conheceu Steve Jobs, onde foi dar uma palestra no campus. Dois anos depois, se casaram. Em 2004, Laurene Powell Jobs fundou o Emerson Collective, um compromisso de US$1,2 bilhão para a educação e justiça econômica em comunidades como East Palo Alto, Califórnia, uma cidade de baixa renda que fica entre rodovias congestionadas e Palo Alto, a rica cidade mais bem conhecida como a casa da Universidade de Stanford.

O Emerson Collective não foi configurado como uma organização sem fins lucrativos. Em vez disso, usa dinheiro pós-imposto para investir em empreendimentos que podem produzir retorno — pode chamar de lucro-opcional. (Às vezes, um negócio lucrativo é a melhor maneira de fazer algo.) À medida que mais do trabalho do Collective mudou para as causas de justiça climática, Laurene aprofundou o envolvimento. Em 2009, lançou um empreendimento filantrópico chamado Emerson Elemental. Tudo faz parte do plano de investir grande parte de dinheiro em ações climáticas nos próximos 15 anos.

Quando conversei com Laurene, explicou que o objetivo é "assumir riscos, provar novos conceitos e construir projetos de demonstração". Ao perguntar a sua história pessoal, e o que a levou a um esforço tão visionário, soube que toda a sua experiência de vida a preparou para assumir esse trabalho vital.

Laurene Powell Jobs

Venho de uma cidade rural a noroeste de Nova Jersey, famosa pelas montanhas de esqui. A casa da nossa família ficava próxima de uma bacia hidrográfica, nos fundos, e do outro lado do jardim da frente havia um lago. Minha mãe gostava de ar fresco. Cresceu indo para acampamentos de verão e administrava a casa como se fosse um. Meus irmãos e eu nadávamos e velejávamos no lago. No inverno, patinávamos e esquiávamos. Meu senso de mundo foi moldado pela mudança das estações, cadência da criação e destruição, renascimento e renovação.

Meu pai tinha 35 anos. Era piloto da Marinha quando morreu em um acidente de avião. Eu tinha 3 anos. Meus irmãos e eu compreendemos que a vida podia acabar cedo. Pode ter sido por isso que queria aprender a ler muito nova. Me lembro de uma professora me dando um cartão da biblioteca no segundo ano, quando ocorre normalmente no quarto. Então minha visão de mundo passou a ser amplamente moldada através dos livros, porque não viajávamos. Em vez disso, me tornei filatelista, colecionadora de selos. Enchia páginas com selos de todos os países. Me ajudou a construir minha imaginação para o que eu queria ver e fazer no mundo.

À medida que cresci, me aproximei da idade de meu pai quando faleceu. Isso imbuiu um senso de urgência sobre uma visão pessoal para a minha vida. Saber que o tempo é finito e imprevisível me deu um senso de propósito e paixão que, de outra forma, poderia me ter escapado.

Certamente aprendi de novo com a perda de meu amado marido. Steve tinha 56 anos. Nós o perdemos muito cedo. Dez anos depois, ainda é profundamente inspirador ver o que ele manifestou neste mundo. Ao contrário de meu pai, Steve teve tempo para pensar em legado e efeito cascata, como uma vida pode ter um significado duradouro. Isso ainda vive em mim. O que posso fazer com o meu tempo no planeta seja significativo para mim e os outros?

Steve costumava dizer: o trabalho consumirá uma grande parte de sua vida e a única forma de ficar plenamente satisfeito é fazer o que acredita ser um ótimo trabalho e amar o que faz. Nós crescemos juntos durante a idade adulta. Aprendi muito com ele: como executar com perfeição em equipe; como trazer à tona as melhores coisas em indivíduos que, às vezes, não veem em si mesmos.

Há 30 anos, quando estava obtendo o MBA na Stanford Business School, descobri que, a poucos quilômetros, a cidade de East Palo Alto era um centro de descarte do Vale do Silício. Muitos detritos de semicondutores foram despejados lá, junto com resíduos biomédicos. A cidade foi paga por esse descarte, mas ele não foi feito adequadamente.

Acontece em áreas de baixa renda em todo o mundo. Havia todo tipo de toxicidade no lençol freático, com altos níveis de arsênico e radônio. É transmitido para a comida cultivada lá. E está nos jardins e na água potável. Como financiamos a educação local por meio de impostos sobre a propriedade, as escolas de East Palo Alto eram muito inferiores às de West Palo Alto. Não têm uma base tributária robusta. Não podiam pagar boas estradas e sistemas de esgoto. Não tinham mercearia nem bancos. Não tinham o tipo de infraestrutura que produziria uma comunidade saudável.

Em 2004, fundei o Emerson Collective com a crença de que todas as questões em que trabalhamos, todos os sistemas que tocam as vidas no planeta, estão interligados.

Começamos trabalhando na educação em East Palo Alto. Apoiamos os estudantes durante a faculdade. Mas não queriam voltar lá para trabalhar porque não havia emprego.

Esta é a grande lição que aprendemos: Você tem que enfrentar tudo ao mesmo tempo. A injustiça ambiental apresentou-se como asma infantil em 5 vezes a taxa nacional. East Palo Alto é uma comunidade de passagem. É um tráfego intenso por mais de 5 horas ao dia. O escapamento fica na cidade. Não arrecadam dos carros que passam e têm problemas de saúde profundamente negativos. Quando uma criança sofre de asma, duas coisas a acontecem: 1) perde muitas aulas e 2) tem efeitos negativos para a saúde ao longo da vida.

Na Emerson, trabalhamos no domínio das ideias, design e ação. Sabemos que o redesenho do sistema geralmente requer o redesenho das políticas locais, e também trabalhamos nisso. Mas eu gostaria de levar o nosso modelo emergente para outras comunidades.

Conhecemos Dawn Lippert, fundadora do primeiro acelerador para implantação de tecnologia climática, uma organização sem fins lucrativos que antecedeu o que hoje é o Elemental Excelerator. Dawn havia chefiado a Iniciativa de Energia Climática do Havaí, onde viu o papel que a inovação precisava desempenhar na transição de uma comunidade para se livrar dos combustíveis fósseis. A Elemental era financiada por uma mistura de capital governamental e filantrópico. Foi um experimento para encontrar novas maneiras de combinar inovação climática revolucionária com a verdadeira voz da comunidade e liderança para soluções climáticas.

A Elemental tinha uma filosofia de que as melhores soluções climáticas serão também as mais equitativas. Fui compelido pelo trabalho de Dawn. Muito rapidamente, eu disse: "Como podemos sobrecarregar este modelo?" Foi isso o que levou ao Elemental Excelerator.

/////////////////

O estado insular do Havaí apresentou uma oportunidade especial para Laurene, Dawn Lippert e a equipe do Elemental Excelerator. Até cerca de 2008, 90% da eletricidade do estado vinha da queima de petróleo, o combustível fóssil mais fácil para os navios transportarem. Mas a conveniência veio ao custo de eletricidade cara para as pessoas que menos podiam pagar, sem mencionar o ar insalubre e as emissões significativas de gases do efeito estufa.

Foi o alto custo do petróleo que facilitou a transição para a energia renovável no Havaí. Painéis solares e aquecedores de água fizeram sentido econômico lá anos antes que em outros lugares. O Havaí era o campo ideal para testar tecnologias inovadoras e equitativas para energia limpa, água, alimentos e transporte — soluções que também abordavam a equidade e a justiça climática.

Dawn Lippert

Quando cheguei ao Havaí, fiquei impressionada com os muitos desafios relacionados à energia. Pude ver em primeira mão como a crise climática agravaria tantos problemas inter-relacionados que as comunidades já estavam lutando para resolver. Por exemplo, você não consegue falar sobre energia por 5 minutos sem esbarrar em questões sobre água, transporte, educação ou força de trabalho.

Esta é a beleza de trabalhar em ilhas. Por causa do tamanho, podemos ver como todo o sistema se conecta.

Nosso trabalho em todo o mundo, acelerando soluções climáticas e criando equidade social, resultou de começar a financiar empresas de cleantech em 2009, no Havaí. Vimos uma lacuna crítica. Estávamos obtendo resultados técnicos, mas não vendo adoção em larga escala. Estávamos sentindo falta dos contextos comerciais e comunitários.

É nas comunidades que as soluções climáticas são empregadas. E a Elemental ajuda a projetar como a tecnologia e as pessoas se cruzam em um nível local muito prático. Pode ter a melhor tecnologia do globo, porém a menos que a aceitem, não irá escalar. Vimos que enquanto a tecnologia pode ter metade da solução, a comunidade tem a outra metade.

Uma ferramenta para ajudar as empresas a preencher a lacuna com as comunidades — e ter comercialização mais ampla — é financiar projetos de demonstração. Implantamos mais de 70 mundialmente. A SOURCE Global faz "hidropainéis" que criam água potável a partir da luz do Sol e do ar totalmente independente de infraestrutura. Os hidropainéis eram instalados em residências ou escolas individuais, contudo, a empresa queria explorar um novo modelo de negócios para conectar centenas e até milhares de hidropainéis para criar uma solução em escala comunitária. Usamos o financiamento do projeto para o primeiro Contrato de Compra de Água com um parceiro de propriedade indígena na Austrália. Mostrar que o novo modelo de negócios funcionou em escala comunitária, com dados do mundo real, ajudou a SOURCE a garantir o financiamento de projetos, permitindo a implantação em mais de 50 países em todo o mundo.

Ao todo, nos últimos 12 anos, avaliamos mais de 5 mil startups de 66 países e investimos em um portfólio com mais de cem. A robusta comunidade de empresas agora emprega mais de 2 mil pessoas. E alavancou os dólares da Elemental 80 vezes, levantando mais de US$4 bilhões em financiamentos subsequentes.

Ao trabalhar com essas startups, descobrimos a arte e a ciência de comercializar a tecnologia climática. E desenvolvemos novas metodologias para acelerar o progresso. Nós amamos trabalhar com empreendedores, porque estão preparados para fazer mudanças rápidas e desafiar o *status quo*. E com as ferramentas e apoio certos, também estão posicionados de forma única para alavancar a tecnologia para promover a equidade social — tanto dentro de suas empresas quanto nas comunidades mais amplas.

///////////////

A Elemental mostrou como as soluções climáticas podem atender as necessidades de uma comunidade e como empreendedores e investidores podem transformar a justiça climática em um trabalho prático e escalável quando optam por torná-la uma prioridade. A organização financiou uma startup cujo software pode tornar o transporte público mais justo. Pagou pelos retrofits de eficiência energética de outra startup nas comunidades da linha de frente.

Além disso, Elemental financia estágios de jovens nas empresas de seu portfólio. E em outras oportunidades relacionadas ao clima. Nos próximos 5 anos, o empreendimento lançará 500 novas carreiras climáticas, principalmente para grupos tradicionalmente excluídos e pessoas não brancas.

Estima-se que 10 mil pessoas trabalhem em energia limpa no Havaí. O estado lidera nacionalmente tanto em eficiência energética residencial quanto em eletricidade limpa, o que em breve será a maior parte. Em 2020, o estado ultrapassou a meta de 30% de energia limpa. E está a caminho de ter 70% em 2030 e 100% em 2045.

Como diz Laurene, precisamos trabalhar no sistema todo de uma vez. Energia, comida, água e sistema de transportes estão inextricavelmente ligados aos sistemas de educação, habitação, justiça criminal e política. Os empreendedores terão um papel central a desempenhar na construção das grandes empresas do futuro.

Laurene Powell Jobs

Então, o que o capital filantrópico faz? Trata de correr riscos, provar conceitos, construir demonstrações. Não deve substituir o financiamento do governo. Precisamos provar um conceito e, então, transformá-lo em um negócio para dimensioná-lo ou entregá-lo ao outro negócio para dimensioná-lo. O capital filantrópico não deveria estar fazendo o que o capital em escala pode fazer. É capital em risco. Tudo bem se 30% do portfólio falir, desde que seja rápido, aprendamos rápido e nos mexamos rápido.

Outros 30% podem transformar em empresas estruturadas de maneira equitativa, generosa e que podem executar. E 30% estão fazendo coisas boas, mas podem mancar financeiramente. E estará tudo bem também. Temos aquele apetite 30x30x30 para o que é o sucesso. Se dissermos a nós mesmos que tudo precisa ser bem-sucedido, perderemos muito.

É uma oportunidade enorme. Há várias ideias e pessoas inteligentes por aí que não estão sendo financiadas. A questão é: Podemos chegar ao zero líquido? Podemos evitar uma catástrofe climática?

Estou dedicando uma porção significativa de recursos na crise climática. E vamos gastar esses recursos nos próximos 15 anos. Não estamos nos mexendo rápido o suficiente na direção certa. E os próximos 10 a 15 anos realmente importam.

A minha maior preocupação é que quando olhamos todos os OKRs de Velocidade & Escala, o grau em que tudo precisa mudar é assustador. Exige tudo de nós. Exige mudanças em todos os setores e indústrias. Não é como nada que já fizemos antes.

Entretanto veja, desenvolvemos, testamos, fabricamos e implantamos a vacina contra um novo coronavírus — tudo em menos de um ano. Enfrentar a crise climática é possível. Exige o mesmo nível de concentração e urgência. Atualmente temos que combater algo que não podemos tocar nem sentir e que ainda não estamos sentindo todos os efeitos. E, como humanos, somos programados para ser reativos, em vez de proativos.

Sou muito otimista quando me reúno com empreendedores. A capacidade de inovar, criar e empregar é o que a nossa espécie faz de melhor. Precisamos galvanizar e celebrar a ingenuidade em torno dessa questão.

A grande questão é que trabalhar para resolver a crise climática nos trará de volta à harmonia com o mundo natural, com a cadência das estações. No final, será uma coisa saudável e bonita.

A crise climática deve ser encarada como uma das maiores oportunidades que já foram apresentadas à humanidade.

Conclusão

Conclusão

No início deste livro, prometi a você um plano de ação para eliminar 59 gigatoneladas de emissões de gases do efeito estufa e evitar a catástrofe climática. Fiz o melhor para identificar as metas e manobras que podem fazer exatamente isso. Porém para a matemática funcionar em escala titânica, precisaremos colocar mais pessoas em movimento, empregar mais tecnologias e novidades inventadas do que em qualquer momento da história humana. Também precisaremos de mais dinheiro e muito mais liderança e unidade se quisermos salvar um planeta habitável. E temos um caminho longo a percorrer.

Vou ser honesto: minha filha e Greta Thunberg não são as únicas apavoradas. Há dias em que acordo com medo de não conseguirmos. Por o ar carregado de carbono ser alarmante lá fora (Há momentos em que o pânico é, de fato, a resposta apropriada.) **Se este livro o assusta e o faz agir, se o deixa com tanto medo quanto eu, o meu trabalho está feito. Mas para que o medo funcione em nós, precisa nos colocar em ação, não nos paralisar**. Para nos estimular, deve estar amarrado à esperança.

Você deve estar pensando: O que dá esperança de conseguirmos o zero líquido a tempo? O que me faz parar de agitar a bandeira branca? Por que não curvar ao inevitável e simplesmente segurar nossas crianças contra a tempestade iminente?

A resposta começa com o gênio criativo da humanidade — e talento para a colaboração. A saga compartilhada é de uma fronteira sem fim, do fogo à roda e da internet ao smartphone. Embora os EUA possam com justiça serem chamados de capital da inovação, recrutam gênios e inspiração de todos os cantos do planeta. Agora precisamos emular a escala da ferrovia transcontinental e a velocidade da corrida para uma vacina contra o Covid-19 — só que maior e mais rápido. É um esforço incomparável. E os EUA não estão sozinhos; não podemos resolver um problema global nos isolando.

Lembra-se do guardanapo de FDR no início do livro? Houve um tempo que as potências do Eixo tinham os Aliados em seu encalço. O exército de Hitler conquistara a Dinamarca, Holanda, Bélgica, Noruega e França. O Japão Imperial dividiu o sudeste asiático. A Grã-Bretanha cambaleava sob a blitz nazista. A ameaça ao mundo livre era absolutamente existencial.

Para virar a maré, foi preciso um esforço global, em escala nunca vista, que precisamos repetir. Exigiu uma onda de novas tecnologias: rádio bidirecional, radar, sonar, computadores mais poderosos — e um sistema de criptografia de fala, o primeiro do tipo, que permitia a FDR e o primeiro-ministro britânico Winston Churchill conversarem com segurança através de um oceano. Os EUA, a Grã-Bretanha e aliados pararam de fabricar carros e eletrodomésticos e se voltaram para uma mobilização histórica da fabricação em tempos de guerra: 14 mil navios, 86 mil tanques, 286 mil aviões, 2,5 milhões de caminhos, 434 milhões de toneladas de aço e 41 bilhões cartuchos de munição.

Vencer a crise climática requererá todo foco, compromisso e mais. As emissões de gases do efeito estufa são menos visíveis — embora mais difíceis de mirar — do que a Luftwaffe. No entanto, como na Segunda Guerra Mundial, o futuro da humanidade está em jogo. Assim como Roosevelt e Churchill, não temos tempo a perder. Não podemos esperar as empresas de combustíveis fósseis se reinventarem para se juntar a nós. Não podemos esperar por avanços ainda inimagináveis. Precisamos avançar com o que temos. **Devemos implantar o *agora* com não menos vigor do que buscamos o *novo*.**

Mudanças fundamentais não acontecem porque são virtuosas. Acontecem porque fazem sentido econômico. Nós temos que fazer do resultado certo o lucrativo e, portanto, o provável.

Para chegar perto da adoção universal, a energia limpa deve oferecer uma vantagem competitiva. Os empresários e capitalistas de risco não podem nos levar lá por conta própria. Os avanços mais brilhantes murcham sem apoio. Para receber os ventos poderosos do mercado, precisamos de políticas nacionais ousadas. E se vamos chegar ao zero líquido até 2050, precisamos de algo mais: equidade e justiça climática. **Caso o acesso a tecnologias limpas for bloqueado por ganância, egoísmo, falhas de mercado ou governos ineptos, falharemos.**

Para um conto de advertência, não precisa ir mais longe do que a pandemia de Covid-19. Nem muito atrás. Muitos de nós estávamos otimistas sobre as perspectivas de imunidade de rebanho em todo o mundo. Hoje, esse futuro parece remoto. Ele foi comprometido por uma liderança desigual, pelos caprichos do comportamento humano e — acima de tudo — por extremas desigualdades na disponibilidade de vacinas e sistemas de apoio médico.

No front climático, os países mais ricos — em primeiro lugar os EUA, historicamente o principal poluidor global — precisam fazer mais. Precisamos de um Plano Marshall climático, que supere o mais recente compromisso internacional do governo Biden. Os países ricos na América do Norte, Europa e Ásia precisam financiar e subsidiar a transição para a energia verde em nações que ainda não são capazes de fazê-lo por si. A mudança para fora dos combustíveis fósseis ocorrerá quando as energias renováveis se tornarem amplamente confiáveis e acessíveis, mesmo em países de baixa renda. Então seu impulso será irresistível. Cleantech se tornará a maior oportunidade de negócios do século XXI.

////////////////

O plano de zero líquido corre nos trilhos dos objetivos e resultados- -chave ou OKRs, em inglês. Como ficou conosco até aqui, percorreu 10 objetivos de alto nível e 55 resultados-chave — metas instrumentais, em nossa opinião, para a crise em questão. Estou confiante de que os OKRs passariam pela reunião com o pai espiritual, Andy Grove. Juntas, elas cobrem o *que* e o *como* desta proposta de última hora para salvar uma Terra habitável. Quando pessoas apaixonadas usam métodos testados ao longo do tempo para atingir objetivos audaciosos, os resultados podem superar todas as expectativas.

Os OKRs promovem várias virtudes: foco, alinhamento, compromisso e ambição. Porém o mais importante pode ser o que chamamos de *rastreamento* ou medição contínua. Ocupa o primeiro lugar entre iguais por esse motivo: **Se falharmos em medir o que importa, não há uma maneira segura de chegar aonde precisamos ir**.

Os gases do efeito estufa são um problema teimoso e indescritível, para dizer o mínimo. Para chegar ao zero líquido a tempo, devemos medir com precisão quanto carbono o planeta está emitindo, onde está acontecendo e quem é o responsável — tudo em tempo real. Isso requer um kit de ferramentas de precisão, desde os modelos matemáticos até a inteligência artificial, passando pelos mais recentes satélites. Precisamos de dados nos quais possamos confiar para responsabilizar as nações e empresas, concentrando tempo e recursos onde mais importam.

A medição é a linha de passagem de cada capítulo deste livro. Ela imbui cada um de nossos objetivos com significado — é o acelerador universal. Seguindo esse caminho para o que parece ser um objetivo impossível, podemos chegar lá.

Contudo, enquanto o meu engenheiro interno adora a precisão das métricas para os equivalentes em CO_2 e concentrações de metano, os graus Celsius e as gigatoneladas de emissões, também precisamos ser humildes sobre os limites de conhecimento. Como alguns dizem que Einstein escreveu em seu quadro negro, nem tudo que conta pode ser contado. Não há métrica, muito menos bola de cristal, para criatividade e inspiração humana. De hoje até 2050 se passa um éon para a ciência e tecnologia. A incerteza em qualquer projeção de 30 anos é grande. E, ainda assim, devemos fazer o melhor ao olhar para a frente.

Trabalhando contra está o constante crescimento da população mundial. **O desafio de 59 gigatoneladas crescerá muito antes de começar a diminuir**. O "novo normal" ficará pior. Bilhões de pessoas precisarão de mais terras, moradias, bens, transportes, comida, energia, incluindo as sujas — a menos que tenhamos alternativas mais baratas.

A favor: O poder de tecnologias limpas escaláveis e comprovadas, além do potencial de inovação radical. Não conhecemos o teto para combustíveis sintéticos, florestas de algas, remoção de carbono projetada, hidrogênio verde ou reatores de fusão nuclear. O que soa como ficção científica, pode ser prática padrão no dia depois de amanhã. Uma ou mais das soluções podem salvar uma Terra que ainda gostaríamos de chamar de lar. Há uma tonelada métrica de esperança ali.

Alguns chamam de salto de fé. Vejo como uma resposta biológica saudável a ameaças mortais: lutar ou fugir. **Mas fugir não é uma opção; nós não podemos ultrapassar o aquecimento global. Vamos ter que lutar essa briga, com todas as armas que pudermos**.

Não faltam luzes brilhantes na luta. Temos guerreiros climáticos que estão nisso há 30 anos ou mais. Temos vozes mais jovens e de empreendedores que estão liderando uma nova perspectiva. Precisamos dar a ajuda de que precisam para fazerem ainda mais, para irem ainda mais rápido.

Em abril de 2021, a mais alta corte alemã pagou o devido respeito ao *agora*. Em resposta à denúncia de jovens ativistas ambientas, o tribunal ordenou que o governo federal aplicasse "medidas mais urgentes e de curto prazo" para alcançar as metas de emissões para 2030. Os juízes declaram que os "direitos fundamentais para o futuro da humanidade" daqueles jovens seriam prejudicados caso o aquecimento global fosse muito além de 1,5 °C.

Conferências internacionais do clima em Glasgow e além devem ser abordadas da mesma forma. Promessas e garantias voluntárias não serão suficientes, não mais. **Os países devem definir metas e executá-las. Eles devem se manter responsáveis** por substituir combustíveis fósseis por alternativas verdes e remover emissões que não podemos evitar. Há uma visão crescente de um mundo movido a energia solar e eólica e outras fontes emergentes de energia limpa. Estamos atrasados para torná-lo realidade.

Estas páginas são um chamado às armas — e um convite para juntar às fileiras do exército de salvação do nosso planeta. Principalmente, nos concentramos nas obrigações dos principais motores do mundo: governos, movimentos, entidades sem fins lucrativos, empresas, investidores. Mas cada indivíduo tem um papel. (Mais do que trocar para lâmpadas de LED, pode ter que trocar os legisladores.)

Como você se torna um líder climático? Primeiro tem que saber *o que* deve ser feito, através do aprendizado, diálogo e debate. Segundo, tem que se juntar a pessoas que *querem* fazer isso. Terceiro, inspirar os outros com o próprio caminho e a própria voz.

O projeto deste livro é uma tentativa sincera de enfrentar a tarefa que temos pela frente. É um ponto de partida, nem mais nem menos; melhorará com atenção diligente e contribuições conjunta. Ele precisa de você — que pode se envolver em speedandscale.com. Nós estamos ansiosos para a discussão, debate e críticas. Embora não tenhamos todas as respostas, podemos encontrar uma solução.

////////////////

Trago a consciência climática em cada faceta de minha vida — como pai, investidor, defensor e filantropo. Então, há o livro que tem em mãos. Foi um dos esforços mais compensadores, brilhantes e cansativos da minha vida — um trabalho de amor, com certeza, mas mesmo assim um trabalho. Houve momentos que me perguntei se assumira mais do que podia suportar. (Alguns críticos disseram isso muitas vezes.) Porém se houve algum momento para fazer um compromisso sincero, aconteça o que acontecer, é isso. Porque ninguém pode dizer: "A mudança climática não é meu problema."

Estamos todos no mesmo barco.

Assim como outros baby boomers, provavelmente não estarei por aqui em 2050. A minha geração veio em uma era pós-guerra que foi abastecida por combustíveis fósseis de 300 milhões de anos — e a ilusão de que os gases do efeito estufa não tinham consequências. Cresci após a Segunda Guerra Mundial, quando a personificação da boa vida era um churrasco no quintal. Amigos se reuniam a quilômetros de distância em seus carros cheios de gasolina. Montados em um pátio de concreto, ao redor do santuário de uma grelha de aço, esguichamos um fluido de isqueiro à base de petróleo para incendiar o carvão e deixar os bifes chiando. A fumaça rica em carbono ardia nos olhos, mas todos nos divertimos muito. Quase não havia dados sobre o aquecimento global. Nenhum de nós teve um pensamento passageiro sobre as implicações da farra de emissões.

De todos os obstáculos para o zero líquido, a nostálgica pintura que fiz pode ser a mais difícil de todas. É da natureza humana se apegar à vida que conhecemos. Não é uma coisa fácil de abandonar. Mas, novamente, não temos escolha. Já passou da hora de um novo paradigma livre de carbono da boa vida.

///////////////

O que digo para Mary atualmente? Qual é a mensagem a todos nossos filhos e nossas filhas? Primeiro, assumo os erros da minha geração. E me comprometo a continuar a fazer a minha parte para resolver esta grave emergência. Então devolvo a pergunta a Mary — *O que você fará a respeito?* Porque se vamos salvar este planeta, precisamos da geração dela, com toda sua paciência, para tomar as rédeas.

Os jovens adultos do presente chegaram a um mundo em crise climática. Seu direito inato é um mundo justo e habitável até 2050 e muito além. Com a ajuda de líderes e ativistas corajosos, investidores previdentes, corporações catalisadas, filantropos esclarecidos e — mais importante — inovadores brilhantes, eles podem nos levar ao zero líquido. Se canalizarmos a nossa energia, talento e influência, os efeitos múltiplos podem mover montanhas — ou, no mínimo, salvar oceanos e florestas.

Diante de um problema tão perversamente difícil, contra todas as probabilidades e expectativas, são esses jovens apaixonados que me dão esperança — e inspiração — acima de tudo.

Embora nenhum de nós tenha todas as respostas, juntos podemos achar a solução.

Agradecimentos

Agradecimentos

Winston Churchill disse: "Escrever um livro é uma aventura. O começo, é um brinquedo e uma diversão. Então, torna-se um amante, mestre, tirano. Na última fase, quando está prestes a aceitar a sua servidão, você mata o monstro e o joga para o público."

Ao lançar este livro monstruoso em sua vida, caro leitor, sinto uma enorme gratidão. Primeiro, por ter a sorte de ser o herdeiro do sistema de OKRs de Andy Grove para resolver grandes problemas e ampliar o potencial humano. Segundo, ao meu país e a todas as instituições do mundo que recompensam e honram a tomada de riscos. Porque nós precisamos de tomadores de risco mais do que nunca.

Ofereço minha eterna gratidão à minha esposa, Ann, e às minhas filhas, Mary e Esther, cuja paciência, encorajamento e amor me sustentaram ao longo deste projeto desafiador.

Agradeço, desde já, aos leitores pelo seu feedback, engajamento e liderança pessoal na crise climática. Acredito que o seu compromisso e astúcia compelirão outros a "fazerem o que precisa ser feito".

E espero que me escreva a respeito, em inglês, para john@speedandscale.com.

Equipe: Ryan, Alix, Anjali, Evan, Jeffrey, Justin e Quinn

Velocidade & Escala confirma meu mantra de que é preciso uma equipe para vencer. Meu sócio, Ryan Panchadsaram, é cocriador deste livro. Do conceito original aos fundamentos do OKR, o Plano Velocidade & Escala — e o livro, com o site que ele inspirou — não existiria sem a orquestração, motivação e julgamento superior dele.

O livro e eu fomos abençoados pela boa graça de um talentoso time de coescritores. Jeffrey Coplon e Anjali Grover são dois sobreviventes notáveis do meu primeiro livro, *Avalie o que Importa*. Como engenheiro, muitas vezes luto com a escrita e as palavras. Jeffrey suaviza habilmente minhas arestas sem perder a minha voz, o que não é pouca coisa. Então temos Anjali, o mestre da lógica, através de linhas e rigor intelectual. A clareza e a garra do livro são crédito de Anjali Grover.

Evan Schwartz é um criativo e experiente contador de histórias ambientais, também escritor de documentários. (E entusiasta de algas.) Alix Burns é esperto, apaixonado e poderoso parceiro em tudo relativo à política e diplomacia. Justin Gillis é um diamante, duro e brilhante ex-chefe de ciência, escritor de clima para o *New York Times*. Eliminando o pensamento confuso com precisão cirúrgica, ele é fanático por fatos e clareza — sinônimos de ter cuidado e se afastar!

O poderoso e meticuloso Quinn Marvin chefiou a nossa equipe de pesquisa e dados (que incluía Heiker Medina e Julian Khanna), envolvendo quase mil dados e mais de 500 notas finais devidamente.

Me Chame de Al, Me Chame de Hal

Como homenagear o maior pensador e ativista que me inspira? Em 2007, o Comitê do Nobel o destacou (com o IPCC) por "seus esforços para construir e disseminar maior conhecimento sobre mudanças climáticas causadas pelo homem e [...] para as medidas necessárias para contrariar a mudança". Durante os 15 anos de conversas semanais, Al Gore tem sido otimista, resoluto e altruísta na vida bem vivida nesta crise existencial. A equipe de Al no Climate Reality Project (Lisa Berg, Brad Hall, Beth Prichard Geer e Brandon Smith) é sensacional. Logo, recomendo que se una a mim e aos outros 50 mil voluntários treinados por ambos. Tenho orgulho de ser sócio e amigo.

Veja mais, em inglês, em climaterealityproject.org

Hal Harvey é um humilde e discreto defensor do clima e engenheiro de Stanford. As suas políticas liberaram mais de 200 leis e normas que reduzem emissões. Mas seu desejo por mais permanece inabalável. Hal é universalmente confiável, de Washington a Bruxelas e Pequim. É um defensor altamente eficaz, intensamente focado e orientado pelos dados. A equipe de Hal na Energy Innovation inclui Bruce Nilles, Minshu Deng, Robbie Orvis e Megan Mahajan, que contribuíram poderosamente para a nossa rede, histórias e modelagem climática.

Os Financiadores: Jeff Bezos, Bill Gates, Laurene Powell Jobs

Jeff Bezos e a equipe de Amazonianos estão comprometidos. E dão as boas-vindas aos líderes em nossa campanha climática multifrontal. O instinto da Amazon de "Go Big, Fast" pode ser visto em suas operações globais, logística, cadeia de suprimentos, centenas de milhares de veículos elétricos Rivian, nuvem zero líquido AWS (Amazon Web

Services). Além das operações, a Amazon reúne outras empresas para o Climate Pledge. Assim há o Fundo da Terra de Bezos, de US$10 bilhões. Então obrigado a Jeff, Kara Hurst, Andrew Steer, Jay Carney, Drew Herdener, Allison Leader, Luis Davilla e Fiona McRaith por moldar nossa história.

Bill Gates e eu nos conhecemos trabalhando no mundo mágico dos microprocessadores, da Lei de Moore e software. Isso preparou o terreno para uma colaboração enérgica em educação, pobreza global, filantropia e crise climática. Obrigado, Bill, a você e à sua equipe de especialistas, incluindo Larry Cohen, Jonah Goldman, Rodi Guidero, Eric Toone, Carmichael Roberts, Eric Trusiewicz e todos os grandes companheiros na Gates Ventures e na Breakthrough Energy.

A visionária Laurene Powell Jobs é fundadora do Emerson Collective. Também perfilamos Dawn Lippert na Elemental Accelerator, uma das iniciativas climáticas da Emerson. A equipe Emerson, incluindo Ross Jensen, é excelente. Laurene, obrigado pelo majestoso encerramento para o livro: "A crise climática deve ser [...] uma das maiores oportunidades que já foram apresentadas à humanidade."

Formuladores de Políticas Globais: Christiana Figueres, John Kerry

Palavras não podem capturar a intensidade e liderança global, sendo incansável e urgente, de Christiana Figueres e John Kerry. Christiana foi uma das principais arquitetas do Acordo de Paris, o primeiro tratado climático legalmente vinculativo e adotado por unanimidade. Como diz Jeff, "Christiana é fantástica, uma força da natureza".

John Kerry foi Secretário de Estado dos EUA e chefe da delegação do país no Acordo de Paris. A brilhante escolha do presidente Biden como enviado especial para o clima. A missão de John é fazer com que o mundo reduza em 50% as emissões de carbono até 2030 (e o zero líquido em 2050). Ele sabe ser destemido com eloquência e elegância, entregando uma contribuição poderosa para a crise climática — e para este livro.

CEOs Globais: Mary Barra, Doug McMillon, Sundar Pichai, Henrik Poulsen

Ao pesquisar para *Velocidade & Escala*, fiquei entusiasmado com o poder, o progresso e a promessa das empresas globais. General Motors, WalMart, Alphabet/Google e Ørsted são líderes mundiais exemplares em transportes, comércio, tecnologia e energias renováveis.

Mary Barra, executiva-chefe da General Motors, abre nossas histórias com o compromisso ousado de acabar com a produção de veículos a combustão na empresa até 2035. Mary traz uma combinação atraente de inovação, execução, foco no cliente e urgência para a GM.

Doug McMillon é o executivo-chefe do Walmart, e também chefia a poderosa Business Roundtable. Doug discute abertamente por que e como o Walmart alcançará o zero líquido (sem deslocamentos) até 2040, se tornando uma "empresa regenerativa" ao proteger 50 milhões de acres de terra e mais de 1,5 milhão de quilômetros quadrados de oceano. O Walmart engajou a enorme cadeia de suprimentos na criação da Sustainable Value Networks.

Sundar Pichai é o executivo-chefe da Alphabet, a empresa-mãe do Google, e um dos maiores compradores privados de energia renovável. Sundar credita aos cofundadores Larry Page e Sergey Brin, junto com Kate Brandt, Ruth Porat, Eric Schmidt, Susan Wojcicki e Nick Zakrasek, pelo ousado programa de investimentos, padrões do setor, compras, IA e defesa. Obrigado a Tom Oliveri, Beth Dowd e à ótima equipe da Alphabet.

Henrik Poulsen, antigo executivo-chefe do Ørsted (e inovador do Lego) compartilha o drama de transformar a empresa estatal de combustíveis fósseis da Dinamarca em um desenvolvedor líder mundial de energia eólica offshore.

Líderes de Pensamento: Jim Collins, Tom Friedman, Bill Joy

Enquanto sou rápido em dizer "as ideias são fáceis [...] a execução é tudo", a verdade é que venero no altar das ideias. Estou impressionado com a genialidade desses líderes de pensamento.

Primeiro temos o autor, pesquisador e antigo professor da escola de negócios de Stanford, o rebelde Jim Collins. Durante décadas fiquei frustrado com as definições bem-intencionadas, mas confusas, de liderança. No recentemente revisado livro de Jim, *BE 2.0*, arrasa com uma citação de Dwight Eisenhower: "A liderança é a *arte* de fazer com que os outros *queiram fazer* o que *precisa* ser feito." Mestre Jedi do pensamento Socrático, Jim exigiu rigor e clareza na escrita deste livro. Ele perguntou (e ajudou a responder) as perguntas certas — não apenas *o que* e *como* proceder, mas o importante, *por quê*.

Nos livros *Quente, Plano e Lotado*, e *Obrigado Pelo Atraso*, o colunista Tom Friedman, do *New York Times*, sintetiza brilhantemente o crescente estresse tectônico entre os mercados (globalização), a Lei de Moore (a internet) e a Mãe Natureza. (Sugestão: a Mãe Natureza sempre vence.) Tom, obrigado por juntar os pontos, apontar o caminho e por ser você.

Bill Joy é o Edison da internet e um engenheiro brilhante. É um verdadeiro futurista, vendo as coisas muito antes do resto de nós. Bill orientou a estrutura científica de grandes desafios da Kleiner Perkins para encontrar e desenvolver as tecnologias limpas de que precisamos.

Empresários

Pegando emprestado de Margaret Mead: "Nunca subestime o poder de um pequeno grupo de *empresários* para mudar o mundo. É a única coisa que já teve." Este livro e nosso mundo se beneficiaram enormemente de histórias, batalhas e sucessos de empresários. Entre esses contribuintes essenciais para o Plano Velocidade & Escala estão Ethan Brown (Beyond Meat), Amol Deshpande (Farmers Business Network), Taylor Francis, Christian Anderson e Avi Itskovich (Watershed), Lynn Jurich (Sunrun), Badri Kothandaraman (Enphase), Nan Ransohoff (Stripe), Peter Reinhardt (Charm Industrial), Jagdeep Singh (QuantumScape), KR Sridhar (Bloom Energy) e J. B. Straubel (Redwood Materials). Muito obrigado a vocês, equipes e inovadores em todo o globo.

Investidores

David Blood é executivo-chefe da Generation Investment, uma família de fundos sustentáveis, cofundada com Al Gore. Um agradecimento enorme a David e Larry Fink, executivo-chefe da BlackRock, a maior gestora de investimentos e amplamente considerada a decana dos mercados de capitais.

Ira Ehrenpreis, Vinod Khosla, Matt Rogers e Jan Van Dokkum são amigos e investidores de risco de destaque. Ira apoiou brilhantemente Elon Musk com o Tesla e o SpaceX — e está animado com a próxima geração de Elon Musks. Vinod é um investidor ousado e destemido, sempre apostando em empreendimentos mais agressivos no estilo "chute a gol". Matt montou a equipe de software de 10 gerações de iPod, depois 5 gerações de iPhone. Ele cofundou a Nest e atualmente chefia a Incite Ventures, uma investidora inicial. Jan Van Dokkum é um talentoso executivo operacional e investidor na Imperative Ventures.

E temos Jonathan Silver, que certamente emitiu mais empréstimos e garantias climáticas que qualquer outro enquanto chefiava o Gabinete de Programas de Empréstimo para o Departamento de Energia durante o governo Obama.

A eles e muitos outros, obrigado pela coragem e insights. E pelos investimentos. Precisamos de mais!

Cientistas e Ativistas

Reconheço as contribuições conjuntas do cientistas e ativistas climáticos; combinam o melhor dos dois mundos. Chris Anderson e a incrível Lindsay Levin construíram a plataforma TED Countdown para toda uma nova geração de vozes climáticas. Safeena Husain chefia o Educate Girls, possivelmente o programa climático de maior impacto.

World Resources Institute (WRI) é uma organização sem fins lucrativos de pesquisa global com dados profundos e experiências em sistemas climáticos, bem como um compromisso com a precisão sem igual. Obrigado ao presidente interino Manish Bapna, com uma menção especial a Kelly Levin e a superlativa equipe da WRI pela sabedoria, clareza e infalível colaboração.

Brian Von Herzen é executivo-chefe da Climate Foundation no Instituto Woods Hole e um especialista em permacultura de algas. Robert Jackson é uma autoridade em carbono na Universidade de Stanford.

Fred Krupp é presidente do EDF, o respeitável Environmental Defense Fund (Fundo de Defesa Ambiental), desde 1984. Fred e a equipe — incluindo Steve Hamburg, Amanda Leland, Nat Keohane e Margot Brown — fez grandes contribuições em relação à emergência do metano, vigilância via satélite e, não menos importante, justiça climática.

Amory Lovins é o presidente/cientista chefe do Rocky Mountain Institute e defensor por uma eficiência melhor nos sistemas de energia. Tensie Whalen construiu a Rainforest Alliance. Hoje, chefia o Stern Center for Sustainable Business (Centro Stern para Negócios Sustentáveis), da NYU.

Patrick Graichen é diretor-executivo da proeminente think tank de energia alemã, Agora Energiewende. A Anumita Roy Chowdhury é a diretora-executiva do Center for Science and the Environment na Índia. Bob Epstein (E2) e Bill Weihl (Climate Voice) são ativistas efetivos da comunidade tecnológica.

James Wakibia é fotógrafo, queniano e ativista ambiental. Nigel Topping e Alex Joss são brilhantes defensores climáticos afiliados à ONU para a COP26, habilmente acompanhados em seu trabalho por Kelly Levin, do WRI.

Defensores, Filantropos e Parceiros

Sou inspirado pelo trabalho de um grupo fantástico de transformadores filantrópicos do mundo. Além daqueles já conhecidos, o grupo inclui John Arnold, Josh e Anita Bekenstein, Mike Bloomberg, Richard

Branson, Sergey Brin, Matt Cohler, Mark Heising e Liz Simons, Chris Hohn, Larry Kramer, Nat Simons e Laura Baxtor-Simons, Tom Steyer e Sam Walton.

A Jennifer Kitt é a dinâmica presidente da Climate Leadership Initiative, nutrindo novos filantropos climáticos.

Na Kleiner Perkins, o compromisso de meus sócios com o clima e empreendedores me tira da cama todos os dias. Agradeço sinceramente a vocês pela jornada juntos: Sue Biglieri, Brook Byers, Annie Case, Josh Coyne, Monica Desai Weiss, Eric Feng, Ilya Fushman, Bing Gordon, Mamoon Hamid, Wen Hsieh, and Haomiao Huang. Also, Noah Knauf, Randy Komisar, Ray Lane, Mary Meeker, Bucky Moore, Mood Rowghani, Ted Schlein e David Wells.

Ben Kortlang, Brook Porter, David Mount, Dan Oros, Ryan Popple e Zach Barasz são ilustres ex-alunos de cleantech da Kleiner Perkins que formaram a G2VP e arrecadaram dois fundos para se concentrar em investimentos sustentáveis.

O Manuscrito

Para aqueles amigos e parceiros que revisaram o manuscrito, os meus profundos agradecimentos. Que em breve tenham um fim de semana dos OKRs! Rae Nell Rhodes, Allie Cefalo, Cindy Chang, Sophia Cheng, Jini Kim, Glafira Marcon, Lisa Shufro, Igor Kofman, Debbie Lai, Leslie Schrock, Sanjey Sivanesan e John Strackhouse, obrigado.

Do início ao produto final, agradeço à equipe da Portfolio/Penguin, que tornou este livro possível: meu editor, Adrian Zackheim, que previu o potencial e minha editora superlativa, Trish Daly, que andou tantos quilômetros extras e de alguma forma manteve o bom humor. E Jessica Regione, Megan Gerrity, Katie Hurley, Jane Cavolina, Megan McCormack, Jen Heuer, Tom Dussel, Tara Gilbride e Amanda Lang. Agradeço também à minha agente, Myrsini Stephanides, e meu advogado, Peter Moldave.

A ordem transformou este peso de números, fatos e figuras em uma obra de arte. Sou grato a Jesse Reed, Megan Nardini e Emily Klaebe pela imperturbável colaboração e trabalho incrível. Rodrigo Corral Design tem belos retratos dos colaboradores desenhados à mão.

Como esses agradecimentos deixam claro, eu me aproximei de um amplo espectro de especialistas e líderes. Cada um deles lança uma nova luz sobre as soluções que a Terra precisa. Os seus insights tocam cada página; os erros, porém, são todos meus.

Como o Plano Se Soma

Recurso 1

Nossa Linha de Base de Emissões

Velocidade & Escala usa números de emissões de gases do efeito estufa da ONU. Especificamente, o UNEP, Emissions Gap Report, de 2020, que detalha as emissões de cada setor em 2019. De acordo com o relatório:

> As emissões globais GHG continuaram a crescer pelo terceiro ano consecutivo em 2019, alcançando o alto recorde de 52,4Gt de CO_2e (alcance: ±5,2) sem emissões de mudança de uso da terra (LUC, em inglês) e 59,1Gt de CO_2e (alcance: ±5,9) quando inclui o LUC.

> Usamos 59 gigatoneladas de dióxido de carbono, equivalente às emissões atuais.

Setor por Setor

O relatório da ONU define a tendência geral das emissões de 1990 a 2019, com a contribuição percentual de cada uma.

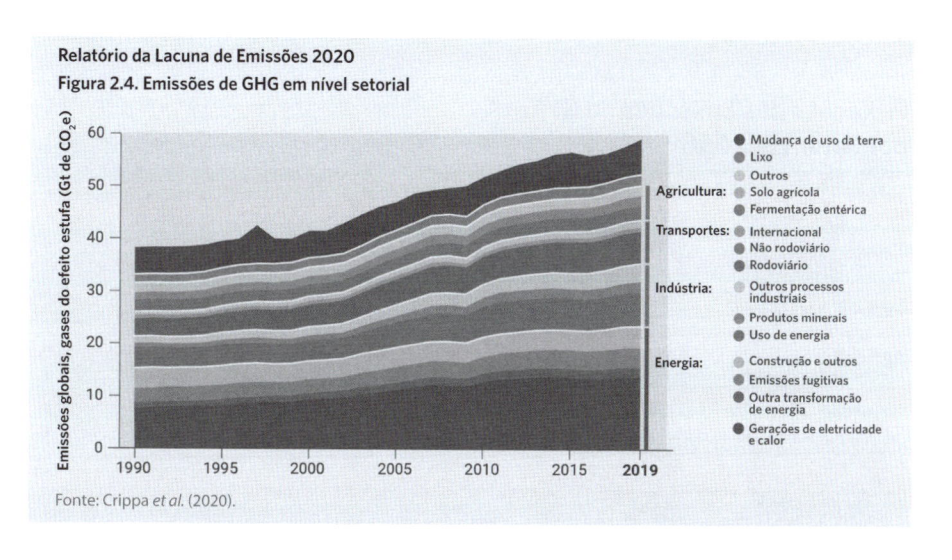

Relatório da Lacuna de Emissões 2020
Figura 2.4. Emissões de GHG em nível setorial

Fonte: Crippa *et al.* (2020).

Combinamos e agregamos esses dados em 5 setores principais: Transportes, Energia, Agricultura, Natureza e Indústria. Como são aproximados, arredondamos o número inteiro mais próximo.

Emissões de GHG por Setor em 2019

Setor	% de Gt de CO_2e	Gt de CO_2e
Transportes	14%	8
Energia	41%	24
Agricultura	15%	9
Natureza	10%	6
Indústria	20%	12
Total	100%	59

Os 5 setores representam os 5 primeiros capítulos de *Velocidade & Escala*. Ilustram a extensão das emissões causadas pelo homem.

Projeções para 2050

Embora *Velocidade & Escala* se concentre nas emissões atuais, temos em mente quais emissões devemos olhar em 2050. Caso os negócios usuais prevalecerem, a população mundial crescerá conforme o projetado e a industrialização permanece no ritmo atual.

Projeções das Emissões de GHG por Setor em 2050

Setor	% de Gt de CO_2e	Gt de CO_2e
Transportes	17%	12
Energia	38%	28
Agricultura	14%	10
Natureza	11%	8
Indústria	20%	14
Total	100%	72

A nossa estimativa de emissões para 2050 é de 72 gigatoneladas. Esse número é agregado a partir de vários relatórios climáticos (BNEF, IPCC, IEA, EIA, EPA, WRI e CAT), que oferecem uma ampla gama de cenários de "negócios como de costume" com adoção de premissas políticas variadas.

Os resultados-chave do Plano Velocidade & Escala são agressivos pela pretenção em reduzir e compensar as emissões globais até 2050. Porém, dadas a variabilidade e incerteza das emissões estimadas em 2050, escolhemos definir o impacto do plano nas emissões de 2019 (59 gigatoneladas), um número bem compreendido e aceito.

Como o Plano Velocidade & Escala Se Soma

O plano tem 6 objetivos. Os primeiros 5 correspondem aos setores (Transportes, Energia, Agricultura, Natureza e Indústria), com o que é preciso ser feito para cortar emissões. Embora as ações prescritas sejam exigentes, são insuficientes para chegar a zero. Para isso, adicionamos um sexto objetivo para abordar as emissões restantes.

Transportes → Eletrificar os Transportes

Com base no relatório da ONU, o setor de transportes contribui com ~14% do total das emissões GHG ou 8 gigatoncladas. Para fornecer mais detalhes, contamos com o relatório de transportes da IEA de 2018. Para a aviação, contamos com o relatório do Our World in Data sobre emissões de transporte, que usa dados provenientes da IEA e do ICCT.

Para reduzir as emissões neste setor, precisamos *eletrificar os transportes*. Aqui estão os 6 resultados-chave para o objetivo. Os 3 primeiros são indicadores iniciais de progresso: RC 1.1 (Preço), RC 1.2 (Carros) e RC 1.3 (Ônibus e Caminhões).

Transportes

Detalhamento do Setor	Atuais Gt de CO_2e	Redução de Gt de CO_2e
Transporte Rodoviário	6	1
Passageiro	3,6	0,2
→ Veículos de Passageiro	3,2	0,2
→ Veículos Comerciais Leves	0,1	0
→ Ônibus & Micro-ônibus	0,2	0
→ Dois/Três Eixos	0,1	0
Frete (Caminhões Pesados & Leves)	2,4	0,8
Aviação	0,9	0,6
Passageiro	0,7	0,5
→ Internacional	0,4	0,3
→ Doméstico	0,2	0,1
Frete	0,2	0,1
Marítimo	0,9	0,3
Ferroviário	0,1	0
Outros (Metrô etc.)	0,4	0,1
Total do Setor de Transportes	**8,3**	**2**

As reduções de gigatoneladas vêm do progresso do RC 1.4 (Milhas), do RC 1.5 (Aviões) e do RC 1.6 (Marítimo):

RC 1.4 Milhas: 50% das milhas percorridas (2-eixos, 3-eixos, carros, ônibus e caminhões) nas estradas do mundo são elétricas até 2040 e 95% até 2050 → Levará a uma redução de 5 gigatoneladas.

RC 1.5 Aviões: 20% das milhas voadas usam combustível de baixo carbono até 2025; 40% das milhas voadas são neutras em carbono até 2040 → Levará a uma redução de 0,3 gigatonelada.

RC 1.6 Marítimo: Mudar todas as novas construções de navios "prontas para o zero" até 2030 → Levará a uma redução de 0,6 gigatonelada.

Para reduções, admitimos que quase todo o transporte rodoviário de passageiros é eletrificado até 2050, uma redução de 95%. Isso exigirá uma aceleração na troca de veículos. Somos mais conservadores para áreas mais difíceis de reduzir, como frete, aviação e marítima. Tanto o frete quanto a marítima eventualmente irão descarbonizar, mas a um passo muito mais lento do que o transporte rodoviário — e provavelmente além da meta de 2050, devido à falta de opções escaláveis. Portanto admitimos uma redução de 65%. A aviação será o setor mais difícil de descarbonizar. Embora tenhamos esperança de soluções para combustíveis neutros em carbono, o plano admite uma redução de 20%, somente.

Juntos, os resultados-chave levam a uma redução de quase 6 gigatoneladas.

Energia → Descarbonizar a Rede

Com base no relatório da ONU, o setor de energia contribui com ~41% do total de emissões de GHG, 24 gigatoneladas. Confiamos no relatório da IEA de 2018 para a repartição detalhada.

Transportes

Detalhamento do Setor	Atuais Gt de CO_2e	Redução de Gt de CO_2e
Energia (Eletricidade & Produtores de Calor)	6	1,9
Carvão	10,1	0,5
Petróleo	0,6	0,2
Gás Natural	3,1	1,1
Outros	0,2	0,1
Outras Indústrias de Energia	1,6	0,4
Prédios (Residenciais + Comerciais & Serviço Público)	2,9	0,9
Carvão	0,4	0
Petróleo	0,8	0,3
Gás Natural	1,6	0,6
Outros	0,1	0
Outros & Emissões Fugitivas	5,9	0,3
Total do Setor de Energia	24,4	3,5

Para reduzir as emissões do setor, precisamos *descarbonizar a rede*. Há 6 resultados-chave para o objetivo; 4 deles são métricas específicas que acompanham o progresso em reduzir as emissões da nossa rede e no abandono de combustíveis fósseis para aquecimento e cozimento: RC 2.2 para energias Solar e Eólica, RC 2.3 para Armazenamento, RC 2.4 para Carvão e Gás, e RC 2.7 para Economia Limpa.

As reduções de gigatoneladas vêm do RC 2.1 nas Emissões Zero, RC 2.5 nas Emissões de Metano e RC 2.6 em Aquecimento e Cozimento:

RC 2.1 Emissões Zero: 50% da eletricidade do mundo vir de fontes de emissões zero até 2025 e 90% até 2035 (acima de 38% em 2020) → Levará a uma redução de 16,5 gigatoneladas.

RC 2.5 Emissões de Metano: Eliminar vazamentos, respiradouros e labaredas de campos de carvão, petróleo e gás até 2025 → Levará a uma redução de 3 gigatoneladas.

RC 2.6 Aquecimento e Cozimento: Cortar o uso de gás e óleo para aquecimento e cozimento pela metade até 2040 → Levará a uma redução de 1,5 gigatonelada.

O nosso modelo admite que quase todo o carvão empregado será encerrado até 2050, uma redução de 95% em emissões. O gás natural será muito mais difícil de substituir por energia renovável por conta da abundância, confiabilidade e baixo custo. Portanto, admitimos que um cenário de melhor caso até 2050 é uma redução de 65%. Por fim, observemos o petróleo. Embora a maior parte do uso de petróleo seja capturado no setor de transporte, resta pouco mais de 1 gigatonelada nos subsetores de energia e construção, onde admitimos uma redução de 70% nas emissões do RC 2.1 e do RC 2.6. Nós contabilizamos esta gigatonelada adicional no RC 2.1. Para o vazamento de metano, com as tecnologias que temos, admitimos uma redução de 80%.

Juntos, os resultados-chave levam a uma redução de 21 gigatoneladas.

Agricultura → Ajustar a Comida

Baseado no relatório da ONU, o setor de agricultura contribui com ~15% do total de emissões GHG ou 9 gigatoneladas. Para o detalhamento, contamos com o Relatório de Sustentabilidade do WRI.

Agricultura

Detalhamento do Setor	Atuais Gt de CO_2e	Redução de Gt de CO_2e
Produção Agrícola	6,9	2,8
Fermentação Entérica de Ruminantes	2,3	1,4
Energia (Na Fazenda)	1,5	0,1
Arroz (Metano)	1,1	0,5
Fertilização do Solo	0,9	0,4
Gestão de Estrume	0,6	0,2
Resíduos de Ruminantes em Pastagens	0,5	0,2
Solos Agrícolas	0	-2
Energia (Fontes de Energia AG)	0,4	0
Lixo	1,6	0,9
Total do Setor de Agricultura	8,9	1,7

Para reduzir as emissões, precisamos *ajustar a comida*. Isso inclui mudanças no sistema agrícola e no consumo. Há 6 resultados-chave que levam ao objetivo e relacionam às reduções de gigatoneladas:

RC 3.1 Solos Agrícolas: Melhorar a saúde do solo através de práticas que aumentem o teor de carbono nos solos superiores a, no mínimo, 3% → Levará à absorção de 2 gigatoneladas.

RC 3.2 Fertilizantes: Parar o uso excessivo de fertilizantes à base de nitrogênio para cortar as emissões de N20 pela metade até 2050 → Levará a uma redução de 0,5 gigatonelada.

RC 3.3 Consumo: Promover proteínas de baixa emissão, reduzindo o consumo anual de carne bovina e laticínios em 25% até 2030 e 50% até 2050 → Levará a uma redução de 3 gigatoneladas.

RC 3.4 Arroz: Reduzir o metano e o óxido nitroso do cultivo de arroz pela metade até 2050 → Levará a uma redução de 0,5 gigatonelada.

RC 3.5 Desperdício de Comida: Baixar o desperdício de 33% de toda a comida produzida para 10% → Levará a uma redução de 1 gigatonelada.

O modelo admite que as pessoas não vão parar de comer carne e laticínios, mas encorajamos uma mudança para proteínas de baixas emissões, levando a uma redução de 60% nas emanações. É crucial que as práticas agrícolas sejam aprimoradas. Ao aumentar o teor do carbono, contabilizamos 2 gigatoneladas adicionais de absorção. Algumas pesquisas sobre potenciais de absorção do solo são bastante otimistas. Somos mais reservados. Podemos cortar as emissões dos fertilizantes em 50% através da aplicação de precisão e mudando para "fertilizantes verdes". Um terço de toda comida é desperdiçada. Reduzir os resíduos exigirá mudanças nas fazendas, no armazenamento, no trânsito e nos alimentos preparados em casa ou em restaurante. O nosso plano corta o desperdício em mais da metade a 10% até 2050, levando à redução de 1 gigatonelada. Outros relatórios, incluindo um do FAO, têm um maior potencial de redução de gigatoneladas para eliminar o desperdício de alimentos. Contudo os cálculos incluem reduções nas emissões da transição da rede de energia e mudanças no uso da terra, que incluímos em outros objetivos.

Juntos, os resultados-chave levam a uma redução de 7 gigatoneladas, 5 ao evitar emissões e 2 ao absorver.

Natureza → Proteger a Natureza

Baseado no relatório da ONU, as mudanças no uso da terra representam ~10% do total das emissões GHG, 6 gigatoneladas. O setor "abrange emissões e remoções de gases do efeito estufa resultantes do uso da terra pelo homem, mudanças e atividades florestais".

Natureza

Detalhamento do Setor	Atuais Gt de CO_2e	Redução de Gt de CO_2e
Mudanças no Uso da Terra, "LUC"	5,9	-5,9
Total do Setor Agrícola	5,9	-5,9

Para reduzir as emissões, devemos proteger a natureza. Dois resultados principais impulsionam as reduções de gigatoneladas e absorção:

RC 4.1 Florestas: Eliminar todo o desmatamento até 2030 → Eliminará 6 gigatoneladas de emissões.

RC 4.2 Oceanos: Eliminar o arrasto de fundo e proteger pelo menos 30% dos oceanos até 2030 e 50% até 2050 → Reduzirá 1 gigatonelada de emissões.

Ao proteger mais terras (50%), os oceanos (50%) e interromper o desmatamento, visamos eliminar as emissões nas mudanças de uso da terra e devolver a natureza a um sumidouro de carbono.

Juntos, os resultados-chave levam a uma redução de 7 gigatoneladas.

Indústria → Limpar a Indústria

Baseado no relatório da ONU, o setor industrial é responsável por ~20% do total de emissões de GHG, 12 gigatoneladas. Contamos aqui com o Relatório de Lacunas de Emissões do PNUMA de 2019.

Indústria

Detalhamento do Setor	Atuais Gt de CO_2e	Redução de Gt de CO_2e
Ferro & Aço	3,8	0,9
Cimento	3	1,2
Outros Materiais	5	1,7
Produtos Químicos (Plásticos & Borracha)	1,4	0,4
Outros Minerais	1,1	0,4
Produtos de Madeira	0,9	0,3
Alumínio	0,7	0,3
Outros Metais	0,5	0,2
Vidro	0,4	0,1
Total do Setor Industrial	11,8	3,8

Para reduzir as emissões deste setor, precisamos *limpar a indústria*. Aqui há 3 resultados-chave para o objetivo, que levarão às reduções de gigatoneladas de emissões:

RC 5.1 Aço: Reduzir a intensidade total do carbono na produção de aço em 50% até 2030 e 90% até 2040 → Reduzirá 3 gigatoneladas.

RC 5.2 Cimento: Reduzir a intensidade total do carbono na produção de cimento em 25% até 2030 e 90% até 2040 → Reduzirá 2 gigatoneladas.

RC 5.3 Outras Indústrias: Reduzir as emissões de outras fontes da indústria (por exemplo, plásticos, produtos químicos, papel, alumínio, vidro, vestuário) em 80% até 2050 → Reduzirá 3 gigatoneladas.

Estas emissões serão difíceis de descarbonizar; muitas inovações são necessárias para implantação em escala. Se for bem-sucedido, assumimos que o impacto de alcançar os resultados-chave reduzirá as emissões industriais em dois terços até 2050.

Juntos, os resultados-chave levarão à redução de 8 gigatoneladas.

Emissões Restantes → Remover o Carbono

O Plano Velocidade & Escala é esperançoso, mas realista. Ao tentar eliminar as emissões, devemos reconhecer que haverá setores difíceis de reduzir. Os países em desenvolvimento dependerão de combustíveis fósseis no curto prazo para ajudar no crescimento.

Remover o Carbono

Detalhamento do Setor	Atuais Gt de CO_2e	Redução de Gt de CO_2e
Remoção Baseada na Natureza	0	-5
Remoção Projetada	0	-5
Total de Carbono Removido	0	-10

Para fechar essas lacunas, precisamos *remover o carbono*. Aqui há 2 resultados-chave que levam à redução de gigatoneladas:

RC 6.1 Remoções Baseadas na Natureza: Remover 1 gigatonelada por ano até 2025, 3 gigatoneladas até 2030 e 5 gigatoneladas até 2040 → Levará a uma remoção de 5 gigatoneladas.

RC 6.2 Remoção Projetada: Remover ao menos 1 gigatonelada por ano até 2030, 3 até 2040 e 5 até 2050 → Levará a uma remoção de 5 gigatoneladas.

O modelo admite que o mundo priorizará eliminar emissões e criar usos mais eficientes de energia. Mas não será o suficiente. Para alcançar as 10 gigatoneladas, o planeta precisa de um portfólio de soluções para remoção de carbono — alguns baseados na natureza, alguns projetados e alguns híbridos dos dois.

Resumo do Total de Reduções

Plano Velocidade & Escala — Reduções

Objetivo	Redução de Gt de CO_2e
Eletrificar os Transportes	6
Descarbonizar a Rede	21
Ajustar a Comida	7
Proteger a Natureza	7
Limpar a Indústria	8
Remover o Carbono	10
Total	59

Recurso 2

Política Necessária nos EUA

Velocidade & *Escala* inclui objetivos e resultados-chave (OKRs) para as políticas críticas necessárias para que os países e seus governos acelerem e alcancem o zero líquido até 2050.

RC 7.1 Compromissos: Cada país promulga um compromisso nacional de emissões zero até 2050 e consegue ao menos a metade disso até 2030.

RC 7.1.1 Energia: Definir requisitos do setor elétrico para reduzir as emissões em 50% até 2025, 80% até 2030, 90% até 2035 e 100% até 2040.

RC 7.1.2 Transportes: Descarbonizar todos os novos carros, ônibus e caminhões leves até 2035; navios de carga até 2030; semicaminhões até 2045; e fazer com que 40% dos voos sejam neutros em carbono até 2040.

RC 7.1.3 Construções: Aplicar padrões de edifícios de emissões zero para novas residências até 2025; edifícios comerciais até 2030; e proibir a venda de equipamentos não elétricos até 2030.

RC 7.1.4 Indústria: Eliminar gradualmente o uso de combustíveis fósseis para processos industriais até 2050 e ao menos a metade até 2040.

RC 7.1.5 Rótulo de Carbono: Exigir etiquetas de pegadas de emissões em todos os produtos.

RC 7.1.6 Vazamentos: Controlar a queima, proibir a ventilação e exigir o fechamento imediato dos vazamentos de metano.

RC 7.2 Subsídios: Acabar com os subsídios diretos e indiretos para empresas de combustíveis fósseis e de práticas agrícolas danosas.

RC 7.3 Preço no Carbono: Definir preços nacionais nos gases do efeito estufa a um mínimo de US$55 por tonelada, aumentando 5% ao ano.

RC 7.4 Proibições Globais: Proibir HFCs como refrigeradores e proibir plásticos descartáveis para todos os fins não médicos.

RC 7.5 P&D Governamental: Dobrar (no mínimo) o investimento público em pesquisa e desenvolvimento, vezes 5 nos EUA.

Sem políticas que atinjam essas marcas, é provável que algum país ultrapasse a meta de zero líquido.

Ao desenvolver os OKRs, empregamos muitas ferramentas. Entre elas, destaca-se o Simulador de Política Energética desenvolvido pelo Energy Innovation.

O simulador modela o que cada política pode fazer e como interage com outras. O modelo mostra como é possível reduzir o carbono em comparação com o negócio de costume.

Todo o modelo é fonte aberta, pode ser rodado em um browser de web, produz resultados instantâneos, sendo minuciosamente documentado. Foi revisado por pesquisadores em 3 laboratórios nacionais e meia dúzia de universidades.

Aqui está o que o modelo mostra:

> **Há ventos a favor da tecnologia:** O curso de muitas tecnologias de carbono zero, incluindo aparelhos e equipamentos elétricos altamente eficientes, caíram drasticamente nos últimos 10 anos e continuarão a cair ainda mais — tornando a transição possível e acessível.

> **A transição para a energia limpa não acontecerá por conta própria:** Está claro que esta transição não irá acontecer no cronograma definido pelo Painel Intergovernamental sobre Mudanças Climáticas sem políticas adicionais. Somente políticas bem projetadas podem impulsionar a transformação tecnológica no ritmo necessário.

> **É preciso um conjunto de políticas:** Cada setor precisa do próprio pacote de políticas. Não há bala de prata na redução de carbono; precisamos transformar todas as partes da economia.

Experimente o simulador, em inglês, em http://energypolicy.solutions

O Simulador de Políticas de Energia tem sido usado em 8 países. Ele ajuda os líderes políticos a identificarem as políticas climáticas e energéticas mais impactantes e como podem contribuir para suas metas climáticas.

Inserindo os OKRs *Velocidade & Escala* no Simulador de Políticas de Energia

Para testar OKRs, simulamos o efeito da implementação de políticas nos EUA que correspondem a cada um dos principais resultados. A seguir está o que encontramos:

A linha preta sólida representa os negócios como de costume nos EUA, onde emitimos cerca de 6 gigatoneladas por ano.

Emissões nos EUA

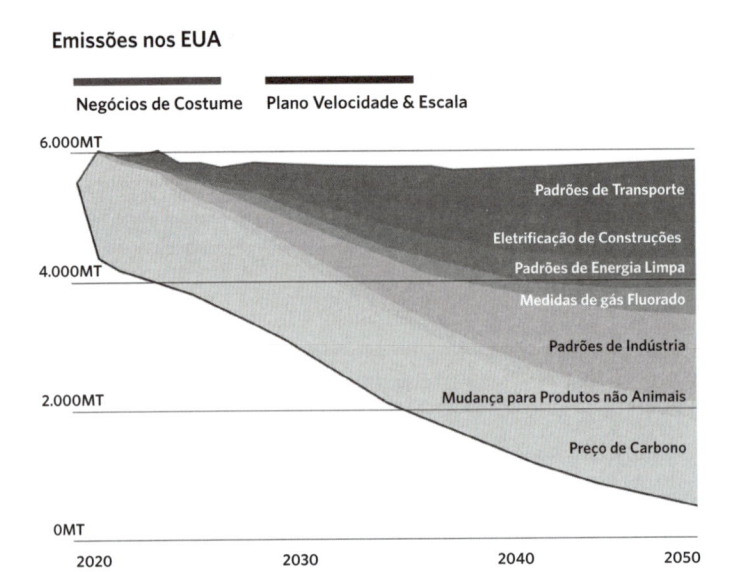

Negócios de Costume **Plano Velocidade & Escala**

- Padrões de Transporte
- Eletrificação de Construções
- Padrões de Energia Limpa
- Medidas de gás Fluorado
- Padrões de Indústria
- Mudança para Produtos não Animais
- Preço de Carbono

Cada fatia representa o impacto de um conjunto de políticas das emissões. Essas ambiciosas políticas, porém necessárias, reduziram as emissões dos EUA em 0,5 gigatonelada. A expectativa é que as emissões restantes sejam compensadas por meio da remoção de carbono baseada na natureza ou projetada.

Principais Políticas de Redução de Emissões

Energia

Padrão de Eletricidade Limpa	Implementar um Padrão de Eletricidade Limpa cortando as emissões em pelo menos 50% até 2025, 80% até 2030, 90% até 2035, e 100% até 2040.
	Apoiar com políticas de construção do sistema de transmissão e implantação de recursos flexíveis, como armazenamento de bateria de rede e resposta à demanda.
	Suposição de Modelagem: O cenário define um padrão de 100% de eletricidade com zero carbono até 2040, incluindo energias renováveis, energia nuclear e uma pequena quantidade de gás natural equipado com CCS. Também consta a duplicação de sistema acima do BAU, 510 GW de armazenamento e 450 GW de resposta à demanda até 2050.

Transportes

Padrões de Veículos	Implementar padrões de veículos de emissões zero exigindo 100% das vendas de ZEV até 2035 para veículos leves, bem como ônibus e caminhões; até 2045 para caminhões pesados; e até 2030 para navios.
	Apoiar com políticas que aceleram a rotatividade da frota, como um subsídio para compradores ou incentivo à sucata.
	Suposição de Modelagem: O cenário modela 100% das vendas de ZEV para veículos leves e ônibus até 2035, para caminhões pesados até 2045, e para navios até 2030.
Promover a Aviação Sustentável	Definir padrões que exijam um uso mínimo de combustível neutro em carbono na aviação.
	Suposição de modelagem: O cenário inclui 40% de combustível neutro em carbono na aviação até 2040.

Construções

Padrões de Componentes de Construções	Estabelecer códigos de construção e padrões de eletrodomésticos, exigindo que todos os novos equipamentos sejam elétricos até 2030. Complemente esses padrões com incentivos para a construção de retrofits.
	Suposição de Modelagem: O cenário modela padrões que exigem todos os componentes de construção recém-vendidos sejam elétricos até 2030.

Indústria

Mudança do Combustível Industrial	Emitir padrões e incentivos para mudar o consumo de combustível industrial para 100% de fontes com zero carbono até 2050, incluindo a produção de combustíveis com carbono zero, como o hidrogênio.
	Suposição de Modelagem: O cenário transfere 100% do uso de combustível fóssil industrial para uma mistura de eletricidade e hidrogênio até 2050, dependendo do potencial de eletrificação em cada categoria de indústria rastreada no modelo. Todo o hidrogênio é produzido por eletrólise, o processo de divisão da água em hidrogênio e oxigênio usando eletricidade.

Parar com o Vazamento de Metano	Estabelecer padrões que exijam a eliminação de vazamentos e ventilação de metano, junto do controle das emissões de queimação.	
	Suposição de Modelagem: O cenário implementa todo o potencial de mitigação do metano identificado pela Agência Internacional de Energia até 2030.	
Proibir os HFCs	Adotar e impor restrições ao consumo e produção de HFCs de acordo com os requisitos da Emenda de Kigali ao Protocolo de Montreal.	
	Suposição de Modelagem: O cenário modela a conformidade com a Emenda de Kigali ao Protocolo de Montreal.	

Agricultura

Reduzir a Demanda por Carne e Laticínios	Exigir que a indústria alimentícia imprima as pegadas de carbono dos produtos nas embalagens, equipando os consumidores com as informações necessárias para ajudá-los a escolher alimentos com emissões mais baixas.
	Suposição de Modelagem: A rotulagem nutricional mudou a dieta das pessoas. Não foram feitas pesquisas ou estudos suficientes para mostrar o efeito da rotulagem de carbono. A esperança é levar uma mudança significativa no comportamento do consumidor. Este cenário modela uma redução de 50% no consumo de produtos de origem animal.

Intersetorial

Preço de Carbono	Implementar um preço de carbono em toda a economia a partir de US$55 por tonelada, aumentando 5% anualmente.
	Suposição de Modelagem: O cenário modela um preço no carbono, começando com US$55 por tonelada em 2021, que aumenta 5% ao ano. Este preço se aplica a todos os gases do efeito estufa.

Recurso 3

Para Leitura Complementar

Entendendo a Crise Climática

Obrigado Pelo Atraso, Thomas Friedman (Nova York: Farrar, Straus and Giroux, 2016).

Quente, Plano e Lotado, Thomas Friedman (Nova York: Farrar, Straus and Giroux, 2008).

Uma Sequela Inconventiente, Al Gore (Emmaus, PA: Rodale, 2017).

Uma Verdade Inconveniente, Al Gore (Emmaus, PA: Rodale, 2006).

Sob Um Céu Branco, Elizabeth Kolbert (Nova York: Crown, 2021).

The Physics of Climate Change, Lawrence Krauss (Nova York: Post Hill Press, 2021).

How to Prepare for Climate Change, David Pogue (Nova York: Simon & Schuster, 2021).

Climate Change, Joseph Romm (Nova York: Oxford University Press, 2018).

Energy & Civilization, Vaclav Smil (Cambridge, MA: MIT Press, 2018).

Planos para Emissão Zero Líquido

Como Evitar Um Desastre Climático, Bill Gates (Nova York: Knopf, 2021).

The 100% Solution, Salomon Goldstein-Rose (Melville House, 2020).

The Big Fix, Hal Harvey e Justin Gillis (Nova York: Simon & Schuster, forthcoming, 2022).

Drawdown, Paul Hawken e outros. (Nova York: Penguin Books, 2017).

Soluções Baseadas na Natureza

Sunlight and Seaweed, Tim Flannery (Washington, DC: Swann House, 2017).

Growing a Revolution, David Montgomery (Nova York: W. W. Norton, 2017).

The Nature of Nature, Enric Sala (Washington, DC: National Geographic, 2020).

Lo-TEK: Design by Radical Indigenism, Julia Watson (Cologne, Germany: Taschen, 2020).

Half-Earth, Edward O. Wilson (Nova York: Liveright, 2016).

Política e Movimentos

Designing Climate Solutions, Hal Harvey (Washington, DC: Island Press, 2018).

All We Can Save, Ayana Elizabeth Johnson e outros (London: One World, 2020).

The New Climate War, Michael Mann (Nova York: PublicAffairs, 2021).

Falter, Bill McKibben (Nova York: Henry Holt, 2019).

Winning the Green New Deal, Varshini Prakash e outros (Nova York: Simon & Schuster, 2020).

Short Circuiting Policy, Leah Stokes (Nova York: Oxford University Press, 2020).

Liderança

Inventar & Vagar, Jeff Bezos e Walter Isaacson (Cambridge, MA: Harvard Business Review Press, 2021).

BE 2.0, Jim Collins e outros (Nova York: Penguin/Portfolio, 2020).

Good to Great, Jim Collins e outros (Nova York: Penguin/Portfolio, 2001).

Freedom's Forge, Arthur Herman (Nova York: Random House, 2012).

No One Is Too Small to Make a Difference, Greta Thunberg (Nova York: Penguin, 2018).

Made in America, Sam Walton (Nova York: Doubleday, 1992).

Recursos da Web

Speed & Scale — Acompanhando os OKRs —, speedandscale.com

AAAS, whatweknow.aaas.org

Bloomberg New Energy Finance, bnef.com

Breakthrough Energy innovation, breakthroughenergy.org

Carbon Dioxide Removal Primer, cdrprimer.org

CarbonPlan, carbonplan.org

Carbon Tracker, carbontracker.org

COP26 U.N. Climate Change Conference, unfccc.int

Relatórios da Agência Internacional de Energia, iea.org/reports/net-zero-by-2050

IPCC Relatório do Intergovernmental Panel on Climate Change, ipcc.ch

Measure What Matters — Recurso em OKRs —, whatmatters.com

NASA, climate.nasa.gov/evidence/

National Geographic Climate Coverage, natgeo.com/climate

Our World in Data, ourworldindata.org

Acordo de Paris, unfccc.int/sites/default/files/english_paris_agreement.pdf

TED Countdown — Videos and Event, countdown.ted.com

Grupos de Defesa

350.org

Agora Energiewende (Germany) C40 Cities

Center for Biological Diversity Climate Power

Climate Reality Project

Coalition for Rainforest Nations

Conservation International

EarthJustice

Energy Foundation

Environmental Defense Fund

European Climate Foundation

Institute of Public & Environmental Affairs (China)

National Resources Defense Council
Nature Conservancy
Rainforest Action Network
Rainforest Alliance
Renewable Energy Institute (Japan)
RMI
Sierra Club
Sunrise Movement
U.S. Climate Action Network
World Resources Institute
World Wildlife Fund

Fundações Climáticas

Bezos Earth Fund
The Campaign for Nature
Children's Investment Fund Foundation
Hewlett Foundation
IKEA Foundation
MacArthur Foundation
McKnight Foundation
Michael Bloomberg Packard Foundation
Quadrature
Sequoia Foundation

Investidores Focados no Clima

Breakthrough Energy Ventures
Climate and Nature Fund (Unilever)
Climate Innovation Fund (Microsoft)
Climate Pledge Fund (Amazon.com)
Congruent Ventures
DBL (Double Bottom Line) Partners
Earthshot Ventures

Elemental Excelerator

The Engine (built by MIT)

Generation Investment Management

G2 Venture Partners

Green Climate Fund

Greenhouse Capital Partners

Khosla Ventures

Kleiner Perkins

Imperative Science Ventures

Incite

Lower Carbon Capital

OGCI Climate Investments

Pale Blue Dot

Prime Impact Fund

Prelude Ventures

S2G Ventures Sequoia Capital

Union Square Ventures

Y Combinator

See more at Climate 50, climate50.com

Recurso 4

Divulgações & Investimentos

Empresas mencionadas nas quais a Kleiner Perkins, a Breakthrough Energy Ventures ou John Doerr investiram:

Alphabet / Google

Amazon

Beyond Meat

Bloom Energy

Chargepoint

Charm Industrial

Commonwealth Fusion

Cypress Semiconductor

Enphase

Farmer's Business Network

Fisker

G2 Venture Partners

Generation Investment

Nest (adquirido por Google)

OPower (adquirido por Oracle)

Proterra

Quantumscape

Redwood Materials

Solidia

Stripe

Tradesy

Watershed

Notas

Prólogo

xii **Steve Jobs nos convidou para lançar:** Apple. "Apple launches iPhone SDK." 6 de março de 2008, www.speedandscale.com/ifund.

xii **disse isso em 2007:** "Salvation (and Profit) in Greentech." Ted, uploaded by TEDxTalks, 1 de março de 2007, www.ted.com/talks/john_ doerr_salvation_and_profit_in_greentech/transcript.

xiv **céu laranja brilhante dos incêndios florestais:** Alberts, Elizabeth. "'Off the Chart': CO_2 from California Fires Dwarf State's Fossil Fuel Emissions." Mongabay.com, 18 de setembro de 2020, news.mongabay.com/2020/09/off-the-chart-co2-from-california-fires-dwarf-states-fossil-fuelemissions.

Introdução: Qual É o Plano?

xviii **parte dela é absorvida:** "Climate and Earth's Energy Budget." NASA Earth Observatory, earthobservatory.nasa.gov/features/ EnergyBalance/page6.php. Acesso em: 14 de junho de 2021.

xix **Na era pré-industrial:** European Environment Agency. "Atmospheric Greenhouse Gas Concentrations." European Environment Agency, 4 de outubro de 2020, www.eea.europa.eu/data-and-maps/indicators/atmospheric-greenhouse-gas-concentrations-7/assessment.

xix **mais de 500 partes por milhão:** "NOAA Global Monitoring Laboratory — The NOAA Annual Greenhouse Gas Index (AGGI)." NOAA Annual Greenhouse Gas Index (AGGI), 2021, gml.noaa.gov/aggi/aggi.html.

xx **o peso de 10 mil porta-aviões:** Conlen, Matt. "Visualizing the Quantities of Climate Change." Global Climate Change: Vital Signs of the Planet, 12 de março de 2020, climate.nasa.gov/news/2933/visualizing-the-quantities-of-climate-change.

xx **As emissões ininterruptas:** O CO_2 é pesado em gigatoneladas (um bilhão de toneladas): "Greenhouse Gas Equivalencies Calculator." U.S. Environmental Protection Agency, 26 de maio de 2021, www.epa.gov/energy/ greenhouse-gas-equivalencies-calculator.

xx **aumentou cerca de 1 °C:** "World of Change: Global Temperatures." NASA Earth Observatory, earthobservatory.nasa.gov/world-of-change/global-temperatures. Acesso em: 13 de junho de 2021.

xx **mais da metade das emissões:** Stainforth, Thorfinn. "More Than Half of All CO_2 Emissions Since 1751 Emitted in the Last 30 Years." Institute for European Environmental Policy, 29 de abril de 2020, ieep.eu/news/more-than-half-of-all-co2-emissions-since-1751-e-mittedin-the-last-30-years.

xxii **4 °C do aquecimento:** Roston, Eric. "Economists Warn That a Hotter World Will Be Poorer and More Unequal." *Bloomberg Green*, 7 de julho de 2020, www.bloomberg.com/news/articles/2020-07-07/global-gdp-could-fall-20-as-climate-change-heats-up.

xxii **"Você diz que tem uma solução real":** Beatles. "Revolution 1." Gravado em 1968. Por John Lennon e Paul McCartney. Apple Records, 1968.

xxii **TED emocionante sobre mudanças climáticas:** "Salvation (and Profit) in Greentech." Doerr, John. TEDxTalk, 1 de março de 2007, www.ted.com/talks/ john_doerr_salvation_and_profit_in_greentech/transcript.

xxiii **3 °C ou mais em 2100:** "Temperatures." Climate Action Tracker, 4 de maio de 2021, climateactiontracker.org/global/temperatures.

xxv **59 gigatoneladas de CO_2e por ano:** UNEP e UNEP DTU Partnership. "UNEP Report — The Emissions Gap Report 2020." *Management of Environmental Quality: An International Journal*, 2020, https://www.unep.org/emissions-gap-report-2020.

xxx **nos 5 principais:** UNEP e UNEP DTU Partnership. "UNEP Report — The Emissions Gap Report 2020."

xxx **pelo menos 14 países:** The Energy & Climate Intelligence Unit and Oxford Net Zero. "Taking Stock: A Global Assessment of Net Zero Targets." The Energy & Climate Intelligence Unit, 2021, ca1-eci.edcdn.com/reports/ECIU-Oxford_Taking_Stock.pdf.

xxxi **a poluição do carbono voltou:** Tollefson, Jeff. "COVID Curbed Carbon Emissions in 2020 — but Not by Much." *Nature* 589, no. 7842, 2021, 343, doi:10.1038/d41586-021-00090-3.

Capítulo 1: Eletrificar os Transportes

3 **compartilhou gratuitamente suas patentes:** Tesla. "All Our Patent Are Belong to You." Tesla, 27 de julho de 2019, www.tesla.com/blog/all-our-patent-arebelong-you.

3	**Tesla vendia um a cada cinco:**	"EV Sales." BloombergNEF, www.bnef.com/interactive--datasets/2d5d59acd9000014?data-hub=11. Acesso em: 13 de junho de 2021.
3	**vendeu meio milhão:**	"Q4 and FY2020 Update." Tesla, 2020, tesla-cdn.thron.com/static/1LRLZK_2020_Q4_Quarterly_Update_Deck_-_Searchable_LVA2GL.pdf?xseo=&response-content-disposition=inline%3Bfilename%3D%22TSLA-Q4-2020-Update.pdf%22.
3	**cerca de US$600 bilhões:**	TSLA Stock Price, Tesla Inc. Stock Quote (U.S.: Nasdaq). MarketWatch, 20 de junho de 2021, www.marketwatch.com/investing/stock/tsla.
3	**razões que vão desde o preço:**	Degen, Matt. "2012 Fisker Karma Review." Kelly Blue Book, 23 de dezembro de 2019, www.kbb.com/fisker/karma.
3	**acionaram um recall:**	Lavrinc, Damon. "At Least 16 Fisker Karmas Drown, Catch Fire at New Jersey Port." *Wired*, 30 de outubro de 2012, www.wired.com/2012/10/fisker-fire-new-jersey.
3	**Mais de 300 carros:**	"Fisker Says $30 Million in Luxury Cars Destroyed by Sandy in NJ Port." Reuters, 7 de novembro de 2012, www.reuters.com/article/us-fisker-sandy/fisker-says-30-millionin-luxury-cars-destroyed-by-sandy-in-nj-portidUSBRE8A603820121107.
3	**quase 10 milhões de EVs:**	Frangoul, Anmar. "Global Electric Vehicle Numbers Set to Hit 145 Million by End of the Decade, IEA Says." CNBC, 29 de abril 2021, www.cnbc.com/2021/04/29/global-electric-vehicle-numbers-set-to-hit-145-million-by-2030-iea-.html.
3	**quilômetros percorridos por veículos a combustão:**	"New Energy Outlook 2020." BloombergNEF, 20 de abril de 2021, about.bnef.com/new-energyoutlook.
3	**vida útil média:**	Budd, Ken. "How Today's Cars Are Built to Last." AARP, 1 de novembro de 2018, www.aarp.org/auto/trends-lifestyle/info-2018/how-long-do-cars-last.html.
4	**causam 350 mil mortes prematuras:**	Harvard University *et al.* "Fossil Fuel Air Pollution Responsible for 1 in 5 Deaths Worldwide." C-CHANGE, Harvard T. H. Chan School of Public Health, 9 de fevereiro 2021, www.hsph.harvard.edu/c-change/news/fossil-fuel-air--pollutionresponsible-for-1-in-5-deaths-worldwide.
4	**ligada a doenças cardiovasculares e a câncer no pulmão:**	Integrated Science Assessment (ISA) for Particulate Matter (Final Report, December 2019). U.S. Environmental Protection Agency, Washington, DC, EPA/600/R-19/188, 2019.
7	**a maioria não paga:**	"Who Is Willing to Pay More for Renewable Energy?" Yale Program on Climate Change Communication, 16 de julho de 2019, climatecommunication.yale.edu/publications/who-is-willing-to-pay-more-for-renewable-energy; Walton, Robert. "Americans Could Pay More for Clean Energy. But Will They Really?" Utility Dive, 9 de março de 2015, www.utilitydive.com/news/americans-could-pay-morefor-clean-energy--but-will-they-really/372381.

7   **O premium verde varia amplamente entre os setores:**

Eletricidade: "Electric Power Monthly — U.S. Energy Information Administration (EIA)." U.S. Energy Information Administration, www.eia.gov/electricity/monthly/epm_table_grapher.php. Acesso em: 13 de junho de 2021; Matasci, Sara. "Understanding Your Sunrun Solar Lease, PPA and Solar Contract Agreement." Solar News, 15 de julho de 2020, https://news.energysage.com/sunrun-solar-lease-ppa-solar-contractagreement/.

EVs de passageiros: "Google." Google Search — 2021 Chevy Bolt MSRP, www.google.com. Acesso em: 23 de junho de 2021; "Google." Google Search — 2021 Toyota Camry MSRP, www.google.com. Acesso em: 23 de junho de 2021.

Combustível de transporte de longa distância: "Alternative Fuel Price Report." U.S. Department of Energy, janeiro de 2021, https://afdc.energy.gov/fuels/prices.html.

Concreto: "IBISWorld — Industry Market Research, Reports, and Statistics." IBISWorld, www.ibisworld.com/us/bed/price-ofcement/190. Acesso em: 22 de junho de 2021; "Jet Fuel Price Monitor." IATA, www.iata.org/en/publications/economics/fuel-monitor. Acesso em: 14 de junho de 2021.

Combustível de aviação: "Jet Fuel Price Monitor." IATA, www.iata.org/en/ publications/economics/fuel-monitor. Acesso em: 14 de junho de 2021; Robinson, Daisy. "Sustainable Aviation Fuel (Part 1): Pathways to Production." BloombergNEF, 29 de março de 2021, www.bnef.com/insights/25925?query=eyJxdWVyeSI6IlNBRiIsInBhZ2UiOjEsIm9yZ-GVyIjoicm VsZXZhbmNlIn0%3D.

Ida e volta (econômica) SFO para o Havaí: "Google." Travel, www.google.com/travel/unsupported?ucpp=CiVodHRwczovL3d3dy5nb29nbGUuY   29tL3RyYXZlbC9mbGl-naHRz. Acesso em: 4 de maio de 2021.

Carne moída de hambúrguer: "Average Retail Food and Energy Prices, U.S. and Midwest Region: Mid-Atlantic Information Office: U.S. Bureau of Labor Statistics." U.S. Bureau of Labor Statistics, www.bls.gov/regions/mid-atlantic/data/averageretailfoodandenergyprices_usandmidwest_table.htm. Acesso em: 20 de junho de 2021.

8   **o premium verde é uma medida aproximada:** Ver a tabela na página 7 e também Breakthrough Energy. "The Green Premium." Breakthrough Energy, 2020, www.breakthroughenergy.org/our-challenge/the-green-premium.

8   **75% de participação:** "Trends and Developments in Electric Vehicle Markets — Global EV Outlook 2021 — Analysis." International Energy Agency, 2021, www.iea.org/reports/global-ev-outlook-2021/trends-and-developments-in-electric-vehicle-markets.

8   **A China passou 5%:** "Transportation: In China's Biggest Cities, 1 in 5 Cars Sold Is Electric." E&E News, 11 de maio de 2021, www. eenews.net/energywire/2021/05/11/stories/1063732167.

9   **A Volkswagen investe:** Rauwald, Christoph. "VW Boosts Tech Spending Within $177 Billion Investment Plan." *Bloomberg Green*, 13 de novembro de 2020, www.bloomberg.com/news/articles/2020-11-13/vw-boosts-tech-spending-in-177-billion-budget-amid-virus-hit.

9   **representam 10%:** "Electric Vehicle Outlook." BloombergNEF, www.bnef.com/interactive-datasets/2d5d59acd900003d?data-hub= 11&tab=Buses. Acesso em: 13 de junho de 2021.

9   **30%:** "Transport Sector CO2 Emissions by Mode in the Sustainable Development Scenario, 2000–2030 — Charts — Data & Statistics." IEA, www.iea.org/data-and-statistics/charts/transport-sector-co2-emissions-by-mode-in-the-sustainable-development-scenario-2000-2030. Acesso em: 13 de junho de 2021.

9   **quilômetros percorridos:** "Electric Vehicle Outlook."

9   **centenas de milhões:** Gallucci, Maria. "At Last, the Shipping Industry Begins Cleaning Up Its Dirty Fuels." Yale E360, Yale Environment 260, 28 de junho de 2018, e360.yale.edu/features/at-last-the-shipping-industry-begins-cleaning-up-its-dirty-fuels.

9   **de 15 anos:** "Review of Maritime Transport 2011, Chapter 2." United Nations Conference on Trade and Development, 2011, unctad.org/system/files/official-document/rmt-2011ch2_en.pdf.

9   **capturar essas pequenas partículas:** Gallucci, Maria. "At Last, the Shipping Industry Begins Cleaning Up Its Dirty Fuels."

10 **"Não consigo imaginar":** Strohl, Daniel. "Fact Check: Did a GM President Really Tell Congress 'What's Good for GM Is Good for America?'" Hemmings, 5 de setembro de 2019, www.hemmings.com/stories/2019/09/05/fact-check-did-a-gm-president-really-tell-congresswhats-good-for-gm-is-good-for-america.

13 **O governador da Califórnia Gavin Newsom:** "Twelve U.S. States Urge Biden to Back Phasing Out Gas-Powered Vehicle Sales by 2035." Reuters, 21 de abril de 2021, www.reuters.com/business/twelve-us-states-urge-biden-back-phasing-out-gas-powered-vehicle-sales-by-20352021-04-21.

14 **Mas Wang tinha uma carta na manga:** Huang, Echo. "How Much Financial Help Does China Give EV Maker BYD?" Quartz, 27 de março de 2019, qz.com/1579568/how-much-financial-help-does-china-give-ev-maker-byd.

15 **garantia de financiamento do setor público:** Vincent, Danny. "The Uncertain Future for China's Electric Car Makers." BBC News, 27 de março de 2020, www.bbc.com/news/business-51711019.

22 **US$73 mil e US$173 mil:** Quarles, Neil, e outros "Costs and Benefits of Electrifying and Automating Bus Transit Fleets." Multidisciplinary Digital Publishing Institute, 2020, www.caee.utexas.edu/prof/kockelman/public_html/TRB18AeBus.pdf.

22	**elimina emissões:** Gilpin, Lyndsey. "These City Bus Routes Are Going Electric — and Saving Money." Inside Climate News, 23 de outubro de 2017, insideclimatenews.org/news/23102017/these-city-bus-routes-are-going-all-electric.
22	**operando em 43 estados:** "Revolutionizing Commercial Vehicle Electrification." Proterra, abril de 2021, www.proterra.com/wp-content/uploads/2021/04/PTRA-ACTC-Analyst-Day-Presentation4.8.21-FINAL-1.pdf.
22	**25% na China:** "Long-Term Electric Vehicle Outlook 2021." BloombergNEF, 9 de junho de 2021, www.bnef.com/insights/26533/view.
26	**Lei de Wright se aplica:** Bui, Quan, e outros. "Statistical Basis for Predicting Technological Progress." Santa Fe Institute, 5 de julho de 2012, www.santafe.edu/research/results/working-papers/statistical-basis-for-predicting-technological-pro.
26	**cada duplicação da produção:** "Evolution of Li-Ion Battery Price, 1995–2019 — Charts — Data & Statistics." IEA, 30 de junho de 2020, www.iea.org/data-and-statistics/charts/evolution-of-li-ion-battery-price-1995-2019. Acesso em: 13 de junho de 2021.
26	**US$8 mil:** Gold, Russell, and Ben Foldy. "The Battery Is Ready to Power the World." *Wall Street Journal*, 5 de fevereiro de 2021, www.wsj.com/articles/the-battery-is-ready-to-power-the-world-11612551578.
26	**versão elétrica da picape F-150:** Boudette, Neal. "Ford's Electric F-150 Pickup Aims to Be the Model T of E.V.s." *New York Times*, 19 de maio de 2021, www.nytimes.com/2021/05/19/business/ford-electric-vehicle-f-150.html.
26	**"O futuro da indústria automobilística é elétrico":** Watson, Kathryn. "Biden Drives Electric Vehicle and Touts It as the 'Future of the Auto Industry.'" CBS News, 18 de maio de 2021, www.cbsnews.com/news/biden-ford-electric-car-plant-michigan-watch-live-stream-today-05-18-2021.
26	**"uma bateria gigante com rodas":** "The Ford Electric F-150 Lightning's Astonishing Price." *Atlantic*, 19 de maio de 2021, www.theatlantic.com/technology/archive/2021/05/f-150-lightning-fords-first-electric-truck/618932.
26	**Na Índia, o carro mais popular:** "Car Prices in India — Latest Models & Features 23 Jun. 2021." BankBazaar, www.bankbazaar.com/car-loan/car-prices-in-india.html. Acesso em: 22 de junho de 2021; Mehra, Jaiveer. "Best Selling Cars in November 2020: Maruti Swift Remains Top Seller." Autocar India, 5 de dezembro de 2020, www.autocarindia.com/car-news/best-selling-cars-in-november-2020-maruti-swift-remainstop-seller-419341.
27	**40km por dia:** "2020 Global Automotive Consumer Study." Deloitte, 2020, www2.deloitte.com/content/dam/Deloitte/us/Documents/manufacturing/us-2020-global-automotive-consumer-study-global-focus-countries.pdf.

Capítulo 2: Descarbonizar a Rede

29 **"Eu colocaria dinheiro no Sol":** Newton, James D. *Uncommon Friends: Life with Thomas Edison, Henry Ford, Harvey Firestone, Alexis Carrel, & Charles Lindbergh.* Nova York: Mariner Books, 1989.

30 **Lei de Scheer especificava:** Schwartz, Evan. "The German Experiment." *MIT Technology Review*, 2 de abril de 2020, www.technology review.com/2010/06/22/26637/the-german-experiment; "Feed-in Tariffs in Germany." Wikipedia, 21 de março de 2021, en.wikipedia.org/ wiki/Feed-in_tariffs_in_Germany.

30 **a maioria dos cidadãos alemães:** Schwartz, Evan. "The German Experiment." *MIT Technology Review*, 22 de junho de 2010, www. technologyreview.com/2010/06/22/26637/the-german-experiment.

30 **um criador de gado:** *Nova*. PBS, 24 de abril de 2007, www.pbs. org/wgbh/nova/video/saved-by-the-sun.

30 **300 mil empregos:** Schwartz, Evan. "The German Experiment."

32 **70% do mercado global de painéis:** Buchholz, Katharina. "China Dominates All Steps of Solar Panel Production." Statista Infographics, 21 de abril de 2021, www.statista.com/chart/24687/solar-panel-global-market-shares-by-production-steps.

32 **os painéis despencaram:** Sun, Xiaojing. "Solar Technology Got Cheaper and Better in the 2010s. Now What?" Wood Mackenzie, 18 de dezembro de 2019, www.woodmac.com/news/opinion/solar-technology-got-cheaper-and-better-in-the-2010s.-now-what.

33 **42% da eletricidade alemã:** "Renewables Meet 46.3% of Germany's 2020 Power Consumption, up 3.8 Pts." Reuters, 14 de dezembro de 2020, www.reuters.com/article/germany-power-renewables-idUKKBN28O1AH.

33 **As energias renováveis:** Randowitz, Bernd. "Germany's Renewable Power Share Surges to 56% amid Covid-19 Impact." Recharge, julho de 2020, www.rechargenews.com/transition/germany-s-renewable-power-share-surges-to-56-amid-covid19-impact/2-1-837212.

35 **28 estados têm:** "U.S. Nuclear Industry — U.S. Energy Information Administration (EIA)." U.S. Energy Information Administration, 6 de abril de 2021, www.eia.gov/energyexplained/nuclear/us-nuclear-industry.php.

35 **A hidreletricidade já responde por 16%:** "World Energy Outlook 2020 — Analysis." IEA, outubro de 2020, www.iea.org/ reports/world-energy-outlook-2020.0.

35 **eólica e solar têm participações:** "Renewable Energy Market Update 2021", World Energy Outlook 2020 — Analysis, International Energy Agency, https://www.iea.org/reports/renewable-energy-market-update-2021/renewable-electricity; "New Global Solar PV Installations to Increase 27% to Record 181 GW This Year", IHS Markit, 29 de março

de 2021, https://www.reuters.com/business/energy/new-globalsolar-pv-installations-increase-27-record-181-gw-this-year-ihs-markit2021-03-29.

35 **Novas instalações das:** Brandily, Tifenn, and Amar Vasdev. "2H 2020 LCOE Update." BloombergNEF, 10 de dezembro de 2020, www.bnef.com/login?r=%2Finsights%-2F24999%2Fview.

36 **com carvão, petróleo e gás:** "Net Zero by 2050 — Analysis." International Energy Agency, maio de 2021, www.iea. org/reports/net-zero-by-2050.

37 **"transformação total":** "Net Zero by 2050 — Analysis."

37 **"interromper o financiamento internacional":** Piper, Elizabeth, and Markus Wacket. "In Climate Push, G7 Agrees to Stop International Funding for Coal." Reuters, 21 de maio de 2021, www.reuters.com/business/energy/g7-countries-agree-stop-funding-coal-fired-power-2021-05-21.

37 **fontes de energia renováveis:** "Net Zero by 2050 — Analysis."

37 **O RC Emissões de Metano (2.5):** "Methane Emissions from Oil and Gas — Analysis." International Energy Agency, www.iea.org/ reports/methane-emissions-from-oil-and-gas. Acesso em: 18 de junho de 2021.

37 **bombas elétricas de calor:** McKenna, Claire, et al. "It's Time to Incentivize Residential Heat Pumps." RMI, 22 de julho de 2020, rmi.org/its-time-to-incentivize-residential-heat-pumps.

38 **o Sol fornece tanta energia:** "Solar Energy Basics." National Renewable Energy Laboratory, 2021, www.nrel.gov/research/re-solar. html.

38 **as instalações solares hoje:** "Renewable Energy Market Update 2021." IEA, 2021, www.iea.org/reports/renewableenergy-market-update-2021/renewable-electricity.

43 **políticas de "medição líquida":** "Net Metering." Solar Energy Industries Association, maio de 2017, www.seia.org/initiatives/net-metering.

44 **100 gigawatts de capacidade solar instalada:** "U.S. Solar Market Insight." Solar Energy Industries Association, 2021, www.seia.org/ us-solar-market-insight. Atualizado em 16 de março de 2021.

44 **A Índia definiu uma meta:** "India Exceeding Paris Targets; to Achieve 450 GW Renewable Energy by 2030: PM Modi at G20 Summit." *Business Today*, 22 de novembro de 2020, www.businesstoday.in/current/economy-politics/india-exceeding-paris-targets-to-achieve-450-gw-renewableenergy-by-2030-pm-modi-at-g20-summit/story/422691.html.

45 **eólica são duas fontes:** Russi, Sofia. "Global Wind Report 2021." Global Wind Energy Council, 30 de abril de 2021, gwec.net/global-windreport-2021.

45	**como a chinesa:**	Besta, Shankar. "Profiling Ten of the Biggest Onshore Wind Farms in the World." NS Energy, 9 de dezembro de 2019, www.nsenergybusiness.com/features/worlds-biggest-onshore-wind-farms.
45	**energia eólica onshore:**	Gross, Samantha. "Renewables, Land Use, and Local Opposition in the United States." Brookings Institution, janeiro de 2020, www.brookings.edu/wp-content/uploads/2020/01/FP_20200113_renewables_land_use_local_opposition_gross.pdf.
46	**os preços globais:**	"Natural Gas Prices — Historical Chart." MacroTrends, 2021, www.macrotrends.net/2478/natural-gas-priceshistorical-chart.
49	**um dos primeiros fabricantes de turbinas eólicas:**	Vestas se concentrou na energia eólica em 1987. "Vestas History." Vestas, 2021, www.vestas.com/en/about/profile#!-from-1987-1998.
49	**90% da energia gerada pela Ørsted:**	"Our Green Business Transformation: What We Did and Lessons Learned." Ørsted, abril de 2021, https://orsted.com/en/about-us/white-papers/green-transformation-lessons-learned.
49	**a empresa mais sustentável:**	Scott, Mike. "Top Company Profile: Denmark's Ørsted Is 2020's Most Sustainable Corporation." Corporate Knights, 21 de janeiro de 2020, www.corporateknights.com/reports/2020-global-100/top-company-profileorsted-sustainability-15795648.
52	**"as maiores emissões":**	"Satellite Data Reveals Extreme Methane Emissions from Permian Oil & Gas Operations; Shows Highest Emissions Ever Measured from a Major U.S. Oil and Gas Basin." Environmental Defense Fund, 22 de abril de 2020, www.edf.org/media/satellite-data-reveals-extreme-methane-permian-oilgas-operations-shows-highest.
54	**emissões causadas pelo homem:**	Chung, Tiy. "Global Assessment: Urgent Steps Must Be Taken to Reduce Methane Emissions This Decade." United Nations Environment Programme (UNEP), 6 de maio de 2021, www.unep.org/news-and-stories/press-release/globalassessment-urgent-steps-must-be-taken-reduce-methane.
54	**vazamentos de metano:**	Plant, Genevieve. "Large Fugitive Methane Emissions from Urban Centers Along the U.S. East Coast." *AGU Journals*, 28 de julho de 2019, agupubs.onlinelibrary.wiley.com/doi/full/10.1029/2019GL082635; Lebel, Eric D., *et al.* "Quantifying Methane Emissions from Natural Gas Water Heaters." ACS Publications, 6 de abril de 2020, pubs.acs.org/doi/10.1021/acs.est.9b07189; "Major U.S. Cities Are Leaking Methane at Twice the Rate Previously." *Science*	AAAS, 19 de julho de 2019, www.sciencemag.org/news/2019/07/major-uscities-are-leaking-methane-twice-rate-previously-believed.
56	**A tecnologia existe:**	"Gas Leak Detection & Repair." MBS Engineering, 2021, www.mbs.engineering/gas-leak-detectionrepair.html; "Perform Valve Leak Repair During Pipeline Replacement." U.S. Environmental Protection Agency, 31 de agosto de 2016, www.epa.

gov/sites/production/files/2016-06/documents/perform leakrepairduringpipelinereplacement.pdf.

56 **vazamentos de fraturamento:** Lipton, Eric, e Hiroko Tabuchi. "Driven by Trump Policy Changes, Fracking Booms on Public Lands." *New York Times,* 27 de outubro de 2018, www.nytimes.com/2018/10/27/climate/trump-fracking-drilling-oil-gas.html; Davenport, Coral. "Trump Eliminates Major Methane Rule, Evenas Leaks Are Worsening", atualizado em 18 de abril de 2021, https://www.nytimes.com/2020/08/13/ climate/trump-methane.html.

56 **A prática da queima:** "Natural Gas Flaring and Venting: State and Federal Regulatory Overview, Trends and Impacts." Office of Fossil Energy (FE) of the U.S. Department of Energy, junho de 2019, www.energy.gov/sites/prod/files/2019/08/f65/Ntural%20Gas%20 Flaring%20and%20Venting%20Report.pdf.

57 **Aproximadamente metade das casas:** Jacobs, Nicole. "New Poll: Natural Gas Still the Top Choice for Cooking." Energy in Depth, 16 de fevereiro de 2021, www.energyindepth. org/new-poll-natural-gas-still-the-top-choice-for-cooking.

58 **Outra abordagem é a "medição líquida":** National Renewable Energy Laboratory, 2020, www.nrel.gov/state-local-tribal/basics-net-metering. html.

58 **27 mil terawatts/hora:** "Net Zero by 2050 — Analysis."

59 **As lâmpadas de LED:** Popovich, Nadja. "America's Light Bulb Revolution." *New York Times,* 8 de março de 2019, www.nytimes.com/interactive/2019/03/08/climate/light-bulb-efficiency.html.

59 **Tubos e dutos projetados:** Lovins, Amory B. "How Big Is the Energy Efficiency Resource?" IOP Science, IOP Publishing Ltd, 18 de setembro de 2018, iopscience.iop.org/article/10.1088 /1748-9326/aad965/pdf.

59 **Empire State Building:** Carmichael, Cara, and Eric Harrington. "Project Case Study: Empire State Building." Rocky Mountain Institute, 2009, rmi.org/wp-content/ uploads/2017/04/Buildings_Retrofit_EmpireStateBuilding_ CaseStudy_2009.pdf.

59 **quase 75%:** "Quadrennial Technology Review", Cap. 5: Increasing Efficiency of Building Systems and Technologies." United States Department of Energy, setembro de 2015, www. energy.gov/sites/prod/files/2017/03/f34/qtr-2015-chapter5.pdf.

59 **bomba aquecedora:** "How Much Does an Electric Furnace Cost to Install?" Modernize Home Services, 2021, modernize. com/hvac/heating-repair-installation/furnace/electric.

59 **Energy Star:** "ENERGY STAR Impacts." ENERGY STAR, 2019, www.energystar.gov/ about/origins_mission/impacts.

60 **os EUA ocupavam:** Castro-Alvarez, Fernando, e outros "The 2018 International Energy Efficiency Scorecard." ©American Council for an Energy-Efficient Economy, junho de 2018, www. aceee.org/sites/default/files/publications/researchreports/i1801.pdf.

60   **E se o resto do país:** Komanoff, Charles, e outros. "California Stars Lighting the Way to a Clean Energy Future." Natural Resources Defense Council, maio de 2019, www.nrdc.org/sites/default/files/california-stars-clean-energy-future-report.pdf.

Capítulo 3: Ajustar a Comida

64   **2.500 gigatoneladas de carbono:** Ontl, Todd A. e Lisa A. Schulte. "Soil Carbon Storage." Knowledge Project, Nature Education, 2012, www.nature.com/scitable/knowledge/library/soil-carbon-storage-84223790/.

64   **um terço dele foi esgotado:** "Global Plans of Action Endorsed to Halt the Escalating Degradation of Soils." Food and Agriculture Organization of the United States, 24 de julho de 2014, www.fao.org/news/story/en/item/239341/icode.

66   **Os fertilizantes, sozinhos:** Tian, Hanqin, e outros "A Comprehensive Quantification of Global Nitrous Oxide Sources and Sinks." *Nature*, 7 de outubro de 2020, www.nature.com/articles/s41586-020-2780-0.

66   **15% de toda a emergência:** UNEP e UNEP DTU Partnership, "UNEP Report — The Emissions Gap Report 2020." *Management of Environmental Quality: An International Journal*, 2020, https://www.unep.org/emissions-gap-report-2020.

66   **até 60% mais:** Ranganathan, Janet, e outros. "How to Sustainably Feed 10 Billion People by 2050, in 21 Charts." World Resources Institute, 5 de dezembro de 2018, www.wri.org/insights/how-sus-tainably-feed-10-billion-people-2050-21-charts.

68   **absorver 2 gigatoneladas de CO_2:** Zomer, Robert. "Global Sequestration Potential of Increased Organic Carbon in Cropland Soils." *Scientific Reports*, 14 de novembro de 2017, www.nature.com/articles/s41598-017-15794-8?error=cookies_not_supported&code=-4f2be93e-fd6c-4958814b-d7ea0649ee8e.

68   **1/3 de toda a comida produzida:** "Worldwide Food Waste." UN Environment Programme, 2010, www.unep.org/ thinkeatsave/get-informed/worldwide-food-waste.

68   **quase 2 gigatoneladas:** Ott, Giffen. "We're a Climate Fund — Why Start with Waste?" FullCycle, www.fullcycle.com/insights/were-a-climate-fund-why-start-with-waste. Acesso em: 13 de junho de 2021.

68   **O solo é criado:** Funderburg, Eddie. "What Does Organic Matter Do in Soil?" North Noble Research Institute, 31 de julho de 2001, www.noble.org/news/publications/ag-ncws-and-views/2001/august/what-does-organic-matter-do-in-soil.

68   **solo saudável e intacto:** Kautz, Timo. "Research on Subsoil Biopores and Their Functions in Organically Managed Soils: A Review", *Renewable Agriculture and Food Systems*, Cambridge University Press, 15 de janeiro de 2014, www.cambridge.org/core/journals/renewable-agriculture-and-food-systems/article/research-on-subsoil-biopores-and-their-

69 **Limitado a menos de 7%:** Plumer, Brad. "No-Till Farming Is on the Rise. That's Actually a Big Deal." *Washington Post,* 9 de novembro de 2013, www.washingtonpost.com/news/wonk/wp/2013/11/09/no-tillfarming-is-on-the-rise-thats-actually-a-big-deal; "USDA ERS — No-Till and Strip-Till Are Widely Adopted but Often Used in Rotation with Other Tillage Practices." Economic Research Service, U.S. Department of Agriculture, www.ers.usda.gov/amber-waves/2019/march/no-tilland-strip-till-are-widely-adopted-but-often-used-in-rotation-withother-tillage-practices. Acesso em: 13 de junho de 2021.

69 **expandiu para 21% nos EUA:** Creech, Elizabeth. "Saving Money, Time and Soil: The Economics of No-Till Farming." U.S. Department of Agriculture, 30 de novembro de 2017, www.usda.gov/media/blog/2017/11/30/saving-money-time-and-soil-economics-no-till-farming.

69 **na América do Sul:** Gianessi, Leonard. "Importance of Herbicides for No-Till Agriculture in South America." CropLife International, 16 de novembro de 2014, croplife.org/case-study/importance-of-herbicides-for-no-till-agriculture-in-south-america.

69 **menos trabalhoso:** Smil, Vaclav. *Energy and Civilization: A History.* Boston: The MIT Press, 2018.

71 **Se 25% das terras:** Poeplau, Christopher, and Axel Don. "Carbon Sequestration in Agricultural Soils via Cultivation of Cover Crops — A Meta-Analysis." *Agriculture, Ecosystems & Environment* 200, 2015, 33–41, doi:10.1016/j.agee.2014.10.024.

71 **20 milhões de acres ficaram:** Ahmed, Amal. "Last Year's Historic Floods Ruined 20 Million Acres of Farmland." *Popular Science,* 26 de abril de 2021, www.popsci.com/story/environment/2019-record-floods-midwest.

71 **óxido nitroso:** UNEP e UNEP DTU Partnership. "UNEP Report — The Emissions Gap Report 2020." *Management of Environmental Quality: An International Journal,* 2020, https://www.unep.org/emissions-gap-report-2020.

71 **emissões de óxido nitroso:** Waite, Richard, and Alex Rudee. "6 Ways the US Can Curb Climate Change and Grow More Food." World Resources Institute, 20 de agosto de 2020, www.wri.org/insights/6-ways-us-can-curb-climate-change-and-grow-more-food.

72 **fertilizantes sintéticos:** Boerner, Leigh Krietsch. "Industrial Ammonia Production Emits More CO_2 than Any Other ChemicalMaking Reaction. Chemists Want to Change That." *Chemical & Engineering News,* 15 de junho de 2019, cen.acs.org/environment/green-chemistry/ Industrial-ammonia-production-emits-CO2/97/i24.

72 **o uso de menos fertilizantes:** Tullo, Alexander H. "Is Ammonia the Fuel of the Future?" *Chemical & Engineering News,* 8 de março de 2021, cen.acs.org/ business/petrochemicals/ammonia-fuel-future/99/i8.

72	**os EUA comem mais carne:**	"Agricultural Output — Meat Consumption — OECD Data." OECD.org, 2020, data.oecd.org/agroutput/ meat-consumption.htm.

72   **os EUA comem mais carne:** "Agricultural Output — Meat Consumption — OECD Data." OECD.org, 2020, data.oecd.org/agroutput/ meat-consumption.htm.

72   **Norte-americanos típicos:** Durisin, Megan, and Shruti Singh. "Americans Will Eat a Record Amount of Meat in 2018." *Bloomberg*, 2 de fevereiro de 2018, www.bloomberg.com/news/articles/2018-01-02/have-a-meaty-new-year-americans-will-eat-record-amountin-2018.

72   **a indústria de fast-food:** Wood, Laura. "Fast Food Industry Analysis and Forecast 2020–2027." Business Wire, 16 de julho de 2020, www.businesswire.com/news/home/20200716005498/en/Fast-Food-Industry-Analysis-and-Forecast-2020-2027-ResearchAndMarkets.com.

72   **7 gigatoneladas de CO_2e por ano:** "Key Facts and Findings." Food and Agriculture Organization of the United States, 2020, www.fao.org/ news/story/en/item/197623/icode.

72   **o gado é o rei, com 4,6 gigatoneladas:** "Tackling Climate Change Through Livestock." Food and Agriculture Organization of the United Nations, 2013, http://www.fao.org/3/i3437e/i3437e.pdf.

74   **o processo digestivo das vacas:** "Which Is a Bigger Methane Source: Cow Belching or Cow Flatulence?" Climate Change: Vital Signs of the Planet, 2021, climate.nasa.gov/faq/33/which-is-a-bigger-methane-source-cow-belching-or-cow-flatulence.

74   **os quase 40kg:** "Animal Manure Management." U.S. Department of Agriculture, dezembro de 1995, www.nrcs.usda.gov/wps/ portal/nrcs/detail/null/?cid=nrcs143_014211.

74   **75% das terras agrícolas:** "How Much of the World's Land Would We Need in Order to Feed the Global Population with the Average Diet of a Given Country?" Our World in Data, 3 de outubro de 2017, ourworldindata.org/agricultural-land-by-global-diets.

74   **Ainda assim, suprem:** "How Much of the World's Land Would We Need in Order to Feed the Global Population with the Average Diet of a Given Country?"

74   **pequenas quantidades de algas:** Nelson, Diane. "Feeding Cattle Seaweed Reduces Their Greenhouse Gas Emissions 82 Percent." University of California, Davis, 17 de março de 2021, www.ucdavis.edu/news/feeding-cattle-seaweed-reduces-their-greenhouse-gas-emissions82-percent.

75   **rótulos de informações nutricionais:** Shangguan, Siyi, *et al.* "A Meta-Analysis of Food Labeling Effects on Consumer Diet Behaviors and Industry Practices." *American Journal of Preventive Medicine* 56, no. 2, 2019, 300–314, doi:10.1016/j.amepre.2018.09.024.

75   **"subestimam as emissões":** Camilleri, Adrian, *et al.* "Consumers Underestimate the Emissions Associated with Food but Are Aided by Labels." *Nature Climate Change* 9, 17 de dezembro de 2018, www.nature.com/articles/s41558-018-0354-z.

75 **"etiquetas de preços ambientais":** Donnellan, Douglas. "Climate Labels on Food to Become a Reality in Denmark." Food Tank, 11 de abril 2019, foodtank.com/news/2019/04/climate-labels-on-food-to-become-a-reality-in-denmark.

75 **"Cool Food Meal":** "RELEASE: New 'Cool Food Meals' Badge Hits Restaurant Menus Nationwide, Helping Consumers Act on Climate Change." World Resources Institute, 14 de outubro de 2020, www.wri.org/news/release-new-cool-food-meals-badge-hits-restaurant-menusnationwide-helping-consumers-act.

76 **"dieta 2/3 vegana":** "How Much Would Giving Up Meat Help the Environment?" *Economist*, 18 de novembro de 2019, www.economist.com/graphic-detail/2019/11/15/how-much-would-giving-up-meathelp-the-environment; Kim, Brent F., *et al*. "Country-Specific Dietary Shifts to Mitigate Climate and Water Crises." ScienceDirect, 1 de maio de 2020, www.sciencedirect.com/science/article/pii/S0959378018306101.

82 **não é vegano nem vegetariano:** O'Connor, Anahad. "Fake Meat vs. Real Meat." *New York Times*, 2 de dezembro de 2020, www.nytimes.com/2019/12/03/well/eat/fake-meat-vs-real-meat.html.

82 **a categoria cresceu 45%:** Mount, Daniel. "Retail Sales Data: Plant-Based Meat, Eggs, Dairy." Good Food Institute, 9 de junho de 2021, gfi. org/marketresearch/#:%7E:text.

82 **dá sinais de achatamento:** Poinski, Megani. "Plant-Based Food Sales Outpace Growth in Other Categories during Pandemic." Food Dive, 27 de maio de 2020, www.fooddive.com/news/plant-based-food-sales-outpace-growth-in-other-categories-during-pandemic/578653.

82 **preços com a carne animal até 2024:** Lucas, Amelia. "Beyond Meat Unveils New Version of Its Meat-Free Burgers for Grocery Stores." CNBC, 27 de abril de 2021, www.cnbc.com/2021/04/27/beyond-meat-unveils-new-version-of-its-meat-free-burgers-in-stores.html.

82 **"remover inteiramente o animal":** Card, Jon. "Lab-Grown Food: 'The Goal Is to Remove the Animal from Meat Production.'" *Guardian*, 9 de agosto de 2018, www.theguardian.com/small-business-network/2017/jul/24/lab-grown-food-indiebio-artificial-intelligence-walmartvegetarian.

82 **15%, agora:** Mount, Daniel. "U.S. Retail Market Data for Plant-Based Industry."

83 **queijo, o terceiro maior:** Ritchie, Hannah. "You Want to Reduce the Carbon Footprint of Your Food? Focus on What You Eat, Not Whether Your Food Is Local." Our World in Data, 24 de janeiro de 2020, ourworldindata.org/food-choice-vs-eating-local.

83 **emite cerca de 110kg de metano:** University of Adelaide. "Potential for Reduced Methane from Cows." ScienceDaily, 8 de julho de 2019, www.sciencedaily.com/releases/2019/07/190708112514.htm.

83	**O arroz — base da dieta:**	"System of Rice Intensification." Project Drawdown, 7 de agosto de 2020, drawdown.org/solutions/system-ofrice-intensification.
83	**12% das emissões de metano:**	Proville, Jeremy, and K. Kritee. "Global Risk Assessment of High Nitrous Oxide Emissions from Rice Production." Environmental Defense Fund, 2018, www.edf.org/sites/default/files/documents/EDF_White_Paper_Global_ Risk_ Analysis.pdf.
83	**emissões de óxido nitroso:**	"Overview of Greenhouse Gases." U.S. Environmental Protection Agency, 20 de abril de 2021, www. epa.gov/ghgemissions/overview-greenhouse--gases#nitrous-oxide.
83	**inundações superficiais:**	"Nitrous Oxide Emissions from Rice Farms Are a Cause for Concern for Global Climate." Environmental Defense Fund, 10 de setembro de 2018, www.edf.org/media/nitrous-oxide-emissions-ricefarms-are-cause-concern-global-climate.
84	**Mars, Inc.:**	Dawson, Fiona. "Mars Food Works to Deliver Better Food Today." Mars, 2020, www.mars.com/news-and-stories/articles/how-mars-food-works-to-deliver-better-food-today-for-a-better-world-tomorrow.
86	**a população global de gado:**	"Cattle Population Worldwide 2012–2021." Statista, 20 de abril de 2021, www.statista.com/statistics/ 263979/global-cattle-population-since-1990.
86	**O preço do leite caiu:**	Nepveux, Michael. "USDA Report: U.S. Dairy Farm Numbers Continue to Decline." American Farm Bureau Federation, 26 de fevereiro de 2021, fb.org/market-intel/usda-report-u.s.-dairy-farm-numbers-continue-to-decline.
86	**os subsídios do governo:**	Calder, Alice. "Agricultural Subsidies: Everyone's Doing It." Hinrich Foundation, 15 de outubro de 2020, www.hinrichfoundation.com/research/article/protectionism/agricultural-subsidies/#:%7E:text.
87	**Assombrosos 33%:**	"Food Loss and Food Waste." Food and Agriculture Organization of the United Nations, 2021, http://www.fao. org/food-loss-and-food-waste/flw-data.
87	**mais de 800 milhões:**	"World Hunger Is Still Not Going Down After Three Years and Obesity Is Still Growing — UN Report." World Health Organization, 15 de julho de 2019, www.who.int/news/item/15-07-2019-world-hunger-is-still-not-going-down-after--three-years-and-ob esity-is-still-growing-un-report.
87	**jogam fora 35%:**	Center for Food Safety and Applied Nutrition. "Food Loss and Waste." U.S. Food and Drug Administration, 23 de fevereiro de 2021, www.fda.gov/food/consumers/food-loss-and-waste.
87	**US$240 bilhões:**	Yu, Yang, and Edward C. Jaenicke. "Estimating Food Waste as Household Production Inefficiency." *American Journal of Agricultural Economics* 102, no. 2, 2020, 525–47, doi:10.1002/ajae.12036; Bandoim, Lana. "The Shocking Amount of Food U.S. Households Waste Every Year." *Forbes*, 27 de janeiro de 2020, www.forbes.com/si

tes/lanabandoim/2020/01/26/the-shockingamount-of-food-us-households-waste-every--year.

87 **mais de 2.700 supermercados:** "Is France's Groundbreaking Food-Waste Law Working?" PBS *NewsHour*, 31 de agosto de 2019, www.pbs.org/newshour/show/is-frances--groundbreaking-food-waste-law-working.

89 **Os agricultores dos EUA:** "United States Summary and State Data." U.S. Department of Agriculture, abril de 2019, www.nass.usda.gov/Publications/AgCensus/2017/Full_Report/Volume_1,_Chapter_1_US/usv1.pdf.

89 **o total de terra e água:** Capper, J. L. "The Environmental Impact of Beef Production in the United States: 1977 Compared with 2007." *Journal of Animal Science* 89, no. 12, 2011, 4249–61, doi:10.2527/jas.2010-3784.

89 **mais de 50% de calorias:** Ranganathan, Janet. "How to Sustainably Feed 10 Billion People by 2050, in 21 Charts." World Resources Institute, www.wri.org/insights/how-sustainably-feed-10-billion-people-2050-21-charts. Acesso em: 18 de junho de 2021.

Capítulo 4: Proteger a Natureza

94 **E não há como pausar:** Schädel, Christina. "Guest Post: The Irreversible Emissions of a Permafrost 'Tipping Point.'" Carbon Brief, 12 de fevereiro de 2020, www.carbonbrief.org/guest-post-the-irreversible-emissions-of-a-permafrost-tipping-point.

94 **280ppm de dióxido de carbono:** Prentice, L. C. "The Carbon Cycle and Atmospheric Carbon Dioxide." IPCC, www.ipcc.ch/ site/assets/uploads/2018/02/TAR-03.pdf.

94 **50% desde meados do século XVIII:** Betts, Richard. "Met Office: Atmospheric CO2 Now Hitting 50% Higher than Pre-Industrial Levels." Carbon Brief, 16 de março de 2021, www.carbonbrief.org/met-office-atmospheric-co2-now-hitting-50-higher-than-pre--industriallevels.

94 **"Half-Earth":** Wilson, Edward O. *Half-Earth*. Nova York: Liveright, 2017.

96 **15% protegidos em 2020:** Mark, Jason. "A Conversation with E. O. Wilson." *Sierra*, 13 de maio de 2021, www. sierraclub.org/sierra/conversation-eo-wilson.

97 **um campo de futebol:** Roddy, Mike. "We Lost a Football Pitch of Primary Rainforest Every 6 Seconds in 2019." *Global Forest Watch* (Blog), 2 de junho de 2020, www.globalforestwatch.org/blog/data-and-research/global-tree-cover-loss-data-2019/.

97 **6 gigatoneladas de CO_2 anuais:** Gibbs, David, *et al.* "By the Numbers: The Value of Tropical Forests in the Climate Change Equation." World Resources Institute, 4 de outubro de 2018, www.wri.org/insights/numbers-value-tropical-forests-climate-change-equation; Mooney, Chris, *et al.* "Global Forest Losses Accelerated Despite the Pandemic, Threa-

tening World's Climate Goals." *Washington Post*, 31 de março de 2021, www.washingtonpost.com/climate-environment/2021/03/31/climate-changedeforestation.

97 Só a floresta amazônica: Helmholtz Centre for Environmental Research. "The Forests of the Amazon Are an Important Carbon Sink." ScienceDaily, 18 de novembro de 2019, www.sciencedaily.com/releases/2019/11/191118100834.htm.

97 o desmatamento tropical: "By the Numbers: The Value of Tropical Forests in the Climate Change Equation." World Resources Institute, 4 de outubro de 2018, www.wri.org/insights/numbers-value-tropical-forests-climate-change-equation.

101 conhecidas como compensações: Cullenward, Danny, and David Victor. *Making Climate Policy Work.* Polity, 2020.

103 progresso considerável no desmatamento: Ritchie, Hannah. "Deforestation and Forest Loss." Our World in Data, 2020, ourworldin data.org/deforestation.

104 Kraft Foods, uma empresa com mais de US$30 bilhões: "Kraft's Annual Report 2001." Kraft, 2001, www.annual reports.com/HostedData/AnnualReportArchive/m/NASDAQ_mdlz_2001.pdf.

104 reduziu a pegada de carbono em 15%: Kraft Foods, "Kraft Foods Maps Its Total Environmental Footprint." PR Newswire, 14 de dezembro de 2011, www.prnewswire.com/news-releases/kraft-foods-maps-its-total-environmental-footprint-135585188.html.

105 emissões de carbono caíram 25%: "Carbon Emissions from Forests down by 25% Between 2001–2015." Food and Agriculture Organization of the United Nations, 20 de março de 2015, www.fao.org/news/story/en/item/281182/icode.

105 desenvolvimento de uma métrica poderosa: "Return on Sustainability Investment (ROSITM)." New York University Stern School of Business, 2021, www.stern.nyu.edu/experience-stern/about/departments-centers-initiatives/centers-of-research/center-sustainable-business/ research/return-sustainability-investment-rosi.

106 "As partes devem": "Paris Agreement." United Nations Framework Convention on Climate Change, 12 de dezembro de 2015, unfccc. int/sites/default/files/english_paris_agreement.pdf.

106 o financiamento do desmatamento: "Where We Focus: Global." Climate and Land Use Alliance, 16 de novembro de 2018, www.climateand landusealliance.org/initiatives/global.

106 80% da biodiversidade: "Indigenous Peoples." World Bank, 2020, www.worldbank.org/en/topic/indigenouspeoples.

106 1,2 bilhão de acres de floresta: "Indigenous Peoples' Forest Tenure." Project Drawdown, 30 de junho de 2020, www.drawdown.org/solutions/ indigenous-peoples-forest-tenure.

106 **Quando as florestas são administradas:** Blackman, Allen. "Titled Amazon Indigenous Communities Cut Forest Carbon Emissions." ScienceDirect, 1 de novembro de 2018, www.sciencedirect.com/science/article/abs/pii/S0921800917309746.

106 **com posse assegurada:** Veit, Peter, and Katie Reytar. "By the Numbers: Indigenous and Community Land Rights." World Resources Institute, 20 de março de 2017, www.wri.org/insights/numbers-indigenous-and-community-land-rights.

107 **mecanismos mais econômicos:** "New Study Finds 55% of Carbon in Amazon Is in Indigenous Territories and Protected Lands, Much of It at Risk." Environmental Defense Fund, www.edf.org/media/new-study-finds-55-carbon-amazon-indigenous-territories-andprotected-lands-much-it-risk. Acesso em: 18 de junho de 2021.

107 **Os oceanos:** "How Much Oxygen Comes from the Ocean?" National Oceanic and Atmospheric Administration, 26 de fevereiro de 2021, oceanservice.noaa.gov/facts/ocean-oxygen.html.

107 **Os oceanos trocam carbono:** Sabine, Chris. "Ocean-Atmosphere CO_2 Exchange Dataset, Science on a Sphere." National Oceanic and Atmospheric Administration, 2020, sos.noaa.gov/datasets/ocean-atmosphere-co2-exchange.

107 **mais próximos das costas:** Thomas, Ryan. *Marine Biology: An Ecological Approach*. Waltham Abbey, U.K.: ED-TECH Press, 2019.

107 **1 gigatonelada de emissões de carbono:** "The Ocean as a Solution to Climate Change." World Resources Institute: Ocean Panel Secretariat, 2019, live-oceanpanel.pantheonsite.io/sites/default/files/2019-10/19_4PAGER_HLP_web.pdf.

108 **alto-mar:** Diaz, Cristobal. "Open Ocean." National Oceanic and Atmospheric Administration, 26 de fevereiro de 2021, oceana.aorg/marine-life/marine-science-and-ecosystems/open-ocean.

108 **contém milhares de vezes mais carbono**: "The Carbon Cycle." NASA Earth Observatory, earthobservatory.nasa.gov/features/ CarbonCycle. Acessa em: 22 de junho de 2021.

108 **mineração e a pesca em alto-mar:** Sala, Enric, et al. "Protecting the Global Ocean for Biodiversity, Food and Climate." *Nature* 592, no. 7854, 2021, 397–402, doi:10.1038/s41586-021-03371-z.

108 **enormes redes liberam 1,5 gigatonelada:** Sala, Enric, et al. "Protecting the Global Ocean for Biodiversity, Food and Climate."

108 **A Grande Barreira de Corais da Austrália:** Cave, Damien, and Justin Gillis. "Large Sections of Australia's Great Reef Are Now Dead, Scientists Find." *New York Times*, 22 de agosto de 2020, www.nytimes.com/2017/03/15/science/great-barrier-reef-coral-climate-change-dieoff.html.

108 **"Em vez de passarem":** Sala, Enric. "Let's Turn the High Seas into the World's Largest Nature Reserve." TED Talks, 28 de junho de 2018, https://www.ted.com/talks/enric_sala_let_s_turn_the_high_seas_into_the_world_s_largest_nature_reserve.

109 **"O júri está":** Bland, Alastair. "Could a Ban on Fishing in International Waters Become a Reality?" NPR, 14 de setembro de 2018, www.npr.org/sections/the-salt/2018/09/14/647441547/could-a-ban-on-fishing-in-international-waters-become-a--reality.

109 **Rússia, China, Taiwan, Japão, Coreia e Espanha:** "The Economics of Fishing the High Seas." *Science Advances* 4, no. 6, 6 de junho de 2018, advances.sciencemag.org/content/4/6/eaat2504.

110 **proibição internacional:** Bland, Alastair. "Could a Ban on Fishing in International Waters Become A Reality?"

111 **algas marinhas absorvem:** Hurlimann, Sylvia. "How Kelp Naturally Combats Global Climate Change." Science in the News, 4 de julho de 2019, sitn.hms.harvard.edu/flash/2019/how-kelp-naturally-combats-global-climate-change. https://sitn.hms.harvard.edu/flash/2019/how-kelpnaturally-combats-global-climate-change/.

111 **Projeto Drawdown:** Hawken, Paul. *Drawdown: The Most Comprehensive Plan Ever Proposed to Reverse Global Warming.* Nova York: Penguin Books, 2017.

111 **"ser considerado retido":** Bryce, Emma. "Can the Forests of the World's Oceans Contribute to Alleviating the Climate Crisis?" GreenBiz, 16 de julho de 2020, www.greenbiz.com/article/can-forests-worlds-oceans-contribute-alleviating-climate-crisis.

113 **de carbono do mundo:** "Peatland Protection and Rewetting." Project Drawdown, 1 de março de 2020, www.drawdown.org/solutions/peatland-protection-and-rewetting.

113 **turfeiras drenadas:** Günther, Anke. "Prompt Rewetting of Drained Peatlands Reduces Climate Warming despite Methane Emissions." Nature Communications, 2 de abril de 2020, www.nature.com/articles/s41467-020-15499-z?error=cookies_not_supported&code=3a9e399b-ff81-4cb7-a65a-2cdc90c77af1.

114 **8 a 9 milhões de espécies:** Zimmer, Carl. "How Many Species? A Study Says 8.7 Million, but It's Tricky." *New York Times*, 29 de agosto de 2011, www.nytimes.com/2011/08/30/science/30species.html.

114 **Mais de um milhão de espécies:** "UN Report: Nature's Dangerous Decline 'Unprecedented'; Species Extinction Rates 'Accelerating.'" United Nations Sustainable Development Group, 6 de maio de 2019, www.un.org/sustainabledevelopment/blog/2019/05/nature--declineunprecedented-report.

115 **"prevenir uma crise de extinção em massa":** "50 Countries Announce Bold Commitment to Protect at Least 30% of the World's Land and Ocean by 2030." Campaign for Nature, 10 de junho de 2021, www.campaignfornature.org.

Capítulo 5: Limpar a Indústria

117 **"banir os plásticos":** "King Kibe Meets the Guy behind #BANPLASTICKE, James Wakibia." YouTube, 13 de setembro de 2017, www.youtube.com/watch?v=a0MSp-IssHU.

117 **"A fotografia me ensinou":** "Meet James Wakibia, the Campaigner Behind Kenya's Plastic Bag Ban." United Nations Environment Programme, 4 de maio de 2018, www.unep.org/news-and-stories/story/meet-james-wakibia-campaigner-behind-kenyas-plastic-bag-ban.

118 **a proibição mais rígida:** Reality Check Team. "Has Kenya's Plastic Bag Ban Worked?" BBC News, 28 de agosto de 2019, www.bbc.com/news/world-africa-49421885.

119 **80% da população:** Reality Check Team. "Has Kenya's Plastic Bag Ban Worked?"

119 **Wakibia foi saudado:** "Meet James Wakibia, the Campaigner behind Kenya's Plastic Bag Ban." United Nations Environment Programme, 4 de maio de 2018, www.unep.org/news-and-stories/story/meet-james-wakibia-campaigner-behind-kenyas-plastic-bag-ban.

119 **"Quero dizer só uma palavra":** Nichols, Mike. *The Graduate*. Los Angeles: Embassy Pictures, 1967.

119 **Metade do plástico:** Parker, Laura. "The World's Plastic Pollution Crisis Explained." *National Geographic*, 7 de junho de 2019, www.nationalgeographic.com/environment/article/plastic-pollution.

121 **RC Aço (5.1):** "Emissions Gap Report 2019." United Nations Environment Programme, 2019, www.unep.org/resources/emissions-gap-report-2019.

121 **RC Cimento (5.2):** "Emissions Gap Report, 2019."

122 **Quase 75% de todo o alumínio:** Leahy, Meredith. "Aluminum Recycling in the Circular Economy." Rubicon, 11 de setembro de 2019, www.rubicon.com/blog/aluminum-recycling.

122 **7 milhões de toneladas:** Joyce, Christopher. "Where Will Your Plastic Trash Go Now That China Doesn't Want It?" NPR, 13 de março de 2019, https://www.npr.org/sections/goatsandsoda/209/03/13/702501726/where-will-your-plastic-trash-go-now-that-china-doesnt-want-it.

122 **os rios da China:** Joyce, Christopher. "Where Will Your Plastic Trash Go Now That China Doesn't Want It?"

122 **símbolos de reciclagem:** Sullivan, Laura. "How Big Oil Misled the Public into Believing Plastic Would Be Recycled." NPR, 11 de setembro de 2020, www.npr.org/2020/09/11/897692090/how-big-oil-misled-the-public-into-believing-plastic-would-be-recycled.

122 **código 1–7:** Hocevar, John. "Circular Claims Fall Flat: Comprehensive U.S. Survey of Plastics Recyclability." GreenpeaceInc., 18 de fevereiro de 2020, www.greenpeace.org/usa/research/reportcircular-claims-fall-flat.

122 **consumidores confusos dos EUA:** Katz, Cheryl. "Piling Up: How China's Ban on Importing Waste Has Stalled Global Recycling." Yale Environment 360, 7 de março de 2019, e360.yale.edu/features/piling-up-how-chinas-ban-on-importing-waste-has-stalled-global-recycling.

123 **a Coca-Cola:** Herring, Chris. "Coke's New Bottle Is Part Plant." *Wall Street Journal*, 24 de janeiro de 2010, www. wsj.com/articles/SB10001424052748703672104574654212774510476.

123 **Outros bioplásticos:** Cho, Renee. "The Truth About Bioplastics." Columbia Climate School, 13 de dezembro de 2017, news. climate.columbia.edu/2017/12/13/the-truth--about-bioplastics.

124 **luta para se dissolver:** Oakes, Kelly. "Why Biodegradables Won't Solve the Plastic Crisis." BBC Future, 5 de novembro de 2019, www. bbc.com/future/article/20191030-why--biodegradables-wont-solve-the-plastic crisis.

124 **PLLA para porções:** Oakes, Kelly. "Why Biodegradables Won't Solve the Plastic Crisis." BBC Future, 5 de novembro de 2019, www.bbc.com/future/article/20191030-why-biodegradables-wont-solve-the-plastic-crisis.

124 **12% é incinerado:** Geyer, Roland, *et al.* "Production, Use, and Fate of All Plastics Ever Made." *Science Advances* 3, no. 7, 2017, p. e1700782, doi:10.1126/sciadv.1700782.

124 **Mata até um milhão:** "Plastic Pollution Affects Sea Life Throughout the Ocean." Pew Charitable Trusts, 24 de setembro de 2018, www.pewtrusts.org/en/research-and-analysis/articles/2018/09/24/plastic-pollution-affects-sea-life-throughout-the-ocean; "New UN Report Finds Marine Debris Harming More Than 800 Species, Costing Countries Millions." 5 de dezembro de 2016, https://news.un.org/en/story/2016/12/547032-new-un-report-finds-marine-debris-harmingmore-00-species-costing-countries.

125 **a União Europeia:** Leung, Hillary. "E.U. Sets Standard with Ban on Single-Use Plastics by 2021." *Time*, 28 de março de 2019, time.com/5560105/european-union-plastic-ban.

125 **127 países:** Excell, Carole. "127 Countries Now Regulate Plastic Bags. Why Aren't We Seeing Less Pollution?" World Resources Institute, 11 de março de 2019, www.wri.org/insights/127-countries-now-regulate-plastic-bags-why-arent-wc-seeingless pollution.

125 **"moda rápida":** Thomas, Dana. "The High Price of Fast Fashion." *Wall Street Journal*, 29 de agosto de 2019, www.wsj.com/articles/ the-high-price-of-fast-fashion-11567096637.

125 ***Vogue:*** Webb, Bella. "Fashion and Carbon Emissions: Crunch Time." Vogue Business, 26 de agosto de 2020, www.voguebusiness.com/sustainability/fashion-and-carbon-emissions-crunch-time.

126 **"Tratamos o meio ambiente":** Schwartz, Evan. "Anchoring OKRs to Your Mission." What Matters, 26 de junho de 2020, www.whatmatters.com/ articles/okrs-mission-statement-allbirds-sustainability.

126 **pegada de carbono:** Verry, Peter. "Allbirds Is Making Its Carbon Footprint Calculator Open-Source Ahead of Earth Day." Footwear News, 18 de abril de 2021, footwearnews.com/2021/business/sustainability/allbirds-carbon-footprint-calculator-opensource-earth-day-1203132233; "Carbon Footprint Calculator & Tools." Allbirds, 2021, www.allbirds.com/pages/carbon-footprint-calculator.

127 **processos industriais:** Bellevrat, Elie, and Kira West. "Clean and Efficient Heat for Industry." International Energy Agency, 23 de janeiro de 2018, www.iea.org/commentaries/clean-and-efficient-heat-for-industry.

127 **eletrificar os processos:** Roelofsen, Occo, *et al.* "Plugging in: What Electrification Can Do for Industry." McKinsey & Company, 28 de maio de 2020, www.mckinsey.com/industries/electric-power-and-natural-gas/our-insights/plugging-in-what-electrificationcan-do-for-industry#.

128 **hidrogênio limpo:** "1H 2021 Hydrogen Levelized Cost Update." BloombergNEF, www.bnef.com/insights/26011. Acesso em: 14 de junho de 2021.

130 **cada tonelada de concreto:** "Available and Emerging Technologies for Reducing Greenhouse Gas Emissions from the Portland Cement Industry." U.S. Environmental Protection Agency, outubro de 2010, www.epa.gov/sites/production/files/2015-12/ documents/cement.pdf.

130 **Institutional Investors Group, sobre mudanças climáticas:** "Investors Call on Cement Companies to Address Business-Critical Contribution to Climate Change." Institutional Investors Group on Climate Change, 22 de julho de 2019, www.iigcc.org/news/investors--call-on-cementcompanies-to-address-business-critical-contribution-to-climatechange.

130 **"Não encaramos":** Frangoul, Anmar. " 'We Have to Improve Our Operations to Be More Sustainable,' LafargeHol-cim CEO Says." CNBC, 31 de julho de 2020, www.cnbc.com/2020/07/31/lafargeholcim-ceo-stresses-importance-of-sustainability.html.

130 **a empresa se comprometeu:** "LafargeHolcim Signs Net Zero Pledge with Science--Based Targets." BusinessWire, 21 de setembro de 2020, www.businesswire.com/news/home/20200921005750/en/LafargeHolcim-Signs-Net-Zero-Pledgewith-Science-Based--Targets.

135 **usar corrente elétrica:** "Steel Production." American Iron and Steel Institute, 2 de novembro de 2020, www.steel.org/steel-technology/steel-production; Hites, Becky. "The

Growth of EAF Steelmaking." Recycling Today, 30 de abril de 2020, www. recyclingtoday.com/article/the-growth-of-eaf-steelmaking.

135 **1,8 bilhão de toneladas:** "Steel Statistical Yearbook 2020 Concise Version." WorldSteel Association, www.worldsteel.org/ en/dam/jcr:5001dac8-0083-46f3-aadd-35aa357acbcc/Steel%2520Statistical%2520Yearbook%25202020%2520%2528concise%2520 version%2529.pdf. Acesso em: 21 de junho de 2021.

135 **a primeira vez que o hidrogênio:** "First in the World to Heat Steel Using Hydrogen." Ovako, 2021, www.ovako.com/en/newsevents/stories/first-in-the-world-to-heat-steel-using-hydrogen.

135 **hidrogênio GNL:** Collins, Leigh. " 'Ridiculous to Suggest Green Hydrogen Alone Can Meet World's H2 Needs.'" Recharge, 27 de abril de 2020, www.rechargenews.com/transition/-ridiculous-to-suggest-green-hydrogen-alone-can-meetworld-s-h2-needs-/2-1-797831.

135 **"Estamos embarcando":** "Speech by Prime Minister Stefan Löfven at Inauguration of New HYBRIT Pilot Plant." Government Offices of Sweden, 31 de agosto de 2020, www.government.se/speeches/2020/08/speech-by-prime-minister-stefan-lofven-at-inauguration-of-new-hybritpilot-plant.

135 **"Precisamos aproveitar esta chance":** "HYBRIT: SSAB, LKAB and Vattenfall to Start up the World's First Pilot Plant for Fossil-Free Steel." SSAB, 21 de agosto de 2020, www.ssab.com/news/2020/08/hybrit-ssab-lkab-and-vattenfall-to-start-up-the-worlds-first-pilot-plant-forfossilfree-steel.

Capítulo 6: Remover o Carbono

139 **a remoção do dióxido de carbono:** Wilcox, J., et al. "CDR Primer." CDR, 2021, cdrprimer.org/read/concepts.

140 **a subida "mais íngreme":** Cembalest, Michael. "Eye on the Market: 11th Annual Energy Paper." J.P. Morgan Assset Management, 2021, am.jpmorgan.com/us/en/asset-management/institutional/insights/market-insights/eye-on-the-market/annual-energy-outlook.

140 **a remoção de carbono:** Wilcox, J., et al. "CDR Primer." CDR, 2021, cdrprimer.org/read/chapter-1.

143 **O processo absorveria:** Sönnichsen, N. "Distribution of Primary Energy Consumption in 2019, by Country." Statista, 2021, www.statista.com/statistics/274200/countries-with--the-largest-share-of-primary-energy-consumption.

143 **US$600 bilhões por gigatonelada:** Lebling, Katie. "Direct Air Capture: Resource Considerations and Costs for Carbon Removal." World Resources Institute, 6 de janeiro de 2021, www.wri.org/insights/direct-air-capture-resource-considerations-and-costs-carbon-removal.

143 **"dificuldades morais, práticas, políticas":** Masson-Delmotte, Valérie. "Global Warming of 1.5 °C." Intergovernmental Panel on Climate Change, 2018, www.ipcc.ch/site/assets/uploads/sites/2/2019/06/SR15_Full_Report_Low_Res.pdf.

143 **programas que permitem às empresas:** Wilcox, J., *et al.* "CDR Primer." CDR, 2021, cdrprimer.org/read/glossary.

144 **superestimativas de fraudes:** Badgley, Grayson, *et al.* "Systematic Over-Crediting in California's Forest Carbon Offsets Program." BioRxiv, doi.org/10.1101/2021.04.28.441870.

145 **emissões:** Gates, Bill. *How to Avoid a Climate Disaster: The Solutions We Have and the Breakthroughs We Need*. Nova York: Knopf, 2021.

145 **da China à Etiópia:** Welz, Adam. "Are Huge Tree Planting Projects More Hype than Solution?" Yale E360, 8 de abril de 2021, e360.yale.edu/features/are-huge-tree-planting-projects-more-hype-than-solution. https://e360.yale.edu/features/ are-huge-tree-planting-projects-more-hype-than-solution.

145 **18 unidades gigantescas:** Gertner, Jon. "The Tiny Swiss Company That Thinks It Can Help Stop Climate Change." *New York Times*, 14 de fevereiro de 2019, www.nytimes.com/2019/02/12/magazine/climeworks-business-climate-change.html.

146 **4 mil toneladas de CO_2 por ano:** Doyle, Alister. "Scared by Global Warming? In Iceland, One Solution Is Petrifying." Reuters, 4 de fevereiro de 2021, https://www.reuters.com/article/us-climate-change-technology-emissions-f/scared-by-global-warming-in-iceland-one-solution-ispetrifying-idUSKBN2A415R.

147 **1 milhão de toneladas de CO_2 por ano:** Carbon Engineering Ltd. "Carbon Engineering Breaks Ground at Direct Air Capture Innovation Centre." Oceanfront Squamish, 11 de junho de 2021, oceanfrontsquamish.com/stories/carbon-engineering-breakingground-on-their-innovation-centre.

148 **"uma nova indústria":** Gertner, Jon. "The Tiny Swiss Company That Thinks It Can Help Stop Climate Change." *New York Times*, 14 de fevereiro de 2019, www.nytimes.com/2019/02/12/magazine/climeworks-business-climate-change.html.

148 **2 mil empresas comprando remoções de carbono:** "Stripe Commits $8M to Six New Carbon Removal Companies." Stripe, 26 de maio de 2021, stripe.com/newsroom/news/spring-21-carbon-removal-purchases.

151 **Negativa em carbono até 2030:** Smith, Brad. "Microsoft Will Be Carbon Negative by 2030." *Official Microsoft Blog*, 16 de janeiro de 2020, blogs.microsoft.com/blog/2020/01/16/microsoft-will-be-carbon-negative-by-2030.

151 **Microsoft:** "Microsoft Carbon Removal: Lessons from an Early Corporate Purchase." Microsoft, 2021, query.prod.cms.rt.microsoft.com/cms/api/am/binary/RE4MDlc.

Capítulo 7: Vencer na Política e na Diplomacia

157 **testemunhar perante o Senado:** "Investing in Green Technology as a Strategy for Economic Recovery." U.S. Senate Committee on Environment and Public Works, 2009, www.epw.senate.gov/public/index.cfm/2009/1/full-committee-briefing-entitled-investing-in-greentechnology-as-a-strategy-for-economic-recovery.

157 **como Cúpula da Terra:** Editors of Encyclopaedia Britannica, "United Nations Conference on Environment and Development | History & Facts." Britannica.com, 27 de maio de 2021, www.britannica.com/event/United-Nations-Conference-on-Environment-and-Development.

157 **ideias distintas:** Palmer, Geoffrey. "The Earth Summit: What Went Wrong at Rio?" *Washington University Law Review* 70, no. 4, 1992, openscholarship.wustl.edu/cgi/viewcon-tent.cgi?article=1867&context=law_lawreview; UNCED Secretary General Maurice Strong, https://openscholarship.wustl.edu/cgi/viewcontent.cgi?article=1867&context=law_lawreview.

158 **Bush ameaçou boicotar a convenção:** Palmer, Geoffrey. "The Earth Summit: What Went Wrong at Rio?"

158 **"Países ricos e pobres":** Plumer, Brad. "The 1992 Earth Summit Failed. Will This Year's Edition Be Different?" *Washington Post*, 7 de junho de 2012, www.washingtonpost.com/blogs/ezra-klein/post/the-1992-earth-summit-failed-will-this-years-edition-bedifferent/2012/06/07/gJQAARikLV_blog.html.

158 **o Senado dos EUA votou:** Dewar, Helen, and Kevin Sullivan. "Senate Republicans Call Kyoto Pact Dead." *Washington Post*, 1997, www.washingtonpost.com/wp-srv/inatl/longterm/climate/stories/clim121197b.htm.

158 **"reduziria significativamente os riscos":** "Paris Agreement." United Nations Framework Convention on Climate Change (UNFCCC), dezembro de 2015, cop23.unfccc.int/sites/default/files/english_paris_agreement.pdf.

159 **"Se fizessem tudo":** Lustgarten, Abraham. "John Kerry, Biden's Climate Czar, Talks About Saving the Planet." *ProPublica*, 18 de dezembro de 2020, www.propublica.org/article/john-kerry-biden-climate-czar.

164 **Califórnia:** "Achieving Energy Efficiency", California Energy Commission, https://www.energy.ca.gov/about/core-responsibility-fact-sheets/achieving-energy-efficiency. Acesso em: 22 de junho de 2021.

164 **conta média anual de eletricidade:** "California's Energy Efficiency Success Story: Saving Billions of Dollars and Curbing Tons of Pollution." Natural Resources Defense Council, julho de 2013, www.nrdc.org/sites/default/files/ca-success-story-FS.pdf.

165 **"emissões fugitivas":** "Methane Emissions from Oil and Gas — Analysis." International Energy Agency. www.iea.org/reports/methane-emissions-from-oil-and-gas. Acesso em: 21 de junho de 2021.

165 **US$296 bilhões:** Coady, David, *et al.* "Global Fossil Fuel Subsidies Remain Large: An Update Based on CountryLevel Estimates." International Monetary Fund, 2 de maio de 2019, www.imf.org/en/Publications/WP/Issues/2019/05/02/Global-Fossil-FuelSubsidies--Remain-Large-An-Update-Based-on-Country-LevelEstimates-4650.

165 **custos de saúde decorrentes da poluição:** Coady, David, *et al.* "Global Fossil Fuel Subsidies Remain Large: An Update Based on CountryLevel Estimates." International Monetary Fund, 2 de maio de 2019, www.imf.org/en/Publications/WP/Issues/2019/05/02/Global-Fossil-FuelSubsidies-Remain-Large-An-Update-Based-on-Country-LevelEstimates-4650.

165 **US$81 bilhões:** DiChristopher, Tom. "US Spends $81 Billion a Year to Protect Global Oil Supplies, Report Estimates." CNBC, 21 de setembro de 2018, www.cnbc.com/2018/09/21/us-spends-81-billion-a-year-to-protect-oil-supplies-report-estimates.html.

169 **Cinco nações respondem:** UNEP e UNEP DTU Partnership. "UNEP Report — The Emissions Gap Report 2020." *Management of Environmental Quality: An International Journal*, 2020, https://www.unep.org/emissions-gap-report-2020.

169 **80% da poluição:** "Summary of GHG Emissions for Russian Federation." United Nations Framework Convention on Climate Change, 2018, di.unfccc.int/ghg_profiles/annexOne/RUS/RUS_ghg_ profile.pdf.

169 **cresceram em 2018 e 2019:** "Average Car Emissions Kept Increasing in 2019, Final Data Show." European Environment Agency, 1 de junho de 2021, www.eea.europa.eu/highlights/average-car-emissions-kept-increasing.

170 **políticas de descarbonização dos 5 principais emissores:**

7.1: Frangoul, Anmar. "President Xi Tells UN That China Will Be 'Carbon Neutral' within Four Decades." CNBC, 23 de setembro de 2020, www.cnbc.com/2020/09/23/china--claims-it-will-be-carbon-neutral-bythe-year-2060.html; "FACT SHEET: President Biden Sets 2030 Greenhouse Gas Pollution Reduction Target Aimed at Creating Good-Paying Union Jobs and Securing U.S. Leadership on Clean Energy Technologies." White House, 22 de abril de 2021, www.whitehouse.gov/briefingroom/statements-releases/2021/04/22/fact-sheet-president-biden-sets2030-greenhouse-gas-pollution-reduction-target-aimed--at-creatinggood-paying-union-jobs-and-securing-u-s-leadership-on-clean-energytechnologies; "2050 Long-Term Strategy." European Commission, 23 de novembro de 2016, ec.europa.eu/clima/policies/strategies/2050_en.

7.1.1: "China's Xi Targets Steeper Cut in Carbon Intensity by 2030." Reuters, 12 de dezembro de 2020, www.reuters.com/world/china/chinas-xi-targets-steeper-cut-carbon--intensity-by-2030-2020-12-12; Shields, Laura. "State Renewable Portfolio Standards and Goals." National Conference of State Legislatures, 7 de abril de 2021, www.ncsl.org/research/energy/renewable-portfolio-standards.aspx; "2030 Climate & Energy Framework." European Commission, 16 de fevereiro de 2017, ec. europa.eu/clima/policies/strategies/2030_en; "India Targeting 40% of Power Generation from Non-Fossil Fuel by

2030: PM Modi." Economic Times, 2 de outubro de 2018, economictimes.indiatimes. com/industry/energy/power/india-targeting-40-of-power-generation-from-non-fossil-fuel-by-2030-pm-modi/articleshow/66043374.cms?from=mdr.

7.1.2: "Electric Vehicles." Guide to Chinese Climate Policy, 2021, chineseclimatepolicy. energypolicy.columbia.edu/en/electric-vehicles; Tabeta, Shunsuke. "China Plans to Phase Out Conventional Gas-Burning Cars by 2035." Nikkei Asia, 27 de outubro de 2020, asia. nikkei. com/Business/Automobiles/China-plans-to-phase-out-conventionalgas-burning-cars-by-2035; "Overview — Electric Vehicles: Tax Benefits & Purchase Incentives in the European Union." ACEA — European Automobile Manufacturers' Association, 9 de julho de 2020, www.acea.auto/fact/overview-electric-vehicles-tax-benefits-purchase-incentives-in-the-european-union; "Faster Adoption and Manufacturing of Hybrid and EV (FAME) II." International Energy Agency, 30 de junho de 2020, www.iea.org/policies/7450-faster-adoption-and-manufacturingof-hybrid-and-ev-fame-ii; Kireeva, Anna. "Russia Cancels Import Tax for Electric Cars in Hopes of Enticing Drivers." Bellona.org, 16 de abril de 2020, bellona.org/news/transport/2020-04-russia-cancels-import-taxfor-electric-cars-in-hopes-of-enticing-drivers.

7.1.3: "A New Industrial Strategy for Europe." European Commission, 10 de março de 2020, ec.europa.eu/info/sites/default/files/communicationeu-industrial-strategy-march-2020_en.pdf.

7.1.4: "Zero Net Energy." California State Portal, 2021, www.cpuc.ca. gov/zne, Energy Efficiency Division. "High Performance Buildings." Mass.gov, 2021, www.mass.gov/high--performance-buildings; "Nzeb." European Commission, 17 de outubro de 2016, ec.europa.eu/energy/content/ nzeb-24_en.

7.1.5: University of Copenhagen Faculty of Science. "Carbon Labeling Reduces Our CO_2 Footprint — Even for Those Who Try to Remain Uninformed." ScienceDaily, 29 de março de 2021, www.sciencedaily.com/releases/2021/03/210329122841.htm.

7.1.6: Adler, Kevin. "US Considers Stepping up Methane Emissions Reductions." IHS Markit, 7 de abril de 2021, ihsmarkit.com/researchanalysis/us-considers-stepping-up--methane-emissions-reductions.html; "Press Corner." European Commission, 14 de outubro de 2020, ec. europa.eu/commission/presscorner/detail/en/QANDA_20_1834.

7.2: Coady, David, *et al.* "Global Fossil Fuel Subsidies Remain Large: An Update Based on Country-Level Estimates." IMF Working Papers 19, nº 89, 2019, 1, doi:10.5089/9781484393178.001.

7.3: Buckley, Chris. "China's New Carbon Market, the World's Largest: What to Know." *New York Times*, 26 de julho de 2021, www.nytimes.com/2021/07/16/business/energy-environment/china-carbon-market.html.

7.4: "EU Legislation to Control F-Gases." Climate Action — European Commission, 16 de fevereiro de 2017, ec.europa.eu/clima/policies/f-gas/ legislation_en.

7.5: "R&D and Technology Innovation — World Energy Investment 2020." World Energy Investment, 2020, www.iea.org/reports/world-energy-investment-2020/rd-and-technology-innovation; "India 2020: Energy Policy Review." International Energy Agency, 2020, iea. blob.core.windows.net/assets/2571ae38-c895-430e-8b62bc19019c6807/India_2020_Energy_Policy_Review.pdf.

172 **até 2060:** "The Secret Origins of China's 40-Year Plan to End Carbon Emissions." *Bloomberg Green*, 22 de novembro de 2020, www.bloomberg.com/news/features/2020-11-2/china-s-2060-climate-pledge-inside-xi-jinping-s-secret-plan-toend-emissions.

172 **2 milhões de mineiros:** Feng, Hao. "2.3 Million Chinese Coal Miners Will Need New Jobs by 2020." China Dialogue, 7 de agosto de 2017, chinadialogue.net/en/energy/9967-2-3-million-chinese-coal-miners-will-need-new-jobs-by-2-2.

172 **60% para eletricidade:** "International — U.S. Energy Information Administration (EIA)." China, www.eia.gov/ international/analysis/country/CHN. Acesso em: 18 de junho de 2021.

173 **as empresas chinesas financiavam:** McSweeney, Eoin. "Chinese Coal Projects Threaten to Wreck Plans for a Renewable Future in Sub-Saharan Africa." CNN, 9 de dezembro de 2020, edition.cnn. com/2020/12/09/business/africa-coal-energy-goldman-prize-dst-hn-kintl/index.html.

173 **Xie Zhenhua:** "The Secret Origins of China's 40-Year Plan to End Carbon Emissions."

174 **matou cerca de 49 mil pessoas:** "CORRECTED: Smog Causes an Estimated 49,000 Deaths in Beijing, Shanghai in 2020 — Tracker." Reuters, 9 de julho de 2020, www.reuters.com/article/china-pollution/corrected-smog-causes-an-estimated-49000-deaths-in-beijingshanghai-in-2020-tracker-idUSL4N2EG1T5.

174 **400 gigatoneladas:** Statista. "Global Cumulative CO2 Emissions by Country 1750–2019." Statista, 29 de março de 2021, www. statista.com/statistics/1007454/cumulative-co2-emissions-worldwide-by-country.

174 **George W. Bush:** Goldenberg, Suzanne. "The Worst of Times: Bush's Environmental Legacy Examined." *Guardian*, 16 de janeiro de 2009, www.theguardian.com/politics/2009/jan/16/ greenpolitics-georgebush.

175 **gasto federal:** Clark, Corrie E. "Renewable Energy R&D Funding History: A Comparison with Funding for Nuclear Energy, Fossil Energy, Energy Efficiency, and Electric Systems R&D." Congressional Research Service Report, 2018, fas.org/sgp/crs/misc/RS22858.pdf.

175 **gasto da população com combustível por semana:** "Use of Gasoline — U.S. Energy Information Administration (EIA)." U.S. Energy Information Association, 26 de maio de 2021, www.eia.gov/energyexplained/gasoline/use-of-gasoline.php.

175 **batatas fritas:** "Salty Snacks: U.S. Market Trends and Opportunities: Market Research Report." Packaged Facts, 21 de junho de 2018, www.packagedfacts.com/Salty-Snacks-Trends-Opportunities-11724010.

175 **Institutos Nacionais de Saúde:** "National Institutes of Health (NIH) Funding: FY1995FY2021." Congressional Research Service, 2021, fas.org/sgp/crs/misc/R43341.pdf.

176 **zero líquido para 2050:** Frangoul, Anmar. "EU Leaders Agree on 55% Emissions Reduction Target, but Activist Groups Warn It Is Not Enough." CNBC, 11 de dezembro de 2020, www.cnbc.com/2020/12/11/eu-leaders-agree-on-55percent-greenhouse-gasemissions-reduction-target.html.

176 **reduzir as emissões:** "UE." Climate Action Tracker, 2020, climateactiontracker.org/countries/eu.

176 **até 2045:** Jordans, Frank. "Germany Maps Path to Reaching 'Net Zero' Emissions by 2045." AP News, 12 de maio de 2021, apnews.com/article/europe-germany-climate-business-environment-and-nature-6437e64891d8117a9c0 bff7cabb200eb.

176 **Alemanha:** Amelang, Sören. "Europe's 55% Emissions Cut by 2030: Proposed Target Means Even Faster Coal Exit." Energy Post, 5 de outubro de 2020, energypost.eu/europes--55-emissions-cut-by-2030-proposed-target-means-even-faster-coal-exit.

177 **uma taxa de pobreza em mais de 60%:** Manish, Sai. "Coronavirus Impact: Over 100 Million Indians Could Fall Below Poverty Line." *Business Standard*, 2020, www.business-standard.com/article/economy-policy/coronavirus-impact-over-100-million-indians--could-fall-belowpoverty-line-120041700906_1.html.

177 **Modi anunciou um monumental esforço nacional:** "India Exceeding Paris Targets; to Achieve 450 GW Renewable Energy by 2030: PM Modi at G20 Summit." *Business Today*, 22 de novembro de 2020, www.businesstoday.in/current/economy-politics/india-exceeding-paris-targets-to-achieve450-gw-renewable-energy-by-2030-pm-modi-at-g20-summit/story/422691.html.

177 **os EUA emitiram 25%:** Ritchie, Hannah. "Who Has Contributed Most to Global CO_2 Emissions?" Our World in Data, 1 de outubro de 2019, ourworldindata.org/contributed--mostglobal-co2.

178 **em atingir as metas de energia renovável:** Jaiswal, Anjali. "Climate Action: All Eyes on India." Natural Resources Defense Council, 12 de dezembro de 2020, www.nrdc.org/experts/anjali-jaiswal/climate-action-all-eyes-india.

179 **mudança climática:** "Russia's Putin Says Climate Change in Arctic Good for Economy." CBC, 30 de março de 2017, www.cbc.ca/news/science/russia-putin-climate-change-beneficial-economy-1.4048430.

179   **Terras russas estão aquecendo:** Agence France-Presse. "Russia Is 'Warming 2.5 Times Quicker' Than the Rest of the World." The World, 25 de dezembro de 2015, www.pri.org/stories/2015-12-25/russia-warming-25-times-quicker-rest-world.

179   **o permafrost do Ártico:** Struzik, Ed. "How Thawing Permafrost Is Beginning to Transform the Arctic." Yale Environment 360, 21 de janeiro de 2020, e360.yale.edu/features/how-melting-permafrost-is-beginning-to-transform-the-arctic.

179   **A Estratégia Nacional da Rússia para 2035:** Alekseev, Alexander N., *et al.* "A Critical Review of Russia's Energy Strategy in the Period Until 2035." *International Journal of Energy Economics and Policy* 9, no. 6, 2019, 95–102, doi:10.32479/ijeep.8263.

179   **As próprias projeções da Rússia para 2050:** Ross, Katie. "Russia's Proposed Climate Plan Means Higher Emissions Through 2050." World Resources Institute, 13 de abril de 2020, www.wri.org/insights/russias-proposed-climate-plan-means-higher-emissions-through-2050.

183   **Califórnia:** "California Leads Fight to Curb Climate Change." Environmental Defense Fund, 2021, www.edf.org/climate/california-leads-fight-curb-climate-change.

184   **o projeto do clima:** Weiss, Daniel. "Anatomy of a Senate Climate Bill Death." Center for American Progress, 12 de outubro de 2010, www.americanprogress.org/issues/green/news/2010/10/12/8569/anatomy-of-a-senate-climate-bill-death.

184   **reduziu as emissões de gases do efeito estufa:** Song, Lisa. "Cap and Trade Is Supposed to Solve Climate Change, but Oil and Gas Company Emissions Are Up." *ProPublica*, 15 de novembro de 2019, www.propublica.org/article/cap-and-trade-is-supposed-to-solve-climatechange-but-oil-and-gas-company-emissions-are-up.

185   **"Estávamos vendo muito interesse":** Descant, Skip. "In a Maryland County, the Yellow School Bus Is Going Green." GovTech, 17 de junho de 2021, www.govtech.com/fs/in-a--maryland-county-the-yellow-school-bus-isgoing-green.

186   **bairros negros pobres foram pavimentados:** Beyer, Scott. "How the U.S. Government Destroyed Black Neighborhoods." Catalyst, 2 de abril de 2020, catalyst.independent.org/2020/04/02/how-the-u-s-governmentdestroyed-black-neighborhoods.

188   **campanhas de desinformação:** "Exxon's Climate Denial History: A Timeline." Greenpeace USA, 16 de abril de 2020, www.greenpeace.org/usa/ending-the-climate-crisis/exxon-and-the-oil-industry-knew-about-climate-change/exxons-climate-denial-history-a-timeline; Mayer, Jane. "'Kochland' Examines the Koch Brothers' Early, Crucial Role in Climate-Change Denial." *New Yorker*, 13 de agosto de 2019, www.newyorker.com/news/daily-comment/kochland-examines-how-the-koch-brothers-madetheir-fortune-and-the-influence-it-bought.

188   **o *Washington Post* descobriu:** Westervelt, Amy. "How the Fossil Fuel Industry Got the Media to Think Climate Change Was Debatable." *Washington Post*, 10 de janeiro de 2019,

www.washingtonpost.com/outlook/2019/01/10/how-fossil-fuel-industry-got-media-think-climatechange-was-debatable.

189 **quase metade dos norte-americanos:** Newport, Frank. "Americans' Global Warming Concerns Continue to Drop." Gallup, 11 de março de 2010, news.gallup.com/poll/126560/americans-global-warming-concerns-continue-drop.aspx.

189 **quase dois terços dos republicanos:** Funk, Cary, and Meg Hefferon. "U.S. Public Views on Climate and Energy." Pew Research Center Science & Society, 25 de novembro de 2019, www.pewresearch.org/science/2019/11/25/u-s-public-views-on-climate-and-energy.

189 **criará milhões de empregos bem-remunerados:** "Net Zero by 2050 — Analysis." International Energy Agency, maio 2021, www.iea.org/reports/net-zero-by-2050.

Capítulo 8: Transformar Intenções em Ação

191 **"Mas não quero sua esperança":** Workman, James. " 'Our House Is on Fire.' 16-Year-Old Greta Thunberg Wants Action." World Economic Forum, 25 de janeiro de 2019, www.weforum.org/agenda/2019/01/our-house-is-on-fire-16-year-old-greta-thunberg-speaks-truth-to-power.

191 **4 milhões de pessoas:** Sengupta, Somini. "Protesting Climate Change, Young People Take to Streets in a Global Strike." *New York Times*, 20 de setembro de 2019, www.nytimes.com/2019/09/20/climate/global-climate-strike.html.

191 **"Vocês roubaram meus sonhos":** "Transcript: Greta Thunberg's Speech at the U.N. Climate Action Summit." NPR, 23 de setembro de 2019, https://www.npr.org/2019/09/23/763452863/transcript-gretathunbergs-speech-at-the-u-n-climate-action-summit.

192 **aprovou uma lei:** Department for Business, Energy & Industrial Strategy, and Chris Skidmore. "UK Becomes First Major Economy to Pass Net Zero Emissions Law." GOV.UK, 27 de junho de 2019, www.gov.uk/government/news/uk-becomes-first-major-economy-to-pass-net-zeroemissions-law.

192 **"Não podemos só continuar vivendo":** Alter, Charlotte, *et al*. "Greta Thunberg: TIME's Person of the Year 2019." *Time*, 11 de dezembro de 2019, time.com/person-of-the-year-2019-greta-thunberg.

194 **há o *poder político*:** Prakash, Varshini, and Guido Girgenti, eds. *Winning the Green New Deal: Why We Must, How We Can*. Nova York: Simon & Schuster, 2020.

194 **Lei Nacional de Relações Trabalhistas:** Glass, Andrew. "FDR Signs National Labor Relations Act, July 5, 1935." *Politico*, 5 de julho de 2018, www.politico.com/story/2018/07/05/fdr-signs-national-labor-relations-act-july-5-1935-693625.

194 **Universidade de Harvard:** Nicholasen, Michelle. "Why Nonviolent Resistance Beats Violent Force in Effecting Social, Political Change." *Harvard Gazette*, 4 de fevereiro de 2019, news.harvard.edu/gazette/story/2019/02/why-nonviolent-resistance-beats-violent-force-in-effecting-social-political-change.

196 **apenas 3% dos eleitores:** Saad, Lydia. "Gallup Election 2020 Coverage." Gallup, 29 de outubro de 2020, news.gallup.com/opinion/ gallup/321650/gallup-election-2020-coverage.aspx.

196 **28 membros da União Europeia:** "Europeans and the EU Budget." Standard Eurobarometer 89, 2018, publications. europa.eu/resource/cellar/9cacfd6b-9b7d-11e8-a-408-01aa75ed71a1.0002.01/DOC_1.

196 **o assunto pulou para o número 2:** "Autumn 2019 Standard Eurobarometer: Immigration and Climate Change Remain Main Concerns at EU Level." European Commission, 20 de dezembro de 2019, https://ec.europa.eu/commission/presscorner/detail/en/IP_19_6839.

196 **pressionou demandas por ar mais limpo:** Rooij, Benjamin van. "The People vs. Pollution: Understanding Citizen Action against Pollution in China." Taylor & Francis, 27 de janeiro de 2010, www.tandfonline.com/doi/full/10.1080/10670560903335777.

196 **Plano de Ação Nacional de Qualidade do Ar Limpo:** "China: National Air Quality Action Plan (2013)." Air Quality Life Index, 10 de julho de 2020, aqli. epic.uchicago.edu/policy-impacts/china-national-air-quality-actionplan-2014.

196 **reduziu a poluição:** Greenstone, Michael. "Four Years After Declaring War on Pollution, China Is Winning." *New York Times*, 12 de março de 2018, www.nytimes.com/2018/03/12/upshot/china-pollution-environment-longer-lives.html.

196 **"Mudanças Climáticas na Mente dos Chineses":** "Climate Change in the Chinese Mind Survey Report 2017." Energy Foundation China, 2017, www.efchina.org/Attachments/Report/report-comms-20171108/Climate_Change_in_the_Chinese_Mind_2017.pdf.

196 **principais preocupações em 2019:** Crawford, Alan. "Here's How Climate Change Is Viewed Around the World." *Bloomberg*, 25 de junho de 2019, www. bloomberg.com/news/features/2019-06-26/here-s-how-climate-change-is-viewed-around-the-world.

197 **como reciclagem:** First-Arai, Leanna. "Varshini Prakash Has a Blueprint for Change." *Sierra*, 4 de novembro de 2019, www.sierraclub.org/sierra/2019-4-july-august/act/varshini-prakash-has-blueprint-for-change.

199 **"Não tínhamos tempo a perder":** Prakash, Varshini. "Varshini Prakash on Redefining What's Possible." *Sierra*, 22 de dezembro de 2020, www.sierraclub.org/sierra/2021-1-january-february/feature/varshini-prakash-redefining-whats-possible.

199 **"o New Green Deal":** Friedman, Lisa. "What Is the Green New Deal? A Climate Proposal, Explained." New York Times, 21 de fevereiro de 2021, www.nytimes.com/2019/02/21/climate/green-new-deal-questions-answers.html.

199 **"sabemos que você tem os próprios planos":** Krieg, Gregory. "The Sunrise Movement Is an Early Winner in the Biden Transition. Now Comes the Hard Part." CNN, 2 de janeiro de 2021, edition.cnn.com/2021/01/02/politics/biden-administration-sunrise-movement--climate/ index.html.

199 **energia elétrica 100% limpa:** "2020 Presidential Candidates on Energy and Environmental Issues." Ballotpedia, 2021, ballotpedia. org/2020_presidential_candidates_on_energy_and_environmental_issues.

200 **"corredores do poder":** Krieg, Gregory. "The Sunrise Movement Is an Early Winner in the Biden Transition. Now Comes the Hard Part."

200 **Sierra Club:** Hattam, Jennifer. "The Club Comes Together." *Sierra*, 2005, vault.sierraclub.org/sierra/200507/ bulletin.asp.

200 **"Estávamos prestes":** Bloomberg, Michael, and Carl Pope. *Climate of Hope*. Nova York: St. Martin's Press, 2017.

204 **todas as usinas de carvão:** "Bruce Nilles." Energy Innovation: Policy and Technology, 7 de janeiro de 2021, energyinnovation. org/team-member/bruce-nilles.

206 **somente 100 empresas:** Riley, Tess. "Just 100 Companies Responsible for 71% of Global Emissions, Study Says." *Guardian*, 10 de julho de 2017, www.theguardian.com/sustainable-business/2017/jul/10/100-fossil-fuel-companies investors-responsible-71-global-emissions-cdpstudy-climate-change.

206 **American Business Act on Climate:** "American Business Act on Climate Pledge." White House, 2016, obamawhitehouse.archives.gov/ climate-change/pledge.

206 **Google combinou:** Hölzle, Urs. "Google Achieves Four Consecutive Years of 100% Renewable Energy." Google Cloud Blog, cloud.google.com/blog/topics/sustainability/google-achieves-four-consecutive-years-of-100-percent-renewable-energy. Acesso em: 21 de junho de 2021.

206 **Apple é neutra em carbono:** Jackson, Lisa. "Environmental Progress Report." Apple, 2020, www.apple.com/environment/pdf/ Apple_Environmental_Progress_Report_2021.pdf.

206 **promessas de "emissões zero líquidas":** "Net zero emissions." Glossary, Intergovernmental Panel on Climate Change, 2021, www.ipcc.ch/sr15/ chapter/glossary.

206 **emissões residuais:** "Foundations for Science Based Net-Zero Target Setting in the Corporate Sector." Science Based Targets, setembro de 2020, sciencebasedtargets.org/resources/legacy/2020/09/foundations-for-net-zero-full-paper.pdf.

207 **equipe de especialistas em sustentabilidade:** Day, Matt. "Amazon Tries to Make the Climate Its Prime Directive." *Bloomberg Green*, 21 de setembro de 2020, www.bloomberg.com/news/features/2020-09-21/amazon-made-a-climate-promise-without-a-plan-to-cutemissions.

207 **zero líquido até 2040:** Palmer, Annie. "Jeff Bezos Unveils Sweeping Plan to Tackle Climate Change." CNBC, 19 de setembro de 2019, www.cnbc.com/2019/09/19/jeff-bezos-speaks-about-amazon-sustainability-in-washington-dc.html.

209 **Climate Pledge:** "The Climate Pledge." Amazon Sustainability, 2021, sustainability.aboutamazon.com/about/the-climate-pledge.

209 **Colgate-Palmolive:** "Colgate-Palmolive." Climate Pledge, 2021, www.theclimatepledge.com/us/en/Signatories/colgatepalmolive.

209 **Quando a PepsiCo assinou:** "PepsiCo Announces Bold New Climate Ambition." PepsiCo, 14 de janeiro de 2021, www.pepsico.com/news/story/pepsico-announces-bold-new-climate-ambition.

210 **"Declaração sobre o Propósito":** "Business Roundtable Redefines the Purpose of a Corporation to Promote 'An Economy That Serves All Americans.'" Business Roundtable, 19 de agosto de 2019, www.businessroundtable.org/business-roundtableredefines-the-purpose-of-a-corporation-to-promote-an-economy-thatserves-all-americans.

211 **Sam Walton fundou o Walmart em 1962:** Walton, Sam, and John Huey. *Sam Walton: Made in America*. Nova York: Bantam Books, 1993.

216 **o maior gestor de investimentos do mundo, com US$8,7:** "About Us." BlackRock, 2021, www.blackrock.com/sg/en/about-us.

216 **carta aberta, de 2021, aos chefes:** Fink, Larry. "Larry Fink's 2021 Letter to CEOs." BlackRock, 2021, www.blackrock.com/corporate/investor-relations/larry-fink-ceo-letter.

219 **o retorno total:** Engine No. 1, LLC. "Letter to the ExxonMobil Board of Directors." Reenergize Exxon, 7 de dezembro de 2020, reenergizexom.com/materials/letter-to-the-board-of-directors.

219 **"Reenergize a Exxon":** Engine No. 1, LLC. "Letter to the ExxonMobil Board of Directors."

219 **revolta de acionistas:** Merced, Michael. "How Exxon Lost a Board Battle with a Small Hedge Fund." *New York Times*, 28 de maio de 2021, www.nytimes.com/2021/05/28/business/energy-environment/exxon-engine-board.html.

219 **"um momento marcante":** Krauss, Clifford, and Peter Eavis. "Climate Change Activists Notch Victory in ExxonMobil Board Elections." *New York Times*, 26 de maio de 2021, www.nytimes.com/2021/05/26/business/exxon-mobil-climate-change.html.

219 **"inflexão social":** Sengupta, Somini. "Big Setbacks Propel Oil Giants Toward a 'Tipping Point.' " *New York Times*, 29 de maio de 2021, www.nytimes.com/2021/05/29/climate/fossil-fuel-courts-exxon-shell-chevron.html.

223 **escola secundária:** Herz, Barbara, and Gene Sperling. "What Works in Girls' Education: Evidence and Policies from the Developing World by Barbara Herz." 30 de junho de 2004. Paperback. Council on Foreign Relations, 2004.

223 **Mulheres mais instruídas se casam mais tarde:** Sperling, Gene, *et al.* "What Works in Girls' Education: Evidence for the World's Best Investment." Brookings Institution Press, 2015.

223 **Até 2025:** "Malala Fund Publishes Report on Climate Change and Girls' Education." Malala Fund, 2021, malala.org/newsroom/archive/malala-fund-publishes-report-on-climate-change-and-girls-education.

223 **130 milhões de meninas:** Evans, David K., and Fei Yuan. "What We Learn about Girls' Education from Interventions That Do Not Focus on Girls." Policy Research Working Papers, 2019, doi:10.1596/1813-9450-8944.

226 **todas as meninas — e meninos — ao redor do planeta:** Cohen, Joel E. "Universal Basic and Secondary Education." American Academy of Arts and Sciences, 2006, www.amacad.org/sites/default/files/publication/downloads/ubase_universal.pdf.

226 **"Ter milhões de meninas na escola":** Sperling, Gene, *et al.* "What Works in Girls' Education: Evidence for the World's Best Investment." Brookings Institution Press, 2015.

226 **"saúde reprodutiva":** "Health and Education." Project Drawdown, 12 de fevereiro de 2020, drawdown.org/ solutions/health-and-education/technical-summary.

226 **mortes prematuras:** Chaisson, Clara. "Fossil Fuel Air Pollution Kills One in Five People." NRDC, www.nrdc.org/stories/fossil-fuel-air-pollution-kills-one-five-people. Acesso em: 20 de junho de 2021.

226 **o ar tóxico matou mais de 1,6 milhão de pessoas:** Pandey, Anamika, *et al.* "Health and Economic Impact of Air Pollution in the States of India: The Global Burden of Disease Study 2019." *Lancet Planetary Health* 5, no. 1, 2021, e25–38, doi:10.1016/s2542-5196(20)30298-9.

226 **A comunidade negra em particular:** Mikati *et al.* "Disparities in Distribution of Particulate Matter Emission Sources by Race and Poverty Status." *American Journal of Public Health* 108, 2018, 480–85, http://ajph.aphapublications.org/doi/pdf/10.2105/AJPH.2017.304297.

227 **oportunidade econômica com uma transição:** "Unlocking the Inclusive Growth Story of the 21st Century." New Climate Economy, 2018, newclimateeconomy.report/2018/key-findings.

227 **65 milhões de novos empregos:** "Unlocking the Inclusive Growth Story of the 21st Century." New Climate Economy, 2018, newclimateeconomy. report/2018/key-findings.

229 **uma safra de palestras gravadas:** "Countdown." TED, 2021, www.ted. com/series/countdown.

229 **"How to Be a Good Ancestor":** Krznaric, Roman. "How to Be a Good Ancestor." TED Countdown, 10 de outubro de 2020, www.ted.com/ talks/roman_krznaric_how_to_be_a_good_ancestor.

229 **decisão citou a TED de Roman:** Supreme Court of Pakistan. *D. G. Khan Cement Company Ltd. Versus Government of Punjab through its Chief Secretary, Lahore etc.* 2021. Climate Change Litigation Databases, http://climatecasechart.com/climatechange-litigation/non-us-case/d-g-khan-cement-company-v-government-of-punjab/.

229 **Amanda Gorman:** "24 Hours of Reality: 'Earthrise' by Amanda Gorman." YouTube, 4 de dezembro de 2018, www.youtube.com/watch?v=xwOvBv8RLmo.

Capítulo 9: Inovar!

231 **Agência de Projetos de Pesquisa Avançada:** Lyon, Matthew, and Katie Hafner. *Where Wizards Stay Up Late: The Origins of the Internet.* Nova York: Simon & Schuster, 1999, 20.

231 **ARPANET:** "Paving the Way to the Modern Internet." Defense Advanced Research Projects Agency, 2021, www.darpa.mil/about-us/timeline/modern-internet.

231 **o GPS:** "Where the Future Becomes Now." Defense Advanced Research Projects Agency, 2021, www.darpa.mil/about-us/darpa-history-and-timeline.

231 **deram início a um setor global:** Henry-Nickie, Makada, *et al.* "Trends in the Information Technology Sector." Brookings Institution, 29 de março de 2019, www.brookings.edu/research/trends-in-the-information-technology-sector.

232 **levou à ARPA-E:** "ARPA-E History." ARPA-E, 2021, arpa-e.energy. gov/about/arpa-e-history.

232 **o gasto total dos EUA:** Clark, Corrie E. "Renewable Energy R&D Funding History: A Comparison with Funding for Nuclear Energy, Fossil Energy, Energy Efficiency, and Electric Systems R&D." Congressional Research Service Report, 2018, fas.org/sgp/crs/misc/RS22858.pdf.

232 **US$400 milhões**: "ARPA-E: Accelerating U.S. Energy Innovation." ARPA-E, 2021, arpa--e.energy. gov/technologies/publications/arpa-e-accelerating-us-energy-innovation.

235 **clima e energia:** Gates, Bill. "Innovating to Zero!" TED, 18 de fevereiro de 2010, www.ted.com/talks/bill_gates_innovat-ing_to_zero.

235 **"esforço energético":** Wattles, Jackie. "Bill Gates Launches Multi-Billion Dollar Clean Energy Fund." CNN Money, 30 de novembro de 2015, money.cnn.com/2015/11/29/news/economy/bill-gates-breakthrough-energy-coalition.

236 **10 mil gigawatts/hora:** "2020 Battery Day Presentation Deck." Tesla, 22 de setembro de 2019, tesla-share.thron.com/content/?id=96ea71cf-8fda-4648-a62c-753af436c3b6&pkey=S-1dbei4.

242 **primeira bateria:** "BU-101: When Was the Battery Invented?" Battery University, 14 de junho de 2019, batteryuniversity.com/learn/article/when_was_the_battery_invented.

242 **os últimos 20 anos, a densidade energética:** Field, Kyle. "BloombergNEF: Lithium-Ion Battery Cell Densities Have Almost Tripled Since 2010." CleanTechnica, 19 de fevereiro de 2020, cleantechnica.com/2020/02/19/bloombergnef-lithium-ion-battery-cell-densitieshave-almost-tripled-since-2010.

244 **ARPA-E os premiou com US$1,5 milhão:** Heidel, Timothy, and Kate Chesley. "The All-Electron Battery." ARPA-E, 29 de abril de 2010, arpa-e.energy.gov/technologies/projects/all-electron-battery.

245 **a QuantumScape e a VW:** "Volkswagen Partners with QuantumScape to Secure Access to Solid-State Battery Technology." Volkswagen Aktiengesellschaft, 21 de junho de 2018, www.volkswagenag.com/en/news/2018/06/volkswagen-partners-withquantumscape-.html.

245 **VW comprometeu outros US$200 milhões:** Korosec, Kirsten. "Volkswagen-Backed QuantumScape to Go Public via SPAC to Bring Solid-State Batteries to EVs." *TechCrunch*, 3 de setembro de 2020, tech-crunch.com/2020/09/03/vw-backed-quantumscape.

245 **eletrificar cada carro novo:** Xu, Chengjian, *et al.* "Future Material Demand for Automotive Lithium-Based Batteries." *Communications Materials* 1, no. 1, 2020, doi:10.1038/s43246-020-00095-x, https://www.nature.com/articles/s43246-020-00095-x.

245 **gigafábrica da Tesla:** "Tesla Gigafactory." Tesla, 14 de novembro de 2014, www.tesla.com/gigafactory.

245 **35 GWh de células por ano:** Lambert, Fred. "Tesla Increases Hiring Effort at Gigafactory 1 to Reach Goal of 35 GWh of Battery Production." Electrek, 3 de janeiro de 2018, electrek.co/2018/01/03/tesla-gigafactory-hiring-effort-battery-production.

245 **100 fábricas:** Mack, Eric. "How Tesla and Elon Musk's 'Gigafactories' Could Save the World." *Forbes*, 30 de outubro de 2016, www.forbes.com/sites/ericmack/2016/10/30/how-tesla-and-elon-musk-could-save-the-world-with-gigafactories/?sh=67e44ead2de8.

245 **"acelerarem a transição para a energia sustentável":** "Welcome to the Gigafactory: | Before the Flood." YouTube, 27 de outubro de 2016, www.youtube.com/watch?v=iZm_NohNm6I&ab_channel=NationalGeographic.

245 **60% do suprimento mundial:** Frankel, Todd C., *et al.* "The Cobalt Pipeline." *Washington Post*, 30 de setembro de 2016, www. washingtonpost.com/graphics/business/batteries/congo-cobalt-mining-for-lithium-ion-battey.

245 **dada a vida útil limitada:** Harvard John A. Paulson School of Engineering and Applied Sciences. "A Long-Lasting, Stable Solid-State Lithium Battery: Researchers Demonstrate a Solution to a 40-YearProblem." ScienceDaily, 12 de maio de 2021, www.sciencedaily.com/releases/ 2021/05/210512115651.htm.

246 **60% das residências:** Webber, Michael E. "Opinion: What's Behind the Texas Power Outages?" MarketWatch, 16 de fevereiro de 2021, www.marketwatch.com/story/whats--behind-the-texas8-power-outages-11613508031#.

246 **código de energia do estado, de 1989:** "Texas: Building Energy Codes Pro- gram." U.S. Department of Energy, 2 de agosto de 2018, www.energycodes. gov/adoption/states/texas.

246 **Mais de 150 pessoas:** Steele, Tom. "Number of Texas Deaths Linked to Winter Storm Grows to 151, Including 23 in Dallas-Fort Worth Area." *Dallas News*, 30 de abril 2021, www.dallasnews.com/news/weather/2021/04/30/number-of-texas-deaths-linked-to-winter-storm-grows-to-151-including-23-in-dallas-fort-worth-area.

246 **quase 10 gigawatts:** "Energy Storage Projects." BloombergNEF, www.bnef.com/interactive-datasets/2d5d59acd900000c?data-hub=17. Acesso em: 14 de junho de 2021.

247 **"a maior bateria do mundo":** "Bath County Pumped Storage Station." Dominion Energy, 2020, www.dominionenergy.com/projects- and-facilities/hydroelectric-power-facilities-and-projects/bath-county-pumped-storage-station.

247 **Energy Vault:** Energy Vault. energyvault.com.

247 **Bloom Energy:** Baker, David R. "Bloom Energy Surges After Expanding into Hydrogen Production." *Bloomberg Green*, 15 de julho de 2020, www.bloomberg.com/news/articles/2020-07-15/fuel-cell-maker-bloom-energy-now-wants-to-make-hydrogen-too.

247 **acidentes significativos:** "Safety of Nuclear Reac- tors." World Nuclear Association, março de 2021, www.world-nuclear. org/information-library/safety-and-security/safety--of-plants/safety-of-nuclear-power-reactors.aspx.

247 **os 6 reatores da usina:** "Fukushima Daiichi Accident — World Nuclear Association." World Nuclear Associa- tion, www.world-nuclear.org/information-library/safety-and--security/safety-of-plants/fukushima-daiichi-accident.aspx. Acesso em: 20 de junho de 2021.

248 **planeja jogá-la no mar:** "The Reality of the Fukushima Radioactive Water Crisis." Greenpeace East Asia and Greenpeace Japan, outubro de 2020, storage.googleapis.com/planet4-japan-stateless/2020/10/5768c541-the-reality-of-the-fukushima-radioactive-water-crisis_en_summary.pdf.

248 **Fukushima:** Garthwaite, Josie. "Would a New Nuclear Plant Fare Better than Fukushima?" *National Geographic*, 23 de maio de 2011, www.nationalgeographic.com/science/article/110323-fukushima-japan-new-nuclear-plant-design.

248 **Mais de 50 laboratórios:** Bulletin of the Atomic Scien- tists. "Can North America's Advanced Nuclear Reactor Companies Help Save the Planet?" Pulitzer Center, 7 de fevereiro de 2017, pulitzercenter.org/stories/can-north-americas-advanced-nuclear- reactor-companies-help-save-planet.

248 **TerraPower:** "TerraPower, CNNC Team Up on Travelling Wave Reactor." World Nuclear News, 25 de setembro de 2015, www.world-nuclear-news.org/NN-TerraPower-CNNC--team-up-on-travelling-wave-reactor-250915 1.html.

248 *60 Minutes*: "Bill Gates: How the World Can Avoid a Climate Disaster." *60 Minutes*, CBS News, 15 de fevereiro de 2021, www. cbsnews.com/news/bill-gates-climate-change-disaster-60-minutes-2021-02-14.

248 **Usina de demonstração da TerraPower:** Gardner, Timothy, and Valerie Volcovici. "Bill Gates' Next Generation Nuclear Reactor to Be Built in Wyoming." Reuters, 2 de junho de 2021, www.reuters.com/business/energy/utility-small-nuclear-reactor-firm-select-wyoming-next-us-site-2021-06-02.

250 **Temperaturas e pressões absurdamente altas:** Freudenrich, Patrick Kiger, and Craig Amp. "How Nuclear Fusion Reactors Work." HowStuffWorks, 26 de janeiro de 2021, science.howstuffworks.com/fusion-reactor2.htm.

250 **Commonwealth Fusion Systems:** Commonwealth Fusion Systems, 2021, cfs.energy.

250 **hidrogênio de um galão de água do mar:** "DOE Explains… Deuterium-Tritium Fusion Reactor Fuel." Office of Science, Depart- ment of Energy, 2021, www.energy.gov/science/doe-explainsdeuterium-tritium-fusion-reactor-fuel.

250 **nos anos 1950:** Gertner, Jon. *The Idea Factory: Bell Labs and the Great Age of American Innovation*. Nova York: Penguin Random House, 2020.

251 **Dependendo do processo:** "LCFS Pathway Certified Carbon Intensities: California Air Resources Board." CA.Gov, ww2.arb.ca.gov/ resources/documents/lcfs-pathway-certified-carbon-intensities. Acesso em: 24 de junho de 2021.

251 **também aumenta o risco:** "Economics of Biofuels." U.S. Environmental Protection Agency, 4 de março de 2021, www.epa.gov/ environmental-economics/economics-biofuels.

252 **toda energia produzida de combustíveis fósseis:** "Estimated U.S. Consumption in 2020: 92.9 Quads." Lawrence Livermore National Laboratory, 2020, flowcharts.llnl.gov/content/assets/images/energy/ us/Energy_US_2020.png.

252 **O BMW i3 EV hatchback:** "I3 and I3s Electric Sedan Features and Pricing." BMW USA, 2021, www.bmwusa.com/vehicles/bmwi/i3/ sedan/pric ng-features.html.

252 **picape F-150 da Ford:** Boudette, Neal. "Ford Bet on Aluminum Trucks, but Is Still Looking for Payoff." *New York Times*, 1 de março de 2018, www.nytimes.com/2018/03/01/business/ford-f150-aluminum-trucks.html.

253 **LEDs representaram 30%:** "LED Adoption Report." Energy.Gov, www.energy.gov/eere/ssl/led-adoption-report. Acesso em: 24 de junho de 2021.

253 **O último iPhone:** "Environ- mental Progress Report." Apple, 2020, www.apple.com/environment/ pdf/Apple_Environmental_Progress_Report_2021.pdf.

253 **O primeiro paredão conhecido:** Gannon, Megan. "Oldest Known Seawall Discovered Along Submerged Mediterranean Villages." *Smithsonian*, 18 de dezembro de 2019, www.smithsonianmag.com/history/oldest-known-seawall-discovered-along-submerged-mediterranean- villages-180973819.

254 **Monte Tambora:** Oppenheimer, Clive. "Climatic, Environmental and Human Consequences of the Largest Known Historic Eruption: Tambora Volcano (Indonesia) 1815." *Progress in Physical Geography: Earth and Environment* 27, no. 2, 2003, 230–59, doi:10.1191/0309133303pp379ra.

254 **mais de 1.300km:** Stothers, R. B. "The Great Tambora Eruption in 1815 and Its Aftermath." *Science* 224, no. 4654, 1984, 1191–98, doi:10.1126/science.224.4654.1191.

254 **"O ano sem verão":** Briffa, K. R., *et al.* "Influence of Volcanic Eruptions on Northern Hemisphere Summer Temperature over the Past 600 Years." *Nature* 393, no. 6684, 1998, 450–55, doi:10.1038/30943.

254 **dióxido de enxofre:** "Volcano Under the City: Deadly Volcanoes." *Nova*, 2021, www.pbs.org/wgbh/nova/volcanocity/ dead-nf.html.

254 **David Keith:** "David Keith." Harvard's Solar Geoengineer- ing Research Program, 2021, geoengineering.environment.harvard.edu/people/david-keith.

254 **nebulosidade — o dia todo, todos os dias:** Kolbert, Elizabeth. *Under a White Sky*. Nova York: Crown Publishers, 2021.

254 **"porque o mundo real":** Kolbert, Elizabeth. *Under a White Sky*.

255 **Em 2000, 371 cidades do mundo todo:** "The World's Cities in 2018." United Nations, 2018, www.un.org/en/events/citiesday/assets/pdf/ the_worlds_cities_in_2018_data_booklet.pdf.

255 **Derramou mais cimento em 2 anos:** Hawkins, Amy. "The Grey Wall of China: Inside the World's Concrete Superpower." *Guardian*, 28 de fevereiro de 2019, www.theguardian.com/cities/2019/feb/28/the-grey-wall-of-china-inside-the-worlds-concrete-superpower.

255 **"quase zero":** Campbell, Iain, *et al.* "Near-Zero Carbon Zones in China." Rocky Mountain Institute, 2019, rmi.org/insight/near-zero-carbon-zones-in-china.

255 **Palava:** Bagada, Kapil. "Palava: An Innovative Answer to India's Urbanisation Conundrum." Palava, 21 de janeiro de 2019, www.palava.in/blogs/An-innovative-answer-to-Indias-Urbanisation-conundrum; Stone, Laurie. "Designing the City of the Future and the Pursuit of Happiness." RMI, 22 de julho de 2020, rmi.org/ designing-the-city-of-the-future-and-the-pursuit-of-happiness.

255 **Lodha Group:** Coan, Seth. "Designing the City of the Future and the Pursuit of Happiness." Rocky Mountain Institute, 16 de setembro de 2019, rmi.org/designing-the-city-of-the-future-and-the-pursuit-of-happiness.

256 **Copenhague:** Sengupta, Somini, and Charlotte Fuente. "Copenhagen Wants to Show How Cities Can Fight Climate Change." *New York Times*, 25 de março de 2019, www.nytimes.com/2019/03/25/climate/copenhagen-climate-change.html.

256 **60% dos passageiros:** Kirschbaum, Erik. "Copenhagen Has Taken Bicycle Commuting to a Whole New Level." *Los Angeles Times*, 8 de agosto de 2019, www.latimes.com/world-nation/story/2019-08-07/copenhagen-has-taken-bicycle-commuting to a new level.

256 **falta de proteção nas ciclovias:** Monsere, Christopher, *et al.* "Lessons from the Green Lanes: Evaluating Protected Bike Lanes in the U.S." PDXScholar, junho de 2014, pdxscholar.library.pdx.edu/cgi/viewcontent.cgi?article=1143&context=cengin_fac.

256 **Barcelona é famosa pelas zonas sem carros:** O'Sullivan, Feargus. "Barcelona Will Supersize Its Car-Free 'Superblocks.'" *Bloomberg*, 11 de novembro de 2020, https://www.bloomberg.com/news/articles/2020-11-11/barcelona-s-new-car-free-superblock-will-be-big.

257 **125 mil carros:** Burgen, Stephen. "Barcelona to Open Southern Europe's Biggest Low-Emissions Zone." *Guardian*, 31 de dezembro de 2019, www.theguardian.com/world/2019/dec/31/barcelona-to-open-southern-europes-biggest-low-emissions-zone.

257 **a razão de parcelas verdes:** Ong, Boon Lay. "Green Plot Ratio: An Ecological Measure for Architecture and Urban Planning." *Landscape and Urban Planning* 63, no. 4, 2003, 197–211, doi:10.1016/s0169-2046(02)00191-3.

257 **jardins comuns no solo:** "Health and Medical Care." Urban Redevelopment Authority, 15 de janeiro de 2020, www.ura.gov.sg/Corporate/Guidelines/Development-Control/Non-Residential/HMC/Greenery.

257 **vegetação no nível do solo:** Wong, Nyuk Hien, *et al.* "Greenery as a Mitigation and Adaptation Strategy to Urban Heat." *Nature Reviews Earth & Environment* 2, no. 3, 2021, 166–81, doi:10.1038/s43017-020-00129-5.

257 **ferrovia industrial abandonada High Line:** The High Line, 11 de junho de 2021, www.thehighline.org.

258 **mais de 600km:** Shankman, Samantha. "10 Ways Michael Bloomberg Fundamentally Changed How New Yorkers Get Around." *Business Insider*, 7 de agosto de 2013, www.businessinsider.com/how-bloomberg-changed-nyc-transportation- 2013-8?international=true&r=US&IR=T.

258 **Fourteenth Street:** Hu, Winnie, and Andrea Salcedo. "Cars All but Banned on One of Manhattan's Busiest Streets." *New York Times*, 3 de outubro de 2019, www.nytimes.com/2019/10/03/nyregion/car-ban-14th-street-manhattan.html.

258 **redução de emissões de CO_2 em 15%:** "Inventory of New York City Greenhouse Gas Emissions in 2016." City of New York, dezembro de 2017, www1.nyc.gov/assets/sustainability/downloads/pdf/publications/GHG%20Inventory%20Report%20Emission%20Year%202016.pdf.

258 **80% até 2050:** "New York City's Roadmap to 80 x 50." New York City Mayor's Office of Sustainability, www1.nyc.gov/assets/ sustainability/downloads/pdf/publications/New%20York%20City's%20Roadmap%20to%2080%20x%2050.pdf. Acesso em: 23 de junho de 2021.

258 **"Se você pode fazer isso em algum lugar, pode fazer em qualquer lugar"**: Sinatra, Frank. "(Theme from) New York New York." *Trilogy: Past Present Future*. Capitol, 21 de junho de 1977.

Capítulo 10: Investir!

261 **"Em outras palavras, John Doerr pode mais uma vez"**: Eilperin, Juliet. "Why the Clean Tech Boom Went Bust." *Wired*, 20 de janeiro de 2012, www.wired.com/2012/01/ff_solyndra.

261 **"energia renovável":** Marinova, Polina. "How the Kleiner Perkins Empire Fell." Fortune, 23 de abril de 2019, fortune.com/longform/kleiner-perkins-vc-fall.

263 **"desajustados, rebeldes":** "The Iconic Think Different Apple Commercial Narrated by Steve Jobs." Farnam Street, 5 de fevereiro de 2021, fs.blog/2016/03/steve-jobs-crazy-ones.

263 **Beyond Meat:** Shanker, Deena, *et al.* "Beyond Meat's Value Soars to $3.8 Billion in Year's Top U.S. IPO." *Bloomberg*, 1 de maio de 2019, https://www.bloomberg.com/news/articles/2019-05-01/beyond-meat-ipo-raises-241-million-as-veggie- foods-grow-fast.

265 **elimine os subsídios:** Taylor, Michael. "Evolution in the Global Energy Transformation to 2050." International Renewable Energy Agency, 2020, www.irena.org/-/media/Files/IRENA/Agency/Publication/2020/Apr/IRENA_Energy_ subsidies_2020.pdf.

265 **Institutos Nacionais de Saúde:** "National Institutes of Health (NIH) Funding: FY-1995-FY2021." Congressional Research Service, atualizado em 12 de maio de 2020, fas.org/sgp/crs/misc/R43341.pdf.

265 **quase US$1,5 trilhão:** Johnson, Paula D. "Global Philanthropy Report: Global Foundation Sector." Harvard University's John F. Kennedy School of Government, abril de 2018, cpl.hks.harvard.edu/files/cpl/files/global_philanthropy_report_ final_april_2018.pdf.

266 **No valor de US$447 bilhões:** Taylor, Michael. "Evolution in the Global Energy Transformation to 2050." International Renewable Energy Agency, 2020, www.irena.org/-/media/Files/IRENA/Agency/Publication/2020/Apr/IRENA_Energy_subsidies_2020.pdf.

266 **"Nenhum combustível fóssil suportou":** Smil, Vaclav. *Energy Myths and Realities*. Washington, D.C., AEI Press, 2010.

266 **mais de US$3 trilhões ao ano:** Taylor, Michael. "Energy Subsidies: Evolution in the Global Energy Transformation to 2050." Irena, 2020, www.irena.org/-/media/Files/IRENA/Agency/Publication/2020/Apr/IRENA_Energy_subsidies_2020.pdf.

266 **indústria solar dos EUA:** "10th Annual National Solar Jobs Census 2019." Solar Foundation, fevereiro de 2020, www.thesolarfoundation.org/wp-content/uploads/2020/03/SolarJobsCensus2019.pdf.

267 **mais de US$35 bilhões:** "Financing Options for Energy Infrastructure." Loan Programs Office, Department of Energy, maio de 2020, www.energy.gov/sites/default/files/2020/05/f74/DOE-LPO-Brochure-May2020.pdf.

267 **US$465 milhões:** "TESLA." 2021. Loan Programs Office, Department of Energy, www.energy.gov/lpo/tesla.

267 **uma média de US$77 bilhões:** Koty, Alexander Chipman. "China's Carbon Neutrality Pledge: Opportunities for Foreign Investment." China Briefing News, 6 de maio de 2021, www.china-briefing.com/news/chinas-carbon-neutrality-pledge-new-opportunities-for-foreign-investment-in-renewable-energy.

267 **China agora possui 70%:** Rapoza, Kenneth. "How China's Solar Industry Is Set Up to Be the New Green OPEC." *Forbes*, 14 de março de 2021, www.forbes.com/sites/kenrapoza/2021/03/14/how-chinas-solar-industry-is-set-up-to-be-the-new-green-opec/?sh=2cfec9f91446.

268 **US$52 bilhões em capital de risco:** Analysis by Ryan Pan- chadsaram, data from Crunchbase.com.

269 **menos de US$400 milhões em 80 acordos climáticos:** Devashree, Saha and Mark Muro. "Cleantech Venture Capital: Continued Declines and Narrow Geography Limit Prospects." Brookings Institution, 1 de dezembro de 2017, www.brookings.edu/research/cleantech-venture-capital-continued-declines-and-narrow-geography-limit-prospects.

269 **quase US$7 bilhões:** Devashree, Saha and Mark Muro. "Cleantech Venture Capital: Contin- ued Declines and Narrow Geography Limit Prospects."

272 **investimentos em tecnologias limpas:** "Technology Radar, Climate-Tech Investing." BloombergNEF, 16 de fevereiro de 2021, www.bnef. com/login?r=%2Finsights%-2F25571%2Fview.

275 **O entusiasmo dos investidores:** Special Purpose Acquisition Company Database: SPAC Research. www.spacresearch.com.

275 **20% são relacionados a energia e clima:** Guggenheim Sustainability SPAC Market Update. 6 de junho de 2021.

275 **"destruição criativa":** Alm, Richard, and W. Michael Cox. "Creative Destruction." Library of Economics and Liberty, 2019, www.econlib.org/library/Enc/CreativeDestruction.html.

279 **projetos de energia limpa:** "Energy Transition Investment." BloombergNEF, www.bnef.com/interactive- datasets/2d5d59acd9000005. Acesso em: 14 de junho de 2021.

281 **essa meta 3 anos antes:** "Achieving Our 100% Renewable Energy Purchasing Goal and Going Beyond." Google, dezembro de 2016, static.googleusercontent.com/media/www.google.com/en//green/pdf/achieving-100-renewable-energy-purchasing-goal.pdf.

282 **maior título de sustentabilidade:** Porat, Ruth. "Alphabet Issues Sustainability Bonds to Support Environmental and Social Initiatives." Google, 4 de agosto de 2020, blog.google/alphabet/alphabet-issues-sustainability-bonds-support-environmental-and-social-initiatives.

289 **"A economia verde está pronta":** Kenis, Anneleen, and Matthias Lievens. *The Limits of the Green Economy: From Re-Inventing Capitalism to Re-Politicising the Present* (Routledge Studies in Environmental Policy). Abingdon, Oxfordshire, U.K.: Routledge, 2017.

289 **US$730 bilhões em 2019:** Roeyer, Hannah, *et al.* "Funding Trends: Climate Change Mitigation Philan- thropy." ClimateWorks Foundation, 11 de junho de 2021, www.climateworks.org/report/funding-trends-climate-change-mitigation-philanthropy.

291 **IKEA Foundation:** "FAQ." IKEA Foundation, 6 de janeiro de 2021, ikeafoundation.org/faq.

291 **lista de bolsista:** Palmer, Annie. "Jeff Bezos Names First Recipients of His $10 Billion Earth Fund for Combating Climate Change." CNBC, 16 de novembro de 2020, www.cnbc.com/2020/11/16/jeff-bezos-names-first-recipients-of-his-10-billion-earth-fund.html.

298 **90% da eletricidade do estado:** Daigneau, Elizabeth. "From Worst to First: Can Hawaii Eliminate Fossil Fuels?" Governing, 30 de junho de 2016, www.governing.com/archive/gov-hawaii-fossil-fuels-renewable-energy.html.

300 **Estima-se que 10 mil pessoas:** "Hawaii Clean Energy Initiative 2008–2018." Hawai'i Clean Energy Initiative, janeiro de 2018, energy.hawaii.gov/wp-content/uploads/2021/01/HCEI-10Years.pdf.

300 **meta de 30% de energia limpa:** "Hawai- ian Electric Hits Nearly 35% Renewable Energy, Exceeding State Mandate." Hawaiian Electric, 15 de fevereiro de 2021, www.hawaiianelectric.com/hawaiian-electric-hits-nearly-35-percent-renewable-energy- exceeding-state-mandate.

Conclusão

304 **uma onda de novas tecnologias:** "Bell Labs." Engineering and Technology History Wiki, 1 de agosto de 2016, ethw.org/Bell_Labs.

304 **mobilização histórica:** Herman, Arthur. *Freedom's Forge: How American Business Produced Victory in World War II*. Nova York: Random House, 2012.

306 **"direitos fundamentais":** Connolly, Kate. " 'Historic' German Ruling Says Climate Goals Not Tough Enough." *Guardian*, 29 de abril 2021, www.theguardian.com/world/2021/apr/29/ historic-german-ruling-says-climate-goals-not-tough-enough.

Agradecimentos

312 **Me chame de Al:** "Paul Simon — You Can Call Me Al (Official Video)." YouTube, 16 de junho de 2011, www.youtube.com/watch?v=uq-gYOrU8bA.

Índice

Símbolos

1816, o ano mais frio 254

A

A123 Systems, bateria 1, 3
AB32 183
Acordo de Paris xxiii, 106, 158
agricultura regenerativa 66, 68
  explicação 70
  mais lucrativa que a industrial 71
  rotação de culturas 71
  silvopastia 71
algas marinhas 111–112
Al Gore 65
Allen, Paul 151
Alphabet 281–284
Ambani, Mukesh 235
Anderson, Christian 315
Apollo 231
Apple 253
aquecimento global xxviii, 97
  antropogênico 107
ARPA 231
arroz 67
  cultivo mais sustentável 84
  repensando o cultivo 83–84
Ártico, descongelamento 94
Assembly Bill 32 183

B

baby boomers 307
Barra, Mary 11, 314
bateria de Volta, primeira 242
bem-estar animal 81
Beyond Meat 79, 80–82
Bezos Earth Fund 291–294
Bezos, Jeff 207–209, 291–294, 312–313
  Bezos Earth Fund 291, 292, 293
Biden, Joe xxx
  plano da administração xxx
  testa o Ford F-150 Lightning 27
biocombustível xxiii
bioplástico 123–124
Black, James xxviii
Blood, David 287–288, 315
Bloom Energy 247, 276, 315
bolhas de investimento 275
Brandt, Kate 283–284
Breakthrough Energy Ventures 235
Brown, Ethan 78–81, 315
Brown, Margot 221–223
Burger King 82
Bush, George H. W. 158
BYD 14–15, 19

C

capital filantrópico 295
carbono

ciclo de 94, 114
  metas para reequilibrar 96
  e o solo 63
  sumidouros de 94
carne
  à base de vegetais 79
  cultivada 82
Chuanfu, Wang 14
chuva ácida 254
ciclo de aquecimento global 91
cleantech, mercado de xii, xv, 1, 236, 289
Climeworks 145–147
Countdown, plataforma 228
créditos de carbono 104
crise climática xxii

D

DARPA 231
de Blasio, Bill 258
Deshpande, Amol 315
desmatamento
  temperado 100
  tropical 97
desperdício de alimentos 87
destruição criativa 275
dieta amiga do clima 77
dióxido de carbono xviii
domo de Poeira 66
Dust Bowl 66

E

economia limpa xiv
Edison, Thomas 29
Educate Girls 223–224
efeito de resfriamento 55
efeito estufa xii, xviii
  comida e emissão de gases 74
  e gado 72
  gases do xviii
  óxido nitroso 71
eficiência energética xxix

eletrificação dos transportes 3
eletrificar processos de fabricação 127
emissão zero xi, 9
  economia de 37
emissores principais xxx
energia eólica offshore 47
energia nuclear 247–248
  papel na descarbonização de rede 248
escoamento 70
estresse tectônico 314
EV. *Veja* veículos elétricos (EV)
extração 95

F

fator Revelle 107
fertilizantes sintéticos 72
Figueres, Christiana 167
filantropia 292
Fink, Larry 217–220
Fisker, Henrik 1
  Fisker Automotive 1
florestas de Kelp 112
florestas temperadas 100
fontes de emissão de carbono xxvii
fontes de energia mais limpas 9
fotossíntese 92
Francis, Taylor 153, 315

G

Gates, Bill 239–242, 249–250, 291
George W. Bush xxix
gigatoneladas xxx, 7
Glasgow 181–182
Gore, Al 63, 220, 254, 312–313
Grande Depressão 194, 267
Grande Recessão 18, 41, 175, 232
Green New Deal 199

H

Hamburg, Steve 53

Harvey, Hal xxxi, 312–313
hidrogênio 128
  classes de 128
  verde 128–129
High Line 258
Hill, Dale 16
Husain, Safeena 224–226

I

iFund xi
IKEA Foundation 291
impacto xxix
Índice S&P 500 218
insumos químicos 70
investimento verde 286
iPhone xi, 24, 253, 270, 271
Itskovich, Avi 315

J

Jobs, Laurene Powell 296–297
Joy, Bill 315
Jurich, Lynn 38–41, 315

K

Katz, Daniel 102
Kerry, John 181–182
Kleiner, Eugene xi, 269
Kothandaraman,
        Badri 277–278, 315
Krupp, Fred 55

L

lacuna verde 105
Lafarge, Joseph-Auguste Pavin de 129–130
laticínios, o dilema dos 82–83
LEDs 253
lei de Moore 23–24
lei de Scheer 30
lei de Wright 24–27, 280

Lippert, Dawn 299–300
Lord Alessandro Volta 242

M

Macintosh 231
Mahajan, Megan 187
McDonald's 81–82
    busca carne bovina na Costa Rica 102
McMillon, Doug 211–213, 314
mecanismo de catraca 167
metano xviii, 55
    de arroz 68
    micróbios produtores de 83
Microsoft 151
Microsoft Windows 231
Moore, Gordon 111
Musk, Elon 1, 267
    sobrevive à recessão 16

N

NASDAQ 269
New Deal 194
Nilles, Bruce 201

O

oceanos 107–108
OKRs xiii, xxiii
Ørsted 46, 48, 50
Orvis, Robbie 187
óxido nitroso 71

P

pandemia de Covid-19 xxxi, 33, 182, 196, 303–304
Panera Bread (rede de alimentos) 75
parque eólico offshore 46
Perkins, Kleiner 1
Pichai, Sundar 282–284, 314

plástico 118–125
　bioplásticos 123
　ciclo de vida da poluição
　　do 124
　sacolas plásticas, multa 118
plataforma 152
PM 2.5 226
polímero ácido polilático (PLLA)
　123
Popple, Ryan 17
Poulsen, Henrik 46–48, 314
premium verde 7–8, 30
　importância do 240
princípios urbanos centrais 257
Pristine Seas, projeto 110
projeto de Palava 256
proteínas vegetais 76
Proterra 16, 21
Protocolo de Kyoto 158

Q

QuantumScape, projeto 234, 243

R

Rainforest Alliance 101
　selo 103
Ransohoff, Nan 149–151, 315
REDD+, programa 101
Reinhardt, Peter 315
Revelle, Roger 107
　fator Revelle 107
Revolução Offshore da
　Ørsted 46
Roberts, Carmichael 273–274
Rogers, Matt 271–272
Roosevelt, Franklin D. xvii
　esboço no guardanapo xvii
roupas recicláveis 125

S

Sala, Enric 108

Scheer, Hermann 29
　lei de Scheer 30
　plano de 30
Segunda Guerra Mundial xvii, 181
silvopastura 71
simulador de política
　energética 331
Singh, Jagdeep 243–245, 315
　criação de nova bateria
　　242–243
solo
　agricultura regenerativa 66,
　　68, 71
　　explicação 70
　cultivo mínimo 70
　culturas de cobertura 66
　e carbono 63
　e fertilizantes 66
　em perigo 64
　esgotado e desmatamento 69
　importância do 68–70
　pergelissolo 91, 94
　rotação de culturas 71
　silvopastia 71
soluções climáticas xxviii
Solyndra 266
Sputnik 231
Sridhar, KR 315
Steer, Andrew 293
Steve Jobs xi
Straubel, J. B. 315
Stripe Climate 150
Sunrun 38–43

T

TerraPower 249–250
Tesla 2–3
Toone, Eric 233–235
Trusiewicz, Eric 131–133
turfeiras 112–113

U

urbanização 255

V

Van Dokkum, Jan 132
veículos elétricos (EV) 2, 8
via verde 258
Von Herzen, Brian 112

W

Wakibia, James 117
Whelan, Tensie 102–105
Wright, Theodore
  lei de Wright 25

Z

Zara 125
zero líquido xxiv, 74, 166, 240,
     281, 284
  caminho para 252
  como chegar ao 66
  contagem para o , xxvii
  estratégias para um futuro
      xxix

Créditos das Imagens

Introdução

Página xvii	Foto: Presidente Franklin D. Roosevelt pegou um guardanapo.	Cortesia da Biblioteca de Imaginação Humana de Jay S. Walker, Ridgefield, Connecticut.
Página xix	Infográfico: O dióxido de carbono na atmosfera aumentou consideravelmente nos últimos 200 anos.	Adaptado de Max Roser e Hannah Ritchie, "Atmospheric Concentrations", Our World in Data. Acesso em: junho de 2021, ourworld indata.org/atmospheric-concentrations.
Página xxi	Infográfico: Cenários políticos, emissões e projeções de faixas de temperatura.	Adaptado de "Temperatures", Climate Action Tracker, 4 de maio de 2021, climate actiontracker.org/global/temperatures.
Página xxiv	Infográfico: Como os gases do efeito estufa adicionam.	Adaptado de UNEP e UNEP DTU Partnership, "UNEP Report — The Emissions Gap Report 2020", *Management of Environmental Quality: An International Journal,* 2020, https://www.unep.org/ emissions-gap-report-2020.
Página xxviii	Foto: Slide de Exxon Research and Engineering Co. from 1978	Slide de James F. Black and Exxon Research and Engineering Co.

Capítulo 1: Eletrificar os Transportes

Página 2	Infográfico: Eletrificar os veículos está aumentando em popularidade.	Adaptado de "EV Sales", BloombergNEF. Acesso em: 13 de junho de 2021, www.bnef.com/ interactive-datasets/2d5d59acd9000014? data-hub=11.
Páginas 4-5	Foto: Carros em uma rua.	Foto de Michael Gancharuk/Shutter stock.com.
Página 8	Infográfico: Quilômetros percorridos por veículos elétricos estão atrasados em todas as categorias.	Adaptado de Max Roser e Hannah Ritchie, "Technological Progress", Our World in Data, 11 de maio de 2013, ourworld indata.org/technological-progress; Wikipedia contributors, "Transistor Count", Wikipedia, 1 de junho de 2021, en.wiki pedia.org/wiki/Transistor_count.
Página 15	Foto: Frota BVD/recarregando na China.	Foto por Qilai Shen/*Bloomberg* via Getty Images.
Página 22	Foto: Ônibus da Proterra.	Cortesia da Proterra.
Página 23	Infográfico: Lei de Moore mostrando o crescimento exponencial.	Adaptado de Max Roser e Hannah Ritchie, "Technological Progress", Our World in Data, 11 de maio de 2013, ourworld indata.org/technological-progress; Wikipedia contributors, "Transistor Count", Wikipedia, 1 de junho de 2021, en.wiki pedia.org/wiki/Transistor_count.
Página 24	Infográfico: Lei de Wright em Ação: Solar.	Adaptado de Max Roser, "Why Did Renewables Become so Cheap so Fast? And What Can We Do to Use This Global Opportunity for Green Growth?" Our World in Data, 1 de dezembro de 2020, ourworld indata.org/cheap-renewables-growth.
Página 25	Infográfico: Lei de Wright em Ação: Baterias.	Adaptado de "Evolution of Li-Ion Battery Price, 1995-2019 — Charts — Data & Statistics", IEA, 30 de junho de 2020, www.iea. org/data-and-statistics/charts/evolution- of-li-ion-battery-price-1995-2019.

Créditos das Imagens   393

| Página 27 | Foto: Presidente Biden testando uma F-150 totalmente elétrica. | Foto de NICHOLAS KAMM/AFP via Getty Images. |

Capítulo 2: Descarbonizar a Rede

Página 31	Infográfico: À medida que os preços da energia solar caíram, a demanda disparou.	Adaptado de "The Solar Pricing Struggle", Renewable Energy World, 23 de agosto de 2013, www.renewableenergyworld.com/solar/the-solar-pricing-struggle/#gref.
Página 36	Infográfico: Renováveis estão vencendo em preços baixos e aumento da capacidade de instalação.	Adaptado de Max Roser, "Why Did Renewables Become so Cheap so Fast? And What Can We Do to Use This Global Opportunity for Green Growth?" Our World in Data, 1 de dezembro de 2020, ourworld indata.org/cheap-renewables-growth.
Página 38	Infográfico: Europa gera mais produção econômica com menos emissões.	Adaptado de "Statistical Review of World Energy", BP, 2020, www.bp.com/en/global/ corporate/energy-economics/statistical-re view-of-world-energy.html; "GDP per Capita (Current US$)", The World Bank, 2021, data. worldbank.org/indicator/NY.GDP.PCAP.CD; "Population, Total", The World Bank, 2021, data. worldbank.org/indicator/SP.POP.TOTL.
Página 42	Foto: Sunrun.	Foto de Mel Melcon/*Los Angeles Times* via Getty Images.
Página 46	Foto: Campo Eólico Offshore da Vindeby.	Cortesia de Wind Denmark, antiga Danish Wind Industry Association.
Páginas 50–51	Infográfico: Tamanho Importa: As Turbinas Eólicas da Ørsted Produzem Mais Energia À Medida que Crescem.	Adaptado de "Ørsted.Com — Love Your Home", Ørsted. Acesso em: 13 de junho de 2021, Orsted.com.
Página 57	Foto: Faixa de indução.	Foto de iStock.com/LightFieldStudios.

Capítulo 3: Ajustar a Comida

Páginas 64-65	Foto: Al Gore Comestível.	Foto de Hartmann Studios.
Página 66	Foto: Tigela de Poeira.	Foto de PhotoQuest via Getty Images.
Página 69	Infográfico: Menos lavoura cria raízes e solo mais saudáveis.	Adaptado de Ontario Ministry of Agriculture, Food and Rural Affairs, "No-Till: Making it Work", Best Manage- ment Practices Series BMP11E, Government of Ontario, Canadá, 2008, disponível online at: http://www.omafra.gov.on.ca/ english/environment/bmp/no-till.htm (verificado em 14 de janeiro de 2009). ©2008 Queen's Printer for Ontario. Adaptado de Joel Gruver, Western Illinois University.
Página 70	Infográfico: Agricultura regenerativa explicada.	Adaptado de "Can Regenerative Agriculture Replace Conventional Farming?" EIT Food. Acesso em: 22 de junho de 2021, www.eitfood.eu/blog/post/can-regenerative-agriculture-replace- conventional-farming.
Página 73	Infográfico: Emissões por quilograma de comida.	Adaptado de "You Want to Reduce the Carbon Footprint of Your Food? Focus on What You Eat, Not Whether Your Food Is Local", Our World in Data, 24 de janeiro de 2020, ourworldindata.org/food-choice-vs- eating-local.
Página 77	Infográfico: Uma dieta amiga do clima: muitas frutas e vegetais, proteína animal limitada.	Adaptado de "Which Countries Have Included Sustainability Within Their National Dietary Guidelines?" Dietary Guidelines, Plant-Based Living Initiative. Acesso em: 22 de junho de 2021, themouthful.org/ article-sustainable-dietary-guidelines.
Página 81	Foto: Beyond Burger.	Cortesia de Beyond Burger.
Páginas 84-85	Foto: Cultivo de arroz.	Foto de BIJU BORO/AFP via Getty Images.

Créditos das Imagens 395

Capítulo 4: Proteger a Natureza

Páginas 92-93	Infográfico: Carbono se move pela terra, atmosfera e oceanos.	Adaptado de "The Carbon Cycle", NASA: Earth Observatory, 2020, earthobser vatory.nasa.gov/features/CarbonCycle.
Páginas 98-99	Foto: Perda de floresta.	Foto de Universal Images Group via Getty Images.
Página 100	Infográfico: O desmatamento tropical leva a uma perda florestal global.	Adaptado de Hannah Ritchie, "Deforestation and Forest Loss", Our World in Data, 2020, ourworldindata.org/deforestation.
Página 103	Foto: RainForest Alliance.	Cortesia de RainForest Alliance.
Página 110	Foto: Pesca de arrasto em alto-mar.	Foto de Jeff J Mitchell via Getty Images.
Página 112	Foto: Fazenda de algas.	Foto de Gregory Rec/*Portland Press Herald* via Getty Images.
Página 113	Foto: Turfa.	Foto de Muhammad A.F/Anadolu Agency via Getty Images.

Capítulo 5: Limpar a Indústria

Página 118	Foto: James Wakibia.	Cortesia de James Wakibia.
Página 122	Foto: PLA.	Foto de Brian Brainerd/*The Denver Post* via Getty Images.
Página 123	Infográfico: Rótulos instrutivos podem levar os consumidores a tomarem decisões certas sobre reciclagem.	Adaptado de "How2Recycle — A Smarter Label System", How2Recycle. Acesso em: 17 de junho de 2021, how2recycle.info.
Página 124	Infográfico: O plástico polui em todas as fases do seu estilo de vida.	Adaptado de Roland Geyer e outros, "Production, Use, and Fate of All Plastics Ever Made", *Science Advances*, vol. 3, no. 7, 2017, p. e1700782. Crossref, doi:10.1126/ sciadv.1700782.

Página 127	Infográfico: Substituir os combustíveis fósseis no máximo de processos industriais possíveis.	Adaptado de Occo Roelofsen *et al.*, "Plugging In: What Electrification Can Do for Industry", McKinsey & Company, 28 de maio de 2020, www.mckinsey.com/indus tries/electric-power-ad-natural-gas/our-insights/plugging-in-what-electrifica tion-can-do-for-industry.
Páginas 136–37	Foto: Produção de aço.	Foto de Sean Gallup via Getty Images.

Capítulo 6: Remover o Carbono

Página 142	Infográfico: Remoção de carbono: as muitas formas de fazê-lo.	Adaptado de J. Wilcox e outros, "CDR Primer", CDR, 2021, cdrprimer.org/read/ chapter-1.
Páginas 146–47	Foto: Climeworks.	Cortesia de Climeworks.
Página 152	Foto: Watershed.	Cortesia de Watershed.

Capítulo 7: Vencer na Política e na Diplomacia

Páginas 160–61	Foto: Acordo de Paris.	Foto de Arnaud BOUISSOU/COP21/Anadolu Agency via Getty Images.
Página 169	Infográfico: Mais de dois terços das emissões vem de apenas 5 países.	Adaptado de UNEP e UNEP DTU Partnership, "UNEP Report — The Emissions Gap Report 2020", *Management of Environmental Quality: An International Journal*, 2020, https://www.unep.org/ emissions-gap-report-2020.
Página 173	Foto: China.	Foto de Costfoto/Barcroft Media via Getty Images.
Página 178	Foto: Índia solar.	Foto de Pramod Thakur/*Hindustan Times* via Getty Images.

Créditos das Imagens 397

Capítulo 8: Transformar Intenções em Ação

Páginas 192-93	Foto: Greta Thunberg.	Foto de Sarah Silbiger via Getty Images.
Página 198	Foto: Sunrise Movement.	Foto de Rachael Warriner/Shutterstock.com.
Página 202	Foto: Além do carvão.	Cortesia de Sierra Club.
Página 204	Foto: Arnold Schwarzenegger se reúne com Michael Bloomberg.	Foto de Susan Watts-Pool via Getty Images.
Página 214	Foto: Walmart Sustentabilidade.	Cortesia de Walmart.

Capítulo 9: Inovar!

Página 241	Foto: Breakthrough Energy Ventures.	Cortesia de Breakthrough Energy Ventures.
Páginas 258-59	Foto: High Line da Cidade de Nova York.	Foto de Alexander Spatari via Getty Images.

Capítulo 10: Investir!

Página 268	Infográfico: A primeira década de investimento em cleantech em estágio inicial: do boom ao fracasso.	Adaptado de Benjamin Gaddy e outros, "Venture Capital and Cleantech: The Wrong Model for Clean Energy Innova- tion", MIT Energy Initiative, julho de 2016, energy.mit.edu/wp-content/uploads/ 2016/07/MITEI-WP-2016-06.pdf.
Página 280	Infográfico: O financiamento de projetos para energia limpa está aumentando.	Adaptado de "Energy Transition Investment", BloombergNEF. Acesso em: 14 de junho de 2021, www.bnef.com/interactive-datasets/2d5d59acd9000005.
Página 290	Infográfico: Os financiamentos estão aumentando no momento da luta da mudança climática.	Adaptado de Climate Leadership Initiative, climatelead.org.

Projetos corporativos e edições personalizadas
dentro da sua estratégia de negócio. Já pensou nisso?

Coordenação de Eventos
Viviane Paiva
viviane@altabooks.com.br

Contato Comercial
vendas.corporativas@altabooks.com.br

A Alta Books tem criado experiências incríveis no meio corporativo. Com a crescente implementação da educação corporativa nas empresas, o livro entra como uma importante fonte de conhecimento. Com atendimento personalizado, conseguimos identificar as principais necessidades, e criar uma seleção de livros que podem ser utilizados de diversas maneiras, como por exemplo, para fortalecer relacionamento com suas equipes/ seus clientes. Você já utilizou o livro para alguma ação estratégica na sua empresa?

Entre em contato com nosso time para entender melhor as possibilidades de personalização e incentivo ao desenvolvimento pessoal e profissional.

PUBLIQUE SEU LIVRO

Publique seu livro com a Alta Books. Para mais informações envie um e-mail para: autoria@altabooks.com.br

/altabooks /alta-books /altabooks /altabooks

CONHEÇA OUTROS LIVROS DA ALTA BOOKS

Todas as imagens são meramente ilustrativas.

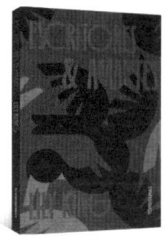

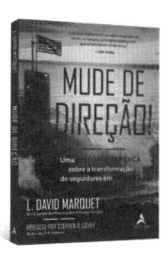